本书系第二批"云岭学者"培养项目"中国西南边疆发展环境监测及综合治理研究"（编号：201512018）；云南省哲学社会科学创新团队科研项目"西南边疆生态安全格局建设研究"（编号：2021CX04）；国家社会科学基金重大招标项目"中国西南少数民族灾害文化数据库建设"（编号：17ZDA158）阶段性研究成果。

杜香玉 ○ 著

Species Introdution
and Ecological Change:
Environmental History Research of Rubber
in Xishuangbanna since the 20th Century

物种引进与生态变迁

20世纪西双版纳橡胶环境史研究

图书在版编目（CIP）数据

物种引进与生态变迁：20世纪西双版纳橡胶环境史研究／杜香玉著.
—北京：中国社会科学出版社，2022.8
ISBN 978 – 7 – 5227 – 0051 – 9

Ⅰ.①物…　Ⅱ.①杜…　Ⅲ.①橡胶树—引进树种—关系—区域
生态环境—变迁—研究—西双版纳—20世纪　Ⅳ.①S794.1
②X321.274.2

中国版本图书馆 CIP 数据核字(2022)第 057107 号

出 版 人	赵剑英
选题策划	宋燕鹏
责任编辑	金　燕　史丽清
责任校对	闫　萃
责任印制	李寡寡

出　　版	中国社会科学出版社
社　　址	北京鼓楼西大街甲 158 号
邮　　编	100720
网　　址	http://www.csspw.cn
发 行 部	010 – 84083685
门 市 部	010 – 84029450
经　　销	新华书店及其他书店

印　　刷	北京明恒达印务有限公司
装　　订	廊坊市广阳区广增装订厂
版　　次	2022 年 8 月第 1 版
印　　次	2022 年 8 月第 1 次印刷

开　　本	710×1000　1/16
印　　张	24.75
字　　数	410 千字
定　　价	139.00 元

凡购买中国社会科学出版社图书，如有质量问题请与本社营销中心联系调换
电话：010 – 84083683

目　　录

绪　　论

一　选题缘起

橡胶是与煤、铁、石油并称的世界四大工业原料之一，也是重要的战略物资。世界上的产胶植物有 2000 余种，重要的有大戟科的巴西橡胶树、菊科的橡胶草及银色橡胶菊、杜仲科的杜仲、桑科的印度榕、大戟科的木薯橡胶等①，其中尤以巴西橡胶的胶乳含量及质量最优。人类最早开发与利用的橡胶产自南美亚马孙河流域热带雨林的野生橡胶树，即巴西橡胶树（也称"三叶橡胶"，英文名"Hevea brasiliensis"），它是一种热带乔木树种，经过驯化之后，逐渐成为人工栽培的经济作物，其种植在全球得到推广。

"橡胶树"一词，源于印第安语 cau – uchu，意为"流泪的树"。橡胶树的发现、引种、传播已经有两千多年的历史。早在公元前 500 年，玛雅人就已开始使用橡胶制成橡胶球，南美印第安人还将碗状物浸入胶浆中制成不漏水的容器；15 世纪末，哥伦布第二次航行美洲时，发现印第安人在海滩玩橡皮球；1736 年，法国探险者德·拉·孔达米纳记述了第一次将橡胶的生胶带往欧洲的过程；1852 年以后，橡胶树被引种到英国伦敦植物园，之后又引种到锡兰（今斯里兰卡）；1854 年又引种到马来西亚、印度尼西亚、印度、新加坡、爪哇岛等地；1886 年，橡胶又被引种到澳大利亚、牙买加、斐济，并传到婆罗洲②、坦桑尼亚；20 世纪初，西方人又把橡胶引种到苏门答腊、黄金海岸（今加纳）、西里伯斯岛（今印尼苏拉维

---

① 何康、黄宗道主编：《热带北缘橡胶树栽培》，广东科技出版社 1987 年版，第 1 页。

② 今加里曼丹岛。

西岛）等地①。巴西橡胶在世界范围的引种与传播，特别是19世纪以后，橡胶工业得到迅速发展，激发了世界各国对于橡胶原料的迫切需求。英国植物学家与工业资本家意识到野生橡胶树不可再生，而且需要昂贵且效率低下的人工劳动力，为了避免橡胶资源的枯竭，开始驯化野生橡胶树，开辟种植园栽培橡胶，并引种到东南亚进行广泛栽培。

20世纪30年代，由于南美叶疫病的暴发，巴西橡胶种植业遭受沉重打击，这场灾害打破了原本的橡胶产业格局，开始形成了以东南亚为中心的橡胶主产区。

橡胶在中国种植与推广的历史仅110余年，对于驯化一个外来物种的历程而言并不长。清末，橡胶开始被国人所认知，随着国内橡胶产品的增加以及军工需要，全国各地纷纷建立橡胶工厂，促进了橡胶工业的迅速发展。因橡胶原料进口成本较高，南洋华侨首先基于实业救国及经济利益需要，相继在云南、海南引种橡胶，日本也在其侵占的我国台湾地区进行试种。20世纪50年代初，由于朝鲜战争爆发，美国等西方帝国主义国家对我国实行经济封锁。因国防与工业建设的迫切需要，我国为实现橡胶自给，在各种条件尚不成熟的情况下被迫走上发展橡胶之路，首次尝试在北纬18°–24°地区大面积种植橡胶，试图突破北纬17°以北不能植胶的橡胶生理界限及国际传统行业论断。② 1953年，中苏植物学专家对西双版纳橡胶树的种植可行性进行了考察。经过试种，证实被国际视为橡胶种植"禁区"的云南西南部（18°–24°N）地区可以大面积种植橡胶；至1982年，中国橡胶种植区域已从海南岛发展到北纬20°以北的广西、云南、广东、福建等地，标志着我国橡胶树种植区北移成功。③ 目前，海南和云南是我国天然橡胶种植的主要产地，特别是西双版纳地区，作为中国第二大橡胶生产地，较之其他橡胶种植区域而言，拥有更好的区域气候优势，总产和单产最高，但橡胶的大规模种植，也导致区域生态环境，与社会文化发生剧烈变迁，甚至严重影响边疆生态安全。

---

① 张箭：《在中国试种橡胶树之前的故事》，《中国人文地理》2009年第10期，第8页。

② 李国华、田耀华、倪书邦、原慧芳：《橡胶树生理生态学研究进展》，《生态环境学报》2009年第18卷第3期，第1146页。

③ 宋艳红、史正涛、王连晓、冯泽波：《云南橡胶树种植的历史、现状、生态问题及其应对措施》，《江苏农业科学》2019年第47卷第8期，第172页。

笔者在西双版纳地区有六次的调研经历，虽然其中五次并非针对橡胶开展，但是最终选择了橡胶这一外来物种，作为毕业论文选题方向。这是在业师周琼教授建议和指导下确定的，橡胶也一直是业师想做而未暇的选题。笔者曾因学界已有诸多研究成果而没有信心从事此题，但在与业师不断交流与探讨中，启发了诸多的思考，在此过程中我受益匪浅，也为撰写此文增添了许多信心。

生态人类学家尹绍亭教授对于西双版纳橡胶种植业所带来的生态环境及社会文化变迁研究已有了极为丰富的成就。想要有所突破或创新并不容易，在疑虑之时，我也曾向尹老师请教。尹老师说："想写出新的东西，要么有新资料，要么有新观点。"因此，在查阅资料过程中，我将主要精力放在文献资料的收集之上，想从此方面有所收获。笔者相继在云南省档案馆、西双版纳当地档案馆、广东省立中山图书馆、广东省档案馆以及西双版纳傣族自治州农垦、农业、林业等相关部门查阅了大量的关于橡胶的档案资料，也逐渐找到了有待于深入挖掘的新内容。

目前，西双版纳的橡胶种植一直是当地政府民众极为重视的问题，也关乎当前社会经济发展以及生态文明建设，但近几十年来对于橡胶产业的认识与探讨仍是各有立场，从环境史视角来讲，这一问题的探讨意义重大。橡胶也一直是国内外学界共同关注和重视的研究对象。一些学科对于该问题的探讨已有定论，但仍缺少综合性、整体性的研究。

本书立足于环境史角度，以橡胶在中国的早期引种及引入西双版纳地区的历程为主线，多维度、多视野呈现西双版纳橡胶引种带来的区域环境变迁的历史全貌，以各个历史阶段橡胶引种的历史条件、动因、过程、影响、应对为研究重点，探讨橡胶扩张后与环境保护之间的矛盾与协调，提出橡胶与环境、人与橡胶、人与自然之间应当建立多维立体的互动关系。

二 国内外研究现状

橡胶是自然和人文社科领域的重要研究对象之一，研究成果颇丰。国内外学人从生态视角探讨橡胶的研究成果较多。生物学、生态学等自然科学领域的研究主要关注橡胶的生态特性、橡胶与环境之间的互动关系等，历史学、人类学、民族学等人文社会科学重点集中于橡胶与政治、经济、社会、文化、环境之间的互动关系的探讨。从既往研究成果来看，国内外关于橡胶的研究，存在研究方法、研究时段及区域、研究视角上的不足。在研究方法上，人文社会科学与自然科学领域各有侧重，但缺少跨学科之间的交流与互动。在研究方法上，尚未综合运用历史学、生态学、民族学、地理学等跨学科研究方法展开分析。在研究时段及区域上，缺乏长时段研究，较少以专题形式对西双版纳橡胶种植与生态变迁的70余年历程进行全面探讨。在研究视角上，较少从物种环境史、边疆环境史、区域环境史相结合的视角，系统展开橡胶、人与环境之间立体关系的探讨。

（一）国外橡胶研究的生态视角

橡胶的种植与传播是一个全球性问题，从历史学视角探讨橡胶的国外学者颇多，其研究区域主要聚焦于橡胶的原产地巴西亚马孙河流域的热带雨林地区，以及较早引种橡胶的东南亚诸国，包括马来西亚、印度尼西亚、斯里兰卡、新加坡、印度、越南、泰国、菲律宾、缅甸、中国等。研究时段自18世纪中期至今。从目前的研究成果来看，国外学者对于橡胶栽培史、橡胶加工史、橡胶利用史、橡胶贸易史等都有所涉猎，并有专著、专文探讨，尤其是以环境视角解读橡胶史，给予了国内学者一定启示。

1. 全球史视野下的橡胶研究

国外学者对于橡胶的探讨在20世纪初期已经发表了诸多专题文章，有一些被中国学者评介，随着东南亚各国纷纷设立了专业的橡胶研究所、试验站、试验场后，橡胶的研究工作更为蓬勃发展，并出现专门的橡胶期刊，发表论文多以英文、荷兰文、法文为主。1956年，M. J. 狄克曼的《三叶橡胶研究三十年》一书被翻译成中译本，此书比较完整系统地介绍了东南亚，尤其是印度尼西亚橡胶栽培技术、经验及科学研究的历史，对三叶橡胶的发现、引种及发展进行了叙述。此书代表了当时橡胶生产技术的水平[①]。1963年，埃德格尔的《马来亚橡胶栽培手册》被翻译成中译本，此书全面总结了马来亚（今马来西亚半岛）植胶和制胶六十年来的经验和科研成果[②]。总体来看，这一时期国外橡胶研究集中于橡胶的栽培、技术等方面的探讨。

---

① ［印度尼西亚］狄克曼·M. J.：《三叶橡胶研究三十年》，华南热带作物科学研究所译，热带作物杂志社1956年版。
② ［马来亚］埃德格尔：《马来亚橡胶栽培手册》，华南热带作物科学研究所译，农业出版社1963年版。

20 世纪 70 年代以来，历史学、生态学、地理学、生物学等领域的国外学者开始将橡胶纳入其研究范畴之中。历史学学科的介入，主要是受到 20 世纪六七十年代全球史的兴起与发展的影响，并开始从宏观的视角和方法审视历史，这与当时的全球化背景、后现代思潮的兴起有关。技术、能源是全球史中以生态为主线解读历史的角度，人类的一切活动从宏观来看，都是争夺能源①，而技术和环境之间的互动是影响人类历史最根本的因素。从生态的角度解读历史，抑或是重新审视人与自然互动关系，是在全球史研究领域中的生态转向。查尔斯·曼恩的《1493 物种大交换开创的世界史》是一部极具影响力的全球史著作，展现了欧洲和美洲的生态碰撞过程，并且如何在实质上改变了人类历史的每一方面，叙述了外来动植物、矿物和疾病的冲击是如何产生了前所未有的财富、社会巨变和现代世界②。艾尔弗雷德·W. 克罗斯比的《哥伦布大交换》将全球史与环境史结合起来，以生态视角深入解读全球环境变迁史，哥伦布发现新大陆带来了动物、植物、疾病、文化、人口、思想、技术在东西半球之间的一场史无前例的交流和互换，欧洲人为美洲带来了致命的病毒和细菌，如天花、麻疹、斑疹伤寒和霍乱，当地原住民对此并无免疫力。而来自欧洲的各种动物、植物虽然极大地改变了新大陆的生活，但同时也造成了大量的新物种入侵，在一定程度上破坏了当地生态系统③。需要反思的是，在意识到新大陆的重要性时，发现新大陆背后付出的生态代价则更值得关注。这一系列著作以物种的视角书写了全球近代史，物种是历史进程中连接人与自然的主线，而绘制和分析物种的全球轨迹，就需要考虑更广泛的人类活动。

植物是物种环境史的重要研究对象之一，随着经济作物的全球化，具有全球意义的经济作物亦成为国外学者研究的热点。梅维恒《茶的世界史》、萨拉·罗斯《茶叶大盗：改变世界史的中国茶》、乔吉奥·列略《棉的全球史》、玛乔丽·谢弗《胡椒的全球史：财富、冒险与殖民》等从文化史、经济史、社会史、政治史等视角以植物书写全球史，为今后的植物

---

① ［美］大卫·克里斯蒂安：《时间地图：大历史，130 亿年前至今》，晏可佳、段炼、房芸芳、姚蓓琴译，中信出版社 2017 年版。

② ［美］查尔斯·曼恩：《1493 物种大交换开创的世界史》，朱菲、王原、房小捷、李正行译，中信出版社 2016 年版。

③ ［美］艾尔弗雷德·W. 克罗斯比：《哥伦布大交换：1492 年以后的生物影响和文化冲击》，郑明萱译，中国环境科学出版社 2010 年版。

史研究提供了重要借鉴。贝纳特、威廉等认为写植物历史最重要的策略之一，就是跟随西方植物学家以及经济植物传播的发展进程，应采用全球视角，探讨植物特性、特定生态和社会政治环境之间的联系①。经济作物尤其是美洲植物，如玉米、土豆、木薯、甘薯、烟草、豆类、花生、可可、金鸡纳树、辣椒、橡胶、龙舌兰等，都是重要且被广泛种植的经济作物，橡胶被引种到旧大陆后逐渐成为人工栽培的经济作物，更是成为生物多样性热点地区的优势物种。

橡胶作为工业革命的三大原料之一，推动了世界工业文明。在现代世界，橡胶又被视为四大工业原料之一，其全球价值更为凸显。在全球史研究中，橡胶究竟在全球环境变迁中扮演着一个什么角色一直备受关注。国外学者关于橡胶的研究，多集中于橡胶背后的政治、经济、人口、制度、技术等方面之间的密切关联。20世纪60年代至80年代初期，国外学者关于橡胶的研究覆盖欧美、非洲以及东南亚地区，着重探讨这一时期橡胶资源的争夺，及其由此引发的国家利益、不同阶层之间的冲突、矛盾与调和。Б. Н. 詹扬粘科认为美国打击英国资本，英国垄断资本依赖国家支持在生产过程中改进扩大橡胶出口，虽然美英两国在某些方面存在着深刻矛盾，但因具有共同利益，两者又趋向于联合②。一些学者从经济史视角探讨橡胶贸易，Raymond Dumett 认为野生橡胶的出口贸易在黄金海岸和阿桑特（均在今加纳地区）的十九世纪经济史上占有重要地位，橡胶对该国未来经济发展的推动力超过了人们普遍认知的程度③。此外，Б. Н. 阿诺索夫《泰国天然橡胶的产销情况》《印度尼西亚天然橡胶的产销情况》对东南亚地区的天然橡胶的产销情况进行了探讨④。B. L. Barham，O. T. Coomes 运用政治生态学理论，探讨了亚马孙地区橡胶繁荣之后的可持续发展问题，对于在亚马孙橡胶种植繁荣时期出现的特定国家结构、意

---

① Beinart, William, Middleton, Karen. *Plant Transfers in Historical Perspective：A Review Article. Environment and History*, 2004, (27): 3 – 29.

② B. H. 詹扬粘科，承泽：《橡胶垄断组织对马来亚、印度尼西亚劳动人民的剥削》，《东南亚研究资料》1961年第2期，第26—38页。

③ Dumett, Raymond. *The rubber trade of the Gold Coast and Asante in the nineteenth century：African innovation and market responsiveness*, 1971, 12 (1): 79 – 101.

④ Б. Н. 阿诺索夫，东晖：《印度尼西亚天然橡胶的产销情况》，《东南亚研究资料》1984年第1期，第52—55页。Б. Н. 阿诺索夫，施纯谋：《泰国天然橡胶的产销情况》，《东南亚研究资料》1983年第2期，第79—82页。

识形态和群体是如何影响后来国家概念的演变和该地区的发展进行了反思①。X. V. Wilkinson 探讨了全球、国家和地区在橡胶资源争夺中与亚马孙社会融合和互动的过程，这一过程中，巴西政府加强了对该地区的势力扩张，反映了政府对于边疆土著社会的势力渗透②。这一时期关于橡胶的研究领域和视角为此后的研究提供了借鉴。橡胶贸易、橡胶产业的可持续发展、橡胶产业发展带来的影响、国家和地方政府又如何利用橡胶而达到政治和经济目的等都是值得深入思考的问题。

20 世纪 80 年代，一些学者开始将橡胶纳入到环境史研究之中。Warren Dean 是较早从环境史视角进行橡胶研究的国外学者，《巴西橡胶斗争：一部环境史研究》一书的问世丰富了物种环境史研究，是以环境史视角研究橡胶的开创之作，该书运用了大量的档案资料、口述资料，立足环境史对亚马孙橡胶的故事进行了重新诠释，将橡胶资源的争夺置于全球史背景之下，证明了较之于橡胶引种到东南亚地区的成功种植，作为原产地的巴西橡胶种植园的一再失败，及其所引发的重重危机以及应对举措，巴西橡胶种植园失败主要原因并非劳动力的缺乏、资金的短缺、技术的落后，而是由单一的生物学因素造成，即南美叶枯病微环菌。并探索了文化、社会与生物之间的相互影响，认为人类不管如何干预自然终是受到自然限制③。继 Warren Dean 之后，Michitake Aso 的《越南橡胶生态史（1897—1975 年）》一书从橡胶视角解读东南亚环境史，丰富了越南环境史研究，Michitake Aso 运用大量的英语、法语和越南语档案资料，以及从当地橡胶工人中获取的口述资料，来展现橡胶是如何影响越南近一个世纪的战争，在东南亚史研究中，殖民主义和非殖民化进程的研究一直是研究重心，但该书脱离了主要强调资本主义剥削和政治斗争的传统分析，深入地研究越南南部乳胶生产的生态和技术，以说明橡胶产业如何重塑当地社会、经济和政治④。查尔斯·曼恩的《1493：物种大

① Bradford L. Barham, Oliver T. Coomes. Reinterpreting the Amazon Rubber Boom: Investment, the State, and Dutch Disease. Latin American Research Review, 1994, 29 (2): 73 – 109.

② Xenia Vunovic Wilkinson, M. A. Tapping the Amazon for victory: Brazil's "Battle for Rubber" of World War II, 2009.

③ Warren Dean. Brazil and the Struggle for Rubber: A Study in Environmental History. Cambridge University, 1987.

④ Michitake Aso. Rubber and the Making of Vietnam: An Ecological History, 1897—1975. The University of North Carolina Press, 2018.

交换开创的世界史》一书中从全球环境史的视角重新审视了橡胶所带来的冲击，从一种全新的思路来看待现代世界与物种、病菌、文化以及人种的大混合之间的关系。运用生态学、人类学、考古学、历史学等方面的综合性研究，展现了欧洲和美洲的生态碰撞是如何在实质上改变人类历史；尤其是在论述橡胶时，从该物种被发现、利用、传播以及橡胶产业所带来的生态问题、未来橡胶种植的生态灾难进行了探讨，查尔斯·曼恩敏锐地观察到，交通条件的便捷终将成为叶疫病扩散的重要途径，加之当时无论是中国、老挝、巴西等国家，在边境检验检疫过程中并未意识到针对橡胶疫病的检验检疫①，这对于橡胶种植而言无疑是一大挑战。

2. 关于中国橡胶的生态问题研究

国外关于中国橡胶的研究区域主要集中于西南地区，尤其是西双版纳州一带，深入分析了当地自橡胶大规模种植以来所带来的一系列问题，聚焦的问题则是橡胶与经济、生态、土地、生计、民族等之间的互动关系。

国外学者通过中国与周边国家橡胶种植进行对比。研究关于中国橡胶的种植史，Linkham Douangsavanh、Bansa Thammavong 等介绍了中国、越南和泰国东北部橡胶生产的简史，从历史的视角梳理了中国橡胶的引种和推广，将其分为四个阶段：开发（1951—1957 年）、发展（1958—1965）、盲目与挫败（1967—1977）、改革和进步（1978 至今），重点探讨了老挝橡胶产量的快速增长，主要是由来自中国和其他国家的投资者推动的②。中国与东南亚各国橡胶种植历程中，橡胶种植面积的快速发展造成了严重的生态后果，东南亚和中国西南地区尤为典型，Eleanor Warren – Thomas、Paul M. Dolman 等以东南亚和中国西南地区橡胶种植业的快速发展为中心，对未来橡胶种植面积进行了估算，认为未来橡胶种植面积的扩大将会威胁到亚洲森林的中心区域，在东南亚，人工林上的陡坡会造成水土流失、滑坡等影响，橡胶林水分的蒸发量较之原生植被增加了 15% – 18%，并且会耗尽深层土壤的养分，在旱季更是减少地下水和径流量，相对于复杂的自然冠层而言，造成了旱季用水量的增加；并总结了橡胶种植业的扩张和土

---

① ［美］查尔斯·曼恩：《1493：物种大交换开创的世界史》，朱菲、王原、房小捷、李正行译，中信出版社 2016 年版。

② Linkham Douangsavanh, Bansa Thammavong and Andrew Noble. *Meeting Regional and Global Demands for Rubber*: *A Key to Proverty Alleviation in Lao PDR*, The Sustainable Mekong Research Network, 2008.

地利用的变化，通过对比，预测未来橡胶需求，定量评价了生物多样性在不同生物地理环境中对橡胶的影响。单一种植加剧，物种丰富度降低，灵长类动物减少，淡水类群减少，在西双版纳橡胶种植园肥料流失导致的富营养化，水生植被过滤功能下降，井水污染①。橡胶的单一种植对于生物多样性带来的影响，也是国外学者重点研究领域。Pia He、Konrad Martin 认为橡胶种植的迅速扩张是威胁原始森林的主要因素，并导致生物多样性退化，显著降低了土地利用的多样性，其中云南农民已经放弃了传统的土地利用方式，倾向于单一种植橡胶，减少了景观和农业生态系统多样性，保护森林、风景、水源以及生物多样性等本土知识流失，导致森林退化和破碎化，单一的橡胶种植与天然森林相比，各种植物和动物种群的物种丰富度无法保持于橡胶林之中，研究表明，橡胶园平均昆虫生物量约比森林低两倍；并提出应当通过森林恢复保护生物多样性，推广橡胶林下植被，停止除草和使用除草剂，并通过培育有用的野生植物，改善橡胶生境条件，形成与天然林相连接的适宜生境结构，恢复原始森林物种生存的环境②。Robert J. Zomer、Antonio Trabucco、Mingcheng Wang 等通过预测气候变化对于西双版纳地区生物多样性丰富度的影响，提出生物气候带和生态系统的空间分布，确定了 4 个生物气候带和 9 个地层覆盖受保护的地区，并与正在进行的土地利用方式改变有关，生物栖息地因土地利用而丧失，而土地覆盖的变化是加速生物多样性丧失的一个主要驱动因素；20 世纪 50 年代以来土地利用和覆盖的变化，使得西双版纳地区许多森林受到严重影响，并被变成了橡胶种植园和其他经济作物种植区，森林砍伐、森林的破碎化、土地利用的变化，尤其是扩大农业和工业作物产量，如橡胶，在过去的 60 年里，产生了严重的负面影响，橡胶取代了西双版纳地区的传统农业和森林植被③。

---

① Eleanor Warren – Thomas，Paul M. Dolman，David P. *Edwards*：*Increasing Demand for Natural Rubber Necessitates a Robust Sustainability Initiative to Mitigate Impacts on Tropical Biodiversity*，https：//doi. org/ 10. 1111/conl. 12170（2015 – 03 – 23）.

② Pia He，Konrad Martin. *Effects of rubber cultivation on biodiversity in the Mekong Region*，*CAB Reviews*，2015（10）：44.

③ Robert J，Zomer，Antonio Trabucco，Mingcheng Wang，Rong Lang，Huafang Chen，Marc J. Metzger，Alex Smajgl，Philip Beckschäfer，Jianchu Xu. *Environmental stratification to model climate change impacts on biodiversity and rubber production in Xishuangbanna，Yunnan，China. Biological Conservation*，2014（170）：264 – 273.

也有一些学者关注到与人类相关的一些变量，如人口增长、利益趋动等导致橡胶种植面积扩大之后，加速了土地利用方式转变，在一定程度上也增加了人类的生活成本，对生态环境、区域社会造成负面影响。Ian G. Baird 认为橡胶种植对于当地生计产生了严重影响，橡胶的种植区占据了森林，森林中的资源减少，增加了当地民众生活成本；除草剂对于牲畜也有负面影响，导致牲畜死亡，据报道，在当地一个村庄人工林中喷洒了除草剂后，有 17 只动物死亡，森林中生物多样性减少；重要的天然水生栖息地大量减少，与水体直接相邻的植被也已被清理种植了橡胶；土壤侵蚀也存在严重问题，陡峭的地区植被已被清除并种植橡胶；总的来说，栖息地和溪流水生动物受到严重影响，导致鱼类、螃蟹、虾类、贝类和鱼类的数量急剧下降，从而对当地的生计和食物生产造成负面影响①。Janetc. sturgeon 通过田野调查、口述访谈等方式，重点探讨了西双版纳橡胶种植背后的政治、经济与生态问题，将橡胶作为一种国家意识形态的媒介，以环境为线索，对西双版纳地区国家与地方、民族与民族之间的复杂利益关系进行了分析，考察了国营橡胶农场和少数民族橡胶种植园是如何运作的。认为以国营橡胶农场为代表的国有林场与以民营橡胶之间存在一定冲突和矛盾②。

国外学者也关注到橡胶种植对于当地社会意识形态的影响，Janetc. sturgeon、Nicholas 等探讨了西双版纳的社会空间如何划分橡胶产生的意识形态景观，空间期望如何继续服务于占主导地位的国营橡胶林场的利益以及复杂的政治和经济转型，认为橡胶生产是国家管理民族的一种媒介；20世纪 90 年代之后，伴随橡胶经济的发展，当地农民收入增加，环境保护与经济发展之间的关系备受争议，橡胶种植对于生物多样性、土壤、水文等生态环境以及区域社会产生了严重影响；提出国营林场是森林保护的场所，而当地少数民族的橡胶林是环境退化的场所；在西双版纳，这种做法将特定的人与特定的土地使用捆绑在一起，形成了一种意识上的划分，橡胶树是西双版纳森林景观的一个断裂，也代表了一个有意识地打破过去的

① Ian G. Baird. *Land*, *Rubber and People*: *Rapid Agrarian Changes and Responses in Southern Laos*, *Journal of Lao Studies*, 2010（1）: 1 – 47.

② Janetc. sturgeon. *Governing minorities and development in Xishuangbanna*, *China*: *Akha and Dai rubber farmers as entrepreneurs*, 10. 1016/j. geoforum. 2009. 10. 010.

社会和经济秩序的过程①。Michael Ahlheim 等通过对西双版纳实地调查及访谈之后，认为当地人对橡胶所产生的经济财富和植树造林改善当地环境之间的态度有所改变，当地人的环境意识有明显提高②。

综上所述，20 世纪七八十年代以前，国外学者关于橡胶的研究成果更多集中于自然科学领域，20 世纪 80 年代以来，橡胶作为重要的研究对象开始受到人文社科领域的重视。但国外自然科学领域更多关注于橡胶的植物属性、生态后果，而历史学家则过于关注政治、经济、社会、制度等层面，Warren Dean 和 Michitake Aso 虽然从环境史视角解读了以橡胶为主线的历史进程，也运用了植物学、生态学等跨学科方法，但仍是偏重于政治、经济、制度等方面的探讨，对橡胶的生态解读和分析稍显薄弱。因此，在全球性的历史以及特定的植物历史研究中，迫切需要自然科学和人文社会科学之间的交融，环境史研究更是需要借鉴跨学科的理论与方法，在掌握、理解自然科学领域的定量分析基础上，进行科学性的定性研究。

（二）多元视野下中国橡胶研究历程③

在橡胶引种到我国的 110 多年中，随着橡胶在政治、经济、文化、环境中所发挥的作用日益重要，中国橡胶研究取得了长足发展，学界研究成果极为丰硕，研究领域不断拓展，不同学科的交融与共进，丰富了橡胶研究的理论与方法，同一学科内部的研究转向，更是拓宽了橡胶研究的视角。当前，有一些学者已对橡胶研究进展进行了总结，如张明洁、张京红、刘少军等针对中国有关橡胶气象的研究内容进行了评述④，刘琰琰、韩冬、杨菲等总结了寒灾、风灾和旱灾对橡胶树的影响⑤，明晰了中国橡

---

① Janetc. sturgeon，*Nicholas MENZIES*：*IDEOLOGICAL LANDSCAPES*：*RUBBER IN XISHUANGBAN-NA*，*YUNNAN*，*1950 to 2007*，*Asian Geographer*，2006（25）：21 – 37.

② Michael Ahlheim，Tobias Börger，Oliver Frör. Replacing rubber plantations by rain forest in Southwest China – who would gain and how much? Enviconment monitoring and assessment monitoring and assessment，2015，3（187）.

③ 本部分作为博士论文阶段性成果，相关内容已发表于《原生态民族文化学刊》2020 年第 1 期。

④ 张明洁、张京红、刘少军、李文韬：《中国橡胶气象研究进展概述》，《中国农学通报》2015 年第 31 卷第 29 期，第 191—197 页。

⑤ 刘琰琰、韩冬、杨菲、杨再强：《气象灾害对橡胶树的影响及风险评估综述》，《福建林业科技》2016 年第 3 期，第 244—252 页。

胶气象研究取得的进展和存在的问题，本书便对橡胶气象不再赘述。

学界关于橡胶的研究经历了一个长期的过程，不同学科在不同时期如何将橡胶纳入其研究范畴，同一学科关于橡胶研究在不同时期又是发生何种转向，有必要进行全面、系统的梳理。通过总结中国橡胶研究的历史进程，不同时代不同学科如何进入橡胶研究领域，环境史进入之后与其他学科之间的区别和联系，对橡胶的环境史研究未来可继续拓展的方向进行深入思考。

1. 中国橡胶研究之肇始：20 世纪初至 70 年代

（1）中国橡胶研究的萌芽：晚清至民国时期

根据全国报刊索引数据库、中国近代报刊索引，有将近 1500 篇关于橡胶的文章发表，尤其是 20 世纪 30 年代以来，橡胶的相关文章、报道层出不穷，发表在《华洋月报》《科学画报》《征信所报》《科学大众》《实业公报》《国际劳工通讯》《商标公报》《东方杂志》等 30 余种报刊之上，主要聚焦于橡胶的来源、用途、制造，橡胶工业发展概况、趋势，橡胶工厂日常运营、发展以及国外橡胶发展概况等方面，可见此一时期对橡胶的重视程度。

晚清至民国时期的橡胶研究并未有明确的专业划分，在西学东渐的潮流之下，现代化学、植物学进入中国，并在这一时期逐渐形成独立的学科，因适应中国近现代实业救国之需要迅速发展起来。最早涌现的一批橡胶研究成果，是由力求通过实业救国的学者，将国外橡胶研究进展译介到国内，其主要目的是为使国人重视橡胶之功用。王丰镐翻译的《热地农务报》中的一篇文章《论橡胶》于 1897 年发表在《农学报》上，介绍了橡胶的起源及橡胶在生产生活中的必要性和重要性，对世界各地橡胶进出口情况进行了论述，指出橡胶在北纬 25°—28° 的种植条件，并提出中国水热条件适宜的南方诸省可以推广种植橡胶，以获取丰厚利益[1]，这也是晚清较具代表性的提出橡胶可以在中国适种推广的文章。

从学科层面而言，最早研究橡胶的主要是化学领域，其代表性的学者也是当时橡胶厂的主办者，从其实践经验和对国内外橡胶进展的了解进行学术研究。如沈质彬介绍了世界橡胶事业的发展情况，剖析了橡胶的性质

---

① 王丰镐译：《西报选译：论橡胶西名印殿尔拉培中国俗名象皮》，《农学报》1897 年第 2 期，第 10—12 页。

和制法①；陈国玱则系统地梳理了橡胶的化学构造，并指出中国橡胶工业发展之迫切②。随着国人对橡胶的重视，广西的一批植物学学者进行了实地调查，1943 年，以彭光钦为代表的学者在广西相继发现国产橡胶植物③，彭光钦、李运华、韦显明专文进行探讨，在桂林附近发现产胶植物薜荔（桑科）和大叶鹿角果（夹竹桃科），并指出此种植物在我国分布区域极广，如能广泛种植可实现我国橡胶原料自给④。董新堂对国外橡胶植物及国内橡胶植物的分布、栽培及制胶情况进行了全面梳理和综合报告，指出我国最早发现的橡胶植物便是我国土产植物杜仲，及苏联植物学家于我国新疆发现的菊科蒲公英属植物——橡胶草。除彭光钦等发现的橡胶植物，粤桂十万大山调查队所发现的 5 种橡胶植物色泽成本胶力均佳外，还有 11 种其他产胶植物⑤。吴志曾提出我国产胶植物达百余种，通过在重庆进行实地调查的基础上，专门对橡胶草的形态特征、栽培方法进行了探讨⑥。

　　民国时期也有一批关于橡胶研究的专著问世，一些植物学、化学领域的学者针对国内外橡胶工业发展史以及我国橡胶植物的类型、分布等进行了全面系统探讨。1925 年，全国经济委员会主编的《橡胶工业报告书》从橡胶工业原料、我国橡胶工业发展、橡胶品进入情况等方面展开调查⑦。1943 年，著名的植物生理学家焦启源《橡胶植物与橡胶工业》一书问世，这是中国学界第一本橡胶研究的论著，对于我国乃至东南亚地区产胶植物的区域分布、生理特点以及战时、战后橡胶工业的发展以及国际橡胶产销情况和统制政策等方面，进行了较为全面的梳理和总结，是研究民国橡胶工业的重要资料，书中还有大量的附图，虽然较为简略，但以图文并茂的形式生动地展现了当时世界橡胶产区分布及产胶植物形态⑧。

---

　　① 沈质彬：《橡胶事业与中国》，《科学》1932 年第 16 卷第 11 期，第 1649—1656 页。

　　② 陈国玱：《橡胶及橡胶工业》（附图、表），《广西省政府化学试验所工作报告》1936 年第 1 期，第 189—203 页。

　　③ 卢林，彭光钦：《国产橡胶的前途》，《科学知识》1943 年第 2 卷第 5 期，第 313—314 页。

　　④ 彭光钦、李运华、韦显明：《国产橡胶之发现》，《广西企业季刊》1944 年第 2 卷第 1 期，第 56—57 页。

　　⑤ 董新堂：《国内之橡胶植物》，《新经济》1945 年第 11 卷第 10 期，第 11—14 页。

　　⑥ 吴志曾：《橡皮草栽培问题之研讨》，《东方杂志》第 40 卷第 15 号。

　　⑦ 全国经济委员会编：《橡胶工业报告书》，上海：全国经济委员会，1935 年。

　　⑧ 焦启源：《橡胶植物与橡胶工业》，金陵大学，1943 年。

综上所述，晚清至民国时期，橡胶在军事、经济、生产生活中所发挥的作用开始受到重视，化学、植物学家在介绍国外橡胶研究成果的基础上对国内橡胶进行专门研究，这一时期介绍当时中国橡胶制造工业状况、困境、对策的研究成果较多，着重于探讨橡胶树、橡胶植物、橡胶制法，对于国人初步了解橡胶、发展橡胶工业具有重要价值，为20世纪50年代对橡胶研究进行专业划分及深入研究奠定了重要基础。

（2）中国橡胶研究的进展：20世纪50—70年代

我国橡胶种植自1950年以来逐渐形成一定规模，1954年，橡胶的科学研究开始系统化，并进行了专业划分。学界开始拓展研究领域，从生物学、生理学、气象学等不同学科的视角，深入研究橡胶及周边环境对橡胶种植的影响。20世纪50年代，中国受到帝国主义的经济封锁（此前橡胶原料主要是通过进口），但因国防工业建设需要必须实现原料自给，此一时期橡胶研究的内容与时代联系密切。

20世纪50年代以来，特别是1951年政务院出台《关于扩大培植橡胶树的决定》之后，关于产胶植物资源及橡胶树的实地调查及研究成果颇丰。植物学对橡胶植物的分析不再停留于植物分类学层面的分析，而是在实地调查和实验分析的基础上，开始从植物生理学、植物细胞学、植物解剖学进行全面、深入、具体的研究。著名植物学家秦仁昌、蔡希陶、冯国楣对于滇西、滇东南、滇南的产胶植物资源进行了深入全面的实地调查①。植物生理学家罗士苇通过分析20世纪50年代我国橡胶原料的生产情况，认为在巴西橡胶生长周期较长，无法满足当时工业需要，通过分析橡树、橡胶草、银色橡胶菊等植物，认为橡胶草生长周期短、更易广泛种植，通过全面分析橡胶草的历史、性质、生理、种植方式，他指出橡胶草适合于生长在北温带，因此华中、华北、西北和东北四个区域都有培植橡胶草的可能，华南和西南区可以试种银色橡胶菊，海南和云南南部可以种植橡胶树②。1951年罗士苇又针对从新疆带回的橡胶草进行栽培并形成调研报告，进行了详细的形态观察、细胞学分析以及乳管制片法的实践。提出我国新疆所产的橡胶草，与1931年苏联发现并大量培植的橡胶草是同一种

---

① 《中国农业全书》总编辑委员会编：《中国农业全书·云南卷》，中国农业出版社2001年版，第257—258页。

② 罗士苇：《橡胶草——橡胶植物的介绍之一》，《科学通报》1950年第8期，第559—564页。

植物①。也有一些学者从化学视角对橡胶草进行了研究。成言分析了橡胶草的含胶量及胶质，认为橡胶草可以作为代替橡胶的产胶植物②。除橡胶草以外，银色橡胶菊、杜仲也是国产的重要橡胶植物，罗士苇对银色橡胶菊的性质、橡胶含量、栽培方式进行了全面探讨，认为银色橡胶菊也是补充我国橡胶原料的重要植物③。

早在民国时期，一些学者便已经提出杜仲是我国国产的一种橡胶植物，罗士苇也认为杜仲是值得研究的土产橡胶植物。王宗训进一步运用国外相关资料从植物学视角进一步探讨了杜仲含胶量，提出杜仲的含胶量虽少于橡胶树、橡胶草，但经培育之后可以提高产量④。

这一阶段的橡胶植物研究对象重点关注到橡胶植物的生理特征、栽培条件及方式，奠定了植物学领域橡胶研究的地位。

1954 年，我国成立专门的华南亚热带作物研究所。关于巴西橡胶树的研究成果涌现，较之此前研究成果学科性、专业性更为明显。一些学者从植物生理学的视角针对橡胶树进行观察和试验，柳大绰通过解剖试验，观察了解胶苗在各个生长时期中乳管发达和外界环境的关系，对橡胶的生物合成和环境条件，对于乳管形成的影响两个方面进行了深入探讨。当时的一些学者也对这篇文章进行了一些回应，在充分肯定柳大绰研究的同时，曾友梅认为今后的研究工作应当从成长周期、温度等扩展到其他因素，并从试验室到大田进行实验；焦启源认为对幼苗进行解剖有一定好处，但胶树在上海培育与华南不同，应当进行对比观察；罗宗洛认为影响胶乳不是单独因素而是综合性因素，植物生物学仅能解决和植物生理有关的问题，有关生态的问题还是需要各方面的努力⑤。刘乃见从生物学视角首次较为全面分析了巴西橡胶树在天然橡胶中的地位、形态、生物学特征、栽培情况及产销管理⑥。钟洪枢从生物学视角对巴西橡胶树的光合、蒸腾、灌溉

---

① 罗士苇：《橡胶草的研究 部分Ⅰ. 新疆产橡胶草的形态观察》，《中国科学》1951 年第 3 期，第 373—379 页。

② 成言：《橡胶草》，《化学世界》1950 年第 11 期，第 10 页。

③ 罗士苇：《银色橡胶菊——橡胶植物的介绍之二》，《科学通报》1951 年第 1 期，第 18—21 页。

④ 王宗训：《杜仲——一种出产硬性橡胶的植物》，《科学通报》1951 年第 4 期，第 468—470 页。

⑤ 柳大绰：《巴西橡胶树幼苗乳管发达的初步观察》，《植物生理学通讯》1956 年第 5 期，第 74—81 页。

⑥ 刘乃见：《巴西橡胶树》，《生物学通报》1957 年第 7 期，第 4—10 页。

生理指标等问题进行了初步报告①。不同地区橡胶树的生物学、生理学特征有所差异，较之以往研究，韩德聪、黄庆昌对广州地区的巴西橡胶树的生态生理学特征进行了剖析，认为在广州地区的干季适当补充土壤水分，增强水分代谢，有利于橡胶树的生长②。这一阶段的学者已意识到学科内部存在的局限性，橡胶的研究应需要不同学科的介入。

20世纪50年代末60年代初，橡胶种植达到一定规模，农业科学、林业科学学者开始关注到橡胶种植、培育、管理等方面的研究，广西亚热带作物研究所总结了橡胶种植需要春天播种、露天盖草催芽、幼苗摘顶等经验能够保证橡胶幼苗的培育③。华南亚热带作物科学研究所农业气象组较早从农业气象的视角对橡胶白粉病进行了早期研究，认为橡胶白粉病的流行与气候、天气条件密切相关④。20世纪60年代以来，开始有一些学者从生态的视角关注橡胶种植与周边环境的关系研究。萍踪在探讨橡胶林段结合林地覆盖时，突破了传统橡胶间作农作物会抢夺橡胶的肥料并造成严重水土流失的论断，经过实践证明通过合理间作，尤其是间作豆科植物，可以改良土壤，控制水土流失⑤。这为20世纪80年代生态学将橡胶纳入其研究范畴奠定基础，此一时期农学、林学、气象学等学科的介入，极大地拓宽了橡胶研究的领域。

这一时期的研究成果的生态学特性逐渐凸显，从橡胶研究的拓展和深入而言，需要不同学科研究理论、方法的借鉴和整合。20世纪50年代以前，橡胶研究以化学、植物学为代表，重点探讨了橡胶工业及橡胶的植物特性、化学属性。20世纪初，一批植物学领域的专家学者关注到橡胶及其种植环境条件，是早期以环境视角研究橡胶的成果。但因学科自身的局限性，直至20世纪50—70年代，学界才逐渐关注到橡胶与环境之间的互动关系，以生物学、生理学、农业科学、林业科学、气象学的研究为代表，

---

① 钟洪枢：《巴西橡胶树的几个生理问题》，《植物生理学通讯》1959年第1期，第33—40页。

② 韩德聪、黄庆昌：《广州地区巴西橡胶树在湿季和干季中的水分状况的研究》，《中山大学学报》1963年第Z1期，第89—93页。

③ 广西亚热带作物研究所：《橡胶种植的几点经验》，《广西农业科学》1959年第Z1期，第45页。

④ 华南亚热带作物科学研究所农业气象组：《贯彻农业八字宪法 加速橡胶幼树生长》，《中国农垦》1959年第23期，第26—32页。

⑤ 萍踪：《大力推行橡胶林段间作》，《中国农垦》1960年第4期，第23页。

针对橡胶植物本身、生理特性、生态特征、栽培方式、管理方式、灾害防治等方面进行了更为深入的探讨。林学、农学、气象学是这一时期将橡胶纳入研究范畴的新学科,其研究内容、方法、视野都有所拓展,学界开始关注到橡胶对环境的适应性及其针对性的技术、管理方法。环境对于橡胶也会产生一定的排斥,如寒害、风害、病虫害等,都是橡胶作为外来物种而难以融入当地生境的重要表现。

2. 中国橡胶研究的生态视角:20世纪80—90年代

从学科发展而言,生态学将橡胶纳入其研究范畴,既是学科发展的必然,也是橡胶研究领域范围拓展所需;20世纪60年代时,虽一些学者已经开始关注橡胶及其周边环境的关系,但并未成为生态学的研究对象,20世纪80年代,才开始运用生态学理论与方法进行专门探讨,尤其是橡胶种植是否会造成生态失衡引起热议。此一时期研究的主要区域集中于海南、云南、广东等橡胶种植区,此前关于"植胶必然毁坏森林""生物多样性必会因植胶而严重破坏。"等说法颇多①。针对这种说法,学界较具代表性的观点是橡胶种植可以在一定程度上维持生态系统平衡,一批常年在海南、云南、广东从事橡胶研究的老一辈学者,尤其针对云南西双版纳橡胶种植区域的生态问题探讨更为热烈,一些学者从生态学的视角进行了探讨和回应。

(1) 橡胶林维持生态平衡研究

关于橡胶林可以更好地维持生态系统平衡的论点主要以黄泽润、李一鲲为代表,研究区域主要集中于云南地区。黄泽润、李一鲲、曾延庆通过长期在云南进行实践的基础上,较早提出如何在合理开发利用西双版纳热带自然资源的基础上,加速发展橡胶种植的问题,认为这一问题还存在分歧和矛盾,其争论的焦点便是发展橡胶种植是否会破坏该区的生态系统平衡。橡胶林开垦之前,当地是竹木混交林、竹林、灌丛和草地为主,而烤胶消耗的木材也仅是1970年以前的千分之四,他们进一步指出,垦殖橡胶不是破坏森林、破坏生态平衡的主要原因,橡胶林是将低价天然植被改造为高价人工林,建立了新的生态平衡;而且明确指出应因地制宜,宜粮

---

① 云南省地方志编纂委员会总纂,云南省农垦总局编撰:《云南省志·卷三十九·农垦志》,云南人民出版社1998年版,第793页。

则粮（坝区以农田为主）、宜胶则胶（半山区以胶林为主）、宜林则林（山区以林区为主）[①]。王任智、李一鲲进一步从西双版纳地区橡胶林土壤水分平衡的一个侧面，来探索人工植物群落的替换是否会导致生态环境条件的退化。通过对比大面积植胶前后，降水量及地表蒸发量、地表径流量，降水量和雨日变化关系，并分析雾日减少，空气相对湿度降低，绝对湿度增加，地面蒸发量增加的原因，认为出现这种情况主要是由于橡胶种植；然而，毁林开荒、刀耕火种、森林火灾等也是造成原始森林减少的重要原因，将某些气象因素的变化归咎于种植橡胶这一个因子是片面的；并认为橡胶林具有一般森林和热带雨林的共性，具有涵养水源、保持水土、调节气候的作用。胶林虽在保持水土方面不及热带雨林，但高于竹木混交林、竹林、灌丛草地等次生植被[②]。李一鲲进一步指出，不仅自然生态系统的自动调节能够保持生态平衡，人工森林生态系统在人为干预下也具有与自然生态系统相似的，通过自身调节生态系统的能力。实现生态相对平衡，建立橡胶林生态系统有利于缓解森林破坏，从而保护森林资源[③]。

也有一批学者针对广东、海南地区的橡胶林对当地生态的影响进行了探讨。周果人、高素华等认为广东地区橡胶林人工生态系统有良好的生态效益、经济效益和社会效益。在热带次生杂木林、草原或荒山荒坡种植橡胶，不仅不会引起当地生态环境变劣和经济收益下降，而且还有利于改善当地生态环境[④]。高素华、庄立伟认为橡胶林的人工生态群落较之次生林和草原而言，其改善水土能力不比次生林和草原差[⑤]。郝永路指出橡胶林是一种多层复合的人工生态系统，橡胶人工生态系统（林—胶—覆）净生产能力高于热带季雨林，甚至超过热带雨林，是一种高效人工生态系统[⑥]。谢贵水、蒋菊生等认为与橡胶园生态系统外的气温和湿度相比，橡胶园生

---

① 黄泽润、李一鲲、曾延庆：《垦殖橡胶与生态平衡》，《中国农垦》1980年第3期，第24—25页。

② 王任智、李一鲲：《从橡胶林土壤水分平衡看植胶对生态平衡的影响》，《云南热作科技》1981年第3期，第9—14页。

③ 李一鲲：《橡胶林在生态平衡中的作用》，《生态经济》1985年第1期，第41—43页。

④ 周果人、高素华、黄增明：《广东橡胶林生态效益的初步研究》，《热带作物学报》1987年第1期，第1—10页。

⑤ 高素华、庄立伟：《海南岛橡胶人工生态群落的辐射特征》，《气象科学研究院院刊》1986年第2期，第204—211页。

⑥ 郝永路：《试论橡胶人工林生态系统的生产力》，《生态学杂志》1982年第4期，第16—18页。

态系统内气温较低，气温变幅较小，相对湿度较高，这正是橡胶园生态系统调节功能发生作用的结果①。

20世纪80年代，在国家政策导向下，为大力发展地方经济，提高地方民众收入，民营橡胶逐渐兴起，橡胶种植面积空前扩大，产生了良好的社会经济效应。但同时一些生态环境问题也初步显现，尤其是这一时期热带雨林破坏严重，橡胶作为破坏热带雨林的目的经济作物被推至舆论巅峰。然而，这一时期学界却较少有关于橡胶种植破坏热带雨林的专门探讨，主要是由于此种说法对于当时橡胶作为战略资源的发展的前景极为不利，严重影响橡胶产业稳定发展，也因此，一批长期从事橡胶事业的实践工作者驳斥橡胶种植破坏生态的观点，并力图证实橡胶并非造成生态环境破坏的原因，而且橡胶种植对于维持生态系统平衡具有重要作用。

（2）橡胶间种产生生态经济效益研究

20世纪80年代以前，由于农业科学、林业科学在橡胶间作、灾害防治等方面取得的成绩，生态学、经济学学者开始考虑到如何更大发挥橡胶的生态经济效益。虽然这一时期更大程度上是偏重于实现经济效益最大化，但20世纪80—90年代的研究在很大程度上推动了当下橡胶绿色产业的发展。

"橡胶间种"是较早提出的"生态胶园"建设的一种早期探索。20世纪80年代，在一些关于橡胶间种经济作物的调研报告中，为了解橡胶间种是否会产生生态环境效应进行了全面分析。如纪力仁认为胶椒间种相较橡胶单一种植会提高胶林土壤养分，且在橡胶林下间种胡椒，较之单一胶林可以增加凋落物并减少地面水土流失②。林绍龙认为通过在橡胶林中间作南药巴戟，是遵循植物自由组合群落规律的，有利于实现生态效益与经济效益的统一③；他又进一步提出选择生物学特性相接近相适应、经济价值高的巴西橡胶、茶、咖啡、胡椒、巴戟、益智等作为主要成员，模拟热带雨林多层多种群落的生态特点，进行科学的组合，以此建立橡胶园立体生态结构④。黄克新、倪书邦同样指出，橡胶树和咖啡间种，可以建立植

① 谢贵水、蒋菊生、林位夫：《橡胶园生态系统调节系统内温湿度的功能与机制》，《热带农业科学》2003年第1期，第1—7页。

② 纪力仁：《橡胶园间种胡椒研究报告》，《热带作物研究》1983年第2期，第67—73页。

③ 林绍龙：《橡胶——巴戟生态系统经济效益的研究》，《热带地理》1985年第1期，第77—81页。

④ 林绍龙：《关于建立橡胶园立体生态结构问题》，《热带地理》1989年第3期，第286—287页。

物组分的立体生态结构，使其具有与热带雨林大致相同的多层次和多种类的优势，增加橡胶树非生产期的经济收益①。石健提出了对发展天然橡胶生态胶园的新认识，他根据云南垦区在橡胶林内套种咖啡、茶叶以及杧果、香蕉、菠萝等的试验，认为在合理利用有限土地资源与保护生态环境的基础上，应走立体农业、生态农业的道路，促进人、自然、环境、森林生态的有机统一②。杨曾奖、郑海水、尹光天等提出橡胶间种砂仁、咖啡等经济作物较之纯胶林含水量、土层、土壤有机质有所提高③。周再知、郑海水、杨曾奖等又进一步提出间种砂仁可明显增加林分植物库中营养元素的含量，有利于植物对土壤库中营养元素的吸收④。

此外，20世纪80年代初期，地理学逐渐将橡胶纳入其研究范畴，开始深入探讨自然环境对于橡胶的影响。张声骉分析了海南气候对于橡胶的影响，探讨了不同区域橡胶生长存在差异，指出橡胶基地的选择必须充分利用橡胶适生之处⑤。王菱探讨了地形气候利用与橡胶树北移的关系，认为橡胶树北移应根据地形气候特点，选择适宜于其生长的地理环境⑥。彭永岸从地形、气候、土壤等自然条件分析了西双版纳植胶的区位优势⑦。江爱良认为由于青藏高原可以抵挡冬季低层冷空气平流，使高原南侧的中国西南部地区冬季降温和缓，便于橡胶树越冬，而东南部地区因无高大山体阻挡，寒潮后期低温阴雨天气较长，极易导致橡胶树遭受严重寒害⑧。

3. 中国橡胶研究的人文视角：21世纪以来

21世纪以来，橡胶研究的转向包括研究内容转向和学科转向两个层面。一是研究内容上开始对橡胶种植带来的负面影响展开探讨，并在"橡

---

① 黄克新、倪书邦：《建立生态经济型橡胶园橡胶咖啡间作模式》，《生态学杂志》1991年第4期，第37—39页。

② 石健：《发展天然橡胶生态胶园初探——对发展立体农业的思考》，《热带作物研究》1994年第1期，第6—12页。

③ 杨曾奖、郑海水、尹光天等：《橡胶间种砂仁、咖啡对土壤肥力的影响》，《林业科学研究》1995年第4期，第466—470页。

④ 周再知、郑海水、杨曾奖、尹光天、陈康泰：《橡胶与砂仁间作复合生态系统营养元素循环的研究》，《林业科学研究》1997年第1期，第15—22页。

⑤ 张声骉：《海南岛气候条件与橡胶基地的探讨》，《热带地理》1980年第1期，第17—20页。

⑥ 王菱：《横断山脉的地形气候利用与橡胶树北移》，《地理研究》1985年第1期，第71—78页。

⑦ 彭永岸：《从自然条件看西双版纳植胶区的优势》，《热带地理》1986年第1期，第13—17页。

⑧ 江爱良：《中国热带东、西部地区冬季气候的差异与橡胶树的引种》，《地理学报》1997年第1期，第45—53页。

胶间作"的基础上提出"环境友好型胶园"建设，本期研究较之21世纪之前的研究，资料、数据更为全面。二是人类学、民族学、历史学等人文社科领域开始关注到橡胶与政治、经济、社会、文化、环境的关系探讨，其研究区域、研究方法上极大地拓宽了橡胶研究的视野。

（1）生态学视角下的橡胶林对生态造成负面影响研究

学界关于橡胶林对生态造成负面影响的研究区域主要集中于云南，尤其是西双版纳。从生态学视角出发，周宗、胡绍云、谭应中指出橡胶种植致使西双版纳热带雨林功能降低和生物多样性减少、雾日减少。生物学专家许再富的研究指出，橡胶种植区域的气候正在从湿热向干热转变，从水土流失量来看，橡胶林水流失量是同面积热带雨林的3倍，土流失量则是同面积热带雨林的53倍①。周宗、胡绍云进一步指出，橡胶在开垦种植、割胶、更新阶段，对生物多样性、动物生存环境、水土流失、水源、气候、土壤和水质污染、地质灾害等方面都具有较恶劣的生态影响②。鲍雅静、李政海、马云花等认为热带雨林转变为橡胶林之后，群落层次结构简单化，物种多样性明显下降，地上生物量下降，土壤养分状况变劣③。张墨谦、周可新、薛达元指出，橡胶林土壤有机物浓度、土壤总氮量浓度及储量都有显著的减少，氮矿化速率也显著降低，土壤养分的下降会对各类植物的生长都有不利影响④。橡胶种植所带来的生态后果日趋严重，尤其是云南橡胶种植跨境区域，甚至会对邻国生态环境构成威胁。从环境科学、生态经济学视角出发，戴波认为大规模毁坏热带雨林，大面积种植橡胶的行为，严重破坏了天然林涵养水源、防风固沙、净化空气、调节气候的功能，也进一步破坏了物种遗传、更新和生态平衡⑤。杨为民、秦伟认为中、老、缅跨境民族地区橡胶种植面积扩大，导致农业种植结构单一，

① 周宗、胡绍云、谭应中：《西双版纳大面积橡胶种植与生态环境影响》，《云南环境科学》2006年第S1期，第67—69页。

② 周宗、胡绍云：《橡胶产业对西双版纳生态环境影响初探》，《环境科学导刊》2008年第3期，第73—75页。

③ 鲍雅静、李政海、马云花等：《橡胶种植对纳板河流域热带雨林生态系统的影响》，《生态环境》2008年第2期，第734—739页。

④ 张墨谦、周可新、薛达元：《种植橡胶林对西双版纳热带雨林的影响及影响的消除》，《生态经济》2007年第10期，第377—378页。

⑤ 戴波：《经济发展与生态保护的思考——橡胶种植与热带雨林》，《生态经济》2008年第8期，第92—95页。

对于跨境地区生物多样性带来威胁，随着人工种植橡胶林区的不断扩大，热带雨林被大面积蚕食，将直接影响到大湄公河流域次区域的气候状况，甚至可能会带来全球性生态灾难[①]。张佳琦、薛达元认为随着橡胶林的大面积种植，热带雨林生态系统的生物多样性、保持水土能力、土壤质量均有明显下降，热带雨林景观出现较为严重的破碎化和片段化，病虫害大面积暴发[②]。高天明、沈镭、刘立涛等指出森林变成橡胶林后减弱了调节气候的功能，气候正从湿热向干热方向转变，也带来了生物多样性丧失，物种丰富度下降了60%[③]。耿言虎认为橡胶种植形成的外部条件是政策、市场、技术、文化，资本与生态具有根本的内在冲突，市场赋值自然，把自然变成商品，人们在追求最大经济效益的同时，忽略了自然的稀缺性与再生性，不受约束的自然资本化是造成自然过度资本化的现实，这是导致生态失衡的根本原因[④]。赵娜、王兆印、徐梦珍等认为随着橡胶林种植强度的增加，底栖动物的多样性降低[⑤]。周外、吴兆录等通过景洪市戈牛村的调查，认为橡胶种植导致了该村寨水源短缺，橡胶种植面积的大幅度增长与村寨人畜饮水短缺是同步的[⑥]。刁俊科、李菊、刘新从生态经济学视角，评估了橡胶种植的经济社会效益和造成的生态损失，经核算，云南当前橡胶种植年纯利润约15.59亿元，年土壤侵蚀及水源涵养损失价值约8.35亿元，此外还有区域小气候变化、生物多样性损失的价值是难以估量的，扣除这些生态损失价值，橡胶种植带来的经济社会效益将会大打折扣[⑦]。

　　云南作为我国第二大天然橡胶种植基地，与广西、广东、海南等省份

① 杨为民、秦伟：《云南西双版纳发展橡胶对生态环境的影响分析》，《生态经济》2009年第1期，第336—339页。

② 张佳琦、薛达元：《西双版纳橡胶林种植的生态环境影响研究》，《中国人口·资源与环境》2013年第S2期，第304—307页。

③ 高天明、沈镭、刘立涛、薛静静：《橡胶种植对景洪市经济社会和生态环境的影响》，《资源科学》2012年第7期，第1200—1206页。

④ 耿言虎：《自然的过度资本化及其生态后果——云南"橡胶村"案例研究》，《河海大学学报》2014年第2期，第31—36页。

⑤ 赵娜、王兆印、徐梦珍等：《橡胶林种植对纳板河水生态的影响》，《清华大学学报》2015年第12期，第1296—1302页。

⑥ 周外、吴兆录、何謦成等：《橡胶种植与饮水短缺：西双版纳戈牛村的案例》，《生态学杂志》2011年第1期，第1570—1574页。

⑦ 刁俊科、李菊、刘新：《云南橡胶种植的经济社会贡献与生态损失估算》，《生态经济》2016年第4期，第203—207页。

不同，云南尤其是西双版纳傣族自治州地区，是全球生物多样性热地点地区，更为大面积热带雨林分布区，而且与缅甸、老挝接壤，其地理区位、生态区位极其重要。也正是因为如此，21世纪以来，随着西双版纳地区橡胶的大面积种植，较之其他区域的橡胶种植，对于当地生态环境造成的破坏更为严重，尤其是热带雨林逐渐被侵蚀，生物多样性减少，其他如水土流失、地下水减少、土壤污染等生态问题日渐突出。

（2）生态经济学视角下的环境友好型生态胶园研究

进入21世纪以来，生态—经济复合型胶园模式成为建立生态胶园的典型，要走环境保护和经济发展相协调的生态农业之路成为行业共识。目前较为普遍认同的生态胶园的概念是"以天然橡胶为主体，多物种融合，共生共长，相互促进，具有经济功能和生态功能的多物种、多层次、立体型的橡胶林复合生态系统"①。学界关于"生态胶园"的研究集中于对当前生态胶园建设模式、生态功能、存在问题及对策等方面，面对无序化的橡胶种植所带来的一系列生态问题，宋志勇、杨鸿培、田耀华等提出西双版纳在近几十年来，一些企业与农民为追求经济利益最大化，存在大规模种植橡胶树，但是土地资源有限，部分区域出现了超规划、超海拔、超坡度种植现象，导致了一系列橡胶种植与生态环境保护不相协调的问题，而环境友好型生态胶园的尝试是橡胶种植可持续发展的重要路径②。因此，必须探索出一条橡胶产业的绿色发展之路。

关于生态胶园建设模式的思考，发源于橡胶种间套作模式。这种模式主要是为弥补橡胶林在涵养水土、保持生物多样性、防治病虫害等方面的缺憾。曹建华、梁玉斯、蒋菊生认为适宜的间作复合生态系统能改善胶园生态环境小气候，明显降低近地空气和地表土壤的温度，减少土壤水分的蒸发，增加空气湿度，从而减少高温和干旱对胶树造成的伤害③。张永发、邝继云、符少怀提出了"猪—沼—橡胶"能源的低碳、环保、生态的循环生态农业模式，沼液用于喂猪、养鱼，沼肥用于发展橡胶产业，形成"养

---

① 汪铭、李维锐、李传辉：《云南农垦生态胶园建设实践与思考》，《热带农业科技》2014年第37卷第4期，第41—46页。

② 宋志勇、杨鸿培、田耀华等：《西双版纳环境友好型生态橡胶园与橡胶纯林鸟类多样性对比分析》，《林业调查规划》2018年第3期，第47—52页。

③ 曹建华、梁玉斯、蒋菊生：《胶—农复合生态系统对橡胶园小环境的影响》，《热带农业科学》2008年第1期，第1—8页。

猪—沼气池—橡胶产业"良性循环的生态农业模式，可以更为高效地利用农业资源、改善生态环境、提高橡胶产量、增加农民收入①。黎青松、傅国华总结了海南橡胶林间种模式包括胶—畜（禽）模式、胶—热农作模式、胶—菌模式、胶—药模式、胶—蜂模式、胶—草复合栽培模式、胶—花卉模式。认为橡胶林的间种在保证经济效益的同时，还要注重生态效益，但这种间种模式可选择的方式较少，需要通过发展林下橡胶经济，探索生态胶园建设的补偿机制，鼓励有机橡胶园的建设②。这方面以汤柔馨、马友鑫、莫慧珠等提出橡胶—大叶千斤拔模式的整体效益水平最高，作为一种效益最高的橡胶林复合模式，可考虑在区域中广泛推广种植，实现橡胶林生态系统的生态与经济效益最大化③。王飞军、陈蕾西、刘成刚提出橡胶林下催吐萝芙木和降香黄檀的种植，具有提高生物量积累和碳固存的潜力和优势④。陶建祥、吕厚波、周文会等提出天然橡胶林下种植白芨的环境友好型生态胶园模式，认为通过橡胶与白芨套作种植模式，有利于提高土地利用率，橡胶林保护带光线较弱、潮湿，土壤腐殖质丰富，排水良好，为白芨种植提供了有利条件，社会效益、经济效益、生态效益⑤。谢学方、李艺坚、丰明等认为玫瑰茄属热带经济作物，具有药用和食用价值，在橡胶幼林胶园间作，不但有较好的经济效益，还有较好的生态效益，而且玫瑰茄抗病能力强，病虫害发生较少，这对于预防橡胶病虫害具有积极意义⑥。发展环境友好型生态胶园，是改善胶园生态环境，提高胶园经济效益，建设植胶区生态文明，实现"绿水青山就是金山银山"的重要举措⑦。

---

① 张永发、邝继云、符少怀：《"猪—沼—橡胶"能源生态模式浅析》，《农业工程技术》2013年第5期，第35—37页。
② 黎青松、傅国华：《海南橡胶林间种模式及发展建议》，《中国热带农业》2013年第4期，第25—26页。
③ 汤柔馨、马友鑫、莫慧珠等：《橡胶林复合种植模式的生态与经济效益评价》，《云南大学学报》2016年S1期，第121—129页。
④ 王飞军、陈蕾西、刘成刚：《不同年龄橡胶-催吐萝芙木-降香黄檀复合生态系统中植物的生长动态及其生物量》，《中南林业科技大学学报》2016年第1期，第86—93页。
⑤ 陶建祥、吕厚波、周文会、罗宗云：《天然橡胶+白芨种植模式探索》，《现代农业科技》2018年第17期，第138—139页。
⑥ 谢学方、李艺坚、丰明、刘钊：《橡胶幼林间作玫瑰茄栽培技术》，《热带农业科学》2018年第38卷第10期，第1—4页。
⑦ 云南省热带作物科学研究所热带作物生理与生态研究中心：《环境友好型生态胶园建设》，《热带农业科技》2018年第3期，第2—5页。

（3）人类学、民族学视角下的橡胶与环境变迁研究

20 世纪 90 年代以来，橡胶的大面积种植使地方社会与文化发生剧烈变迁，尤其是少数民族地区传统的生产生活方式、思想观念、生态观念发生重大转变，这一过程开始受到人类学、民族学的关注和重视。21 世纪以来，橡胶研究成为人文社科领域研究的重点。在人类学、民族学的研究中，将"橡胶"作为一种文化载体，重点探讨橡胶与民族关系、橡胶与人口资源、橡胶与生计方式、橡胶与宗教文化、橡胶与价值观念、橡胶与生态环境之间的关联。

生态人类学家尹绍亭最早从生态人类学的视角研究橡胶，由尹绍亭、深尾叶子主编的《雨林啊胶林》一书收录了 11 篇文章，其中有尹绍亭、苍铭、郑寒、杜娟、张实、李晓凝等 6 篇文章论及了橡胶种植对当地经济、社会、文化、生态造成的影响。此书是生态人类学视角下，第一部橡胶树的生态史研究，其研究区域聚焦于西双版纳，研究内容涉及西双版纳橡胶的开拓史、移民史、人地关系与人与生态环境的生态史，是橡胶研究发生人文转向的奠基之作。橡胶作为一种工业社会的产物，给西双版纳各民族的生产生活带来巨大冲击，加速了区域社会文化的剧烈变迁。尹绍亭指出，应将橡胶所带来的地方传统文化的转变，视为一种新的文化模式的探索[1]。尹绍亭指出，从橡胶生长、生产过程来看，植胶都造成了一定影响。最显著的表现就是大规模毁灭了原始森林，尤其是热带雨林，雾日明显减少、水土流失严重，制胶排泄的污水对环境和人畜产生了极大的危害[2]。

围绕这一论点，近十几年间，人类学、民族学学者以生态解读文化，通过长期的田野调查，深入探讨了橡胶种植所带来的一系列社会、经济、文化、环境影响。刘刚系统地梳理了 20 世纪 50 年代以来西双版纳橡胶林扩大的历史进程，认为橡胶种植对于当地生态环境、民族结构、生活方式以及传统村寨自然保护系统都带来一定影响，应当深化与自然共生、加强对传统文化的理解、使传统文化以新的形式加以改造，将西双版纳州整个

---

① 尹绍亭、深尾叶子主编：《雨林啊胶林》，云南教育出版社 2003 年版，第 5 页。
② 尹绍亭：《西双版纳橡胶种植与生态环境和社会文化变迁》，《人类学高级论坛秘书处会议论文集》，银川，2004 年 5 月，第 335—346 页。

变成生态特区①。马翀炜、张雨龙以中老边境两个哈尼族（阿卡人）村寨
作为案例，认为国防村村民能够顺利跨境进入老挝坝枯村种植橡胶，与中
老两国共同发展边境地区的愿望，以及老挝政府推行"替代种植"政策、
两国边民同属哈尼族阿卡人，具有较强的民族认同感等因素有关②。尹仑、
薛达元认为橡胶的大规模种植导致了当地民族传统生计的改变，体现在土
地利用方式、农事活动等方面。对农业生物多样性造成影响，致使传统栽
培植物和采集食物的减少和消亡，更在无形中消解了山地民族的传统自然
观念和行为规范，最终导致的干旱频发、河流枯竭、生物多样性明显减
少，气候明显变暖等现象已成为现实③。吴振南指出景洪地区当地的气候
状况变化，总体上向年平均气温增高，年降水总量减少的方向发展，人类
社会将面临环境变迁和社会实践带来的双重挑战④。张雨龙认为橡胶种植
业的迅速发展在促进经济增长的同时也致使社会文化变迁，同时也带来了
较大的生态环境问题，大面积的橡胶林侵占了原有热带雨林，导致热带雨
林面积急剧减少、水土流失较为严重、水资源逐渐减少、土壤肥力下降、
生物多样性减少，随着橡胶种植面积的扩大和橡胶产量的增加，越来越多
的橡胶加工厂所排放的污水造成了水源污染、空气污染等环境污染⑤。

　　民族学视角下，关于橡胶与社会文化变迁研究的典型案例探讨成果颇
多，杨筑慧通过对西双版纳勐罕镇傣族村落的田野调查，全面分析了橡胶
大面积种植之后，导致当地社会传统生产方式、生活方式、思想观念发生
剧烈变迁。指出这种变迁固然不能完全归结于橡胶种植，但它无疑是一个
不容忽视的重要诱发因素，认为在经济、文化以及生态环境之间找到一个
合适的平衡点⑥。朱映占、尤伟琼指出20世纪80年代以来，随着发展政

---

　　① ［日］刘刚：《西双版纳自然环境体系之价值所在，天然性还是人工性——兼及自然再生可能
性的探讨》，蒋芳婧译，载《民族宗教研究》（第4辑），南方出版社、广东人民出版社2015年版。
　　② 马翀炜、张雨龙：《跨境橡胶种植对民族认同和国家认同的影响——以中老边境两个哈尼族
（阿卡人）村寨为例》，《思想战线》2011年第3期，第17—21页。
　　③ 尹仑、薛达元：《西双版纳橡胶种植对文化多样性的影响——曼山村布朗族个案研究》，《广
西民族大学学报》2013年第2期，第62—67页。
　　④ 吴振南：《生态人类学视野中的西双版纳橡胶经济》，《广西民族研究》2012年第1期，第
140—148页。
　　⑤ 张雨龙：《从边境理解国家：中、老、缅交界地区哈尼/阿卡人的橡胶种植的人类学研究》，
博士论文，云南大学，2015年，第148页。
　　⑥ 杨筑慧：《橡胶种植与西双版纳傣族社会文化的变迁——以景洪市勐罕镇为例》，《民族研究》
2010年第5期，第60—68页。

策的调整，橡胶、砂仁、西番莲等经济作物被基诺族引进种植，传统的农业形式逐渐改变，基诺族聚居地的生态环境和社会文化都发生了变迁①。郭家骥通过对山区基诺族和坝区傣族的深入调查，指出橡胶种植业取代传统生计方式，成为山区和坝区共同的、单一的支柱产业，与此同时，传统民族关系格局发生改变，致使民族发展的风险性增大、民族关系的互补性减小、橡胶地使用权单向流转，影响了少数民族与政府的关系。而且随着橡胶种植面积的不断扩大以及种植区向高海拔地区扩展，给西双版纳当地生态环境造成了严重破坏，也给高海拔地区种植橡胶的山区民族增加了各种风险②。欧阳洁以更微观的尺度和更细化的视角，认为全球化过程，并非是传统文化消逝的过程，而是民族地区在进行文化创新过程中，将新的文化"嵌入"地方社会，实现社会继替③。罗强月分析了勐腊县少数民族在种植橡胶，发展地方经济的过程中出现的自然生态及社会文化变迁问题，认为民族地区在引进新型农作物或产业时，需要注意与当地的自然生态环境和文化模式相契合，守住发展和生态两条底线，坚持经济发展和环境保护相协调④。周若然从生态女性主义的理论视角，重点分析了雷贡寨子德昂族种植橡胶的过程，提出较种植传统经济作物茶叶而言，橡胶种植导致自然观以及性别关系上发生改变⑤。

人类学、民族学通过将"橡胶"作为一个文化载体，深入分析了橡胶进入当地社会之后所带来的意识形态、经济关系、传统文化、民族关系、生计方式、生态环境等方面的关系变化。其研究区域集中于单一民族单一村落，从微观层面来看整个区域、民族的社会文化变迁，及其变迁后所形成的新的文化模式。当前，此类型研究已经成为一种范式，较难在研究理论与方法上有所突破和创新，但环境史视角的切入，也许会对于人类学、民族学关于橡胶研究的继续深入和发展有所借鉴。

---

① 朱映占、尤伟琼：《橡胶种植对基诺族生境与社会文化的影响》，《原生态民族文化学刊》2012年第1期，第63—68页。

② 郭家骥：《生计方式与民族关系变迁——以云南西双版纳州山区基诺族和坝区傣族的关系为例》，《云南社会科学》2015年第5期，第11—14页。

③ 欧阳洁：《橡胶种植与社会继替——以中老边界的阿卡村寨为例》，博士论文，中山大学，2013年，第207页。

④ 罗强月：《地方经济发展过程中少数民族地区自然生态及文化变迁研究——以云南省西双版纳勐腊县橡胶种植为例》，《商业经济》2018年第8期，第55—59页。

⑤ 周若然：《茶叶、橡胶与雷贡德昂族女性》，硕士论文，云南民族大学，2016年，第51页。

（4）地理学视角下的橡胶研究

21世纪以来，地理学研究在研究方法、技术、内容方面有一定突破。自然地理学主要集中于运用GIS还原橡胶林地覆盖面积变化，如封志明、刘晓娜、姜鲁光等基于遥感技术定量分析了中、老、缅交界地区在1980—2010年间，橡胶林地的分布特征及地形因素的影响与限制[①]。张娜运用遥感影像提取、统计数据、实地调查的方法，认为西双版纳林权改革之后，橡胶种植面积总体呈扩大趋势，从不同利益主体博弈论，解释了橡胶种植面积变化的原因，提出橡胶作为林地不能体现生物多样性。生产结构调整在生物多样性保护中存在缺陷，橡胶林的扩张并没有受到政策制约[②]。孙正宝、张娜、陈丽晖以西双版纳勐海县橡胶林为例，尝试基于GE与GIS技术的橡胶判识和分析方法，证实了从2011年到2013年，勐海的橡胶林种植面积快速扩大，种植海拔小幅上升，种植地坡度基本不变[③]。

人文地理学更注重分析土地利用方式转变后的民族关系、权力体系、产业结构等的变化。许斌、周智生从人文地理学视角，进一步在更为宏观的时空尺度下，看到西双版纳传统的稻作文化景观被橡胶文化景观所取代，在论证中也对这一过程的形成和影响机制进行了分析。但关于一些问题还有待于商榷，如经济差距缩小，坝区和山区产业结构的转变，导致贫富差距拉大，以及同一山区不同民族、不同山区不同民族之间的贫富差距加大；以及关于乡土社会是否被解构还有待于探讨。在民族社区内部多以血缘和家族关系为纽带，这些地区在橡胶种植之后其实也存在着共生、共存的关系，并非完全让位于经济利益[④]。

（5）历史学视角下的橡胶研究

从史学视角出发探讨橡胶的早期研究可追溯至晚清至民国时期，橡胶初被国人认识，便是由当时一些知识分子介绍了世界橡胶的引种、加工、

① 封志明、刘晓娜、姜鲁光、李鹏：《中老缅交界地区橡胶种植的时空格局及其地形因素分析》，《地理学报》2013年第68卷第10期，第1432—1446页。

② 张娜：《西双版纳林权改革前后橡胶种植变化及政策影响原因——基于利益博弈视角》，硕士论文，云南大学，2015，第32页。

③ 孙正宝、张娜、陈丽晖：《基于Google Earth与ArcGIS的勐海县橡胶林覆盖分析》，《云南地理环境研究》2016年第28卷第1期，第7—13页。

④ 许斌、周智生：《全球化背景下云南多民族地区橡胶文化景观时空分析及影响——以西双版纳地区为例》，《国土资源科技管理》2015年第5期，第80—88页。

栽培、发展史。晚清民国时期，橡胶作为一种新经济作物进入中国，引起
了社会人士的广泛关注。学界关于橡胶产业发展的历史进行了追溯，董新
堂追溯了橡胶产业在全球的传播和发展，重点讨论了国内橡胶植物的发
现，内容虽较为简略，但大体还原了橡胶植物在全球的分布①；范剑平立
足史学视角，清晰地还原了民国时期国内外橡胶工业的发展历程②，他的
另一篇文章则更为全面地介绍了橡胶工业在国内外的种植、加工、栽培、
利用史③。这是早期从史学视角梳理橡胶发展历史脉络的研究成果。

中华人民共和国成立以来，历史学视野下，关于橡胶研究，最早的有朱
德枫编著的《橡胶的故事》④。莫清华对于世界橡胶的栽培、加工史进行了
简单的论述，探讨了中国橡胶的发现、引种过程、种植区域、加工利用过
程，强调了橡胶在不同时期发挥的重要作用⑤。苍铭对于云南 20 世纪 50 年
代至 70 年代的橡胶移民史进行了全面梳理，此次橡胶移民也是云南边疆历
史上影响较大的一次移民⑥。世界史领域较早将橡胶纳入其研究范畴，并作
为其单独研究对象，其研究区域集中在印度尼西亚、马来西亚等东南亚国
家，研究时段主要是集中在"二战"后。以橡胶为切入点，考察战后的政
治、经济状况⑦。张箭对世界橡胶史的发展历程进行了全面梳理，并简要探
讨了橡胶的发现史、引种史⑧，又立足农林史，考察了橡胶产业在世界的发
展历程与橡胶的世界传播、扩展和普及。他认为橡胶既便利了人们的生
活，又带来巨大财富。由此形成胶农、农场职工、胶厂工人、橡胶商等新
的从业群体以及橡胶种植园、橡胶加工工厂及胶制品商店等新的经济实
体⑨。中国史研究则集中于从移民史、开发史等层面进行探讨。文婷从农
垦史、移民史的视角出发，认为 1952 年 9 月 15 日的《中苏橡胶协定》对

① 董新堂：《国内之橡胶植物》，《新经济》1945 年第 11 卷第 10 期，第 11—14 页。
② 范剑平：《橡胶工业史话》，《机联会刊》1947 年第 201 期，第 13—15 页。
③ 范剑平：《橡胶工业之进展》，《机联》1948 年第 230 期，第 18—20 页。
④ 朱德枫编著：《橡胶的故事》，中国青年出版社 1958 年版。
⑤ 莫清华：《橡胶溯源》，《农业考古》1982 年第 2 期，第 167—168 页。
⑥ 苍铭：《云南边地的橡胶移民》，载尹绍亭，深尾叶子主编《雨林啊胶林》，云南教育出版社
2003 年版，第 7 页。
⑦ 如郭又新《战后印度尼西亚橡胶种植业发展问题探析》（《东南亚研究》2005 年第 6 期），姚
昱《从殖民地经济到现代经济——战后马来西亚的橡胶政策及其影响》（《东南亚研究》2008 年第 4
期）等。
⑧ 张箭：《在中国试种橡胶树之前的故事》，《国家人文地理》2009 年第 10 期，第 8 页。
⑨ 张箭：《国际视野下的橡胶及其发展初论》，《河北学刊》2014 年第 6 期，第 51—55 页。

于 20 世纪 50 年代云南农垦系统的创建、早期发展历程的阶段性变迁、移民迁入等产生了重要影响①。闫广林、沈琦从边疆史维度探讨了海南农垦问题，认为从一定程度上，海南农垦史也是一部橡胶种植史，在政治大背景下探讨了海南因橡胶种植而带来的一系列地方社会、文化变迁②。殷雅娟、秦莹从科技史的视角出发，以西双版纳橡胶种植为例，探讨在橡胶种植发展过程中，当地傣族的农业生物多样性、当地人们生产生活方式的改变以及文化的变迁③。霍安治立足于史学视角，梳理了民初中国橡胶工业在广东、海南的发展始末④。

随着历史学的生态化转向，环境史开始将橡胶作为其研究对象进行探讨。周琼立足于环境史视角，认为橡胶从一个外来的经济作物，跨越区域或生态边界成为非本土物种。又因人类的持续性需求，繁殖量与需求量大致持平，形成了稳定的供求系统，逐渐转变为本土物种，而早期引入的橡胶因数量及种植区域有限，发生了本土化转化，其塑造的新环境对本土环境的危害处于无意识状态⑤。

综上所述，较之于国外学者关于橡胶的环境史研究，国内研究尚显薄弱，历史学界关于橡胶的研究成果多是传统史实的梳理，集中于政治史、经济史、农业史、移民史、边疆史等方面其研究理论和方法仍有待于突破和进一步创新。除以上领域外，也有一些关于橡胶与疾病的相关研究。俞淇提出橡胶制品生产企业的高生态危险性，严重危害环境和工人健康，加工材料中生胶是工作区中产生挥发性有机合物污染空气的重要根源，一些聚合物和合成橡胶所使用的单质具有致癌危险⑥。赵志正认为在橡胶工业企业所在地区，无论是常见疾病还是特殊疾病的发病率都比较高，这与橡

---

① 文婷：《1952 年〈中苏橡胶协定〉与 20 世纪 50 年代的云南农垦》，《当代中国史研究》2011 年第 2 期，第 85—89 页。

② 闫广林、沈琦：《海南农垦发展史》，社会科学文献出版社 2016 年版。

③ 殷雅娟、秦莹：《传统的留存与文化的变迁：少数民族现代农业科技的影响——以西双版纳傣族的橡胶种植为例》，云南省科学技术协会会议论文集，2016 年，昆明，第 51—55 页。

④ 霍安治：《民初广东橡胶救国始末》，《同舟共进》2019 年第 2 期，第 78—81 页。

⑤ 周琼：《近代以来西南边疆地区新物种引进与生态管理研究》，《云南师范大学学报》2018 年第 5 期，第 76—85 页。

⑥ 俞淇：《橡胶工业用原材料的生态问题》，《橡胶译丛》1995 年第 2 期，第 47—52 页。

胶工业生产中排放气体里含有大量有害物质有密切关系①。

4. 中国橡胶研究取得成就、不足及有待拓展之处

（1）中国橡胶研究取得的成就

橡胶研究最早可以追溯至 20 世纪初，20 世纪 50 年代以来，自然科学研究成果层出不穷。主要集中于生态学、生物学、气象学、农学、环境科学等学科。20 世纪末至 21 世纪以来，人文社会科学领域的研究一定程度上弥补了自然科学研究的缺憾，人类学、民族学、历史学等学科开始关注橡胶与人类社会、经济、文化、政治、环境的互动关系，并取得丰硕成果。

从学科层面而言，橡胶研究需要不同学科研究理论与方法的借鉴和整合。20 世纪 50—70 年代的橡胶研究，以植物学、农业科学、林业科学、气象学为代表。针对橡胶植物本身、橡胶的生理特性、栽培方式、管理方式、灾害防治等方面进行了讨论，较具代表性的是植物学对于橡胶树、橡胶草、银色橡胶菊等橡胶植物，利用试验室解剖的方法，分析了橡胶植物的生理特征、含胶量、选种方式等。也是 20 世纪 50 年代橡胶研究的重要成果。20 世纪 80—90 年代，生态学、环境科学开始关注橡胶与周边环境的关系研究。21 世纪以来，人文社科领域尤其是人类学、民族学、历史学等学科开始关注橡胶与政治、经济、文化、社会、环境、民族之间的关系探讨。

从研究内容而言，系统性橡胶研究的历史出现三次转向：一是 20 世纪 50 年代，是为橡胶研究的肇始，开始分学科进行不同视角的深入研究。二是 20 世纪 80 年代后，橡胶研究内容拓展，开始从只关注橡胶本身，转向关注橡胶与环境，橡胶是否能更好地维持生态系统平衡，成为这一时期争论的焦点。一批长期从事橡胶事业者力图证明合理的橡胶种植不会破坏生态环境，而是更好地改造当地生态，建立新的生态平衡。三是进入 21 世纪后，橡胶研究内容逐渐丰富，一方面，生态学开始关注橡胶大面积种植后对生态环境造成的负面影响，另一方面则是人类学、民族学、历史学等人文学科开始关注到橡胶大面积种植带来的社会、文化及环境变迁。

中国橡胶研究经历了 110 余年的历程，学科对研究主题的深入，橡胶研究在逐渐成熟的同时，取得了一定成就，但也存在着研究范式、资料、

① 赵志正：《评估橡胶制品生产对生态和环境的危害性》，《世界橡胶工业》2002 年第 3 期，第 51—54 页。

主题单一等诸多问题。

（2）中国橡胶研究领域的交融与侧重

国内早期的环境史研究脱胎于自然科学领域，至20世纪90年代时，环境史的研究重点逐渐从自然科学领域转向人文社会科学领域[1]，这一转向拓宽了环境史的研究领域，丰富了环境史的研究资料。夏明方认为历史学的研究对象从人扩展到了自然，不仅极大地丰富了历史学的研究内容，更以不同以往的新视野开辟了一条新的历史研究路径[2]。橡胶研究的历程与环境史研究的历程有着相似性，橡胶作为环境史研究对象是历史的必然。一方面，环境史依托于生态学理论，生态学将"橡胶"作为单独的个体，探讨生物个体与其他生物之间，以及生物所处的生态系统之间的关系，从而考察整个生态系统。另一方面，橡胶本身就是环境变迁研究的重要组成部分，橡胶作为反映全球环境变迁的物种，对于重新审视人与自然之间的关系有重要价值。因此，橡胶成为环境史的研究对象是橡胶研究领域拓展的必然，而环境史视野下的橡胶研究较之其他研究领域有何区别和联系必须明确。

在将橡胶作为同一种研究对象时，不同学科的侧重虽有所区别，但在研究内容上确实存在重叠之处。从学科层面而言，生态学是环境史研究的一个方法论体系，要探讨橡胶与环境之间的关系，从整体论出发，关注到橡胶与包括人在内的周边环境之间的关系，生物多样性、生物入侵、生态安全屏障等都是其重要研究方向。环境史研究又在一定程度上需要借鉴人类学的田野调查方法，关注的研究问题也存在一定交叉，人类学重点关注橡胶与社会文化变迁之间的互动关系，包括橡胶与民族关系、橡胶与人口资源、橡胶与生计方式、橡胶与宗教文化、橡胶与价值观念、橡胶与生态环境之间的关联。而环境史也需要关注特定区域内人群的生活场域，要对特定区域内、特定人群生计方式、民俗习惯、行为方式等问题进行观察和挖掘[3]。

---

[1] 邢哲：《近十年（2004—2013年）区域环境史研究述评》，《中国史研究动态》2016年第1期，第54—62页。

[2] 夏明方：《生态史观发凡——从沟口雄三〈中国的冲击〉看史学的生态化》，《中国人民大学学报》2013年第3期，第2—12页。

[3] 耿金：《环境史研究的"在地化"表达与"乡土"逻辑——基于田野口述的几点思考》，《云南大学学报》（社会科学版）2020年第3期，第52—59页。

（3）中国橡胶研究的不足及有待于拓展之处

橡胶的环境史研究与其他学科相较，环境史虽是历史学分支，但却是一门兼容性极强的交叉学科，可以更好整合生态学、生物学、人类学、历史学等学科的研究理论与方法。环境史拓宽了橡胶研究的方法、资料、时段、区域等内容。

从研究方法而言，当前橡胶研究的方法包括实验分析法、田野调查法、文献分析法，各个学科之间有所借鉴，但研究方法并不深入，环境史可以运用文献分析法等。比较研究法、田野调查法、统计分析法等多学科方法进行综合性分析。从研究资料而言，当前橡胶研究的资料种类较多，包括实验数据、调查报告、卫星遥感数据、口述资料等，但资料多为近几十年的资料，环境史强调资料的真实性、可靠性及原始性，在资料的选择上以一手资料为主，包括晚清民国以来的档案、方志、文集、报刊、调查报告等，并对不同种类的资料进行考辨。从研究时段而言，当前橡胶研究时段多为近几十年，大多数研究并不进行时段区分，而环境史研究可以拓宽橡胶的时间维度，长则百年，短则几十年，追溯橡胶的引种、加工、栽培、发展、移民、生态史等，扩展橡胶研究在不同时段的空间范围，反映橡胶在不同阶段，人类社会与自然环境的变迁历程。从研究区域而言，当前中国橡胶研究空间大到全国，小到一省、一市、一村皆可。环境史研究中大空间研究成果颇多，具体而微的研究成果却较少，橡胶作为具体的生物物种，在微观环境史研究中价值意义重大。因此，橡胶的环境史研究区域不仅可以具体到一个小区域，而且橡胶研究也具有全球性意义。

在今后研究中，橡胶的环境史研究是突破当下研究局限的重要路径，需要整合不同学科的研究成果，立足环境整体史视角，从更为宏观的时空尺度去分析、总结其规律，综合性考察橡胶与环境、橡胶与人、人与环境之间的多维立体关系。目前橡胶研究仍固守在自然科学与人文社科领域边缘，学科之间的整合力度尚浅，但环境史的跨学科性、复杂性、现实性可以更好打破学科之间的壁垒，为物种环境史研究提供一种研究范式与思考。

三　研究重点、难点及方法

（一）研究重点

1. 深入分析 20 世纪以来西双版纳橡胶在不同时期引种的自然环境及

人为因素。首先，将不同时期橡胶种植面积的变化与生态环境变迁结合在一起进行论述，可以更好地呈现橡胶与环境之间的互动关系，本文重点探讨西双版纳橡胶种植的区域选择及分布以及橡胶生长在不同时期、不同种植区域的气候、土壤、水源等自然环境条件，尤其是在橡胶大规模种植及急速扩张之后当地生态环境条件的变异。其次，不同时期橡胶种植面积的变化与政治、经济、技术等人为因素是有密切关系的，这体现了人与橡胶之间的互动关系，本文重点论述了不同时期西双版纳橡胶种植规模的变化是受到国家政策、市场经济、科学技术等宏观因素的影响，也受到地方民众行为选择的微观因素的影响。因此，西双版纳橡胶引种及扩张是自然与人为双重选择的结果。

2. 全面梳理了20世纪以来国营橡胶农场及民营橡胶发展的历程。首先，20世纪50年代以来西双版纳国营橡胶农场的发展可以分为三个阶段：初步建立（20世纪50—70年代）、迅速发展（20世纪80—90年代）、缓慢发展（21世纪以来）。其次，20世纪以来西双版纳民营橡胶的发展可以分为四个阶段：萌芽阶段（20世纪50年代以前）、起步阶段（20世纪50—70年代）、大规模发展（20世纪80—90年代）、急速发展（2000—2011年）、缓慢发展（2012—2019年）。图文结合地分析了不同时期国营橡胶农场及民营橡胶种植面积的变化规律，深入认识和理解国营橡胶农场及民营橡胶对于当地人口增长、生产生活、生计方式、民族关系、价值观念、土地利用方式等方面产生的冲击和影响。

3. 系统分析了西双版纳作为橡胶种植区域影响边疆生态安全的具体内容，包括生境破碎化、生物入侵加剧、水资源减少、环境污染严重，影响了生境安全、生物安全、水资源安全、人类生命安全等内容，对于边疆生态安全及跨境生态安全构成严重威胁。面对当地的诸多生态危机，应加快环境友好型生态胶园的探索与实践、开发与利用可替代橡胶资源、建立跨境橡胶种植区域生物入侵联合防御机制及"无橡胶种植生态修复试验区"，更好地筑牢边疆生态安全屏障，重塑雨林生态文化，维护边疆生态安全，实现人与自然和谐共生。

4. 重点探讨了外来物种橡胶和本土物种茶叶之间的生态差异及本土调适。通过对比外来物种橡胶与本土物种茶叶所产生的双重效应，反映了外来物种与本土物种具有共性之处，即都在现代化、全球化进程中成为"经济作物"与"商品",都导致了当地生态环境的异化。但较之橡胶这一外来物种,茶叶作为本土物种,即使带来了诸多生态问题,但依托于千百年来茶叶种植、管理的本土智慧是可以重新修复本土生态的。橡胶虽已实现本土化,成为一种"新本土物种",但仍具有外来物种的某些属性,对于当地生态系统的影响甚至可能是毁灭性的,单纯依靠本土生态智慧无法涵盖外来物种的外延,需要运用本土生态智慧并结合现代科学技术进行本土生态治理与修复。

(二)研究难点

1. 在收集文献资料及田野调查时,面临两个难题。一方面,由于研究的时段长达110余年,时间范围跨度较大,致使收集较为全面、系统的资料困难,材料具有分散性、庞杂性等特点;而且在云南省档案馆、西双版纳州档案馆查阅档案资料过程中,许多中华人民共和国成立以来的档案资料未开放,所以无法查阅。另一方面,调研区域主要是少数民族聚居区,因笔者并非本地人,在田野调查中有些少数民族语言不通,在沟通与交流过程中也存在一定难度。

2. 由于笔者是历史学专业出身,对于生态学、环境科学、地理学等自然科学的研究方法的运用存在一定困难。在分析气候、地形地貌、土壤、水源以及橡胶的生态习性、生物属性时,多是参考定性数据。因无法在短时间内掌握 ArcGIS 空间分析法,并未绘制直观形象反映110多年来西双版纳橡胶种植面积、海拔、坡度与生态环境之间的时空演变图。因此,本书更多是以史实资料及定性数据进行分析。

3. 本书作为首次探讨橡胶环境史研究的博士论文,在写作框架、叙述方式、逻辑体系等方面的探索都存在一定难度。由于物种环境史并未有极为成熟的研究范式,所选取的橡胶这一外来物种不同学科都进行了诸多探讨,但一直缺乏全面性、综合性的研究成果。如从环境史角度进行长时段探讨,需要对框架设计、叙述方式、逻辑体系等进行新的尝试,这为突破以往传统史学研究范式提供了契机,但同时也带来一定难度。

(三)研究方法

1. 文献研究法

本书主要对官方档案(民国及中华人民共和国成立以来的省档、州档、县档）、调查报告（民国以来的橡胶相关调查报告）、地方志（省志、州志、县志）、期刊报纸（近现代以来）、著作（近现代以来）、文史资料、网络数据等中文文献资料进行全面收集。由于关于橡胶的国外研究极为丰富，也参考了诸多中文译著、外文文献（专著、期刊、网络数据）等，在此基础上提取出有关橡胶的信息进行整理、辩证、分析。

2. 田野调查法

本书通过口述访谈、参与观察、实地调研等方式收集和掌握了与橡胶相关且更为直观的第一手资料，用于辅助和支撑文献资料的不足。通过采访西双版纳州农垦局、农业局以及乡镇基层干部、村寨普通民众，获取了口述访谈资料，并通过实地调研亲自到橡胶园、茶园进行参与观察。以此获得翔实的当代环境变迁的感知及记忆资料，更为深入地了解区域环境变迁历程中当地人的生态认知及行为。

3. 数据分析法

由于自身专业能力有限，无法对气候、土壤、水源等自然环境进行实地监测。因此，本书必须要参考生态学、环境科学等学科的定性数据以及部分来自网络平台的数据资料才能更为全面、系统、深入的进行分析，但并非拿来即用，而是进行一定考辨，确保数据的真实性。

4. 图表统计法

结合西双版纳国土资源局关于西双版纳地区高程、坡度、土壤、水资源、生态功能区划图进行分析，反映西双版纳橡胶种植的海拔、坡度、土壤、降水情况。并针对不同时期橡胶种植区域、面积、数量变化进行图表统计分析，以表格、饼图、柱状图、折线图的形式进行呈现，更为直观形象地反映西双版纳橡胶种植区扩张之后的生态环境变化规律。

四　创新之处及存在的问题

（一）创新之处

1. 研究资料拓展

从研究资料而言，有较大拓展。纵向来看，本文深入挖掘了20世纪以来不同时段的文献资料，极尽可能地收集了晚清民国时期的档案、调查

报告、期刊报纸及专著；中华人民共和国成立以来的资料更为丰富，档案
资料包括云南省农垦局、西双版纳州农垦分局、西双版纳州农业农村局、
西双版纳州林业与草原局、西双版纳州乡镇企业局、西双版纳州统计局、
云南省热带作物科学研究所以及广东省农垦局等部门，从 20 世纪 50 年代
至 21 世纪以前关于橡胶方面的档案资料，进行了较为全面、系统的收集、
整理；也收集了中华人民共和国成立以来西双版纳农垦志、气象志、水利
志、民政志等方志资料以及年鉴、文史资料、民族社会经济调查、中英文
期刊报纸及专著、网络资料等，还运用了诸多的口述资料、图片资料等。
从横向而言，对于某一时段还注意到跨学科资料的收集，包括生态学、环
境科学、生物学、地理学等自然科学领域的定量数据，也包括民族学、人
类学、社会学等社会科学的田野调查得出的定性结论，以此掌握全面文献
资料的基础上更好地还原西双版纳橡胶种植及其环境变迁历程。

2. 研究视角创新

目前，国内外学界关于橡胶的研究极为重视，成果颇丰，不同学科都
有其侧重，但缺少全面、系统的专门性成果，特别是从长时段、区域性视
角专门探讨西双版纳橡胶环境变迁的成果较少。本书将橡胶纳入环境史研
究之中，立足环境史，从官方档案、近代期刊及报纸、地方文献以及田野
调查之中提取相关环境信息，不再单纯从政治、经济、文化层面进行探
讨，而是深入剖析橡胶、环境与人之间的多维立体互动关系。

3. 研究内容创新

本书在研究内容上有四方面创新：一是通过对西双版纳橡胶种植历史
的整体性研究，深入分析了橡胶种植与区域生态环境之间的互动关系，以
西双版纳为研究基点，进行长时段、深入而细致的，历史和现实相结合的
综合研究。二是通过对整个西双版纳地区橡胶的环境史研究，梳理橡胶种
植与生态变迁的原因、历程、影响以及应对举措，做了相对全面、系统的
研究。多角度、多视野地呈现了 20 世纪以来西双版纳橡胶引种及区域环
境变迁过程中，如何对生态环境进行修复、调控、优化，形成多重博弈、
多重推力的历史进程。三是通过西双版纳的区域环境变迁研究，为物种引
进与生态变迁所形成的特殊的区域环境史、物种环境史、边疆环境史研究
提出了一些分析视野或研究范式。四是橡胶种植的环境史研究，对现实有

一定总结、参考和借鉴，更对于边疆民族如何更好地引种新物种，以及在区域环境变迁中如何更好进行应对，提供了历史的启示、经验和思考。

（二）存在的问题

本书在对档案、方志、文史资料以及口述资料进行分析基础上，还运用了大量的生态学、环境科学的既有成果，也借鉴了科技史、生态民族学与人类学、统计学、经济学等研究领域的理论与方法。但由于自身对于其他学科的知识储备不足，以及本专业方向的局限，对于以下问题并未深入探讨。

一是橡胶的环境史研究理论的突破与创新不够。橡胶作为物种环境史的研究对象，其涵盖的内容极为庞杂，本书仅是针对一个橡胶种植区域的探索，未能对云南其他橡胶种植区域，乃至中国其他橡胶种植区域，甚至世界其他橡胶主产国进行全面分析，在理论提升方面有所欠缺。

二是在西双版纳橡胶种植区域进行的实地调研时间不足，收集的口述访谈资料、图像资料以及生态环境勘测数据不够充分。由于2020年新冠肺炎疫情的暴发，原定于当年寒假进行实地调研的计划未能落实，导致官方、民众的口述访谈资料不够充分，也无法一一对橡胶种植扩张造成的生态环境问题突出的区域进行实地调研，掌握一手数据资料。这也导致了文章在案例方面的分析力度相对不足，很多内容有待于今后继续深入及补充。

三是关于橡胶种植的本土生态智慧未深入挖掘。橡胶虽然是一种外来作物，但是橡胶自进入西双版纳少数民族生产生活之后，在传统与现代交织、碰撞的同时，也孕育出当地少数民族种植、管理橡胶的生态智慧。由于西双版纳地区民族文化的多元性，形成了不同民族橡胶种植的生态保护知识，但由于疫情影响，本文并未进行大量的田野调查。虽然民族学与人类学已经对于西双版纳橡胶种植造成的少数民族传统社会文化剧烈变迁进行了诸多的探讨，也已有定论，但是并未对少数民族种植橡胶的本土生态智慧进行充分挖掘，本土生态智慧的淡化和缺失，成为政府在橡胶种植区域采取一系列生态修复措施，未得到当地民众"共情"响应的根源所在。

四是未对橡胶种植面积、海拔、坡度等的时空演变进行可视化的空间分析。橡胶种植面积、海拔、坡度等时空演变，对于分析橡胶与生态之间的互动关系具有重要作用，但由于专业技术所限，本书仅是对于橡胶种植的面积进行统计分析，橡胶种植的海拔、坡度也仅是以文字的形式进行描述，并未绘制专门的时空演变图。由于已有地理学领域的专门文章对西双版纳某一阶段橡胶种植的时空演变及特点进行了专门性探讨，所以并未对此部分再进行论述。

五是由于篇幅所限，橡胶种植带来的各方面影响未能一一深入探讨。实际上，橡胶种植对于西双版纳乃至中国带来了诸多影响，本书仅是针对于民族关系、人口、民族结构、社会文化、农业种植结构进行分析，这些内容虽足以用章节的形式进行详尽论述，但是由于章节篇幅所限并未展开。而且橡胶种植对于土地利用方式、人文与自然景观以及经济开发程度等方面的影响也并未进行深入探讨，这也是笔者今后应该继续深入与拓展的方面。

六是缺乏西双版纳与云南其他区域以及海南、广东、广西等区域的橡胶种植的对比性研究。本书对作为本土作物的茶叶与外来物种的橡胶进行了比较性分析，通过对比，认识到本土作物与外来作物之间的区别与联系，并非仅是外来物种进入之后会对本土物种造成威胁，在同样的经济利益刺激下，本土物种也会对于本土生态系统造成影响。同一物种与不同区域的生态环境变迁的对比性研究，对于深入理解区域环境史具有重要理论意义。西双版纳生态环境变迁因橡胶这一物种引种及发展，加速了当地环境变迁的历程，与其他橡胶种植区域进行对比，可以更好地针对橡胶种植区域的生态问题进行因地制宜的生态修复及治理，这也是环境史研究所需要关注的重要内容，对于当代生态文明建设具有极其重要的现实价值及意义。

五 研究框架及思路

第一至三章主要是橡胶传入中国的早期历程。第一章主要探讨了20世纪上半叶橡胶在中国初步推广种植的原因及经过。战前，英荷两国垄断了全球橡胶贸易，世界大战的爆发大大提升了橡胶资源的价值地位，使其成为珍贵的军事战略物资，在此国际秩序之下，近代中国橡胶工业迫切需要发展，激发了国人对于橡胶资源的初步探索与开发。巴西橡胶相继在云南、海南、中国我国台湾地区进行引种，但由于外来橡胶的环境适应能力较弱，很难广泛种植，本土橡胶植物却只需根据不同自然区域的生态分布规律，稍加培育便可推广，因此中国学界积极探索杜仲、橡皮草、大叶鹿角果、薛荔等环境适应性较强的本土橡胶资源。但受自然与人为因素限制，20世纪上半期外来橡胶仅是小规模引种，本土橡胶资源也仅被用于试验，并未进行大规模种植，停留于初步的引种与开发。

第二章则探讨了20世纪上半叶的橡胶种植技术。随着橡胶引种，橡胶技术传入我国，其中包括橡胶种子的选择、苗圃地选择及育苗、开垦整地及定植、胶园的抚育管理、割胶及制胶技术等，这些技术的传入对于橡胶的成功引种奠定了重要基础。但由于橡胶受环境条件的严格限制，外来技术传入后，进一步加剧了生态灾害。人们开始意识到，要因地制宜，对橡胶技术进行本土改良及优化，从而塑造适应橡胶生长的生存环境，提高橡胶的生态适应能力，增强橡胶与环境之间的协同共进关系。

第三章分析了20世纪上半叶，国人对于外来橡胶及本土橡胶资源的生物属性与生态习性的认识，意味着国人开始接受与认可橡胶资源。但对比外来橡胶与本土橡胶植物的生态适应性时发现，外来橡胶很难进行大范围的推广及种植，本土橡胶植物的生态适应能力则更强，可以降低种植的生态成本、经济成本以及劳动力成本，本时期，国人更为偏重于本土橡胶资源的开发。然而，物种的选择及推广是人为与自然双重选择的结果，由于国际秩序及技术因素的限制，外来橡胶及本土橡胶资源都未得到大规模的推广种植。

第四至七章主要是橡胶在西双版纳的引种历程、原因、影响及应对举措。第四章主要是探讨了20世纪以来西双版纳橡胶引种及发展的自然环境因素。第一节探讨了20世纪50年代以前橡胶引种的自然环境；清朝及清朝以前，西双版纳地区并未得到大规模开发，生态环境条件较为原始，尤其是"瘴气"的存在，成为阻碍其他地区人民进入西双版纳开发资源的一道天然屏障，在一定程度上也影响着边疆与内地的经济文化往来；民国时期，橡胶首次被引种到西双版纳，虽然一些地区气候、土壤等适合橡胶生长，但牛害极其严重，不利于橡胶的正常生长，又由于战争、技术、资金、人力等方面的因素影响，橡胶引种失败。第二节探讨了20世纪50—70年代橡胶在西双版纳的二次引种；20世纪50—70年代，政府先后组织科研机构、高校专家，对西双版纳橡胶种植的自然条件环境进行两次实地考察，根据当时的考察报告，基本确定了橡胶种植的区域分布格局，具体包括景洪、勐腊、勐海地区，其中以景洪和勐腊地区橡胶种植的自然环境条件最优；此阶段，由于橡胶种植面积的规模发展，生态环境也随之变化，原始森林面积减少，自然灾害较为频发。尤其是 20 世纪 70 年代，当地连续发生了两次低温冻害，对于橡胶也造成了极为严重的影响，同时反映了橡胶对于当地生态环境的不适应。第三节探讨了 20 世纪 80—90 年代以来橡胶种植业大规模发展之后的自然环境；此时的生态环境发生剧烈变迁，天然林植被遭到日趋严重的破坏、区域小气候环境改变、病虫害种类增加、水土流失严重。第四节探讨了 21 世纪以来橡胶急速扩张之后西双版纳的自然环境；此一时期，能种植橡胶的区域全部被开发殆尽，适合橡胶种植的自然环境资源已经达到极限，不适宜种植橡胶的区域也逐渐被开发种植橡胶，如高海拔、陡坡地地区，在这些地区种植橡胶，不仅不会获得相应的经济回报，而且会加剧生态环境的破坏，如生物多样性减少、土壤肥力下降及保水性变差，生态灾害日益突出。本章对于不同时期橡胶生长的自然环境进行了还原，重点论述了橡胶种植区域扩张后的生态变迁，对于深入认识橡胶与环境之间的互动关系具有重要意义。

第五章探讨了 20 世纪以来西双版纳橡胶引种的人为因素。第一节探讨了 20 世纪 50 年代以前西双版纳橡胶引种及发展的政治及经济因素；此时期，国民政府主导下的边疆民族地区开发，为橡胶的早期引种奠定了重要基础，尤其是移民垦荒，大力推广种植经济作物，鼓励海外华侨进行实业投资等措施。第二节探讨了 20 世纪 50—70 年代西双版纳橡胶第二次引种及发展的政治及经济因素；一方面是为了打破西方帝国主义的经济封锁，在国家政府主导下开始规模引种橡胶；另一方面主要是为实现国防工业建设及社会经济发展的迫切需求。第三节探讨了 20 世纪 80—90 年代西双版纳大规模发展植胶业的政治、经济及技术因素；一是由于橡胶价格的上涨以及国内橡胶原料需求的增加，需要大规模发展橡胶业；二是国家开始扶持和鼓励地方经济，种植橡胶，民营橡胶的发展，促使橡胶种植面积扩张；三是随着热带北缘植胶技术的进步及发展使得橡胶在我国大面积引种成功，为橡胶业大规模发展提供了技术支撑。第四节探讨了 21 世纪以来西双版纳橡胶业急速扩张及种植面积小规模减少的政治及经济因素；一是 2000 年至 2011 年，西双版纳橡胶业急速扩张的政治及经济因素，随着国际橡胶市场价格的持续上涨，激发了人们对于巨大经济利益的追求，极大地提高了胶农种植橡胶的积极性，又由于集体林权制度改革，实行"山有其主，主有其权"，促使橡胶种植面积急速扩张；二是2012年以来西双版纳橡胶种植面积小规模减少的政治及经济因素，由于2012年以来，橡胶价格持续低迷，给橡胶种植户造成了严重的经济损失，许多胶农开始丢割、弃割甚至砍胶，此后在国家"走出去"发展战略的支持下，当地群众开始在与缅甸接壤的老挝、缅甸一带种植橡胶，西双版纳地区开始选择种植经济效益较高的经济作物，如香蕉、甘蔗等。

第六章主要探讨了西双版纳橡胶种植的发展历程及其影响。第一节探讨了西双版纳国营橡胶农场的建立及发展；20世纪50年代，在国家主导下，国营橡胶农场初步建立；20世纪八九十年代，国营橡胶农场大规模发展；进入21世纪以来，国营橡胶农场逐渐私有化，继续发展。第二节探讨了西双版纳民营橡胶的发展历程；从20世纪50年代以前西双版纳第一个民营胶园的建立，到20世纪50—70年代民营橡胶以"以场带社""场社联营"等方式发展，这是民营橡胶发展的起步阶段；从20世纪80年代，在当地政府的扶持和鼓励下，民营橡胶开始大规模发展，橡胶种植面积也随之扩张；21世纪以来，民营橡胶的发展达到顶峰，橡胶种植急速扩张。第三节探讨了西双版纳橡胶种植带来的影响；一是国营橡胶农场与地方民众之间的场群纠纷及其调和；二是汉族移民进入之后当地人口急速增长，改变了当地民族结构，在受到当地少数民族社会文化影响的同时也部分保留了传统文化；三是橡胶种植之后改变了当地生产生活方式，以橡胶为中心的新的文化嵌入当地社会文化之中，使得传统社会文化逐渐淡化与消失，形成了新的文化逻辑体系；四是橡胶种植之后，使得当地的土地利用方式发生了巨大转变，农业种植结构从多元趋于单一，生计方式的单一化给当地民众带来了更多的市场风险。

第七章主要是探讨了全球化背景下，西双版纳橡胶种植区域扩张，对于边疆生态安全造成的影响，以及进行生态修复的举措。第一节探讨了西双版纳橡胶种植区域急速扩张之后，影响边疆生态安全的具体内容；包括物种危机加剧、生物入侵严重、水资源减少、环境污染突出，威胁到区域生境安全、生物安全、水资源安全、土壤环境安全、人类生命安全，对于边疆生态安全及跨境生态安全造成严重影响。第二节探讨了橡胶种植区域的生态修复举措；从区域生态安全层面而言，应在西双版纳尽快推广环境友好型生态胶园及重塑雨林生态文化；从国家生态安全层面而言，在橡胶循环利用的基础上，应多元开发与利用本土橡胶资源；从国际生态安全层面而言，应联合周边橡胶种植国家，建立健全跨境橡胶种植区域生物入侵联合防御机制、建立跨境地区"无橡胶种植生态修复试验区"、筑牢边疆生态安全屏障，实现人与自然和谐共生。第三节重点分析了人与自然和谐共生的时代意义及理论思考；在全球化背景下，生态危机日益突出，已经严重威胁到全球生态安全。此种背景下，橡胶的环境史研究，作为历史与现实相结合的重要问题更引人深思，深入探讨了橡胶与环境、人与橡胶、人与自然之间的互动关系。在中国生态文明建设背景下，应立足本土语境，积极探索人与自然和谐共生模式的实践路径，在人类命运共同体理念指导下，打造"绿色边疆"，塑造良好的生态形象，维护国家生态安全，推动生态文明建设的可持续发展。

第八章以曼芽村与章朗村为案例进行实证分析，探讨了作为的橡胶与茶叶种植。第一、二节是以种植橡胶为主的曼芽村和种植茶叶为主的章朗村进行实地调研的基础上，探讨了两个村寨在种植橡胶、茶叶两种不同作物之后，当地生产生活及生态环境的转变，虽然两个村寨种植的一个是外来物种，另一个是本土物种，但是两种物种在使得当地民众取得巨大经济利益的同时，都造成了当地传统社会文化和生态环境的变异。第三节探讨了外来物种橡胶和本土物种茶叶两者之间的生态差异及其调适；橡胶和茶叶虽然都导致了当地生态环境的变异，但是较之橡胶这一外来物种，茶叶作为一种文化载体，是嵌合在当地布朗族生产生活始终的。布朗族拥有一整套关于茶叶的本土生态智慧，如茶叶种植、茶园管理等，使他们可以更好利用本土生态知识，维护当地生态环境；而橡胶作为一种外来物种，虽然已经实现了本土化，但是仍旧会产生负面生态效应，并有可能会导致颠覆性的生态危机。这主要是由于当前的生态治理及修复之中，人们往往忽视了生态系统的自我修复能力，更忽视了千百年来宝贵的本土生态智慧，而单纯依赖于西方生态学中的生态修复知识，致使政策和措施对于生态修复的作用大打折扣，也无法唤起当地民众的共鸣与参与。

在论文的撰写过程中，由于自身学识水平有限，也受篇幅限制，很多值得深入探讨的内容并未一一展现。因研究时段的跨度较大，从 20 世纪初至今，中华人民共和国成立后的很多档案资料处于未开放状态，这为论文的撰写带来一定困难，尤其是关于移民人口、经济发展、土地利用等方面的详细资料较难获取，为清晰还原橡胶种植区域的海拔、坡度的变化规律及其环境变迁的深入分析造成了一定难度。本书作为物种环境史研究中的区域个案研究，在学界也有诸多成果，从论文的写作框架、研究思路以及理论与方法的运用都有种种忧虑。又因视野狭隘，在理论的提升和把握上仍显浅薄，更有所疏漏。但出于对于环境史的初心，仍是想做出一点点成绩。本书存在的诸多不足之处在此祈请各位方家批评指正！

第一章 战略资源与初步探索：20 世纪上半叶 橡胶资源在中国的开发

20 世纪上半叶，由于受国际橡胶统制政策、两次世界大战、近代中国橡胶工业迫切发展以及战后中国橡胶工业恢复的需要，橡胶作为军工战略资源的价值提升，国人逐渐关注和重视橡胶资源的探索与开发。20 世纪初，海外华侨最早于南洋引种巴西橡胶到云南、海南地区进行试种，同时中国学界也在积极探索本土橡胶资源，如杜仲、橡胶草、大叶鹿角果、薛荔等橡胶植物都是在此一时期发现并引种，促使橡胶资源得到初步开发。

第一节 20 世纪上半叶橡胶资源开发的原因

中国橡胶的早期引种及本土橡胶的探索及开发，是伴随橡胶工业的发展而推进的，橡胶作为近代新兴工业之重要原料，其所发挥的工业价值、经济价值及军事价值的逐渐凸显，促使国人意识到国内开发橡胶原料之必要。晚清民国时期，橡胶作为脚踏车、人力车、套鞋、胶带以及飞机、汽车车胎及其零件等日常生产生活用品、军工发展所必需的重要原料备受关注和重视。尤其是民国以来，随着近代民族工业发展的迫切需要，我国对于橡胶进口的依赖日渐增强，本土橡胶工业开始受到地缘政治影响，由于进口橡胶补给线较长，一旦遭遇政治动荡，海外橡胶物资供应链极易受到破坏，我国工业发展及军事物资生产必然会造成严重阻碍，即使是在和平时期，原料的紧张也会影响经济发展，促使近现代中国走上橡胶资源开发之路。

一 英荷两国对全球橡胶贸易的垄断

英荷两国对于橡胶资源的垄断是我国橡胶工业本土化时期面临的主要问题。随着我国橡胶工业的兴起，橡胶制品及原料需求与日俱增，其所需原料一直是仰赖于东南亚国家。20 世纪初期，世界橡胶主要产地已经逐渐从巴西转移到东南亚地区，于是国际橡胶市场被英荷两国所操纵，橡胶产量、市价、输运、交易概由英荷投资橡胶企业与银行界所控制。

民国八年（1919），一战导致全球经济衰退，导致橡胶价格暴跌，英国出于保证橡胶生产国的利益需求，实行统制政策，又称为"史蒂芬生橡胶统制方案"。民国十一年（1922），英国开始实行第一次橡胶统制政策，将生橡胶价格提高至每磅十五便士①。至民国十三年（1924），市场库存见底，市价随之猛涨，由每磅三角六分一跃而为九角三分②。民国二十二年（1933），英国实行第二次橡胶统制政策，为维持树胶市价，联合马来亚、荷兰、东印度、锡兰、北婆罗洲、萨拉瓦、暹罗、印度、缅甸等产胶国与地区，于本年五月成立《树胶限制生产协定》，并于本年六月开始实行，其限制计划，按照各地出产之潜在能力进行规定，限制生产额与输出额，提高橡胶价格至每磅为九便士至一先令③。民国二十三年（1934）十一月，橡胶市价高涨，打破以往纪录，每磅为 1.01 元美元。民国二十五年（1936），平均市价仍为四角二分，依然超过法定市价，以使生产者获利④。两次统制期间，非但未稳定橡胶市场价格，反而使橡胶市场处于紊乱状态，统制主要是为减少市场原有剩余存货，但整个橡胶贸易依然增进无阻，直到统制施行最后两年，橡胶价格才处于稳定状态。

"史蒂芬生橡胶统制方案"主要通过限制橡胶产量，抬高橡胶价格，来增加产销双方费用，使生产商获益。虽然此种政策保证了橡胶价格稳定，并维护了橡胶种植园主的利益需求，但在此种统制政策之下，橡胶价格的攀升，极大地增加了橡胶消费国家的进口成本。橡胶价格提高，银价低落，生橡胶进口成本增加，严重阻碍了各国橡胶工业的发展，促使非橡

---

① 全国经济委员会编：《橡胶工业报告书》，上海：全国经济委员会，1935 年，第 11 页。
② 焦启源：《橡胶植物与橡胶工业》，金陵大学，1943 年，第 88 页。
③ 广东建设厅琼崖事业局：《琼崖实业月刊国庆特号》，1934 年，第 38 页。
④ 焦启源：《橡胶植物与橡胶工业》，金陵大学，1943 年，第 89 页。

胶生产国意识到必须发展、培植橡胶，实现一定的橡胶原料自给。

美国是当时的世界橡胶消费大国，但美国并不生产橡胶，自史蒂文生计划实施之后，美国政府意识到国内必须自给一部分橡胶原料，遂开始自行生产橡胶。一方面是在领土内寻找适应种植巴西橡胶的区域，如1925年，怀斯东公司，即在利伯瑞亚栽植一百万吨橡树；福特公司，亦在亚马孙河流域大面积购买地产，供栽橡胶树之用；至1935年，美国在其领土内已经培植橡树3万株[1]；另一方面，则大力开发国内本土橡胶植物，最为主要的发现是银胶菊，其他植物包括黄花、马利筋、隐花属植物和兔刷以及俄罗斯蒲公英，也极大地释放了国内橡胶作物的潜力[2]。

日本所用橡胶原料均系来自南洋群岛，再制橡胶则仰赖于美国，为实现橡胶自给，"自设采办所，自备航运，故国内所需之生橡胶，易以廉价购入"，而且在马来及荷属东印度拥有之橡树地产，总计在十万亩以上[3]。

随着我国橡胶工业的兴起，橡胶原料需求与日俱增，但原料主要仰赖于向东南亚地区进口，完全受制于英荷两国。在国际橡胶统制政策影响下，橡胶市价回涨，必然影响我国所需橡胶的工业原料。"在生橡胶，仰给于外货期内，任何橡胶统制办法，均足为我国橡胶工业发展之障碍"[4]。我国国人也已经意识到橡胶原料之自给，对于发展橡胶工业之重要，"为发展我国热带作物原料之生产，并挽回外溢之权利，实有鼓励琼崖树胶树栽植之必要"[5]。

为减轻国际资本运作对于国内橡胶工业造成的影响，唯有开辟国内橡胶原料供应市场，缓解橡胶统制带来的弊端成为共识之际。国际橡胶协定"规定协定国各地在限制期内，不得扩充树胶种植，即栽植树胶品种，亦不得运往别处，免使增加繁殖"[6]，而我国橡胶种子即来自南洋群岛，这一协定在很大程度上限制了我国橡胶种植事业的发展。但由于东南亚地区的华侨是当地树胶业发展的主要生产群体之一，这就为我国巴西橡胶的早期引种奠定了重要条件，推动了我国橡胶原料之生产，也进一步激发了国内

---

① 全国经济委员会编：《橡胶工业报告书》，上海：全国经济委员会，1935，第12页。

② Mark R. *Finlay*, *Growing American Rubber*, Rutgers University Press, 2009, p. 25.

③ 全国经济委员会编：《橡胶工业报告书》，上海：全国经济委员会，1935，第13页。

④ 全国经济委员会编：《橡胶工业报告书》，上海：全国经济委员会，1935，第10页。

⑤ 广东建设厅琼崖事业局编：《琼崖实业月刊国庆特号》，1934年，第38页。

⑥ 广东建设厅琼崖事业局编：《琼崖实业月刊国庆特号》，1934年，第38页。

本土橡胶资源的探索与开发。

二 橡胶作为重要军事战略资源地位的提升

20世纪初，橡胶已经成为军事、交通、工业、医疗等行业不可或缺的制造材料，更是支撑军事力量的重要原料。两次世界大战的爆发引起各国之间对于橡胶资源的竞相争夺，也是促使各国积极开发国内橡胶资源以及合成橡胶的关键因素。随着两次世界大战的爆发，橡胶所发挥的军事价值更为突出，橡胶作为重要战略物资的地位迅速提升，橡胶原料能否自给，成为决定战争成败的重要因素之一。

"一战"期间，德国极为缺乏橡胶物资，美国为德国供应了橡胶制品，而英国作为橡胶生产国，断绝了美国橡胶原料的供给[1]。因此欧战期间德国因缺乏橡胶原料，而导致汽车、飞机、电气事业受到严重打击，这成为德国战败的重要原因之一，橡胶在军事战争中所发挥的作用因而日益突出。"一战"后，世界各国相继开发橡胶资源，由于德国、俄国境内不适合橡胶生长，转而致力于合成橡胶的研究，美国也开始探索国内橡胶植物资源的开发，以弥补橡胶原料之短缺。

"二战"期间，橡胶"像钢和汽油一样，已成为军事上极其重要的物资。野战，坦克车，钢甲车和运输工具以及飞机，野外厨房，医院，战马和修理飞机的流动工厂都需要橡皮胎和橡皮轨"[2]。橡胶逐渐成为军事战争中极其珍贵的战略物资，根据美国在战争期间的军工、医疗零件及设备所需的橡胶数量统计，"美国最终生产的50000辆谢尔曼坦克，每辆需要大约半吨橡胶，全国3万架重型轰炸机每架大约需要1吨，每艘战舰上都有2万多个橡胶部件，总重量约为16万磅；仅在1944年，美国人就生产了140万个橡胶飞机轮胎，美国士兵穿了4500万双胶靴，7700万双橡胶底鞋，1.04亿双橡胶跟鞋；每一个工业设施都有橡胶输送带和轮子，每家医院都有数英里长的橡胶管和其他橡胶设备"[3]。

因橡胶生产过分集中于东南亚产区，一旦遭遇政治军事突变，极易导

---

[1] 《橡胶的那些故事》，http://blog.sina.com.cn/s/blog_ 61b3c09f0100gb4e.html（2009-11-10）。

[2] 《世界大战促成橡胶新时代：用综合橡胶制成的橡皮管》，《科学画报》1942年第8卷第11期，第780页。

[3] Mark R. *Finlay*, *Growing American Rubber*, Rutgers University Press, 2009, p. 141.

致橡胶原料供应断绝。1941年太平洋战争爆发，东南亚橡胶产区被日本所控制，"自日人占据南洋马来亚后，即强迫该区之橡胶林场，举行胶林面积与产量登记，……饬令按期割胶，售给日本军事机构"①，从此断绝了欧美各国的橡胶资源。于是，欧美"各就本国领土或其属地引种繁殖，以求自给，脱免生产集中一隅之桎梏，逃避市场贸易之羁轭"，尤其是"需要橡胶较多之国家，若英美苏等国，均于大战爆发前十年，切实计划，从事增辟胶源"②。尤以美国为橡胶消费大国，大战期间深感橡胶缺乏，1941年12月7日，《纽约时报》以"美国种植自己的乳胶"为题的这篇文章，暗示了真正的橡胶短缺可能与对日战争有关，并暗示国会应该通过安德森法案，该法案要求在联邦政府控制下种植四万五千英亩的胶树。1942年2月，新加坡的陷落，切断了美国及其盟国至少95%的橡胶供应③。同年3月，在紧急橡胶项目（ERP）计划下，1000多名美国植物病理学家、植物生理学家、遗传学家、农学家、昆虫学家等开始寻求天然的、可持续的、美国国内的橡胶资源。如美国南美之巴西、中美之墨西哥以及本国西南诸州，投有巨额资金，创设橡胶种植场所，并利用该区原产之菊科橡胶植物提取橡胶；苏联之国境偏北，冬季酷寒，不适热带橡胶品种之生长，改用温带耐寒之品种，试植本土橡胶——橡皮草成功，然后繁殖推广，并于国内奖励人造橡胶之研究，以补充天然橡胶产量之不足④。

之于我国而言，橡胶原料供给全部仰赖于国外，橡胶原料一旦被垄断，便会对军工发展带来极大阻碍，甚至停滞。我国橡胶资源主要依赖于马来亚等产区，抗战期间，因日本垄断了东南亚橡胶产区，天然胶源断绝，加之日军侵华，阻断了我国橡胶来源供应，国内橡胶工业受到重创。橡胶是重车胎、汽车胎、飞机零件等工业制造之重要原料，橡胶原料充足与否，决定了工业发展之盛衰，如果橡胶原料仅依赖于进口，国内工业的发展必然受制，军工企业难以维持。"目前，我国各项军需工业所需之橡胶数量势必骤增，而主要橡胶来源断枯竭，现被迫于情势，仅有另觅橡胶

---

① 焦启源：《橡胶植物与橡胶工业》，金陵大学，1943年，第2页。
② 焦启源：《橡胶植物与橡胶工业》，金陵大学，1943年，自序。
③ Mark R. *Finlay*, *Growing American Rubber*, Rutgers University Press, 2009, p. 141.
④ 焦启源：《橡胶植物与橡胶工业》，金陵大学，1943年，自序。

资源，或则另谋代替品，解决目前需要。"①

1937 年，抗日战争爆发后，我国橡胶工业区相继沦陷，以上海为主的橡胶工业产区受到重创，一批爱国华侨于 20 世纪 40 年代鼓励并组织华侨群体投资抗战大后方建立橡胶工厂；1940 年，中南橡胶厂股份有限公司在重庆正式成立，又于昆明、贵阳、成都纷纷设立分厂②。1941 年，太平洋战争爆发，东南亚橡胶产区逐渐被日本所控制，"自日人占据南洋马来亚后，即强迫该区之橡胶林场，举行胶林面积与产量登记，……饬令按期割胶，售给日本军事机构"③。自此，中国从马来亚进口橡胶物资的渠道被阻断，橡胶原料短缺，导致橡胶工业无法维系。以中南橡胶厂为例，因橡胶原料短缺，从国外运输橡胶原料遭遇重重困难。一方面通过抢运缅甸仰光囤积橡胶物资；另一方面向国民政府申请外汇向印度国外购买原料④。

三 近代中国橡胶工业发展的迫切需要

橡胶工业是随着近代工业社会的发展而发展起来的，在工业、宗教、贸易、医药等方面发挥了重要作用，是近代工业发展的重要原料。世界橡胶工业始于 19 世纪至 20 世纪初，尤其是随着工业革命的发展，橡胶的潜力才逐渐被发掘并被广泛应用，橡胶在一定程度上推动了工业革命。1890 年至 1910 年，汽车、自行车和电力工业使全球对橡胶的需求增长了 6 倍⑤。橡胶已经成为现代文明生活中不可或缺的东西，如汽车、脚踏车、飞行机等的车轮，防水布、气球囊、毯鞋类、玩具等都要应用橡胶，全球每年橡胶的消费量约有 70 万吨⑥。

晚清民国时期，中国工业化主要依赖于西方技术、资金和管理经验，是全球进程的一部分，资本主义的全球扩散不仅把中国卷入全球市场之中，更是将资本主义的生产方式带到中国，对中国传统的制度、文化、生

---

① 焦启源：《橡胶植物与橡胶工业》，金陵大学，1943 年，第 3 页。
② 黎伟生：《我国西南橡胶工业的发端——抗战时期侨资"中南橡胶厂"创业史》，《八桂侨史》1994 年第 3 期，第 47 页。
③ 焦启源：《橡胶植物与橡胶工业》，金陵大学，1943 年，自序。
④ 黎伟生：《我国西南橡胶工业的发端——抗战时期侨资"中南橡胶厂"创业史》，《八桂侨史》1994 年第 3 期，第 49 页。
⑤ Mark R. *Finlay*, *Growing American Rubber*, Rutgers University Press, 2009, p. 5.
⑥ 无尘：《科学谈话：橡胶漫谈》，《新中华》1936 年第 4 卷第 18 期，第 70 页。

产生活方式产生直接和间接的影响，改变了中国传统社会①。由于长期的"闭关锁国"使中国橡胶工业落后于世界近一百年的时间。直至晚清时期，橡胶才初步受到国人的关注与重视，"栽种橡树最为近今要植极之居家所用牛乳瓶之嘴，亦需此胶，五年前，人仅知用于脚踏车及马车之输圈等，今逐渐推广。凡种种机器，无不需之，倘每岁能产此胶。倍蓰于前，则用处尤广，而其价亦不至稍贱"②。橡胶制品传入到我国代表一种具有"工业文明"与"现代性"的商品，也是资本主义在全球传播的产物，对于我国工业、经济、文化都产生了一定影响。随着橡胶制品的流入，人们已经开始接触并适应橡胶制品，人们日常所及之处无不需要橡胶，包括交通运输、工业机械、医学设备、电气、日用品等，如汽车、人力车、脚踏车、橡皮管、运输器具、儿童玩具、皮带、皮圈、橡皮手套、橡皮胶布、隔电物、雨鞋、跑鞋、雨衣等。橡胶制品成为人们日常生产生活不可缺少之物品，更是极其重要的军事战略物资。

民国初年，由于一战爆发，西方国家放松对中国的经济侵略，中国民族工业得到短暂的蓬勃发展，促使橡胶消费量增加。一批海外华侨及国内商人群体开始致力于投资橡胶工业，纷纷设厂，中国橡胶工业始有发展。如南洋华侨陈嘉庚、张永福从海外将橡胶鞋底运至国内，并在广东销售。因橡胶鞋底轻软的优势逐渐得到了国人的认可，先是国内一些商人纷纷投资在南洋设厂，又因运输成本较高，华侨则于广东设厂，我国始有橡胶工厂。由此引发一批海外华侨及国内商人群体开始致力于投资橡胶工业，纷纷设厂，中国橡胶工业始有发展。

民国四年（1915），侨居新加坡的广州人邓兆鹏与归国华侨陈立波掌握了橡胶制造方法，于是在广州市河南龙导尾③创立"中国第一家广东兄弟树胶公司"，专制橡胶鞋底。由于牛皮价格昂贵，而胶鞋底价廉，制鞋店家争相采用，消费者亦以胶底为时髦，胶厂营业异常发达④。后来华侨陈嘉庚斥巨资，设橡胶厂于南洋，营业处遍布全国，继起者如雨后春笋，

---

① 王立新：《民国史研究如何从全球史和跨国史方法中受益》，《社会科学战线》2019 年第 3 期，第 85 页。

② 王丰镐译：《西报选译：论橡胶西名印殿尔拉培中国俗名象皮》（译热地农务报），《农学报》1897 年第 2 期，第 10 页。

③ 今海珠区龙凤街道。

④ 张研、孙燕京主编：《民国史料丛刊·604》，大象出版社 2009 年版，第 119 页。

极一时之盛，奠定我国橡胶工业的基础①。至民国十一年（1922）、十二年（1923），广州橡胶工厂增至二十余家，有"怡怡，祖光，冯强，广东，共和，国利，华发，幸福，羊城，平安福，兴业，实业，大一家，大利，利华，大陆，永利，华强，民强，国民，一鸣，合作等共二十三家，月销鞋底数十万对，盛极一时"②。上海则在其后，于民国八年（1919），上海先有中华橡胶厂之设立，出品限于鞋底③；于民国十年（1921），始有劳动大学之附设胶厂④。民国十七年（1928）后，橡胶工业迅速发展，为任何工业所不及⑤。橡胶工业作为一种新兴工业在近代民族工业发展中开始占据极其重要的地位。

20世纪30年代初，橡胶工业迅速发展，民国十八年（1929）至民国二十年（1931）进入全盛时期，主要是由于国际生橡胶价值低廉，尤其是民国二十年（1931）至民国二十二年（1933）生橡胶之价格极为低廉。20世纪30年代前后，从橡胶原料的进口量、消费量来看，生胶进口量逐年增加，如表1（见下页）所示，民国十三年（1924）至二十三年（1934）五年内，我国橡胶的进口量从几千公担增至十二万公担。从我国橡胶工厂的规模来看，民国二十年（1931）以后，上海市橡胶工厂达48家，工人达12000名，以大中华橡胶厂、广东兄弟树胶公司、大用橡皮公司三厂为最大，其资本均各在百万元以上，每个工厂工人有上千人，根据各厂全年胶鞋之生产量统计，约在一千四五百万双，此一时期我国橡胶工业，"亦如昔日之美国，初期发展，超重于橡胶之制造"⑥。在过去数年，橡胶鞋业，即我国橡胶工业之全部，占橡胶工业中，最重要之位置。民国二十二年（1933），我国橡胶工厂，不下七十四家，其中四十八家设于上海，二十一家设广州，此外，青岛、烟台、天津、贵阳及福州等处各有一家⑦，至民国二十三年（1934）底，上海橡胶品制造厂共39家，广东橡胶工厂

① 剑平：《橡胶工业史话》，《机联会刊》1947年第201期，第13页。
② 张研、孙燕京主编：《民国史料丛刊·604》，大象出版社2009年版，第120页。
③ 陈国珑：《橡胶及橡胶工业》（附图、表），《广西省政府化学试验所工作报告》1936年第1期，第26页。
④ 张研、孙燕京主编：《民国史料丛刊·604》，大象出版社2009年版，第119页。
⑤ 陈国珑：《橡胶及橡胶工业》（附图、表），《广西省政府化学试验所工作报告》1936年第1期，第27页。
⑥ 全国经济委员会编：《橡胶工业报告书》，上海：全国经济委员会，1935年，第29页。
⑦ 全国经济委员会编：《橡胶工业报告书》，上海：全国经济委员会，1935年，第30页。

计有 12 家，其他如重要城市者，天津，烟台，青岛及福州等处也有设厂①，极大地推动了我国橡胶制造业的发展。

表1　　　　　　　　1924—1934 年国内生胶进口之统计②　　　　　　单位：公担

年度（年）	1924	1925	1926	1927	1928	1929	1930	1931	1932	1933	1934
进口数量	6441	4826	2864	1436	2316	11599	6309	30725	111756	120405	121163

橡胶制造厂的建设及发展极大地增加了国内对于橡胶原料的需要，此一时期，国内生胶进口主要依赖于马来亚等东南亚产区。从民国十八年（1929）至二十二年（1933）每年橡胶的消费量来看，如表2所示，从民国十八年（1929）的 12000 公吨增加到 12000 公吨。消费性经济使国人逐渐意识到原料之紧缺，原料的部分自给不仅可以在战事爆发时消除橡胶工业发展所面临之供给来源断绝之问题，更可保证国防军事之重要战略物资，由此进一步激发了华侨及国内商人群体对于寻找国内橡胶种植之地的欲望。

表2　　　　　　　　1929—1933 年每年橡胶之消费量③　　　　　　单位：公吨

年份（年）	1929	1930	1931	1932	1933
橡胶之消费量	1200	6000	3000	11000	12000

四　抗战后中国橡胶工业的恢复发展

抗战后中国橡胶工业迫切需要恢复，这也是促使我国进一步引种橡胶及探索本土橡胶资源的重要因素之一。抗战前，我国橡胶仰赖于东南亚各产区供应，每年输入有 6805000 磅，抗战以来橡胶工业相继停顿，天然橡胶输入来源断绝，市场上的橡胶制品来自美国，如汽车车胎等，也有一部分来自日本，如橡胶底鞋、自行车胎等。抗战后，中国各项工业百废待兴，橡胶工业却未引起政府重视，也由于东南亚产区橡胶来源通道又可畅通，产胶国遂将目光转向我国市场。正如时人所指出，当下"实有检讨计划之必要，为扩展吾国工业之准备，求其资源充裕，取用逢源，方能工业

---

① 全国经济委员会编：《橡胶工业报告书》，上海：全国经济委员会，1935 年，第 31 页。
② 资料来源：全国经济委员会编：《橡胶工业报告书》，上海：全国经济委员会，1935 年，第 29 页。
③ 资料来源：全国经济委员会编：《橡胶工业报告书》，上海：全国经济委员会，1935 年，第 30 页。

进展，迎头赶上工业之现代"①。

基于史蒂芬生橡胶统制政策、两次世界大战爆发、近代中国橡胶工业发展以及战后橡胶工业恢复之必要四个主要因素，促使我国外来橡胶的早期引种，这一过程也是伴随着橡胶资源价值逐渐受到重视而渐进的。橡胶作为 20 世纪上半叶实业救国、富国强兵的重要军工战略物资受到广泛关注和重视，也是近现代文明所必需之重要原料，从而促使了橡胶的早期引种及本土橡胶的探索与开发。

第二节　20 世纪上半叶外来橡胶的初步开发②

橡胶系橡胶植物乳液凝固而成，世界上含胶量最为丰富、乳浆品质最好的橡胶植物是原产于南美洲亚马孙流域的一种热带乔木树种——巴西橡胶树，属大戟科植物。橡胶被人类开发与利用的历史极为悠久，所发挥的功用多种多样，但受到世人广泛的关注和重视是在 19 世纪后期至 20 世纪以后，世界橡胶引种最早始于 19 世纪后半叶，1876 年，由亨利·亚利山大从巴西携带 7 万粒种子至英国，栽培成功后移植马来半岛、缅甸、新加坡种植橡胶 3 千株，此后所植橡胶树的树苗及种子由该三处运至东南亚进行种植，栽种区域面积在 450 万亩以上。至 20 世纪 30 年代，已经广泛种植于马来半岛、锡兰、新加坡等地，此外，婆罗洲、安南、暹罗及非洲各地也有少量种植。20 世纪初期，橡胶相继引种至我国云南、海南、我国台湾地区，由此开始了橡胶的早期开发。

一　热带资源开发计划的制订

晚清民国时期，在外忧内患之下，官方虽意识到开发热带资源的重要性，也曾通过兴办实业相关机构、鼓励华侨商人投资等举措促进热带资源的开发，但我国橡胶工业依旧起步艰难。

清末，中央政府已经意识到外来侵略势力觊觎我国丰富的热带资源，并意识到海南岛战略位置以及开发国内热带资源之重要性，相继提出了开

---

① 焦启源：《橡胶植物与橡胶工业》，金陵大学，1943 年，自序。
② 本节已发表于《暨南学报》（哲学社会科学版）2020 年第 7 期。

发国内热带资源的一些计划及相关政策。清光绪三十四年（1908），农工商部侍郎杨士琦的奏折称："珠崖等郡，地多炎瘴，数千年未经垦辟然，其地内屏两粤，外控南洋，与香港、小吕宋、西贡等埠势若连鸡，尤为外人所称羡，未雨绸缪，诚为急务"①，拟在琼州设劝业总银行，鼓励华侨投资，创立公司，由两广总督严饬查勘全岛荒地，"试办如棉花、草麻、甘蔗、萝卜、洋薯、树胶、椰子、胡椒各品，于琼崖土性适宜，拟先从琼澄临儋定安境内先行种"②。但由于清政府灭亡，大多实业计划并未实现，而是由专门从事垦殖以及兼营矿业、金融等行业的侨兴公司在海外侨商的努力下兴建起来③。

民国时期，实业救国成为当时的主流意识形态。如海南热带资源极为丰富，"国人始渐发展海南实业，以糖、茶、树胶、椰子、咖啡……均为本岛特有希望之事业"④。孙中山在《实业计划》中也同样提出了开发琼崖热带资源的计划，但因军阀割据并未实现；民国十七年（1928），南区善后公署计划在海口东南那梅村的千亩土地上创设海南岛第一个农业科学研究机关海南岛农林试验场，主要从事热带作物栽培，包括肥料、土壤试验、种苗栽培、特殊作物栽培试验等事项，该试验场在海口小南门外设一分场，试验各种农作物，培育成功橡胶树五六万株⑤。国民政府逐渐重视到热带经济作物的重要价值，尤其是橡胶引种得到政府层面的政策鼓励及支持。

民国二十二年（1933），琼崖事业局重新成立，开始提倡种植树胶等经济作物，"热带特产作物之树胶、椰子、咖啡、金鸡纳、玉桂及柚木等，皆为军事、交通、工业及医药上之重要原料品，需用浩繁。我国每年输入极多，漏卮殊巨，彼诸作物，全国仅得琼岛一隅始能栽植而已。琼崖既具此种农业优越条件，故谓琼崖农业建设问题，比诸国内任何地方，较为切要"⑥。民国二十三年（1934）九月，《救济广东农村计划》提出建立"热带经济林业经营区"，种植橡胶等经济作物，重点在橡胶，并设树胶加工厂；民国二十三年（1934）一月十日，由中山大学农学院的一批学者，如

---

① 《清续文献通考》卷 378《实业考一》。
② 《皇朝经世文编》卷 378《实业考一》。
③ 吴建新：《抗战以前海南热带农业资源的研究与开发》，《中国农史》1989 年第 2 期，第 18 页。
④ （民国）陈铭枢纂：《海南岛志》，神州国光社 1933 年版，第 327 页。
⑤ 吴建新：《抗战以前海南热带农业资源的研究与开发》，《中国农史》1989 年第 2 期，第 18 页。
⑥ 胡荣光：《从琼崖社会经济基础而研究其农业建设》，《琼崖实业》1936 年第 1 期，第 18 页。

丁颖、邓植仪、黄枯桐等为顾问成立琼崖农业研究会，致力于琼崖热带资源的调查研究，并出版了大量关于琼崖热带资源的调查报告，其中有大量关于琼崖橡胶种植历史、栽培技术、种植面积及数量以及树胶园经营情况等的调查资料，其成果尤为突出①。此一时期，中国学界对于橡胶资源的探索极大地推动了我国橡胶种植事业的发展，开始了传统农业的近代化转型。

二　橡胶引种的原生环境条件

巴西橡胶树原产于亚马孙河右岸海拔 800 米处，只能生长在年降水量至少 800 毫米的热带地区，其生长需要雨量较高，且以雨量平均为宜，且空气应常年潮湿，而无长期干燥气候，而且只有在 20 – 30℃的温度下才能正常生长并产胶，低于 5℃就会死亡②。巴西橡胶作为一种外来物种引入中国，寻找到一种完全符合这一物种的环境条件是较为困难的，尤其是这种植物对于温度、降水及土壤等主要生态因子的要求极高。

从气候来看，橡胶树作为一种热带作物，原为热带高温多湿地方之产物，其繁殖地域仅限于南北纬各 30°之间，超过此纬度则不能生长，最需要高温及多雨，温度宜昼间摄氏度 32.22 至 35，夜间摄氏度 26.67 至 29.44，平均气温摄氏二三十度③；雨水均匀，年降水量 2000 毫米以上④，且雨量每周需除透地一英寸以上之雨量一次，风向宜多南、东南或西南风，生育方能完美，尤以南北纬各二十度内所产者较佳⑤，无风害之地最为适宜。橡胶种植区域的气候以温度、降水、风向为主要生态因子，这也是保证橡胶正常生长的决定性自然环境条件。

从土壤土质来看，橡胶树适合生长在水源充分的地方，但同时又忌讳水分过多或长期潮湿之地，因此林地选择不宜太平，导致积水，也不易过于倾斜，易造成冲刷，故"其地形宜倾斜成 15 – 20°角之地面，以便易于排水，地层宜稍松疏，而表土由半英尺至一英尺以上，下层具有粗砂或砂

---

①　吴建新：《抗战以前海南热带农业资源的研究与开发》，《中国农史》1989 年第 2 期，第 18 页。

②　焦启源：《橡胶植物与橡胶工业》，金陵大学，1943 年，第 39 页。

③　丁颖：《热带特产作物学》，国立广东大学，1925 年，第 23 页。

④　李炳益：《中国橡胶植物资源之探究（待续）》，《台湾省林业试验所通讯》1947 年第 23 期，第 5 页。

⑤　陈伯丹：《橡胶之培植》，《琼农》1937 年第 2 期，第 1 页。

砾者"；从土壤肥力程度来看，需要土层深厚而湿润，"以砂质壤土最为优良，或稍有黏性之砂砾土亦可"①，此种土质"表土宜含淡质或有机腐质，下层宜富有磷酸铁及磷酸钙；此等土壤之色泽，表土呈梭黑色，或赤黑，绿黑色，下层呈黄色，或浅红色及深红色，而具有黏性及适量之砂砾"，如果选择此种土质，橡胶树苗木可以更好地适应当地气温及水分，生长迅速，胶液充足，品质优良。然而，同一地带气候虽相似，但土壤未必适宜，即使同一橡胶苗圃，东西也有优劣之分，"地之表里两层，最忌多白石，水晶簇，火石，页岩，或喷出岩之死层，或完全分解之土壤；此等地层肥分极少，色泽暗淡，无黏性，地面多生苔藓类或羊齿草，苟选择不周而忽之于始，则作物必不能达到所期之目的"。②

我国位于赤道北25°—28°的区域可以种植橡胶，主要包括在二十八度以南的江、湘、云、贵、闽、粤诸省③，这也是较早提出我国具备种植橡胶环境条件的言论。因此，橡胶种植区域的科学选择显得尤为重要，这种选择也可以避免橡胶的盲目开发与种植，也为后期橡胶的大规模引种提供了科学依据。

三 橡胶的早期引种及区域选择

最早引种且进行小规模种植的橡胶品种是原产于巴西亚马孙河流域的三叶橡胶。一批海外华侨出于实业救国的初衷，相继将巴西橡胶引种到我国云南、海南、我国台湾地区。橡胶自引入我国种植以来，其资源价值地位逐渐凸显，海外华侨、国内商人纷纷建立橡胶公司，开辟橡胶种植园。此一时期橡胶的早期引种为20世纪50年代以来橡胶的大规模引种及发展奠定了重要基础。

（一）橡胶在云南的引种

云南是最早引种橡胶的区域，清光绪三十年（1904），云南德宏干崖（今盈江县）傣族土司刀安仁从新加坡引种胶苗8000株试种在其家乡新城

---

① 李炳益：《中国橡胶植物资源之探究（待续）》，《台湾省林业试验所通讯》1947年第23期，第5页。

② 陈伯丹：《橡胶之培植》，《琼农》1937年第2期，第1页。

③ 王丰镐译：《西报选译：论橡胶西名印殿尔拉培中国俗名象皮》（译热地农务报），《农学报》1897年，第2期。

凤凰山上，这是中国大陆首批栽培种植的人工胶林，但由于地理位置偏北（或偏温）等原因，当时仅成活了400余株①。民国时期，国民政府为开发热带资源，将云南作为橡胶栽培区域进行考量，开始采购橡胶种子在云南进行试种，主要是在滇南地区进行试种。民国七年（1918），时任云南督军唐继尧意识到橡胶引种的重要性，"查南洋各岛矿产之外，树胶为出产大宗，每年岁入奚千万"。并"查河口（今云南省红河哈尼族彝族自治州河口县）等处天时炎热，无异南洋，兹特从邮寄上树胶种子三十斤，请饬实业科，就地试验，另栽种之法著有专书，购到后，当从邮寄呈果合土宜，则河口（今云南省红河哈尼族彝族自治州河口县）等处荒山无数，其获利当无穷也"②。就河口（今云南省红河哈尼族彝族自治州河口县）的地理位置而言，引种橡胶极为便利，河口（今云南省红河哈尼族彝族自治州河口县）热带作物试验场一代产有橡胶树种，如民国三十二年（1943），国民政府农林部转饬云南建设厅公函，拟请"河口（今云南省红河哈尼族彝族自治州河口县）热带作物试验场，就近代为采购橡胶树种一磅……并开具清单，运寄广西……大青山"③，在第四经济林场进行种植。

民国三十五年（1946），华侨钱仿周专门从爪哇至云南车里（今景洪）调查该地的植胶环境，经查，此地气候、土壤、植物、风俗与爪哇的自然与人文环境极为一致，适合种植橡胶，虽炎热较之于南洋稍逊，但每年划胶之期尚可达八个月之久，并请覃参议员保麟代向县府领获小山一座，作为种植树胶基地④；彼时，爪哇政府严禁树胶籽种出口，钱仿周设法偷运树胶籽5000余斤，但由于树胶籽成熟后采摘最佳栽种日期是二十二日，运输时间因延误至五十二日，树胶籽全部霉烂，损失近万元⑤，此次引种以失败告终。

国民政府得知车里（今景洪）宜种树胶后，也采取了相应措施鼓励橡

---

① 张箭：《试论中国橡胶（树）史和橡胶文化》，《古今农业》2015年第4期，第73页。

② 张军：《为寄送树胶种子给唐蓂赓的呈》，1918年1月1日，档案号：1077 – 001 – 04556 – 007，云南省档案馆。

③ 农林部：《函请云南省政府转饬河口热带作物试验场代购橡胶金鸡纳树种由》，1943年10月8日，档案号：1106 – 004 – 03498 – 015，云南省档案馆。

④ 云南省政府：《令知云南省建设厅有关办理特设机构在车里县种植橡胶等事已咨复省参议会》，1946年7月24日，档案号：1106 – 004 – 03362 – 008，云南省档案馆。

⑤ 云南省政府：《令知云南省建设厅有关办理特设机构在车里县种植橡胶等事已咨复省参议会》，1946年7月24日，档案号：1106 – 004 – 03362 – 008，云南省档案馆。

胶种植，"应特设机构后，连栽种，陆续推广于元江及金沙江流域之各炎热地区，虽不能全数供应，自造汽车、飞机输胎之用，亦可稍补漏洞至可免除或被封锁断绝来源之；经勘查，车里（今景洪市）、佛海（今勐海县）、南峤（今勐遮镇）、澜沧源（今澜沧县）、镇越（今勐腊县）、江城（今江城县）、六顺（今六顺镇）、宁江府（今宁江县）等县局其地理环境接近南洋气候、土质，则车里等县局自可试行种植，并恢复南峤农场，责令向南洋采办树胶籽种，并由场内技术人员悉心研究种植方法，试种卓有成效则推广至以上县局"①。民国三十七年（1948），车里（今景洪）第二次试种橡胶，暹罗华侨钱仿周派归侨叶国齐、杨森海等从暹罗将橡胶苗及种子运至车里，先行在车里（今景洪）橄榄坝种下 2 万棵，在橄榄坝曼松卡建立了中国大陆的第一个民营橡胶园，称"暹华胶园"②，为 20 世纪 50 年代以来西双版纳橡胶的大规模种植奠定了重要基础。

（二）橡胶在海南的引种

20 世纪上半叶，我国橡胶引种较为成功的区域乃海南地区。海南处于北纬 18°–21°之间，"地近热带，气候温暖，周年热多而寒少，每日气温亦屡变，且因濒海之地，受海洋气候之影响，昼虽炎热，夜必风凉"③。境内热带天然森林面积甚广，气候适宜，冬无严寒，土壤肥沃，适合栽植橡胶。晚清至民国时期，海南橡胶种植区域主要分布于定安、乐会、儋县、文昌、万宁、琼东六县。根据文献记载海南最早于清宣统二年（1910）始种橡胶，海南乐会人华侨何书麟自马来西亚又带回树胶种子及秧苗，在定安县④属之落河沟地方开设琼安公司，辟地 250 亩种植树胶 4000 余株⑤，最初三年均遭失败，至第四年始获发芽，长成者有 3200 株⑥；至民国四年（1915），琼安公司所植胶树试行采胶⑦，产胶 500 市斤；五年（1916）产

① 云南省政府：《令云南省建设厅核办恢复南峤农场倡种橡胶树案》，1946 年 10 月 14 日，档案号：1106–004–04795–024，云南省档案馆。
② 张箭：《试论中国橡胶（树）史和橡胶文化》，《古今农业》2015 年第 4 期，第 73 页。
③ 广东建设厅琼崖事业局编：《琼崖实业月刊国庆特号》，1934 年，第 3 页。
④ 今琼中县会山乡陂塘。
⑤ 《海南岛之树胶》，《琼农》1947 年第 1 期，第 4 页。
⑥ 《琼崖调查记》，《东方杂志》第 20 卷第 23 号。
⑦ 林永昕：《海南岛热带作物调查报告》，国立中山大学农学院农艺研究室，1937 年，第 28 页。

胶 1100 市斤，六年（1916）产胶 1800 市斤，七年（1916）产胶 3000 市斤①，这也是中国橡胶树种植后首次开割生胶，从其胶质而言，可与马来亚的橡胶品质媲美，价格亦较南洋昂贵，且广东橡胶业所用部分橡胶即是由海南输入，但为数甚少②，海南所产生胶片也运销新加坡及香港等处。

民国时期，国民政府一方面设立热带林场种植橡胶、咖啡、金鸡纳等热带作物；民国二十二年（1933），琼崖实业局为发展森林，增加热带作物产量，"特拟在琼崖设一热带林场，现在定安、临高、儋县等处着手……（植树面积及种类）树胶二千五百亩"③。另一方面积极鼓励海外华侨归国兴办实业，进一步促使了橡胶事业的发展；20 世纪 30 年代，为发展琼崖矿植事业，在琼崖实业局的多方鼓励之下，组织南洋华侨回琼崖开垦荒地，并建立归侨乡筹办处，负责召集华侨，种植橡胶，并开发其他实业，以期琼崖成为第二个马来亚④。海南华侨在进行实地考察的基础上，从南洋引种橡胶种子及胶苗相继开辟橡胶园，建立橡胶公司，进行小规模开发。

自华侨何书麟试种橡胶成功之后，国内商人及海外华侨群体闻风而起，相继在儋县、琼东等县开垦胶园，设立橡胶公司，并从马来半岛招回华侨技术工人，如那大之侨植公司、石壁市之南兴公司、加赖园之茂兴公司、铁炉港之农发利公司均先后向南洋购运种子到海南进行种植，结果颇为良好⑤。民国元年（1911）四月，儋县那大市兴安公司之分殖侨植公司，从南洋运输树胶苗及种子，种植于五口山之水口田，至民国十年年底（1921）株数达到十万之多，又嘉积溪沿岸商人见橡胶种植成功而获利，于距嘉积二里的山中开垦种植橡胶，个人经营者数百株乃至千余株，团体经营者三千乃至一万株⑥。民国二十三年（1934），据琼崖实业局调查，树胶园定安县 38 个、乐会县 31 个、儋县 4 个、万宁 4 个、文昌县 7 个、琼东 2 个、琼山 2 个，共计 94 个，树胶 246500 株，栽培面积 10574 亩，开割株树为 187100 余株⑦。海南岛橡胶种植的成功表明该岛气候极易适合橡

---

① 《海南岛之树胶》，《琼农》1947 年第 1 期，第 4 页。
② 张研、孙燕京主编：《民国史料丛刊·604》，大象出版社 2009 年版，第 153 页。
③ 《局闻：琼崖设热带林场：种树胶、咖啡等热带植物》，《农业推广》1934 年第 3—4 期，第 95 页。
④ 《华侨踊跃回琼垦殖》，《琼农》1935 年第 6 期，第 60 页。
⑤ 《琼崖调查记》，《东方杂志》第 20 卷第 23 号。
⑥ 《海南岛之树胶》，《琼农》1947 年第 1 期，第 4 页。
⑦ 《海南岛之树胶》，《琼农》1947 年第 1 期，第 4 页。

胶树生长，然而国内橡胶树的培育管理、割胶技术、加工制造方面还尚显薄弱，橡胶生产成本较高，因此，国内橡胶制品原料仍主要依赖于国外进口。

（三）橡胶在我国台湾地区的引种

我国台湾地区本岛位于北纬 25°37′13″至 21°44′25″，北回归线横贯于本岛中部，通过嘉义附近，全面积百分之四十二均近于热带，终年受有温暖之日光及润泽之雨水，植物滋生，甚为繁茂①，为橡胶种植提供了良好的自然环境条件。我国台湾地区橡胶树的引种最早是在 1904 年，第二次引入时间是 1908 年②，均由日人引入。

我国台湾地区自引入橡胶以来，政府方面设立试验地致力研究试验，民间方面因 1909—1910 年橡胶价格高涨，日本商人、团体企图栽培橡胶获利。日人藤井直喜在高雄凤山承租官有地 446 甲，村井吉兵卫在嘉义之竹崎、民雄、小梅、大林各乡承租官有地计 2700 甲，藤仓电线护谟会社在高雄县旗山区杉林乡之新庄十张犁承租 813 甲，拓南社在高雄县凤山区大树乡之溪埔，姑婆寮承租 792 甲，从事大规模之巴西橡皮树栽植等③。

根据 1941 年调查我国台湾地区内现存橡胶树株数，其中：林业试验所中埔分所嘉义试验地有 880 株（1910 年栽植）、埤子头试验地有 800 株（1908 年栽植）计共 1680 株，其大者直径达 38 厘米；林业试验所恒春分所龟子角本部园内现存有 31 株，其大者直径达 29 厘米，此地乃干燥强风地带，证明此树在此地带可以生长；东京帝国大学演习林（第二模范林场）有 67 株，系 1914 年 3 月栽植，其大者直径达 33.4 厘米；北海道帝国大学演习林（第三模范林场）有 3 株，1908 年栽植，其大者直径达 38.5 厘米，树高达 26 米，生育可谓相当优良，此系在我国台湾地区内栽植者中为北部限界，同所乃北纬 24°，海拔高 444.5 米，月最低气温之平均 11.26℃，冬季之气温较低，但生长优良，则可知巴西橡皮树对低温度亦有相当抵抗力；赤司农场（嘉义农场）有 600 株，多数为 1916—1917 年

---

① 陈华洲：《我国台湾地区工业及其研究》，台湾省工业研究所，1948 年，第 1 页。

② 近人李炳益认为台湾省橡胶种子的第二次输入时间是 1908 年［李炳益：《中国橡胶植物资源之探究（待续）》，《台湾省林业试验所通讯》1947 年第 23 期，第 4 页。］张箭认为是 1936 年，日人佐佐木氏再度由南洋引进［张箭：《试论中国橡胶（树）史和橡胶文化》，《古今农业》2015 年第 4 期，第 73 页］。

③ 李炳益：《中国橡胶植物资源之探究（待续）》，《台湾省林业试验所通讯》1947 年第 23 期，第 4 页。

时栽植，其大者直径达 51.5 厘米，日产 200 磅之橡皮片，其外亦有 1612 株之萨拉橡皮树；我国台湾地区合同凰梨株式会社凰山农场①有 247 株，其大者直径达 38.2 厘米；藤仓合名会社视野地内有 30 株，萨拉橡皮树亦有 200 株；南隆农场有 85 株，大者直径达 31.8 厘米；统领农场（即拓南社之后身）仅有 2 株，大者直径达 10.4 厘米。以上橡胶树共计有 2700 余株，较栽植之初实为悬殊，经试验结果，在南部生长优良且有 40 多年之经验，但由于 1918—1919 年橡胶价格暴跌，胶园经营困难，开始转营他业，橡胶树多砍伐作薪出售。又由于我国台湾地区人狭地窄，橡胶树仅是零星种植，并未形成规模，其效果也不甚明显。

此外，日据时期除引种巴西橡胶外，我国台湾地区也引种了一些其他产胶植物，但由于胶乳产量及品质远不及巴西橡胶，都未进行规模种植。如印度橡胶树（英文名 Indian rubber tree，学名 Ficus elastica Roxb；别称缅树、橡皮树、印度胶、胶树、护谟树），原产印度，桑科常绿大乔木，我国广东、我国台湾地区均有试行栽培，生长迅速，可作为园景栽植，干部含有橡皮乳液，可制造橡皮原料，其采液时间需 12 – 14 年，品质恶劣，采集费高，且液量少，经济价值极低②。

20 世纪上半叶，橡胶引种区域仅海南橡胶种植有一定成效，云南、我国台湾地区橡胶引种成效并不十分显著。其中海南试种最为成功，较之我国其他橡胶种植区域，种植面积最广，产胶量最多，民营胶园也最多。虽此一时期橡胶引种受到国内商人、海外华侨群体的广泛关注与重视，但大多是中小规模种植园，因抗战爆发，橡胶公司多数停业，胶园荒弃，橡胶事业受到严重阻碍，橡胶原料在此一时期也并未实现自给，但为我国后续橡胶产业的发展奠定了坚实基础。

第三节　20 世纪上半叶本土橡胶资源的初步探索③

20 世纪上半叶，世界各国为满足橡胶原料之需求，各谋橡胶之自给策

---

①　即日人藤井直喜所经营之农场，后来转卖本公司。

②　李炳益：《中国橡胶植物资源之探究（待续）》，《台湾省林业试验所通讯》1947 年第 23 期，第 5 页。

③　本节已发表于《暨南学报（哲学社会科学版）》2020 年第 7 期。

略，都在试图培育本国境内产胶植物。

一 橡胶植物在世界的分布与开发

从橡胶植物产胶量及品质而言，世界范围内可用作工业用途的产胶植物较少，多要通过人工选择有培养价值的橡胶植物作为橡胶资源，经过层层筛选，能成为橡胶资源的橡胶植物亦属少数。而能作为橡胶资源的植物唯有巴西橡胶产量甚丰、品质极佳，其他多数橡胶资源虽然可以产胶，但胶量相对较少，而且培植也有一定困难，耗费成本远低于获取价值。尤其是"二战"之后，各国有识之士竞相需求本国之橡胶资源，如"美国爱狄生氏，致力研究美国本境所产黄菊（金棒菊）（Golden rod）为可堪培植之胶类植物之一种。俄人以向日葵为胶类植物之资源。日本则以凹叶榕（Ficus retusa）为本境内产胶之试验资料"。[①]

从世界橡胶植物的分布区域来看，主要有东南亚、美洲、非洲三大橡胶种植区，其中橡胶种植区域及面积以东南亚最多，美洲、非洲次之。东南亚是产胶最多的区域，包括马来亚、爪哇、新加坡、泰国、安南、印度、婆罗洲、菲律宾等处，境域处于南纬5°，北纬15°之间，以赤道为中心，全年高温多雨，极易适合橡胶植物之生长条件。美洲原产胶树，种类繁多，而所产之胶类亦甚繁杂，而产胶最优者仍属巴西橡胶，主要分布于巴西、秘鲁、委内瑞拉、哥伦比亚、墨西哥等地区[②]。虽南美为巴西橡胶原产地，但交通不便，人烟稀少，原有野生橡胶林并未得到很好的管理，加之地方政府缺乏倡导，也无人更新繁殖橡胶林，导致橡胶工业无从发展，造成本为发展橡胶最有优势之地，反而被东南亚占据主导地位；非洲产胶区，靠近赤道地区，与橡胶原产地处于同一纬度带，气候适合于橡胶种植，橡胶种植区域也极为广泛，但其产量仅及东南亚百分之五[③]。

从橡胶植物的中心地带划分而言，有三大中心地区。第一分布中心是以南美之巴西亚马森河流域为主要出产橡胶植物枢纽；巴拿马、墨西哥等处的橡胶种类最多，以巴拿马胶树与美洲胶树最为著名，位于同纬度之岛

① 焦启源：《橡胶植物与橡胶工业》，金陵大学，1943年，第40页。
② 焦启源：《橡胶植物与橡胶工业》，金陵大学，1943年，第12页。
③ 焦启源：《橡胶植物与橡胶工业》，金陵大学，1943年，第21页。

屿，因气候相同关系亦有胶类植物之产生；毗连中美之墨西哥高原雨量气温，差异甚微，亦尝有胶类植物之发现，多数品种远非南美雨季森林植物可比，所产生者多系类乎温带或近热带之旱漠植物，例如高友橡胶。第二分布中心为中亚马来亚区域；包括荷属东印度菲律宾，印度南部法属安南、泰国以及缅甸南部诸处，植物种类分为原产与移植两种，属于移植者以巴拉橡胶为最广泛，原产种类以印度橡胶婆罗洲橡胶以及南洋马来各处所产之硬胶为多；次者为山榄科之带胶植物；由于该区培植巴拉橡胶的缘故，对于原产种类少有注意及经营，仅有印度橡胶尚在大量栽培种植，其余多系野生。第三分布中心当推非洲，所产品种有马达加斯卡橡胶，东非橡胶、根胶、系胶及萝葡胶等类，品种特异者当推萝葡胶。[①] 这三大中心区域分布的橡胶植物因气候、温度、降水等自然环境条件有所差异，其胶质也有所区别，主要品种集中于热带赤道南北10°之间，愈往北品种愈少。

从世界橡胶消费需求而言，美国是世界最大的橡胶消费国，对于橡胶原料的需求最多。20世纪30年代，许多外交官和军事准备专家明确呼吁美国人发展国内橡胶作物，尤其是珍珠港事件之后，由于太平洋的大部分地区落入日本的控制，战略物资短缺，此时橡胶问题暴露了诸多问题，使得美国越来越意识到探索与开发本土橡胶资源的必要性与重要性。如美国在本国增辟橡胶产区，在中部南方数州，利用该区原产之菊科橡胶植物（高友）提取橡胶，并于厂址附近创辟高友橡胶林场8000英亩，而且美国农业部亦在奖励该种作物种植，特拨巨款从事繁殖高友苗木，分发民间种植，鼓励施肥灌溉，借以促进生长与提前采胶期[②]。

20世纪40年代，日本帝国主义入侵我国，海岸线被封锁，国际交通路线被截断，橡胶原料无法进口，当时的"国防科学促进会"登报科学界解决国家刻不容缓的十大难题，其中之一便是寻找和开发我国的橡胶资源[③]。

二 国内本土橡胶植物的探索与发现

民国时期，俄国发现本土橡胶植物——橡皮草，并试制橡胶成功，橡

---

① 焦启源：《橡胶植物与橡胶工业》，金陵大学，1943年，第41页。
② 焦启源：《橡胶植物与橡胶工业》，金陵大学，1943年，第3页。
③ 章汝先：《中国橡胶作物科学的先驱者——彭光钦》，《中国科技史料》1994年第2期，第72页。

胶替代作物才引起国人注意，开始重视国内本土橡胶资源。本时期，一批国内植物学家在我国发现了大量的本土橡胶植物。根据植物学分类，从橡胶植物的科属来看，橡胶植物以大戟科为最多，共五属四十四种；夹竹桃科次之，十属三十三种；山榄科第三，有十二属二十四种；桑科第四，七属十九种；萝藦科第五，三属五种；菊科第六，四属四种；山梗科与杜仲科第七，各一属一种，另有俄产胶类植物一种；其中，大戟科与桑科所产生多系为巴西橡胶，其产胶品质及产胶量最优；山榄则以产生硬胶及带胶见著，萝藦科所产弹性胶质较次，高友与黄菊为菊科植物，所产之弹性胶可与巴西橡胶也相媲美①。

国人对我国本土橡胶资源进行实地调查之后，发现本土所产橡胶植物种类繁多。以彭光钦为代表的一批植物学家发现我国本土橡胶植物种类十余种②。其中具有较高经济价值的有杜仲科、桑科、夹竹桃科。

民国三十二年（1943），广西大学的彭光钦等人在桂林附近发现凉粉果、大叶鹿角果两种橡胶植物，含胶量甚丰。此两种橡胶植物发现后，又进一步组织了"国产橡胶调查队"，深入粤桂地区进行调查，发现橡胶植物110多种，但由于大多数产胶量甚少且品质太劣，仅有8种橡胶植物产胶量较大且品质优良具有一定经济价值。其中以薛荔、大叶鹿角果两种橡胶植物比较，薛荔之分布区域广大，现有原料甚多；但大叶鹿角果产胶品质优于薛荔，且无带任何机器，化学药品，亦无须技术人员，其生产成本较低。因此，大叶鹿角果之经济价值，超越任何橡胶植物之上，其分布虽不甚广，但如能广为种植，则此边陲辟区，可变而为富庶之域，我国橡胶之生产，不但足以自给，且可对外输出③。

我国原产之温带胶类植物杜仲，是作为传统药用植物，鲜有人知其他

---

① 焦启源：《橡胶植物与橡胶工业》，金陵大学，1943年，第31页。

② 包括在广西发现的冰凉果（凉粉果，薛荔）桑科，大叶鹿角果，夹竹桃科，粤桂十万大山调查队所发现者"饕冰一号结衣藤，夹竹桃科；饕冰二号（缺）；饕冰二号我国台湾地区乳藤，夹竹桃科；饕冰四号锐果武靴藤，罗摩科；饕冰五号薛氏结衣藤，夹竹桃科。以上为最佳品种，其次尚有是一种如左；而盆架子，念珠果藤，络树藤，亨德，长荷包蒲木，包西藤，芋焜藤，尖叶神仙蜡烛，以上为夹竹桃科；长照藤，以下为罗摩科，揆果藤，假夜来香"（董新堂：《国内之橡胶植物》，《新经济》1945年第11卷第10期，第14页）。

③ 彭光钦、李运华、覃显明：国产橡胶之发现及其前途中国工程师学会十二届年会论文之二，《中国工业（桂林）》1943年第22期，第20页。

用途，但其产胶品性向来为欧美人士所关注，并认为其是温带之优良胶源[1]。杜仲所产胶质较硬（属硬胶类）可用于制造电料绝缘鞋底等，该树主要生长于贵州、四川、陕西、湖北等处。民国二十年（1931），植物学家焦启源在黔省遵义、桐梓、贵阳等处，见到"有驮马载运大宗杜仲运输，列为由货药材，转口出售，并于遵义北段凉风垭由崖坡地见有野生树株，又据浙大陈君鸿达函述，于沿河县属亦曾见有较大野生树株，足证黔省气候雨量甚为适合斯树之生长焉"，提出应以推广杜仲林场为中心工作，采用公私荒隙破碎之地，种植杜仲，借以增进黔省农村收入，振兴该省植物工业[2]。

此外，同属于桑科的本土橡胶植物还有榕树属植物，是一种常绿乔木或灌木，产于热带及亚热带地区，榕树、无花果及印度菩提树均隶于本属，沿海闽粤诸省时常习见[3]，此种植物也广泛分布于云南、贵州，在南方地区较为常见。在这一时期发现的本土橡胶植物还有樟科、山胡椒属的黄果树，主要分布于四川。以及苏联植物学家于我国新疆省之昭苏境内所发现之菊科蒲公英属植物橡胶草[4]，也称为橡皮草（Rubber grass），为菊科蒲公英属宿根草本植物之一，原产于我国新疆昭苏境内，其宿根含橡胶至富，可供国防军事橡胶工业上制造原料之需[5]；橡皮草以其适应性强，收获期短，含胶量颇丰，适合战时迫切之需要；从橡皮草的栽培方法来看，拟就播种、移植、管理、收获四项，植地一亩，可收获根株 200 斤，约可提取橡胶 64 斤，自以国营为最有希望[6]。金叶树产于广东，该树所产胶类属于硬胶类，可堪制造电器绝缘用品，又如香港、澳门、中山、番禺、顺德等县所产之人心果通常多栽于庭围采其果实食用，树株皮部所含之胶乳为制造口香糖之主要胶质；两广地区，民间有种植木薯者，其胶俗称西拉橡胶，工业用途与巴拉胶同，亦应认为有希望推广繁殖品种之一。推广至橡胶植物中的还有"青胶蒲公英"与"蒙古蒲公英"两种，为我国新疆与科布多一带之原产，甘肃、青海、宁夏一带亦产之，据林继庸氏

① 焦启源：《橡胶植物与橡胶工业》，金陵大学，1943 年，第 31 页。
② 焦启源：《橡胶植物与橡胶工业》，金陵大学，1943 年，第 90 页。
③ 焦启源：《橡胶植物与橡胶工业》，金陵大学，1943 年，第 32 页。
④ 董新堂：《国内之橡胶植物》，《新经济》1945 年第 11 卷第 10 期，第 14 页。
⑤ 吴志曾：《橡皮草栽培问题之研讨》，《东方杂志》第 40 卷第 15 号。
⑥ 吴志曾：《橡皮草栽培问题之研讨》，《东方杂志》第 40 卷第 15 号。

曾于伊犁附近推广种植数千亩①。

这一时期，国人对于本土橡胶资源的初步探索，反映了橡胶资源价值地位的提升，表明了国人对于外来橡胶与本土橡胶资源的态度，相较于外来橡胶国人意识到本土橡胶资源开发的重要性。

随着两次世界大战的爆发，战争对于环境造成了严重冲击，合成橡胶的发明与使用似乎能使人类从自然界的变化和不稳定中解脱出来，能使人们普遍获得大自然的资源，合成橡胶成为巴西橡胶、本土橡胶资源以外的极其重要的橡胶原料。橡胶资源的开发为我们提供了一个从科学、技术、农业和环境来重新审视战争与战略资源相互作用的视角。

---

① 彭光钦：《橡胶种植事业谈》，《中华农学会报》1948 年第 189 期，第 40 页。

第二章 技术传入与环境限制：20 世纪上半叶橡胶技术传入中国

民国时期，橡胶的选种、育苗、定植等技术得到初步实践。这一新物种及技术的引入成为当地生态系统失衡的新因素，加剧了生态灾害。依靠现代种植技术的进步，橡胶作为外来物种一定程度上打破了对本土温度、降水、土壤等环境的限制，但遭遇了大风、病虫害等新的环境限制，导致当地生态系统抵御自然灾害的能力降低，最终促使这些环境限制因素转化为风害、病虫害等灾害。面对这种灾害，国人开始意识到要通过建立防风林、胶园间作等方式进行本土改良及优化，以人为干预的方式创造与原产地相似的生存环境，适应本土生态环境，修复本土生态系统，增强橡胶与环境之间的协同共进关系。

第一节 20 世纪上半叶橡胶种植技术的传入

民国初年，橡胶栽培技术传入我国主要是得益于南洋华侨，在南洋橡胶主产区从事橡胶种植、加工、制造的工人多系华人。日人近藤万太郎于 1923 年前往新加坡考察时，新加坡近郊全部为橡皮树园，周边有橡皮精制工场及橡皮制品工场，经营者除日人外，大部分皆系华人经营①，这为橡胶技术传入我国提供了便利。此一时期，国内负责橡胶栽培管理的工人大也多是来自曾到南洋地区从事过橡胶种植的华侨，尤其是海南地区从南洋回国的华侨工人居多。

---

① ［日］近藤万太郎著，张勋译：《热带之作物》，《中华农学会报》1927 年第 57 期，第 32 页。

民国时期，以琼崖岛橡胶事业发展尤其发达，该岛橡胶园内工人"以泰半曾在马来橡胶园内工作者，故在那大、临高、澄迈、嘉积、石壁、兴陵各地橡胶园内，工作人员皆通马来语言"[①]"居民则以本地实业衰落，谋生艰难，其往南洋群岛为雇工者，以数万计，其人多以种植树胶为业，对于育苗移植管理割胶诸法，皆富有经验，苟能多行种植，则不独地尽其利，人尽器材，而富强之基，亦在于此矣"[②]。20世纪30年代，由于世界经济不景气，多数在南洋实业的华侨工人纷纷返琼，"每年至少有五、六千人"[③]，其中最多的为文昌、琼山、琼东、乐会、定安等县，这些地区多是橡胶种植区域。此时，国民政府为大力发展琼崖矿植事业，在琼崖实业局的多方鼓励之下，组织南洋华侨回琼崖开垦荒地，并建立归侨乡筹办处，负责召集华侨，种植橡胶，并开发其他实业，以期琼崖成为第二个马来亚[④]。

然而，橡胶所代表的现代科学技术冲击了传统农业生产技术，推动了我国农业技术的近代化转型。橡胶作为外来物种引入我国时，对于环境的要求极高，橡胶栽培技术，在一定程度上提高了橡胶作为非本土物种的生态适应能力，相对减轻了橡胶对于本土生态造成的影响。民国时期，归国华侨工人传入的橡胶栽培技术，从选种、选地开垦、幼苗培育、胶苗定植、抚育管理等工艺上逐渐趋于科学化、合理化。

一 橡胶种子的选择

在中国古代传统农业思想中，就极为重视品种的选择，品种是有优劣的，优良之种才能提高种子的发芽率，保证生物正常发育成长。晚清民国时期，橡胶引种到云南、海南之初，繁殖方式主要是两种：种子培育和用橡胶苗进行芽接。

民国初年，多是采用种子培育的方法进行繁殖，选种一般是选择年龄较老（至少是十年以上）的母树，选择标准以"取得多量优性之膜液为目的"[⑤]，选择胶液产量多的橡胶树所结出的种子，才能保证母树种子所生橡

① （民国）陈植编著：《海南岛新志》，海南出版社1949年版，第196页。
② 林成侃：《海南岛与胶树》，《农声》1937年第86－90期，第40－41页。
③ 林缵春著：《琼崖农村》，国立中山大学琼崖农业研究会，1935年，第29页。
④ 《华侨踊跃回琼垦殖》，《琼农》1935年第6期，第61页。
⑤ 陈伯丹：《树胶之培植》，《琼农》1947年第2期，第3页。

胶树所出胶液达到优良。橡胶种子一年结实两次，以农历白露时节前（约七月二十旬或八月初旬）成熟者较好；然而，即使选择的品种比寻常橡胶树产胶量丰富，但是橡胶树之间如果优种与劣种进行杂交，就达不到所期望之目的。

选优质种子需要注意两种情况：一是每株橡胶树种子有优有劣，有些多数是劣种，有些种子是优劣混杂，少数种子为优良品种，然而，极为优良的橡胶种子很少，"劣质之树常多于优质者，吾人选种，必先预算其平均之数，即优种子，须预其有劣质橡胶树也"；二是每株橡胶树，其具有雄雌二蕊，当花粉成熟时，蜂蝶往返寻食，将甲树雄粉传于甲树种子之中，而成为混杂种，则会影响优质母树所采集的种子，必须同时观察父树之雌蕊柱头上，绝不能令其他劣质之雄粉混杂在一起，只有这样才能保证种子优良①。

选种之后，有些种子因为无法及时播种，还需要注意种子的保存，不能曝晒，需要放置在阴凉处，而且还需掺杂木炭末与细沙进行保存，上下转动时发热则说明种子可以保存稍久②。如果种子运输时间较长且运输过程中种子储存处理不当，会导致种子多数霉烂且发芽率极低。因此，橡胶种子的选择受环境、交通等因素影响，有一定的技术局限，这些局限会成为影响橡胶品质的环境限制。

二　橡胶种植的育苗方式

橡胶种子选好之后，便需要选定苗圃地进行培育。育苗的工作极为专业，需要专门技术人员进行指导才能成功。民国时期华侨工人对于橡胶技术的传入及推广发挥了重要作用。他们采用的橡胶育苗方式有两种：苗圃育苗和苗罗育苗。

（一）苗圃地育苗

在苗圃地育苗，必须充分考虑该地的土壤土质、日照、通风、排水及灌溉等环境条件，最宜选择新地，并需要于农历六月间就要准备好，等种子成熟后，及时进行播种，才能保证橡胶种子的发芽率。

---

① 陈伯丹：《树胶之培植》，《琼农》1947年第2期，第3页。
② 钟桃：《树胶木之栽培法（未完）（附表）》，《广东农林月报》1916年第1卷第3期，第45—46页。

苗圃地需要在橡胶园附近选择土层深厚且平坦便于灌溉的地方，且需要通风、日光充足，土质为砂质之地，"其面积约六十方尺，选好之后，将所有树木、茅草或杂草尽行除去，连根掘尽烧净，再用锄或犁深耕一尺半，风化半个月后，声碎土块，并将所有小石残根收拾干净，全圃平面须稍倾斜，以便排水"。苗圃地的面积可"分为若干畦，两畦间之排沟，约阔六时深六时，每畦连排水沟阔二尺半（实畦阔二尺），长十尺"①。苗圃地确定之后便可播种，由于树胶种子含有丰富的油性物质"发芽力之保有期极短，故采集后，以快播育为佳，播育种苗"②。种子的播种"每粒种子相距约六时，播深一时；之后，每畦可点播种子二百粒（即从播五行横播四十行），全圃播种面积为五十方尺，分为六十，可播种子一万二千粒为中等规模适合之苗圃（大规模者三或五倍之种子）"③。种子入土后，"为横伏状，轻覆浮土，上蔽干禾叶，以防苗床干燥"④。苗圃建立好之后，还需要进行认真管理，促使种苗迅速成长，"须每日浇水一次，约二十至三十陆续发芽，于未发芽及发芽之初，须搭棚遮盖，以避日光直射及雨点冲击，苗木渐长至两个月后，将棚撤去，但灌溉次数，须增至每日二次，以促苗木之长成，至二十偏月或十八个月约高五英尺，即可移植"⑤。此种育苗方式较为烦琐，且人工成本较高。

（二）苗罗育苗

苗罗是用竹子织成，苗罗育苗较之苗圃育苗更为简便，成本较低。苗罗是用竹子织成的箩筐，"直径2寸、高5-6寸之竹筐"⑥，里面放满混合土壤，然后播入种子，排列成行，用木条或竹条挡住，以免倾倒，搭棚掩蔽并浇水，与苗圃育苗方法略同，但较之苗圃育苗，此法的移植速度较快，苗木长到半尺时，即可进行移植，移植时，选择其中最高者连罗栽植⑦，此种育苗方法的手续比苗圃法简单且便于操作，不需要较高的人工

---

① 陈伯丹：《树胶之培植》，《琼农》1947年第2期，第3页。
② 胡荣光：《树胶事业之发达及其造林经营之研究》，《琼崖实业月刊》1935年第12期，第7—8页。
③ 陈伯丹：《树胶之培植》，《琼农》1947年第2期，第3页。
④ 胡荣光：《树胶事业之发达及其造林经营之研究》，《琼崖实业月刊》1935年第12期，第7—8页。
⑤ 陈伯丹：《树胶之培植》，《琼农》1947年第2期，第3页。
⑥ （民国）陈植编著：《海南岛新志》，海南出版社1949年版，第199页。
⑦ 陈伯丹：《树胶之培植》，《琼农》1947年第2期，第3页。

成本。育苗期间，需要特别注意预防家畜、鸟类、野兽为害，而且苗圃中常有白蚁、蟋蟀、穿鼠等生物，如果不注意，易对种子及幼苗造成危害，时人认为"最好先以沥青涂于种子外面，然后施播，可免其害"①。

三　橡胶林地的选择、开垦及定植

橡胶林地的区域选择、开垦及定植方式需要极为重视周边自然环境条件，气候、土壤等生态因子对于树木的发育状况，种植后的枯损情况，风害及病虫害之有无，乃至于胶乳产量之多少等具有直接影响。

（一）橡胶林地的选择

橡胶树定植前需选择一定面积的林地进行垦辟，民国时期的橡胶林地"多于山岳之荒地为园地，间亦有于森林之地，开山砍木而为困地者"②，不论是原始植被还是灌木林或杂草地都要清除殆尽，其中橡胶林地的选择以乔木林地最佳，次为灌木林及杂草地，"然除灌木密林以外，亦有开垦灌木林及草地者。惟除河川流域及海滨膏腴地外，以乔木林地为佳"。③　某种程度上，橡胶林地的开垦是在破坏原始森林的基础上进行的，次生的单一经济林木取代原始森林，不利于维护生态系统平衡，使当地生境抵御自然灾害能力降低。

（二）橡胶林地的开垦

橡胶林地的开垦主要是四道工序。一是开垦之前需要对橡胶宜林地的土壤、水源、生物进行考察，"对于道路河川之位置土地起伏之状况，地上被植物之种类，以至土质及成分亦有宜注意者。"④　二是砍伐林木，"大概先垦荒，林垦之法，先于干季斩伐灌木，次将巨大树干，于离地一丈前后处伐倒之。"⑤。三是在二三月间放火烧山，"俟二三月间，干枯后，放火烧毁，随后将余炉扫除，复堆置于巨树周围。"⑥　四是整地并划定橡胶栽植范围及距离，"就周围划定界线，以示线内为某人之园地，再就划定范围内，分配行

---

①　陈伯丹：《树胶之培植》，《琼农》1947年第2期，第3页。
②　《海南岛之树胶》，《琼农》1947年第1期，第4页。
③　丁颖：《热带特产作物学》，国立广东大学，1925年，第23页。
④　丁颖：《热带特产作物学》，国立广东大学，1925年，第23页。
⑤　丁颖：《热带特产作物学》，国立广东大学，1925年，第23页。
⑥　丁颖：《热带特产作物学》，国立广东大学，1925年，第23页。

列，普通行间距与株间距离为十八尺至二十尺，亦有十四尺者"①，或十二尺至十六尺②。

在橡胶林地的开垦过程中，砍伐林木及放火烧山的方式与传统刀耕火种的开垦方式相似，但刀耕火种尚能采取轮歇制，几年就会轮换一次以保证土壤肥力，实现生态系统的自我调节与修复。然而，橡胶林一旦开辟，从橡胶幼树定植直到成熟，再从割胶到停割要持续将近 50 年之久，此期间，橡胶林主要为单一生态系统的人工纯林，无论是从生物物种的多样性还是生态系统的复杂性，抑或是发挥的生态功能都远远不如垦殖前的乔木林、灌木林，一定程度上会造成生态系统失衡。

（三）橡胶树的定植

橡胶园经整地、区划就绪后，开始移苗进行定植。首先，将苗圃中适于移植的幼苗小心掘起，将苗根及枝叶略为剪切，带土运到园内③，移植苗木时需要注意苗木的保护，"其过小者，保护不良，易过大者，掘取运搬困难，且苗木亦易受伤"④。此后，需要降雨或人工浇水 2 – 3 次，使土地充分湿润之后，由干季入雨季时，进行移植，移苗之时，苗根"应略加修剪，根长尺许，干高五六寸许；栽植时，苗根周围应以松土覆之"⑤。

橡胶林地的栽植距离极为重要，如马来地区，不行间作者，四方距离十至十五英尺，计每英亩一九三至四五株，一行间作者，四方距离三十六英尺计，每英亩三十三株，如斯里兰卡则不行间作者，距离十二至二十英尺每英亩一八零至三零二株，行间作者四十英尺，每英亩二十七株⑥。植林形式有正方形法、长方形法、菱形法、三角形法等，以三角形法最为合宜，林距平均，日光照射普遍⑦，如图 1 所示，在理论上较为合理但具体作业较为困难。确定栽植距离及方法后就要进行移植，移植时间多为春季或秋初，在新晴之初进行移植，"则苗木成长易，而枯萎率较少"⑧。其次，

---

① 《海南岛之树胶》，《琼农》1947 年第 1 期，第 7 页。
② （民国）陈植编著：《海南岛新志》，海南出版社 1949 年版，第 200 页。
③ 《海南岛之树胶》，《琼农》1947 年第 1 期，第 7 页。
④ 丁颖：《热带特产作物学》，国立广东大学，1925 年，第 23 页。
⑤ （民国）陈植编著：《海南岛新志》，海南出版社 1949 年版，第 199 页。
⑥ 《海南岛之树胶》，《琼农》1947 年第 1 期，第 7 页。
⑦ 胡荣光：《树胶事业之发达及其造林经营之研究》，《琼崖实业月刊》1935 年第 2 期，第 8 页。
⑧ 胡荣光：《树胶事业之发达及其造林经营之研究》，《琼崖实业月刊》1935 年第 2 期，第 8 页。

进行挖穴，"掘一宽 2 平方尺、深 1.5 尺许之穴"[1]，挖穴时 "将较为肥沃之表土，置于一侧，新土置于对侧[2]，即俟一二周间，土壤经风化作用以后，将掘上及穴口附近表土锄入穴中。此时，如能将烧土混入埋之，效果尤佳；惟混入枯木根株石块等，则苗木发育不良"[3]。

（　△　）

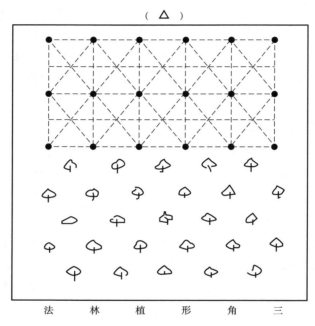

三　角　形　植　林　法

图 1　橡胶林地三角形植林法

资料来源：胡荣光：《树胶事业之发达及其造林经营之研究》，《琼崖实业月刊》1935 年第 2 期，第 8 页。

四　胶园的抚育管理

橡胶苗木定植之后，需要进行严格的抚育管理工作，包括定期浇水、除草、施肥，通过人为干预使橡胶生长的环境接近于原生环境，以此保证橡胶的正常发育和成长。

一是浇水；早晚分别一次，至发出新芽时灌水次数可以略减。二是除草；于植后二三月乃至六月行之，每年除草三四次即可，待生长到直径约

---

① （民国）陈植编著：《海南岛新志》，海南出版社 1949 年版，第 200 页。
② 丁颖：《热带特产作物学》，国立广东大学，1925 年，第 23 页。
③ 丁颖：《热带特产作物学》，国立广东大学，1925 年，第 23 页。

半寸时割除，如"马来地方，于栽培初年，月除一次，五六年后，橡树繁茂，采液开始，除草次数渐减，八九年后则年除一次或二三次而已，然初年除草需用劳力极多"；三是修剪枝条；"树木生长后，枝条高下不齐，故须将离地十尺内外之枝条切去之"，并"迨生长七八尺高时，则剪截其顶芽，使傍发枝叶，以扩张其树冠"，以此使橡胶林通风透光，提高胶乳产量，使割胶后的树皮易于再生；三是间伐；"系于数年采液，间株伐之"，使余下橡胶树发育良好；四是施肥；于年终施肥一二次，肥料的种类"以鱼盐及海棠蘺为多，其分量普通多为一斤"，橡胶树在不同时间施肥量有所不同，如表3、表4所示，混合施肥量少者百磅，多者八百磅，如马来半岛，"富于石灰而缺乏有机质者，施与肥亦得著效。其量每英亩八吨分二次施之又每英亩以海鸟粪二至三百磅，成绩亦佳云"①。因此，通过施肥可以更好地保持土壤的肥力，民国时期的农学家认为"栽培橡树本少施肥，然欲促进树势增加收量，除由上坏落叶等供给养分之外，亦往往有施与肥料者"②。

表3　　　　　　　　　民国时期胶园在不同生长阶段施肥量统计表　　　　　　单位：公担

不同生长阶段	施肥量
植后三至六月之幼树之施肥量	蓖麻油 250 磅；过磷酸石灰 150；氯化钾 50 磅；骨粉 50 磅；
植后六至八月之幼树施量	蓖麻油 160 磅；过磷酸石灰 80 磅；氯化钾 120 磅；Hainit40 磅；
植后一至二年者	硫酸亚 70 磅；骨粉 105 磅；过磷酸石灰 140 磅；氯化钾 35 磅；
老树	碱性熔渣 225 磅；智利硝 37.5 磅；硫酸钾 37.5 磅

资料来源：丁颖：《热带特产作物学》，国立广东大学，1925 年，第 25 页。

表4　　　　　　　　　民国时期胶园含氮及氮素缺乏的土壤施肥量

土中富含氮素时之混合施肥量	氯化钾 28 磅；过磷酸石灰 25 磅；骨粉 20 磅；油 17 磅；磷酸亚 10 磅；
土中氮素缺乏者	氯化钾 20 磅；过磷酸石灰 30 磅；骨粉 10 磅；油 16 磅；磷酸亚 24 磅

资料来源：丁颖：《热带特产作物学》，国立广东大学，1925 年，第 25 页。

五　割胶及制胶技术

割胶技术影响橡胶树的发育及胶乳质量，"割采之巧拙不单影响橡皮

---

① 《海南岛之树胶》，《琼农》1947 年第 1 期，第 8 页。
② 丁颖：《热带特产作物学》，国立广东大学，1925 年，第 23 页。

之品质及生产量，对于树木之发育亦有显著之影响"①。民国时期，国人对于割胶及制胶的方法已经有较为完整的了解和把握。

橡胶栽植后，早者五六年，普通七八年即可采液（以干围达二零时为标准），割胶方法有单斜线法、V字形法、半鱼骨形法及螺旋形法等②。其法"由虽地三尺左右之树干，开割半鱼骨形之切口，或V形切口，大树胶四面开割，小树胶仅可两面行之，其割口约深一分"③，"垂直之沟一条，两侧倾斜之沟数条"。其中"以鱼骨状者最佳，深度以达乳汁流出为度，不可过深，切口宜狭小而光滑"④，此种割胶法易于愈合，且能防御病虫害入侵。栽培橡胶的取胶方式与南美不同，这也是橡胶在技术方法上呈现本土化的表现之一。"他们不是每树都开十个或三十个切口，而是在树的四面，从树脚到人的手可以达到的高度，砍成一串的V字形切口，把一个杯挂在V字尖端地方。另一种形式是在树上划一条长切口，和长切口沟通，再把一个杯放在长切口的底端，以承受橡胶汁。另一种形式是绕着树砍成螺旋式的一条长切口，接受胶汁的容器，就放在长切口的下端。"⑤这种割胶方法较之于南美的方法可以更好地保证橡胶的割胶时限，不至于过度割胶而减少胶树的割胶年限。

割胶作业一般于干燥季节（每年四五月）进行，以防止雨水流入，割胶时要从黎明开始，至上午九时左右终止，"将割口胶液以钵接贮之，然后注入于大桶内"；从橡胶树的产量而言，因树龄而异，幼树乳液、树脂量多，而橡皮量少，随着树龄的增长越来越好，"普通每人一日可开割三百株，收胶二至四斤"，"七八月产量最多，至十月底，即行停割"。⑥

割胶之后为保证生胶的新鲜程度，必须要尽快进行加工处理，胶乳凝固的方法有天然蒸发法、机械方法、熏制法、加水法、加植物汁液法、化学药品施用法等。一般加入醋酸使其凝固，凝固胶块尚含有水分，故需用

① 李炳益：《中国橡胶植物资源之探究（待续）》，《台湾省林业试验所通讯》1947年第23期，第5页。
② 李炳益：《中国橡胶植物资源之探究（待续）》，《台湾省林业试验所通讯》1947年第23期，第5页。
③ 《海南岛之树胶》，《琼农》1947年第1期，第8页。
④ （民国）顾复编著：《作物学各论》，商务印书馆1928年版，第207页。
⑤ 《橡胶的故事（续上期）：制造直条橡胶带》，《科学画报》1936年第4卷第4期，第144页。
⑥ 《海南岛之树胶》，《琼农》1947年第1期，第8页。

压榨机碾薄，挂于通风处，去除水分①。民国时期，各胶园的制胶方法大致相同，其法"先将采集之胶液，滤去其夹杂物，过滤手续，先用圆形之筛孔，孔之直径如米大，再以方形筛孔滤之，如欲节省手续及时间，可将圆形筛孔叠置于方形筛孔之上，取滤过胶液盛木盆中，其分量以仅达盆之三分之二为度，然后注入攀水或醋酸使之凝固，其分量约十五两胶液用攀水三钱，醋酸一两冲二十两水，此混合液一两可冲和胶液一斤，胶液经中和后经三四小时，即行凝固，倾去盆中之水，取出凝固之胶块，揩于通风之处，使之稍干，再以压片机压之，即成光滑之胶片，迨水分减少时，移入于熏烟室内，室之构造极简单，有揩片棚，燃火口，揩片棚之出入门户，胶片放妥后，乃闭户开始熏烟，一周后其胶片即呈黄色之透明体，其形状长一尺五寸，宽八寸，厚一分，五十片或一百片捆为一束，输出于各地"②。

民国以前，我国橡胶制品主要依赖于进口，国内不生产。民国以来，乃我国橡胶工业之肇始阶段，国内橡胶原料的生产在一定程度上满足了国内工厂之需求，如海南橡胶原料不仅供给广州橡胶工厂，而且还出口到新加坡、香港等地。但国内橡胶制造技术远远落后于国外，只因缺乏技术人员，一直未在橡胶加工制造上有任何突破性进展。

橡胶引种所依赖的现代科学技术不同于以往的传统农业技术。橡胶作为一个外来物种对于气候、土壤、水源等自然环境条件的要求较高，需要科学选择橡胶引种区域，还需要科学合理规划橡胶种植标准。选种、育苗、选地、开垦、定植以及抚育管理等现代种植技术，在一定程度上打破了温度、降水、土壤等本土环境限制，更好地保证了橡胶的生长与产量。但这一外来物种及技术，异于中国传统种植所遵循的"天人合一"的生态整体观，更多追求种植作物的高产，忽略了作物与周围环境之间的整体生态系统平衡。可以说，橡胶种植技术虽然成功打破了本土生态环境的限制，但遭遇了新的环境限制。这主要是由于20世纪初，国人在"民主"与"科学"的口号之下，极为推崇西方科学技术的推广及效用，而这一技术是在西方文化背景下生成的一种认识人与自然关系的理论范式，强调

---

① 李炳益：《中国橡胶植物资源之探究（待续）》，《台湾省林业试验所通讯》1947年第23期，第5页。

② 《海南岛之树胶》，《琼农》1947年第1期，第8页。

"主客二元"的哲学观，将人与自然对立看待，在这一观念指导下，德国的林业科学和几何学成功地将真实、多样和杂乱的原生森林变成了单一树种的、同一树龄的、利于管理的标准化、军团化商业林场①。这种单一经营作业确实提高了作物的产出率，提高了经济效益，增加了经济回报，但造成了负面生态效应，打破了当地生态系统平衡。

第二节　20 世纪上半叶橡胶种植技术遭遇的环境限制

王丰镐较早提出我国位于赤道北二十五度至二十八度的区域，理论上可以种植橡胶，其范围主要包括在北纬 28° 以南的江、湘、云、贵、闽、粤诸省，这也是较早提出我国具备种植橡胶环境条件的言论②。随着橡胶种植技术的引入，在一定程度上虽保证了橡胶树的正常生长，但这一技术逐渐成为影响当地环境变迁的新恶化因素，橡胶林地的选择与开垦使得原始森林面积减少，单一次生林代替原本茂密的天然植被，橡胶种植更是遭遇了本土生态环境中大风、病虫等新的环境限制，技术的推动之下，加剧了这些新的环境限制因素转变为自然灾害，导致风灾、病虫害、兽害、火灾等灾害频发，激化了橡胶与环境之间的矛盾。

一　橡胶种植所需的环境条件

从巴西橡胶树对环境的适应性来看，橡胶受环境条件的限制极为明显。巴西橡胶树作为一种典型的热带树种，即使其品种经过人为改良，但其自身的生物属性是无法改变的。其中影响巴西橡胶种植区域分布的主要因素取决于橡胶树的生态学特性，其对环境条件的要求和生态适应能力，主要受到温度、降水、土壤等生态因素的影响。

20 世纪上半叶，中国橡胶引种的区域主要为海南、云南及我国台湾地区，其中海南种植园数量更多、种植规模相对较大。从当时引种区域的选择而言，海南的自然环境条件最接近于南洋群岛橡胶主产区，大多数归国

---

① 付广华：《民族生态学视野下的现代科学技术》，《自然辩证法通讯》2018 年第 40 卷第 9 期，第 17 页。

② 王丰镐译：《西报选译：论橡胶西名印殿尔拉培中国俗名象皮》，《农学报》1897 年第 2 期，第 10 页。

华侨多在海南进行投资，海南成为此一时期橡胶种植的主要地区；云南虽同样进行了引种，但由于自然环境的限制，种植规模较小，仅局限于个别地区；我国台湾地区橡胶种植主要是被日本人所垄断。这三个区域能顺利进行引种主要是由于具备橡胶生长的一定环境条件，其中海南自然环境条件最为优越，也是率先割胶并投入市场，甚至远销海外的区域。"热带特产作物，如树胶……，为国内各地不能栽植者，在本岛试种，均著特效。凡此各种热带特产作物，本岛实具有天时地利之优越条件，既易发展，且有市场。"①

民国时期，时人曾一度将海南视为我国唯一能种植橡胶之地，"我国虽以地大物博称，然以气候关系，胶树之产地，可谓直等方零——惟海南一岛，孤悬海外，位置于热带，气候温和，雨量充足，最适宜于胶树。"②海南岛为我国南部最大的海岛，地处东经108°30′至110°2′，北纬18°9′至20°20′③。海南"地接热带，气候温热，四时常花，三冬无雪。一岁之间，少寒多热；一日之内，气候屡变。昼则多热，夜则多凉；天晴则热，阴雨则寒。东坡所谓'四时皆是夏''一雨便成秋'也。至于水土亦无他恶，即向称瘴雾之黎区山中"④。土壤肥沃，河流众多，面积广阔，适宜农产物成长⑤。

从气候条件而言，"在亚热带圈内，一般冬天为东北风之无雨期，夏天为西南风之雨期。气候各地颇有差异，可大别于东北部（南桥、万宁、嘉积、文昌、海口、定安、临高、那大、儋县）与西南部，由南桥（陵水东北不远）至白马井（新英西南少许）引一直线划分之。东北部受大陆之影响，西南部受海洋之影响，气候不同又海岸平。"⑥据琼海关民国十五（1926）至十七年（1928）测验所得，海南岛北部最高温度在 7 月间升至华氏99°；最低温度在 12 月及 2 月间降至华氏50°，每年平均最高温度约在91°，最低温度约在华氏 64.3°，全年平均温度约在华氏 77.5°；南部据

---

① 胡荣光：《从琼崖社会经济基础而研究其农业建设》，《琼崖实业》1936 年第 1 期，第 26 页。
② 林成侃：《海南岛与胶树》，《农声》1927 年第 86—90 期，第 40 页。
③ 梁向日：《海南岛经济作物》，《农声月刊》，第 1 页。
④ （民国）陈铭枢纂：《海南岛志》，神州国光社 1933 年版，第 109—110 页。
⑤ 广东省地方史志办公室辑：《广东历代方志集成·琼州府部七·（民国）海南岛志》，岭南美术出版社 2009 年版，第 333 页。
⑥ （民国）李待琛编译：《海南岛之现状》，世界书局印行 1947 年版，第 15 页。

测验，崖县每年最高温度升至华氏 90°以上，最低温度降至华氏 50°以下，平均温度约在华氏 70°，与北部温度相差不大①。民国二十一年（1932）至二十三年（1934）再据海口琼海关之气象观测，海口年最高气温 26.1℃，最低气温 19.2℃，平均气温 22.8℃，绝对最低温 13.9℃，年绝对温度 22.3℃，年水量 1522.4 毫米，风速最高 3.0 千米/时，年平均风速 1.9 千米/时②。海南风雨，中部与濒海不同，濒海山少而地势平，受海洋影响，气候较热而多风；中部峻岭多而地势高，受山岳影响，气候较冷而多雨；其风雨季节，各地虽稍有差异，风则秋初为甚，雨则夏末秋初为多③。

从风候而言，"四时不同，春多东风，夏多南风，秋多西风，冬多北风。东南风暖，西北风凉。三四月间，惟昼有南风；至五月，入夜亦多南风，惟南风过夜则雨。三四月北风多主雨，五月北风多主旱。六月有北风，非大雨则作飓。飓者，具四方之风也，俗谓之风台。芒种以后、立冬以前常有之，或一岁累发，或累年一发"④。从雨量而言，据琼海关民国十五（1926）至十七年（1928）测验，海南"北部每年雨天在 147 日左右，约有 559 小时。每年平均雨量约有 84 英寸，每月平均雨量约有 7 英寸。雨量最多在八、九、十月之间。雨量最少在一、二月及十一、十二月之间，此数月内有时绝不降雨，惟清朝雾露，常霏霏如丝，以为调节。其最多雨量之月为 16.94 英寸，最少雨量之月为 0.22 英寸。至于南部与北部或有差异"⑤。

气候条件受地理位置、东亚季风及地形影响，处在较低纬度的海岛，既属热带及南亚热带气候，又接近大陆，同时受海洋和大陆两种气候类型的不同程度的影响；位于东亚季风区，夏季受热带低压槽的控制，冬季受极低高压的影响，故在热量和水湿方面都有明显的季节性；中央山岭高耸，四周低平，无论海洋或大陆气候的作用，均受这种地形的影响，有不同程度的改变。由于各地夏季高温和多湿相结合，冬春低温与少雨同时出现，强迫植物不同程度的休眠，从而形成植物生长的良好条件，但是，由

---

① （民国）陈铭枢纂：《海南岛志》，神州国光社 1933 年版，第 110 页。
② （民国）林永昕：《海南岛热带作物调查报告》，国立中山大学农学院农艺研究室，1937 年，第 5 页。
③ （民国）陈铭枢纂：《海南岛志》，神州国光社 1933 年版，第 112 页。
④ （民国）陈铭枢纂：《海南岛志》，神州国光社 1933 年版，第 112 页。
⑤ （民国）陈铭枢纂：《海南岛志》，神州国光社 1933 年版，第 114 页。

于不同地区气候各有差异，对于植物的影响不同①。海南岛的气候条件较为复杂，属于大陆性的热带岛屿气候，由于受东亚季风影响，台风盛行，易引发风灾，"全岛四时皆夏景，常有飓风骤雨发生，故该岛抗旱期多见于春季，而风灾期多见于秋季"②，这是影响橡胶生长的环境限制之一。

从土壤条件来看，海南岛土壤概属壤土与沙土之间者，壤土比沙土湿润多，最宜于耕作，红土质居多，因气温高土壤成分之分解迅速，又因骤雨性之降雨其分解成分之可溶性石灰与磷酸易于流出，土壤之肥沃不充足，土壤呈酸性反应，土壤呈红色③。各处的生物气候不同，成土母质各异，地形变化很大，以及人为的不同影响等，致形成多种多样的土壤类型，橡胶种植区域多为红棕壤、红壤和砖红壤三类，盐基代换量低，保肥力差，风化快，淋溶强，植被管理失当，肥力衰退快④。从而不利于橡胶林的水土保持，影响橡胶产量。

从植被而言，"海岛孤悬海中，风势猛烈，所产木材，性质坚硬，纹理密致，抵抗力大，耐腐性强，材质殊美……森林以天然林居多，人工种植者少"⑤。"该岛原始森林，本甚稠密，然以山林无禁，滥伐焚毁过度，虽有蕴藏，亦备受摧残，而尤以北部最为荒废。最近森林面积，据广东建设厅农业局琼崖水源林调查报告书，计有160余万亩，其中森林弥补，蓊郁苍葱，仍能保存天然林相者，现在仅有五指山系，春臼岭系及大小吊罗山系三区主要森林而已。"⑥ 海南垦区的植被可分为两类，南部及沟谷边缘的热带次生雨林与雨林以外地区的次生季雨林，由于人类活动的结果，西南部为干旱乔灌木林，东北部为灌丛和中、高草植被⑦。

从水源而言，琼崖水利来源，"以雨量为主，次为丛山环聚，树林密

---

① 许成文、陈少卿、钟义、阮云珍、唐自法等：《海南岛胶园杂草杂木调查报告》，1963年，第3页。
② 梁向日：《海南岛经济作物》，《农声月刊》，第1页。
③ （民国）李待琛编译：《海南岛之现状》，世界书局印行1947年版，第20页。
④ 许成文、陈少卿、钟义、阮云珍、唐自法等：《海南岛胶园杂草杂木调查报告》，1963年，第3页。
⑤ 广东省地方史志办公室辑：《广东历代方志集成·琼州府部七·（民国）海南岛志》，岭南美术出版社2009年，第354页。
⑥ 梁向日：《海南岛经济作物》，《农声月刊》，第1页。
⑦ 许成文、陈少卿、钟义、阮云珍、唐自法等：《海南岛胶园杂草杂木调查报告》，1963年，第4页。

生之区，由雨后之积聚、渐行渗漏而会集于出海之各江，故有五大江之出海，而以五指山及附近环山为主要之发源，近海边皮之平原或平坡，除雨量供给足供一造耕作之用外，其余水之供给，有赖江水或溪流之灌溉，始克举行，二造因水利设备缺乏，只近江流溪涧两旁一部分之地亩，得受灌溉之益，故大部分之土地，尚有赖乎水利之解决，水利解决办法，现似较难行，但较深入而略近中部之地势，类多环山围抱而成峒，峒内河流溪涧交错，水分充分"。①

从地形来看，沿海之地多属平原，腹地山脉起伏，地盘较高，而山与山之间亦不少坦坡旷野，耕地荒坡皆是，综全岛面积约占 40%，计 38879 方里②。以中南部的五指山为中心，连接四周海拔高于 1000 米的诸山岭，形成中央山地及山间高丘，由中央向四周逐渐低平，沿海多为平缓台地；在台地与中央山地之间，是高低不同的丘陵地形③。橡胶种植多数分布在这种丘陵地上。

就海南的气候、土壤、植被、水源、地形条件而言，具备种植橡胶的优越自然环境。但橡胶引种到海南种植之后，依托于西方现代科学，进行单一经营作业，这种技术方式使橡胶纯林代替了原本的天然植被，打破了当地生态系统平衡。任何一个地区的植被，除去人和其他动物外，气候和土壤等自然条件是影响其发生和发展的主要因素，反之，植被在一定程度上也影响着气候和土壤④。

而民国时期，云南仅在车里（今景洪）、河口等自然环境条件较为优越的滇南地区进行了少量引种。我国台湾地区虽较之云南自然环境条件较为优越，终年气候温和、雨量充沛，适合橡胶种植，但由于人狭地窄，橡胶树仅是零星种植，不成规模，多被当地用作柴薪砍伐。因此，海南橡胶种植最为成功。从海南、云南、我国台湾地区的橡胶种植环境条件来看，在一定程度上可以满足橡胶的正常生长及顺利产胶。但橡胶种植在中国本土生态环境中又遭遇了新的环境限制，这些限制因素最终加剧了生态灾害的发生。

---

① 《琼崖农林渔牧调查报告》，广东省建设厅农林局，1937 年，第 2 页。
② （民国）陈铭枢纂：《海南岛志》，神州国光社 1933 年版，第 59 页。
③ 许成文、陈少卿、钟义、阮云珍、唐自法等：《海南岛胶园杂草杂木调查报告》，1963 年，第 3 页。
④ 许成文、陈少卿、钟义、阮云珍、唐自法等：《海南岛胶园杂草杂木调查报告》，1963 年，第 3 页。

二　橡胶种植技术遭遇的环境限制

橡胶这一外来物种及种植技术的引入，成为中国本土生态系统失衡的新原因。橡胶作为单一纯林，人工栽培的主要目是为实现其经济价值，但忽视了单一化、商业化、简单化之后的林地面临的负面生态效应。橡胶种植形成的单一生态系统较之于原生生态系统，具有更多不稳定性、脆弱性，导致当地生态系统抵御自然灾害的能力降低，最终加剧了风害、兽害、病虫害、火灾等灾害的发生。

（一）橡胶风害

民国时期，我国橡胶种植区域受大风影响最为严重的属海南地区。因海南属热带季风海洋性气候，受台风影响最为频繁，"铁飓则锐不可当，拔木飞瓦，物无不损。其飓风发自他方者，谓之风尾。尾高而柔，尾低而暴。此外又有暴风，若龙兴而致者，土人谓之'鼓龙风'。起则尘埃遍野，林叶飞空，其势更雄于飓"。① 这是橡胶在海南种植所面临的主要环境限制因素。日人市原丰吉在海南农业调查报告书中就论及海南岛不是经营树胶之地，其主要理由之一则是易受风害②。橡胶种植是单一纯林作业，树与树之间的间距较宽，较之原来茂密的原始森林及次生林地更是难以抵御大风的侵袭，从而转化为风害，严重影响橡胶的生长及产量。海南地区常常因大风，橡胶树倒者死，折者伤。

根据民国二十三年（1934）海南各橡胶园的实地调查数据可知，琼安公司树胶园因风灾损失半数，锦益公司因风灾损失胶树占40%，亭父树胶公司因风灾损失25%，茂林公司树胶园因风灾损失百分之20%以及张家库公司、庞习成公司、合和公司、庞位乡、南兴公司、振兴公司、水口公司、益利公司等树胶园受风灾影响损失皆在10%－20%③。再如李文阁树胶园，飓风灾害特大，民国十六年（1927）植树千余株，民国二十六（1937）因大风损失巨大，"拔倒者三百余株，折断杆部者过半，其茎折断而能再生者十居五六，其余所以死亡之原因，系因拆口不知修补，至今雨

---

① （民国）陈铭枢纂：《海南岛志》，神州国光社1933年版，第113页。

② 《海南岛之橡胶》，《琼农》1947年第1期，第9页。

③ 《海南岛之橡胶》，《琼农》1947年第1期，第9页。

水浸入而腐朽不能发芽"。① 茂林树胶园"风害特巨，园中树木遭风害损折者几估100%，非倒即折，园无完树，计全园为风拔倒而致死者共约五百余株，风害之烈可见一般矣"。②

较之云南、我国台湾地区橡胶种植园，海南地区的风害严重影响橡胶树的生长及产胶量。日本人市原丰吉之所以说海南不适宜发展橡胶，其主要理由是当地一是气温低，二是雨量少，三是易受风害，四是土地不肥，因此不如南洋各地之良好③。

（二）橡胶兽害

橡胶的种植一直面临着兽害的严重威胁。因橡胶园多邻近村落，村民习惯于放养牲畜，如猪、牛等就极为喜爱啃食橡胶幼苗及橡胶幼树。

民国时期，橡胶园多为民营，投入人力多有不足，对于橡胶园的监管较为散漫，尤其是在橡胶幼苗时期，受兽害影响尤其严重。如南兴公司之树胶园受山猪为害，极为严重，山猪傍晚入夜乘人不觉之时，成群结队，窜入园中，践踏为害，寻食幼苗嫩叶；顶芽一遭其嚼食，则树木之生长大有妨碍。牛害也甚为严重，据文昌新桥市许诗园主所言，如文塘附近、乐会、定安等处，由于村民放牛，常有牧牛于树胶园中者，树之小者，遭受践踏之害其剧，即使老大之树木，其树皮亦往往为牛角所擦伤④。据李文阁胶园的调查，因乡民放养家畜的习惯，"贪园中青草茵绿，纵牛入牧，致令树皮为牛角擦伤，幼树遭践踏者尤甚"，而且山间野兽猖獗"多山猪为害"⑤。云南车里橄榄坝所种植的橡胶树也是如此，由于胶园周边少数民族村寨养牛习惯于放养，使得胶园胶苗、幼树等遭受严重损失。

（三）橡胶病虫害

民国时期，橡胶园中病害轻微，虫害极为突出，由于民营胶园的橡胶树主要是单一树种进行规模种植，形成的生态系统较为简单，对于防御病虫害的能力极为薄弱。根据20世纪30年代琼崖橡胶园的病虫害调查，"菌害极微，根病、叶病甚少。惟树褐色并间稍有之。虫害颇多，低洼积

---

① 叶少杰：《琼崖树胶之调查（未完）》，《琼农》1937年第36—38期，第7页。
② 叶少杰：《琼崖树胶之调查（未完）》，《琼农》1937年第36—38期，第12页。
③ 《海南岛之橡胶》，《琼农》1947年第1期，第9页。
④ 《海南岛之橡胶》，《琼农》1947年第1期，第9页。
⑤ 叶少杰：《琼崖树胶之调查（未完）》，《琼农》1937年第36—38期，第7页。

水不通之处，常见白蚁蛀食树皮，鼻涕虫，蜗牛等窃食树胶液亦常有之事"。①

病虫害的暴发，主要是由于人工橡胶林的单一种植，导致生态系统失衡，使原本的各种生物、非生物、微生物之间的物质流动及循环发生断裂，造成其他本土物种减少甚至灭绝，如使得一些虫类的天敌灭绝，从而引发虫害暴发。

20世纪初，巴西橡胶种植园因南美叶疫病暴发受到极大损失，其主要原因是由于橡胶的单一种植，加速了这种病害的蔓延，扩散速度难以控制，使得南美橡胶种植园遭受几乎毁灭性的危机，此次病害使得世界主要橡胶生产基地转移到东南亚地区，反映了人工纯橡胶林存在的严重缺陷。

此外，橡胶园中火灾极易发生。由于橡胶园除橡胶树这一单一树种外，其他多为杂草灌木，一经野火延及，难以控制，火灾所造成的危害极为严重。民国时期，南兴橡胶园"新公司8000株，经一次火灾现存300株"②。究其原因，"因邻近之农田农人，纵火烧田间什草时，所延及者"③。加之，园中缺乏人员管理，杂草丛生，邻近山野之处，又无防火线设备，有随时发生火灾之危险。

橡胶种植技术的单一性，使橡胶所受到的环境限制更为凸显，加剧了当地环境对于橡胶的排斥。橡胶林作为人工纯林，更多是一种"经济作物""商品"，其主要目的是为实现林地的经济回报，而忽视了单一化、商业化、简单化之后的林地所带来的负面生态效应。民国时期的橡胶园虽是小规模种植，但是单一树种的林地较之于原生森林其所塑造的生态系统具有不稳定性、脆弱性，对于各种自然灾害的抵抗能力自然减弱，这是引种外来物种所带来的生态环境的变异后果。

第三节　20世纪上半叶橡胶种植技术的本土改良及优化

橡胶在我国生长的环境条件与在马来亚的生态环境条件不同，直接引入的橡胶技术并不适应中国本土的自然环境，环境限制表现得更为明显，

---

① 叶少杰：《琼崖树胶之调查（续完）（附表）》，《琼农》1937年第41—42期，第15页。
② 叶少杰：《琼崖树胶之调查（未完）》，《琼农》1937年第36－38卷，第8页。
③ 叶少杰：《琼崖树胶之调查（未完）》，《琼农》1937年第36－38卷，第12页。

这一限制的强弱是橡胶资源是否得到成功引种的根源，时人试图通过本土技术改良及优化，使橡胶更好地适应中国本土环境。

从巴西橡胶对于中国本土的生态适应性来看，必须通过人为调适橡胶的生长环境，方能使其逐渐融入本土生态系统。晚清民国时期，世界范围内的野生橡胶资源已经被开发殆尽，包括巴西在内的世界上的橡胶生产国大多是人工栽培的巴西橡胶品种，人工栽培橡胶需要人为进行培育及管理，才能使其与当地环境相协调。民国时期，面对橡胶种植所遭遇的种种环境限制，时人开始结合本土知识经验寻求解决与应对路径。这种通过本土改良及优化调适橡胶与环境之间关系的方式，一定程度上减轻了橡胶所遭遇的环境限制。

一 橡胶种子、胶苗运输及保存方式的本土改良及优化

橡胶种子、胶苗运输及保存方式的改良，提高了橡胶种子的发芽率以及胶苗的成活率。晚清民国时期，我国橡胶的培植主要是通过运输种子及胶苗到国内进行引种，但由于运输时间较长和保存方式不当，导致种子和胶苗的存活率很低。因此，时人开始思考如何更为恰当的运输及保存橡胶种子及胶苗。

对于如何更好地将橡胶种子移植到他地，民国二十五年（1936）发表在《科学画报》的《橡胶的故事》一文就谈到了利用干土或木炭保存种子，"最好的方法是一只木箱，内盛干土或木炭，把种子很轻松地放在里面"[1]。橡胶种子的萌芽期限短促，新熟之子二三周后即行丧失萌芽机能，运输籽粒尤常注意包装，金陵大学的焦启源曾由南洋获得籽粒树枚运至成都，仅有三周即形完全丧失萌芽机能，长距离之运输需用水浸方法始能保持萌芽机能[2]。民国三十五年（1946），海外华侨钱仿周从爪哇将五千余斤树胶籽用马车运输五十二日才运至车里，但种子完全霉坏，一颗未发芽，损失近万元，后才发现主要是由于树胶籽种成熟采摘后，需在二十二日内栽种连期[3]。民国三十五年（1948），华侨钱仿周、李宗周等从泰国引进2

---

[1] 《橡胶的故事（续上期）：制造直条橡胶带》，《科学画报》1936年第4卷第4期，第144页。
[2] 焦启源：《橡胶植物与橡胶工业》，金陵大学，1943年，第46页。
[3] 云南省政府：《令知云南省建设厅有关办理特设机构在车里县种植橡胶等事已咨复省参议会》，1946年7月24日，档案号：1106-004-03362-008，云南省档案馆。

万颗橡胶树苗种植于车里（今景洪市）的"暹华胶园"，为保护胶苗，他们将椰子壳锤成绒，与肥土搅和，把胶苗的根须包裹起来，再装进木箱，这样方可以长途驮运①。

二 胶园间作方式的本土改良及优化

我国橡胶园进行间作主要由南洋华侨较早进行实践，因其常年在南洋从事橡胶事业，经验丰富，橡胶种植管理作业已渐趋合理化，且多能利用隙地种植菠萝、咖啡等以为副业②。民国时期，在胶园进行间作或混作已是常态，如海南胶园管理中"不宜独营一种，且每一区域中，有高处宜种树胶，而低处宜种他物者，故经营之时必于树胶而外，兼种其他农产，如椰子、槟榔、益智、艾粉、咖啡、棉花、烟叶、菠萝、花生、杂粮等物，均可随时选择因地制宜而种植之"③，以及香茅、割萱、甘蔗、木薯、马尼拉麻、玉蜀黍、姜蔗、辣椒、刚果、茶、可可、古加等④。

20世纪20—30年代，南洋华侨也曾少量引入绿肥作物爪哇葛藤、毛蔓豆作为海南岛胶园的覆盖作物⑤。这种间作方式主要是在栽培橡胶时在隙地进行，弥补橡胶开割前的短期经济效益，在一定程度上也增加了橡胶林的土地覆盖率，保持了土壤肥力，减少了水土流失，而且可以充分利用空余空间，减少土地资源浪费。此种间作的方式成为今后实现经济效益和生态效益统一的重要途径。

20世纪30年代，橡胶园便已采用林地间作的方式进行精细化管理，以此肥沃土壤、减少地面冲刷、防止水土流失。根据民国二十五年（1936）关于橡胶种植管理方式的记载，橡胶树都是像其他农产物一样的处理，多余杂草都被除去，使得橡胶树下无其他生物生存，土壤的保水性变差，在雨季时加重了地面的冲刷力度，严重者会造成水土流失；橡胶在开割之前，橡胶园的大量土地资源几近空置，土地覆盖率低，而且此时的橡胶林无法产生经济效益。因此，可以间种一些低生植物（如西番莲）或

---

① 张箭：《试论中国橡胶（树）史和橡胶文化》，《古今农业》2015年第4期，第73页。
② 韩宗浩：《琼崖树胶园业调查》，《琼农》1934年第6期，第26页。
③ 《琼崖调查记》，《东方杂志》第20卷第23号。
④ 丁颖：《热带特产作物学》，国立广东大学，1925年，第78页。
⑤ 温健、蒋侯明、林书娟、张妹轩等：《热带绿肥牧草引种观察初报》，1957—1963年，第2页。

其他感觉敏锐的植物，这些植物可以从空气中吸取氮气，使土地肥沃；一般间种作物都用来种在幼橡树的周围，因为当杂草除去以后，地土变硬而且干燥，可以种植使土地肥沃的植物来补救①。20世纪40年代，日本人也提出了多种经营的方式避免生态系统单一化。如市原丰吉在海南岛农业调查报告中提及树胶经营之法，已经意识到橡胶林单一种植之弊端，认为应"以种树木为主产，树胶为副产栽植之，……从事树胶之经营，即另有种种困难，其缺陷亦于补救也，于此应注意者，即避免树胶之单纯作业"②。

三 民国时期抵御灾害方式的本土改良及优化

民国时期，为保证橡胶园的发展，减轻自然灾害，采取了一系列措施。对于风灾之防御，鼓励种植防风林以预防风害，"园地附近当风之地赶造防风林"，种植防风林"须由政府或政府与经营者合力经营之"③，如文昌、儋县那大之胶园，经营者自动种植，或兴实业机关合作举办之④。防风林的建造"大风可以障蔽，水源赖于涵蓄"⑤。

对于兽害灾之防范，民国时期，时人对牧牛及山猪等野兽的防除"惟联合邻近各园主共立禁签，或联呈地方官警，请饬令告诫，自易为效，不然恐一人之独举，载以抵挡多数人从来恶习成惯之愚顽反抗也。欲除山猪之害，须于园之周围编束篱棚，或常令工人猎捕之，同时园中时放一种炮声——如纸炮之类——以恐吓之，使远避他方，不敢临近园地害自除"。⑥此外，针对兽害可以进行猎杀，如山猪害尤为严重，据文昌新桥市许诗园主所言，一年间共猎得山猪八十余头⑦。

对于病虫害的防除之法，橡胶育苗期间种子及幼苗易受损害，需要特别注意预防家畜、鸟类、野兽为害，而且苗圃中常有白蚁、蟋蟀、穿鼠等生物，时人认为"最好先以沥青涂于种子外面，然后施播，可免其害"⑧。

---

① 《橡胶的故事（续上期）：制造直条橡胶带》，《科学画报》1936年第4卷第4期，第144页。
② 《海南岛之橡胶》，《琼农》1947年第1期，第9页。
③ 叶少杰：《琼崖树胶之调查（续完）（附表）》，《琼农》1937年第41—42期，第15页。
④ 韩宗浩：《琼崖树胶园业调查》，《琼农》1934年第6期，第26页。
⑤ 叶少杰：《琼崖树胶之调查（未完）》，《琼农》1937年第36—38期，第7页。
⑥ 叶少杰：《琼崖树胶之调查（续完）（附表）》，《琼农》1937年第41—42期，第16页。
⑦ 《海南岛之橡胶》，《琼农》1947年第1期，第9页。
⑧ 陈伯丹：《树胶之培植》，《琼农》1947年第2期，第3页。

橡胶树生长期间，为预防病虫害的发生，一方面需要定期巡视；一旦发现皮部、枝部染疫，或患生白蚁①，必须将被害木除去，并加火焚烧以绝其传染②。由于虫害影响较重，所以时人提出了针对性的虫害防除之法。一是防除白蚁，"查各树胶园发生白蚁之处，皆于积水不通及什草灌木丛生空气闭滞之处见之，苟能注意排水及芟除什草灌木，使园地干爽洁净，其害自除，若为防范密计，于树干基部之周围掘一小沟，置些杀虫药料，则虽白蚁即能发生于园地不克为害于树干也"。③ 二是防除蜗牛及鼻涕虫，"此等小虫，以其仅偷食胶液，且为量极微。与树木生长，无多大之防碍，本不堪过虑，然而虫之数量多，长年打算，其损失不少。防除之法，或令工人劝于捕捉，或于张灯诱杀，或侦查其孵卵起见先除其卵及虫，都极易为之"。④

橡胶是长期生长在热带雨林地区的一种树种，已经形成了该种环境的要求和适应性。因此，在面对如病虫害威胁时，它也可以进行自我调适，从而消除环境对于自身带来的不利影响。譬如，野生橡胶长期生长于热带雨林，热带雨林中的各种甲虫、小虫种类繁多，相对封闭的自然环境，使得林中的每个物种形成了一种天生的自我保护功能，物种之间的互相制约避免了橡胶树受到病虫害的影响。栽培的橡胶林与野生橡胶林最大的区别是前者是一个单一的人工生态系统，后者为物种丰富的自然生态系统。单一的生态系统在面对病虫害侵袭时，除非人为采取防治措施，否则会导致橡胶大面积的死亡，这也是橡胶种植的局限所在。

对于火灾的防御，首先，应清理橡胶园中灌木杂草，"使园地清净，野火即能延及，异不致于园内焚烧"；其次，在橡胶园四周设防火线，"防火线之设备，最好于园之四周掘一约尺余，涧可一丈之沟，一则可以贮蓄园中之排出水，二则可得于必要时借资灌溉之用，一举数得，法至善也"。⑤

民国时期，直接引入的橡胶种植技术并不一定完全适应橡胶在中国本土生态环境的种植，这就使引进技术面临新的环境局限。通过人为调适进

① 《调查：树胶园管理法》，《南洋时事汇刊》1926 年第 10—11 期，第 16 页。
② 李炳益：《中国橡胶植物资源之探究（待续）》，《台湾省林业试验所通讯》1947 年第 23 期，第 5 页。
③ 叶少杰：《琼崖树胶之调查（续完）（附表）》，《琼农》1937 年第 41—42 期，第 15 页。
④ 叶少杰：《琼崖树胶之调查（续完）（附表）》，《琼农》1937 年第 41—42 期，第 16 页。
⑤ 叶少杰：《琼崖树胶之调查（续完）（附表）》，《琼农》1937 年第 41—42 期，第 16 页。

行本土改良及优化后缓解了橡胶种植遭遇的新的环境限制，这意味着科学技术与本土知识经验相结合的重要性。"一个国家不可能依靠全盘引进他国的现成技术而实现科学技术的进步，这其中关键的一个步骤是对引进技术进行适应性的'本土化改造'。"① 橡胶在我国种植的生态环境条件与在马来亚的生态环境条件不同，直接引入的现成栽培技术并不适应当地的自然环境，就造成了技术的局限性。虽然当时人们已经意识到橡胶技术本土改良及优化的重要性，但因战乱频仍、技术及资金匮乏，多数胶园荒废，这一意识更多是停留于理念层面，并未得到广泛的实践与推广。

20世纪上半叶，橡胶在我国的早期引种，因受各种原因限制，难以突破传统的自然与地理界线，以西方科学知识为主导的橡胶栽培技术的传入虽为其营造了适宜生长的人工环境，但也问题重重。在传统技术逐渐被现代技术所取代的过程中，科学化、标准化、商业化成为人们打破自然限制的衡量指标，而具有本土性的经验知识被科学知识替代。

因此，橡胶作为一种外来物种，从一种生态系统引种到另一种生态系统之中，既需要考虑种植区域的温度、降水、坡度、土壤等主要生态因素，打破中国本土生态环境的限制，也需要借鉴本土知识经验，通过人为改良及优化橡胶的生存环境，更好地调控其所缺失的生态因素，增强橡胶对本土生态系统的适应能力，克服新的环境限制。

---

① 曹幸穗：《从引进到本土化：民国时期的农业科技》，《古今农业》2004年第1期，第51页。

第三章　科学认识与本土适应：20 世纪上半叶橡胶资源的选择及限制

20 世纪上半叶，橡胶与环境之间的关系是相互影响、相互排斥的，橡胶植物本身的生物属性及生态习性，是决定其与周边环境相互关系是抑制还是协同的重要生态因子。其中，生态适应性是决定巴西橡胶引种及本土橡胶资源开发的首要因素与前提条件，生态适应包括外来物种对于本土环境的适应以及本土环境对于外来物种的适应，应将不同物种在不同生态环境的适应能力作为物种选择的衡量标准。但由于当时国际秩序及技术因素的限制，橡胶资源并未得到大规模开发。

第一节　20 世纪上半叶国人对橡胶资源的科学认识

20 世纪上半叶，国人对外来橡胶及本土橡胶资源的认识科学化，为中国橡胶资源的开发奠定了科学基础，也反映了国人对于橡胶资源的关注和重视。这为认识和掌握外来橡胶及本土橡胶植物的生态习性、生理特性提供了理论依据。

一　20 世纪上半叶国人对外来橡胶的科学认识

晚清民国时期，由于橡胶带来的经济利益的刺激，一些商人试图引种橡胶到中国进行种植，以谋求更大的利益，但在传统学界认知中，我国的环境条件并不适合种植橡胶。直至清光绪三十年（1904），橡胶被引种到云南干崖新城县凤凰山种植，才逐渐打破了中国不存在种植橡胶的环境条件的判断，进一步激发了国人对于橡胶资源的探求意识。民国时期，随着植物学、农学、生物学、化学等学科的发展，国人开始从学科视角解释橡胶，使得橡胶的理解趋于科学化，为这一时期认识橡胶与环境之间的互动关系奠定了科学基础。

（一）国人对于外来橡胶的概念认识

从橡胶的概念来看，南美洲之土人及印第安人，常以天然凝结之胶块，团之成球，名之曰"Batos"即土语"球"之意，又称橡胶树曰"Cahuchu"或"Caucho"意即"坠泪之树"①，这是根据橡胶树的生理习性而称呼的。"橡胶"作为一种新物种引入我国之后，对于晚清民国时期的地方文化也有一定影响，出现了多种称呼，此时的"橡胶"也称为"橡皮"，"橡皮"是中国的一种通俗性称呼。也有"护谟"之称，此乃由拉丁语的 Gummi elasticum 译成，含有黏着性的弹性物质之意味②；或称为赫维橡（Hevea），主要是由于橡胶产自巴西的赫维橡（Hevea）树。民初的《中华大词典》中"橡"字条曰"西人用橡树汁熬炼制皮，通呼为橡皮"，20 世纪 30 年代的《辞源》有"橡皮"和"橡皮树"词条，"橡皮以橡皮树之胶制之，因其颇似革类，故名之橡皮。后又因其为植物质，复改为橡皮，日本译成护谟"③。

自晚清以来，随着橡胶用途的逐渐推广，其日常所需之车胎、日常生活用品无不需要橡胶，"凡种种机器，无不需之，倘每岁能产此胶，倍蓰于前，则用处尤广"④。此时，国人已然意识到橡胶的工业价值、经济价值及军事价值所在，并开始重视在国内栽植橡胶的重要性。此处所谈的橡胶主要是外来橡胶植物——巴西橡胶（植物名称为巴西橡胶树"Hevea bra-siliensis"，俗称巴拉⑤橡胶树"Para rubber tree"）⑥。

20 世纪 30 年代后期，因橡皮的名称不甚妥当，所以改称橡胶⑦，"橡

---

① 陈国玱：《橡胶及橡胶工业》，《广西省政府化学试验所工作报告》1936 年第 1 期，第 189 页。
② 无尘：《科学谈话：橡胶漫谈》，《新中华》，1936 年第 4 卷第 18 期，第 70 页。
③ 张箭：《试论中国橡胶（树）史和橡胶文化》，《古今农业》2015 年第 4 期，第 76 页。
④ 王丰镐译：《西报选译：论橡胶西名印殿尔拉培中国俗名象皮》，《农学报》1897 年第 2 期，第 43 页。
⑤ 巴拉（Para）是地名，此地在巴西的亚马孙流域，是产橡胶最多的地方，因此就称为巴拉橡胶树。
⑥ 汝成：《通俗科学：橡胶和橡胶植物》，《新中华》1946 年复刊第 4 卷第 7 期，第 44 页。
⑦ 无尘：《科学谈话：橡胶漫谈》，《新中华》1936 年第 4 卷第 18 期，第 70 页。

胶"成为较为普遍的词汇，这是国人对于"橡胶"这一新物种初步的科学界定和认识。时人已经认识到所用之橡胶原料产自橡胶树，因其原产地是巴西亚马孙河流域，称为"巴拉橡树"（Para rubber）①，也有巴拉②橡胶、印度橡胶之称，皆源于巴西橡胶树所产橡胶。而有"印度橡胶"之称，主要是由于"1770 年英国有名化学者普列斯托莱氏，偶用橡胶擦去铅笔所写的痕迹，故即称为 Rubbe，当时输入的橡胶是锡兰岛地方所产者，故 India Rubber 有'印度产可摩擦的东西'之意"③。从橡胶的多层内涵的理解来看其概念，近人所称之橡胶主要有三种含义，第一种为"纯净性橡胶质之碳氢化合物"；第二称为"复杂性天然产之生橡胶"；第三称为"经过制造之硫化橡胶"④，这三层内涵已经建立在化学学科的认知体系之中进行思考，反映了此一时期国人对于橡胶的认识更为专业化。

民国时期，"橡胶"概念的多元化进一步表明了国人对于橡胶的认识逐渐深入，也对进一步了解橡胶的自身属性、橡胶的制造方法以及橡胶工业的发展有一定的推动作用。更为重要的是，这一时期国人对橡胶的认识已经开始从生理学、生物学、化学等学科层面进行解读，有利于增强橡胶与环境之间关系的认识，更好地协调外来物种与本土环境之间的共生共进关系。

（二）国人对于外来橡胶生物及生态属性的认识

从橡胶的生物特性来看，民国时期，国人对于橡胶的认知已经开始从植物学进行探讨，虽然对于橡胶的生理特性的认知略有差异，但却表明了这一时期国人对于橡胶这一新物种认识的突破，加深了对于橡胶与环境之间关系的认知。

民初的《中华大词典》以图文并茂的形式描绘了橡胶树的枝、干、叶、花，有专门词条进行了叙述，其"橡"字条曰："橡，乔木名，产于温带，热带尤多。木材坚良，实可供食用"⑤。此时的认知较为局限，直至

---

① 巴拉（Para）是地名，取名巴拉是因为此乃橡胶产地，位于南纬 1°，境内森林广袤，沿西南直达巴西之北部，此地是产橡胶最多的地方，因此就称为巴拉橡胶树。

② 之所以称之为"巴拉"主要是由于翻译问题。焦启源：《橡胶植物与橡胶工业》，金陵大学，1943 年，第 45 页。

③ 无尘：《科学谈话：橡胶漫谈》，《新中华》1936 年第 4 卷第 18 期，第 71 页。

④ 陈国玱：《橡胶及橡胶工业》，《广西省政府化学试验所工作报告》1936 年第 1 期，第 22 页。

⑤ 张箭：《试论中国橡胶（树）史和橡胶文化》，《古今农业》2015 年第 4 期，第 76 页。

20 世纪 30 年代，在此时期的期刊报纸中对于巴西橡胶树的理解更具科学性。从生理习性上，橡胶树属于大戟科植物，学名为"Hevea brasiliensis"，"原产自巴西亚马孙河流域，是一种高大的乔木，成年的约在六十英尺以上，干的直径约八英尺，花色灰绿，果实成囊状，内有三颗小而褐色并有黑斑的种子"①；也有人认为其"高达一百尺，干的直径达四十寸"②。从形态特征而言，如图 2 所示，以绘图的形式将巴西橡胶树的叶、花、茎、果描绘出来，巴西橡胶树呈灰色树皮光滑平坦，绿黄色小花，掌状三出复叶，叶柄先端有 3 个腺体，小叶椭圆状，单被花，雌雄同株，圆锥花序生于叶腋，花萼基本合生，先端 5 - 6 裂，雄花具 10 个雄蕊，花丝合生，雄蕊每五个排成上下两轮，蒴果 3 裂，各裂片再分 2 裂的分果瓣，种子大，有斑块，无种阜③。

从橡胶的生态习性而言，"原产南美巴西亚森河流域，地近赤带，湿温均高，南美奥里诺科河河域两岸生长亦多，估计原有巴拉橡胶森林约近 3000 万株，占地 10 万平方里，区内常年温度介乎 75 - 90 ℉。降水量 60 - 120 英寸，树株发育茂旺，高者可达三十公尺，周围约三公尺，沿河冲积土壤及两岸丘陵地带尤为适乎巴拉橡胶之生长，原产地之胶林全系天然作业"④。

晚清时期，"中国地处温带不适宜种植橡胶"的传统认知仍占据主流，直至民国时期，巴西橡胶在海南、云南的小规模试种，海南橡胶开始试割，意味着我国具备引种及发展橡胶的生态环境条件。但仍有一些人认为，"橡胶的原料产地仅限于热带，即以赤道为中心，在赤道南、北五百里以内为范围"的认知仍未转变，并认为这些橡胶树虽然也可移植到温带，可是在温带生长的橡胶树不能分泌适于制造橡胶的橡胶汁液⑤。因此，这一时期橡胶是否适合在我国进行推广种植是存在一定争议的，这就为本土橡胶资源得到大力开发提供了重要前提。

---

① 《橡胶的故事（续上期）：制造直条橡胶带》，《科学画报》1936 年第 4 卷第 4 期。
② 无尘：《科学谈话：橡胶漫谈》，《新中华》1936 年第 4 卷第 18 期，第 144 页。
③ 焦启源：《橡胶植物与橡胶工业》，金陵大学，1943 年，第 45 页。
④ 焦启源：《橡胶植物与橡胶工业》，金陵大学，1943 年，第 45 页。
⑤ 无尘：《科学谈话：橡胶漫谈》，《新中华》1936 年第 4 卷第 18 期，第 70 页。

图 2 巴西橡胶的茎、叶、花、果

资料来源：焦启源：《橡胶植物与橡胶工业》，金陵大学，1943 年，第 2 页。

二 20 世纪上半叶国人对本土橡胶资源的科学认识

民国时期，随着本土橡胶植物的探索与发现，国人对于本土橡胶植物的生物学属性、生态学属性、产胶量及品质等有了较为科学的理解与认识，这一认识有利于本土橡胶资源的开发，为国人选择开发本土橡胶资源提供了科学依据。

（一）桑科无花果属薜荔

桑科无花果属薜荔在桂林附近发现，植物分类学上称为 "Ficus Pumila Linn"，俗名 "凉粉果"（或称冰粉果、文实果），本草纲目中称为薜荔，与印度橡胶树为同属异种植物。从橡胶植物的生物学特性来看，薜荔属于桑科无花果属，为攀援灌木，茎细长多枝，小枝□①毛亚叶椭圆形大着长三寸，柄短，先及基部为钝形平面平滑，背面有细毛，叶基出三脉隆起于叶背，其细脉构成多数小凹□②，极为显著，花托中控，花生托内，果实橡形，用制凉粉，与橡胶树为同属异种植物③。薜荔自被彭光钦等人经过保存、凝固、烘干、提纯、橡胶溶解、燃烧、熏烟、冷法调硫、热法调硫和调硫加速剂等十几种实验之后，证明薜荔杆、枝叶流出的乳状浓浆为胶

---

① 因此字无法识别，故以 "□" 标注。
② 因此字无法识别，故以 "□" 标注。
③ 《农业资料：国产橡胶之发现》，《农报》1943 年第 8 卷第 31—36 期，第 49 页。

浆，并制成橡胶原料，后由广西绥靖公署橡胶厂造成飞机零件、汽车零件、汽车轮胎模型等①。

从产胶情况及含胶量来看，薛荔之茎、叶、果实皆产乳浆，此项乳浆经用种种化学试验证明为橡胶乳浆，果实之乳浆所含者在百分之五十以上，所含橡胶成分因季节和气候而异；从取胶方法来看，薛荔每株之产胶量，因大小而异，采橡胶不能用割取方法，须用机器将枝叶来压榨，然后用化学方法提炼；在此项研究工作中因无是项机器设备，所用橡胶，系用人工由果中采取，故费工甚多，如"果实成熟后一个月左右产浆最多之时采取，则一千二百个至两千个果实可得胶一市斤，每株植物所结之果，小者一二百个，大者可至数千个，以四五百个者为最普通"②。

从产胶品质来看，薛荔所产橡胶之品质与印度橡胶树及南美橡胶树所产橡胶之品质相似，现薛荔橡胶等制成之物品，亦与由外国输入者无异；从分布区域来看，我国生产薛荔之区域甚广，桂、粤、闽、川、鄂、滇、赣、皖、苏、浙均有出产，以水源旺盛之地为多，桂林附近沿河道溪流池水近旁，所见甚多③。

（二）夹竹桃科大叶鹿角果

夹竹桃科大叶鹿角果在桂林南部的兴业县附近发现，在植物分类学上被称为"Chonomorpha macrophylla"，定名为"大叶鹿角果"④，属夹竹桃科。从橡胶植物的生物学特性来看，大叶鹿角果属于罗摩科鹿角果属，为多年生藤本植物，茎长可达三四丈。枝多而蔓，嫩枝有毛；叶对生，成倒卵形，大者长七八寸，宽四五寸；叶片肥厚坚韧，表面平滑，背面有绒毛；叶柄短，撒形花序，花冠五裂，白色花果，长纺锤形，大者长六七寸，径七八寸；种子有白絮，果熟时绽裂而出，随风散播⑤。

从产胶情况及产胶量而言，鹿角果之干、枝、叶、果、皆有乳浆，大

---

① 章汝先：《中国橡胶作物科学的先驱者——彭光钦》，《中国科技史料》1994 年第 2 期，第 72 页。

② 彭光钦、李运华、覃显明：《国产橡胶之发现》，《广西企业季刊》1944 年第 2 卷第 1 期，第 4 页。

③ 《农业资料：国产橡胶之发现》，《农报》1943 年第 8 卷第 31—36 期，第 49 页。

④ 《发现国产橡胶》，《云南工业通讯》1943 年第 1 期，第 1 页。

⑤ 彭光钦、李运华、覃显明：《国产橡胶之发现》，《广西企业季刊》1944 年第 2 卷第 1 期，第 5 页。

者每株二三斤，小者每株亦可得数两①，含橡胶成分百分之四十至五十②。从生橡胶的加工而言，鹿角果的制造手续最为方便，无须任何机器及化学药品，也无须人员技术，鹿角果之乳浆只需加水，不用任何化学药品，即能在数分钟内将橡胶凝固成块，取出时不粘手，晒干即成生胶片，无须熏烟或化学处理③。由于大叶鹿角果的生态适应性强，主要分布于广西、海南、云南等地。此种橡胶植物因其含胶量丰富，此种产胶植物的乳浆也在广西绥靖公署橡胶制造厂制成飞机零件、汽车零件、自来水管零件、瓶盖和鞋底等成品，达 30 多种④，品资均极优良⑤。

民国时期，环境限制是外来橡胶并未进行大规模种植的重要因素之一，"在栽培上，终不免为天然条件的限制，故国人除设法引种外来橡胶植物以外，尚不能不集中精力，以致力于国产橡胶植物之创获，冀能为吾国战时橡胶给源关一践径"⑥。因此，国人在外来物种（巴西橡胶树）与本土物种（国内橡胶植物）之间的选择，是既引种巴西橡胶树，又探索与开发本土橡胶植物资源。但由于国民政府并未给予过多的关注和重视，加之战乱频仍，资金、技术、人员缺乏，无论是引种外来橡胶还是开发本土橡胶植物都未大规模开展。

第二节 20 世纪上半叶橡胶资源的本土选择⑦

从外来巴西橡胶与本土橡胶资源对比而言，巴西橡胶作为外来物种而言，因其生态适应性较弱，很难在中国区域内进行广泛种植，且受到严格的生态因子的制约必须进行人为调节，否则超出生态幅会造成死亡或不适；而本土橡胶资源则具有良好的生态适应性，只需根据不同自然区域的生态分布规律稍加培育便可进行广泛培植。从两类物种的生态适应性来

---

① 彭光钦、李运华、覃显明：《国产橡胶之发现》，《广西企业季刊》1944 年第 2 卷第 1 期，第 5 页。

② 《发现国产橡胶》，《云南工业通讯》1943 年第 1 期，第 1 页。

③ 《发现国产橡胶》，《云南工业通讯》1943 年第 1 期，第 1 页。

④ 章汝先：《中国橡胶作物科学的先驱者——彭光钦》，《中国科技史料》1994 年第 2 期，第 73 页。

⑤ 《发现国产橡胶》，《云南工业通讯》1943 年第 1 期，第 1 页。

⑥ 焦启源：《橡胶植物与橡胶工业》，金陵大学，1943 年，第 1 页。

⑦ 本节已发表于《暨南学报》（哲学社会科学版）2020 年第 7 期。

看，此时则更倾向于选择本土橡胶资源的开发。

一　巴西橡胶对本土环境的适应及塑造

橡胶树是一种典型的热带乔木属树种，即使其品种经过人为驯化，但由于驯化的时间尚短，其自身的生物属性是无法改变的。环境决定技术选择，人类对环境利用形成的技术形态彰显对环境的适应或改造①。因此，必须要通过人为干预进行本土改良，更好地优化橡胶的生长环境，使之接近于原本的生态环境，满足其生态习性。

从橡胶的生态习性而言，巴西橡胶作为一个典型的热带雨林多年生乔木树种，从原产地来看，主要是生长在南纬0°－5°范围之内的热带雨林中，该地区年均气温26－27℃，年较差小于3℃，无15℃以下的绝对最低温，最冷月平均在18℃以上，年降水量在2500毫米以上，每月降水分布均匀，年平均相对湿度80%以上，静风环境，土层深1米以上，表土层20－80厘米，土壤有机质8%以上，PH4.5－5.5，地下水位1.5－2米以下，海拔高800米以下，因此形成了喜高温、多雨、静风、沃土的生态习性②。因此，橡胶适合生长在热带雨林气候温暖的区域内，全年高温多雨，一般在海拔300米以下，坡度不超过20°，温度在25－27℃的环境条件中生长最为合适③。

晚清民国时期，在引种外来橡胶之前，科技工作者对接近于巴西橡胶生存环境的海南、云南等热带地区的气候、土壤、降水都进行了考察，证明了这些地区是具备橡胶生长的自然环境条件的。

清光绪三十年（1904）选择引种橡胶的云南盈江县凤凰山植胶点海拔980米，我国台湾地区嘉义县植胶海拔100米④，其海拔、温度、降水都是适合于种植橡胶的。民国九年（1918），国民政府调查河口气候，此处气候炎热，无异于南洋，适合种植橡胶，"兹特从邮寄上树胶种子三十斤，

---

① 李昕升、吴昊：《明代以降南瓜引种的生态适应与协调》，《安徽农业大学学报》（社会科学版）2017年第26卷第4期，第46页。

② 何康、黄宗道主编：《热带北缘橡胶树栽培》，广东科技出版社1987年版，第3页。

③ 柳大绰、顾源、李有则、周嘉槐：《橡胶植物》，科学出版社1956年版，第11—12页。

④ 江爱良：《云南南部、西南部生态气候和橡胶树的引种》，《中国农业气象》1995年第16卷第5期，第15—16页。

请饬实业科"①；民国三十五年（1946），华侨钱仿周专门从爪哇至云南车里（今景洪）调查该地的气候、土壤，通过与东南亚橡胶种植环境进行比较，称车里气候、土壤、植物、风俗一切均与爪哇相同，种植树胶极其相宜②；同年，云南省政府主席卢钧审查：云南沿国境一带之车里、佛海、南峤、澜沧源、镇越、江城、六顺、宁江府等县局其地理环境既与中南半岛接近其气候、土质，与南洋无甚差异，南洋群岛夙为树胶之大本营，则车里等县局自可试行种植，其成绩必有可观衡③。橡胶栽植地宜在肥沃而又潮湿的地方，温度正午需在89°至94°，夜间不低于74°，雨季每年有六个月左右，泥土及大气终年都是潮湿的，方为适当④。

但是，人工引种与栽培橡胶不同于野生橡胶，需要人为进行培育及管理，才能使其达到甚至超过野生橡胶的产胶量及品质。巴西橡胶从一种生态系统移植到另一生态系统之中，必须在人为干预的条件下才能为橡胶树的正常生长提供良好的自然环境，使得栽培橡胶的产胶量及品质高于野生橡胶，反映了人为活动是影响橡胶的一个重要生态因子。然而，即使通过严格的橡胶引种与栽培管理，使橡胶在人为干预下一定程度上适应了当地生态环境，这种经过人为改良的生态系统也相应削弱了橡胶所塑造的新环境抵御生态风险的能力。

20世纪初，由于东南亚气候更为适宜以及人工培养的管理得当，巴西橡胶在东南亚地区的种植，其产胶品质更优于原产地南美热带雨林的野生橡胶。通过橡胶原产地巴西以及橡胶移植地东南亚进行对比，从野生橡胶与栽培橡胶植物的产胶情况来看，如栽培橡胶植物5－7年即可发育成熟，开始割胶，而南美原产地的野生橡胶则生长周期达到10年，才能取出胶；而且巴西每年野生橡胶4万吨的生胶量是其自然极限，远远不能满足全世界的需求，而东南亚的生胶产量，以1934年为例，是109万多吨，数据的对比结

---

① 张军：《为寄送树胶种子给唐蓂赓的呈》，1918年1月1日，档案号：1077－001－04556－007，云南省档案馆。

② 云南省政府：《令知云南省建设厅有关办理特设机构在车里县种植橡胶等事已咨复省参议会》，1946年7月24日，档案号：1106－004－03362－008，云南省档案馆。

③ 云南省政府：《令云南省建设厅核办恢复南峤农场倡种橡胶树案》，1946年10月14日，档案号：1106－004－04795－024，云南省档案馆。

④ 《橡胶的故事（续上期）：制造直条橡胶带》，《科学画报》1936年第4卷第4期，第144页。

果显示，这个曾经占世界橡胶产量98%的胶源地，现今产量仅占5%[1]。

清末民国时期，为了使栽培橡胶树适应当地生态环境，提高橡胶树的产胶量及其品质，必须经过人为改良、优化橡胶树的周边生态环境。这种人为干预自然的方式，在一定程度上会破坏原生生态系统，人为活动干扰之下，橡胶树会逐渐占据当地生态系统的主要生态位，将当地生态系统转变为以橡胶为主导的人工生态系统，导致物种单一、群落简单化、生态系统失衡。虽然时人在胶林进行间作，可以通过种植一些低矮灌木来提高地面覆盖率，但仅是在橡胶幼林时才间作，因为橡胶树一旦成年，低生植物即使种植，也无法产生较好的经济效益。而且还会影响橡胶树的产胶量，一些肥沃土壤的绿肥植物也无法种植，为增加土壤肥力，时人通过施肥来肥沃土壤。

二 本土橡胶资源的生态适应

民国时期，较之于巴西橡胶这一外来物种，本土橡胶资源的探索与开发更为必要。根据一些植物学家的实地调查，发现国内本土橡胶资源在我国各自然区域内都有一定分布，"西南生长者有高友橡胶，西部及西北生长者有橡皮草……有遍布川黔诸省之杜仲"[2]。

我国境地偏北，而从生理习性来看，温度和降水是橡胶植物生存的主要生态因子。在我国境内发现的亚热带及温带胶类植物，较之于外来引种的热带橡胶植物，可以更广泛地在我国不同自然区域内进行栽培种植。因此，本土橡胶资源的培育所耗费的经济成本、生态成本远远低于栽培外来引种的橡胶。

从本土橡胶资源的生态学特性来看，本土橡胶资源在本土生态环境之中已经具备了很强的适应能力。以民国时期在兴业县附近发现的大叶鹿角果为例，此种植物对于环境的要求较低，而且具有很强的生态适应能力。一是此种植物生长迅速，每年可长丈余，新生植物两年即可采胶，在短期内便可以实现其经济效益；二是大叶鹿角果繁殖甚易，可以插枝，可以播

---

① ［英］托比·马斯格雷夫、威尔·马斯格雷夫：《改变世界的植物》，董晓黎、石英译，希望出版社2005年版，第202页。

② 焦启源：《橡胶植物与橡胶工业》，金陵大学，1943年，第1页。

种，不需要过多的人为培育管理；三是大叶鹿角果为荒谷植物，可利用荒地种植，不至于与其他农作物争地，免于其广泛种植对于其他物种造成的影响①。此外，大叶鹿角果对于鸟兽虫无害，且无须人力照料②，可更好地与环境协同共进。而且本土环境也能为本土橡胶资源提供良好的生态系统，保证其自身生长需要的同时，也能更好地协调物种之间的共生关系，而且不需要过多的人为干预，从而降低了人为的管理成本以及生态成本，可以更好地实现生态效益与经济效益的可持续发展。

20世纪上半叶，橡胶的早期引种以及本土橡胶资源的探索是人为与环境双重选择与协调的结果。橡胶作为一种外来物种既需要考虑种植区域的温度、降水、坡度、土壤等主要生态因子，也需要通过人为改良橡胶的生存环境以调剂其所缺失的生态因子，才能增强橡胶对本土生态系统的适应能力。而本土橡胶资源仅是满足其生长所需的温度、降水、土壤等主要生态因子，并不需要过多的人为干预，便可与本土生态系统协同发展。

第三节　20世纪上半叶影响橡胶资源开发的限制因素③

20世纪上半叶，橡胶作为极其珍贵的军事战略物资，国人已经意识到其开发的重要性和必要性，但是并未进行大规模推广和种植。这是因为外来橡胶的推广种植有其环境局限性，在当时的国际秩序之下，国民政府更多是依赖于进口橡胶原料，而非发展本土橡胶资源。本土橡胶资源的开发可以突破环境局限，农学、植物学等领域的学者发现了诸多国内本土橡胶植物也被用于试验，甚至制成橡胶制品，但仍是停留于研发阶段。因此，"地理气象之限制，社会殊少广泛试种，仅有少数私人，一度投资海南岛之琼州，创设胶林，经营割胶，惟因资金有限，缺乏政府之协助，故成效不宏"。④ 反映了橡胶资源未大规模推广的原因除受环境限制，有更为深层的限制因素。

---

① 彭光钦、李运华、覃显明：《国产橡胶之发现》，《广西企业季刊》1944年第2卷第1期，第3页。

② 彭光钦、李运华、覃显明：《国产橡胶之发现及其前途中国工程师学会十二届年会论文之二》，《中国工业（桂林）》1943年第22期，第22页。

③ 本节已发表于《暨南学报》（哲学社会科学版）2020年第7期。

④ 焦启源：《橡胶植物与橡胶工业》，金陵大学，1943年，自序。

一　国际秩序的限制

20 世纪上半叶，橡胶资源未得到大规模开发的主要限制性因素是受到国际秩序的影响。20 世纪二三十年代，由于橡胶工业的迅速发展，对于橡胶原料的需求增加，虽然此时国内已经小规模种植橡胶，但远远不能满足国内橡胶原料需求，而主要是依赖于东南亚橡胶产区。因为当时橡胶原料进口及运输条件便利，国民政府也并未大规模开发国内橡胶资源，"向者吾国之橡胶资源，悉由东南亚产区供应，平昔输运捷便，取给甚易，故无自给之企图"①。可以说，橡胶资源未进行大规模开发，是与 20 世纪上半叶国际秩序的重新建立密切相关。

20 世纪 30 年代，国际橡胶市场价格降低，进口橡胶原料的成本远低于国内橡胶资源的开发。本时期，由于橡胶股价暴跌，海南民营胶园严重受挫，多数胶园难以维系，导致胶园荒废。如"近数年来，本岛胶园，因受种种之打击，无力维持，园主弃园他徒，十九停业，任其荒芜，野草杂木丛生；建筑物及用具，亦多被附近人畜所毁灭，苍凉满目，残堪浩劫"②。20 世纪 40 年代，日军不仅阻断了中国进口橡胶原料的渠道，更是侵占我国橡胶种植区域极为优越的海南岛地区，严重影响了我国橡胶资源的开发。

抗战爆发后，橡胶种植面积最多的海南地区被日军占领，海南地区的橡胶资源也被日军掠夺，1941 年 10 月山田俊雄认为："橡胶是将来有前途的树木之一。由于它对目前的日本来说是不可缺少的，所以制订了从本岛（海南岛）生产日本总需要的一半的计划。"③ 也因此断绝了此一时期中国大规模种植及发展橡胶的可能。

二　技术因素的限制

此一时期的西方科学技术多是停留在政府及科研机构，在橡胶产业整体推广应用范围和成效上都极为有限，并未从根本上转变传统的生产技术

---

① 焦启源：《橡胶植物与橡胶工业》，金陵大学，1943 年，自序。
② （民国）林缵春：《琼崖农村》，国立中山大学琼崖农业研究会，1935 年，第 19 页。
③ 《抗战时期日本对海南的经济掠夺》，《海南日报》2015 年 7 月 27 日第 18 版。

与方式①。虽然西方科学技术较之于传统科学技术而言，在提高农作物产量、增加收益以及防治病虫害方面效率更高，但由于中国普通民众对于科学知识的接受能力有限，更是抱有怀疑或畏惧的态度，使得新技术很难得到普及。

晚清民国时期，南洋华侨开始回国投资橡胶种植事业，激发了国内一些商人开始纷纷投资种植橡胶，多是在海南进行私人经营，在当时战乱频仍的背景下，虽然政府支持，但也仅是政策性的鼓励，又由于苛捐杂税繁重，并未有实质性的资金、技术支持以及地方保护，因此，多数胶园逐渐荒芜。之所以胶园无法维系，其根源仍是受到技术因素的限制。从广义层面而言，技术的推广不仅仅是技术本身，而应包含资金、设备、人力等的投入，缺一不可。"橡胶种植仍是以市场为目的，雇用工资劳动者，投下较多的农本，讲究农耕的技术，显然是带有资本主义企业的性质，但是以全岛农业而论，这种企业，现在不但还未占到支配的地位，而且已显然地逐渐跑入没落之途。"② 显然，当时并不具备大规模开发橡胶的社会基础，这主要是由于半殖民地的关系，关税的不能自主，以及在帝国主义的影响之下的所谓封建势力的支配所致，在这种状态下，不但新的产业不能振兴，旧的产业亦无法维持，唯有停留于自然经济为主导的细小经营的低微生产力中③。

抗战爆发后，为避免橡胶引种所存在的技术、资金、人力方面的限制，政府和学界相当重视开发本土橡胶植物，政府鼓励学界探索与开发本土橡胶资源，学界对于本土橡胶植物的选择多是从物种的可推广性层面进行考虑。如本土橡胶植物可以在荒地大规模种植，且不需耗费过多的人力，一般妇孺及老人便可利用空余时间进行，便可获取一定的经济回报，这种情况下可以让大多数农民尽快接受与认可，实现本土橡胶资源的大规模种植，再"就各地特殊之环境，种植特种之植物，分区种植，藉以推广农村工业"。④ 从橡胶制品的广泛使用而言，民众对于橡胶已经广泛接受并

①　杨虎：《改进还是停滞：民国苏南桑树育培技术实践探讨》，《自然辩证法通讯》2019年第41卷第3期，第32页。
②　（民国）林缵春：《琼崖农村》，国立中山大学琼崖农业研究会，1935年，第19页。
③　（民国）林缵春：《琼崖农村》，国立中山大学琼崖农业研究会，1935年，第20页。
④　焦启源：《橡胶植物与橡胶工业》，金陵大学，1943年，自序。

认可，但是选择种植外来橡胶或本土橡胶植物对于普通民众而言都是一种新的尝试，这对于自给自足的小农的生产生活而言都将是一次巨大的挑战，多数民众不敢尝试。

在近代中国巴西橡胶引种的技术性较强，多数农民不懂得如何栽培橡胶，虽然一些期刊报纸对橡胶的栽培进行了详细介绍，但是大部分农民知识水平有限，而且前期需要进行大量的技术、资金、人力投入，这意味着要选择性放弃部分农作物的投入。种植橡胶这一外来物种的投入成本较高，经济收益见效慢，农民根本无法承担橡胶栽培期间经营成本。本土橡胶植物的开发在环境、技术、资金方面可以弥补外来橡胶存在的缺陷，但民国时期多数地区的农村仍是自给自足的小农经济，耗费土地资源种植新物种来替代传统农作物，对于多数农民而言是存在较高风险的。更为重要的是橡胶引进技术需要推动资金、设备、人力的可持续性，一个新物种的尝试和技术的发展，依赖于大量的前期投资，从政策实施到标准制定再到资金、设备、人员、土地的完善都是限制橡胶资源未进行大规模种植的因素。

橡胶资源的开发为我们提供了一个从环境、资源、技术等来重新审视物种与环境、人与物种、人与环境互动的视角。一个物种的成功种植与推广往往取决于自然与人为因素双重作用。20世纪上半叶，橡胶作为一种受生态环境严格限制的物种，难以突破传统的自然与地理界限，但在人为满足橡胶所需的温度、降水、土壤等主要生态因子之后，橡胶逐渐适应非原生生态系统，打破了橡胶的传统生态区域分布格局，实现了在全球的传播及发展，成为一个跨越民族、区域、地理限制的跨文化、跨生态的物种。但这一过程并非一蹴而就，而是受到环境、技术、资金、人力等诸多因素的限制。任何一个新物种的种植与推广在短时期内不可能实现，除受自然环境的严格限制外，更为重要的是人为因素的影响。

民国时期，橡胶在我国的早期引种虽在小规模范围内取得了成功，中国学界对本土橡胶资源的短暂探索也为满足国内军事战略物资需求提供了希望。然而，由于时代的局限性，橡胶资源并未得到大规模的种植与推广，外来橡胶引种及本土橡胶资源的探索与开发最终夭折。

不论是外来橡胶植物还是本土橡胶植物，一旦被人工驯化栽培之后，便不再单纯具有自然属性，而被赋予了政治、经济、文化属性，这一属性的形成需要一个漫长的历程。正如一个外来物种的本土化是需要上百年、千年甚至万年的时间，这一历程中逐渐与本土生态系统、社会文化等不断融合。这看似是一个普遍性的结论，却进一步证实了人与自然关系必然从矛盾走向共生。

第四章　橡胶扩张与生态变迁：20世纪以来西双版纳橡胶引种的自然环境

自野生橡胶被人工驯化转变为经济作物后，其产胶量及品质得到极大提升，但即使品种进行优化及改良，其生物属性也是很难改变的，橡胶种植的区域仍是受到自然环境的严格制约。

印度橡胶局1977年第88次会议指出："世界上重要的橡胶种植区限于赤道以南10°到赤道以北15°之间的热带地区。"[1]。1980年，《大英百科全书》第十版记载："橡胶树仅仅生长在界限分明的热带地区——大约是赤道南或北10°以内。"[2] 而中国以外的41个植胶国家和地区都分布在南纬10°至北纬15°之间，这一区域外的其他地区，在国际学界被视为不可植胶的禁区。国外的诸多学者认为超出这个区域的气温、雨量、土壤等自然条件都不符合巴西橡胶树的生长习性，断言中国并不具备发展橡胶的环境条件。

然而，从晚清民国时期，海南、云南、我国台湾地区等地区橡胶的相继引种以及海南民营橡胶的成功开割均证明了中国具备种植橡胶的自然环境。20世纪50年代之后，巴西橡胶种植区域从最南的广东省海南岛的崖县（北纬18°10′）到最北的福建省云霄县和云南省瑞丽县（约北纬24°）。

西双版纳傣族自治州（以下简称西双版纳）地处我国西南边疆，地理位置优越、气候类型多样、地形地貌复杂、生物物种丰富。西双版纳位于北回归线以南，北纬21°10′至22°40′，东经99°55′至101°50′之间，境内多

---

① 何康，黄宗道主编：《热带北缘橡胶树栽培》，广东科技出版社1987年版，第4页。
② 西双版纳州农垦分局编：《西双版纳州农垦志》，内部资料，1994年，第96页。

为丘陵山地，海拔在 447－2429 米①，西双版纳橡胶种植的成功与西双版纳优越的自然环境密切相关。西双版纳北部有高原群山屏障，面向印度洋，形成了高温高湿度、静风多雨的气候，抵御了台风和寒潮，日温差大，有利于植物生长，兼有大陆与海洋气候特征，而没有海南岛、广东等热带地区的不利气候因素②。

20 世纪 50 年代以来，西双版纳作为热带雨林北缘同一纬度地带种植橡胶的唯一区域，优越的自然环境条件为橡胶大规模引种及发展提供了重要基础，但橡胶这一外来物种的单一化、无序化种植导致当地生态环境发生剧烈变迁，这一变迁过程是伴随橡胶种植区域的扩张及面积的增加而渐进的，反映了橡胶与环境之间相互适应、相互影响、相互博弈的演变进程。

第一节　20 世纪 50 年代及以前西双版纳橡胶引种的自然环境

橡胶作为一个外来物种在西双版纳的大规模引种是导致整个区域生态环境变迁的重要因素之一。清代以前，西双版纳地区的生态环境变化并不明显，直至民国初年，人们对于西双版纳的印象仍是"闻瘴色变"，这也反映了当地原始生态环境尚未被破坏。自 20 世纪 30 年代以来，国民政府制订了针对普思沿边地区的边疆开发计划，包括移民垦荒、发展实业，兴办学校、医院，改善教育、医疗卫生以及交通条件等，一定程度上推动了边疆民族地区的近现代化转型。

20 世纪 40 年代末，橡胶首次被引种到车里（今景洪市），开始进行小规模试种，此时橡胶种植规模尚不足以对当地生态环境造成破坏性影响，这时的生态环境更多呈现的是一个相对平稳的稳定期，随着 20 世纪五六十年代，西双版纳橡胶种植的空间分布格局基本确定，当地生态环境由于种种因素的影响，环境变化日渐明显。

---

① 《西双版纳州概况》，https：//www. xsbn. gov. cn/88. news. detail. dhtml？ news＿ id＝34206 （2019－07－22）。

② 刘隆等主编：《西双版纳国土经济考察报告》，云南人民出版社 1990 年版，第 3 页。

一 清及清以前西双版纳的自然环境

滇南一带，素称"瘴疠之地"。"瘴气"作为一种自然现象一直存在，反映了一个地区的原生态性，瘴气存在的生态环境多为原始自然环境、开发较少、地形封闭、气候炎热湿润、生物种类繁多，生存繁衍迅速①。北魏郦道元在《水经注》中描述的"所谓木邦、车里之间山多瘴疠，即此处软"②。唐代樊绰《蛮书》记载："茫蛮部落……妇人披五色婆罗笼，孔雀巢人家树上，象大如水牛，土俗养象以耕田"③，直至清道光年间，西双版纳地区仍是瘴气弥漫，《滇南志略》卷三记载："气候因地处炎荒，山多溽暑，雪霜罕见，岚瘴时侵"④；光绪《普洱府志稿》卷二记载"东自等角、南自思茅以外为猛地及车里、江坝所在，隔里不同，炎热尤甚，瘴疠时侵，山岚五色，朝露午晞触之则疟，重则不救"⑤。反映了西双版纳生态环境仍较为原始，人类开发痕迹并不明显，这与地理位置、交通条件、民族众多等方面密切相关。

由于"瘴气"的存在，内地商旅"闻瘴色变"，对于内地人而言，"瘴气"则是自然环境恶劣的写照。内地商旅"颇知西南远夷之地，重山复岭，陡涧深林，竹木丛茂……又其毒雾烟瘴之气，皆能伤人"⑥。因此，"瘴气"往往成为阻碍内地商人、军队进入的天然障碍，正因如此，"历朝元、明、清选置戍守，裁设无定，论者谓烟瘴剧烈，汉族不能久居"⑦。因此，"瘴气"的存在成为内地人所惧怕的一种自然现象，在一定程度上阻碍了边疆民族地区与内地之间的经济文化交流，但同时也成为保护当地生态环境的一道自然屏障，从而使得原生生态环境得以保持。

二 民国时期西双版纳橡胶引种的自然环境

至民国初年，西双版纳地区"气候温暖，原野肥沃，有广大无垦之森

① 周琼：《清代云南瘴气与生态变迁研究》，中国社会科学出版社2007年版，第95页。
② （北魏）郦道元：《水经注》。
③ （唐）樊绰：《蛮书》卷四名类第四。
④ （清）刘慰三纂：《滇南志略》卷三。
⑤ （清）陆宗海修，陈度等纂：《普洱府志稿》卷二，清光绪二十六年（公元1900）刻本。
⑥ （明）宋濂：《元史》卷一六八列传第五五。
⑦ （近人）柯树勋编撰：《普思沿边志略》，普思边行总局出版社1916年版。

林，无穷尽之矿产，于粮食牲畜，满仓盈野，取之不尽"①。民国三十四年（1945），车里县呈报云南省建设厅，县境内森林遍布，占总土地面积70%左右；民国三十五年（1946），佛海、南峤两县向云南省建设厅报告森林面积状况，佛海420.02万亩，南峤373.14万亩②。可见，当地森林植被覆盖面积广泛，生态环境条件优越。

就气候而言，西双版纳地处热带，气候温和、无大暑大寒，"风向以东南为多，西北次之，冰雪皆无，雹则间一个有之"。就温度而言，西双版纳境内，尤以车里、镇越最为炎热，"温度最高达华氏108度（摄氏42.2度），然一年之中最多不过二三日，最低为50度（摄氏10度），其他各区热度较低最高为华氏92度（摄氏33.3度），最低位为40度（摄氏4.4度）"③。然因山坝错落，立体气候差异显著，"如猛捧、猛腊、猛仑各平原温度最高为华氏108度，最低为70度，在乃腊、易武、蛮边各高原温度最高为华氏90度，最低为50度"④。

就雨水而言，全年雨水均匀，无旱无涝，一年之中分为干湿二季，"由立夏至霜降为湿季，立冬至谷雨为干季，雨量以五六七八九等月为最多，几无一日晴；十一、十二、一、二等月为最少，或竟无滴雨"⑤。

优越的气候、温度、降水条件造就了丰富的森林植被资源，全境"森林面积约四万余平方厘，几占十二版纳全境之半"⑥。因立体气候特征明显，寒、温、热三带植物均汇集一地，木本植物如菩提树、枧、栖木、梅妃、柏、松、椿、槐、毛木、杉及竹类等，其他如椰子、棕榈、槿棕、榕、樟、枫、柳、桲、朴、桑、茶、构、黄杨、紫檀、黑檀、白藤、锥栗、麻栗、皮哨、海桐⑦丰富的森林资源是当地民众极为重要的生产生活来源。为当地山地民族长期进行刀耕火种的生计方式提供了便利，这种生计方式是基于其生境而形成的，如"瑶人、阿卡所居皆崇山峻岭，森林尤富，伐

---

① （近人）李拂一：《车里》，商务出版社1933年版，第46页。

② 西双版纳傣族自治州林业局编：《西双版纳傣族自治州林业志》，云南民族出版社2011年版，第8页。

③ （近人）李拂一：《车里》，商务出版社1933年版，第19页。

④ （近人）赵恩治修，单锐纂：《镇越县志》，成文出版社1938年版，第4页。

⑤ （近人）李拂一：《车里》，商务出版社1933年版，第19页。

⑥ （近人）李拂一：《车里》，商务出版社1933年版，第34页。

⑦ （近人）李拂一：《车里》，商务出版社1933年版，第34页。

木焚山，以植五谷，肥沃无比。三五年后地力减退，则又去而之他也"①。

就水资源而言，西双版纳境内河流支系众多，澜沧江自北而南倾斜将西双版纳一分为二，"东为内江、西为外江……南流至整控，曰整控江，入车里宣慰司治，曰九龙江"②，其他如流沙河、南央河、南混河、黑龙潭、大南奔河、南朗河、勐往河、南览河、南阿河、罗梭江、大开河、南醒河、勐远河、南腊河等，丰富的水系资源为周边森林植被提供了充足的水分补给，形成一种"森林茂密，地气潮湿，烟雾弥漫，无论高山平原，均在云雨泽润之中"的景象③。

从以上民国时期西双版纳地区的气候、温度、降水以及森林植被、河流水系来看，该地是具备橡胶树生存的自然环境条件的。为西双版纳地区在20世纪50年代以来橡胶事业的发展奠定了重要基础。

三　20世纪50年代西双版纳橡胶引种的自然环境

中华人民共和国成立初期，由于帝国主义的经济封锁，胁迫产胶国不得出卖橡胶给中国，加之抗美援朝战争，橡胶成为极为紧缺的战略物资，极大地影响了我国国防工业建设及社会经济发展，为打破西方帝国主义的经济封锁，必须实现我国橡胶自给。1952年8月31日，中央人民政府通过了《关于扩大培植橡胶树的决定》，组织由高校及科研机构的专家、学生组成的调查队对广东、广西、云南、福建、四川等地的气温、雨量、土壤等自然环境条件进行实地考察，为橡胶种植的选择和规划提供了科学依据。

1953年年初，由中央林业部支持，组织了由林业部、中国科学院有关研究所、中央军委气象局、有关大专院校等单位专家及苏联尼卓维也夫等两位外国专家和有关科学工作者参加的数十人的中苏专家调查队，分赴蒙自、普洱、西双版纳、保山地区进行橡胶宜林地调查，取得了全面调查资料④。其中，由苏联专家尼卓维也夫、基列言柯，中国专家中央林业部田

---

① （近人）李拂一：《车里》，商务出版社1933年版，第34页。
② （近人）李拂一：《车里》，商务出版社1933年版，第19页。
③ （近人）李拂一：《车里》，商务出版社1933年版，第19页。
④ 西双版纳州农业区划办公室热作种植业区划小组：《西双版纳州热带作物种植业区划》，内部资料，1986年，第23页。

管亭、中国科学院蔡希陶、中国科学院土壤研究所何全海、西南农学院侯老炯、南京农学院方中达、中央军委气象局黎老清及垦殖局工作人员共26人所组成，共分为森林植物组、土壤、气象、病虫害、基建、社会六组，从昆明出发，途经普洱思茅至车里县一带进行调查，主要以车里县为主①。这也是自中华人民共和国成立以来，针对橡胶种植区域选择的第一次大规模宜胶地调查，此次调查明确了西双版纳种植橡胶的气候、土壤、水源等条件，为橡胶的规模化引种提供了科学依据。

车里县（今景洪市）位于北纬22°02′，东经99°50′，东接镇越县（今勐海县），西邻佛海（今勐海县）、南峤（今勐遮），南与缅甸、越南接壤，为我国西南边疆国防要地。车里县平均海拔为510—620米，气候属于亚热带气候，全年可分为雨旱两季，雨季从4月开始到11月，干季从12月到3月。县境内多丘陵及平坝，历年不见大风、霜、雪，在冬季虽有北来的冷空气，但因长途流动，又有山脉阻隔，业已变暖。境内有澜沧江、流沙河、满林（在橄榄坝）河等。山脉为横断山脉，在澜沧江以西者属怒山山系，以东属乌蒙山系。较大的坝子有景洪坝、橄榄坝、大勐笼，土壤以红壤为主，土壤肥沃，种植作物以糯米、棉花、茶、香蕉、椰子、甘蔗等为主。②

从气温而言，西双版纳地区全年气温最高27℃，最低18.5℃，平均24.5℃。车里县气温月较差较大可达12℃，但以气温季变来说，相差不大，平均温度高而较均匀，如表5所示，年平均气温25.8℃，适于橡胶树生长。③ 从降水而言，雨季从5月开始到10月终止，一年中最多降雨则在6、7、8三个月，全年降水量应在1000—1500毫米，降雨多为对流型式，雨后即晴，植物易于生长，雨季因叠状云降雨，可持续3—5个月，雨量分布可见表6，年平均雨量931.7毫米；干季从11月开始到翌年4月终止，干季长达6个月是植物生长的最大缺陷，在第一轮干期中（从10月到翌年2月中旬止），降水量32—45毫米，雨量虽少，但有丰富的雾霭及

① 云南特种林试验指导所：《普洱区调查队工作总结》，1953年3月10日，档案号：99-1-3，西双版纳州档案馆。

② 云南特种林试验指导所：《普洱区调查队工作总结》，1953年3月10日，档案号：99-1-3，西双版纳州档案馆。

③ 云南特种林试验指导所：《普洱区调查队工作总结》，1953年3月10日，档案号：99-1-3，西双版纳州档案馆。

土壤内部贮藏前雨季中的水分，多则减少蒸发可供植物生长；到第二干期（从 2 月下旬到 4 月底止）中，雾霭虽已减少，但又有较多的降雨，其总量有 70 - 100 毫米，在第二干期中气温相对湿度的日较差变大，对植物生长有妨碍；就风力而言，一年中风力小，偏北风少，历年来未见有寒潮、飓风，故不会摇动树根、损害植物，一年中最多的风向为西南风，在雨季中的偏南风，多来自海洋带来一些水汽，有利于植物生长。[1]

表 5　　　　　　　　　　1952 年车里县气温变化

月份（月）	1	2	3	4	5	6	7	8	9	10	11	12	年平均
气温/℃	—	—	—	—	28.5	27.5	26.1	27.1	26.6	25.3	24.8	20.1	25.8

资料来源：云南特种林试验指导所：《普洱区调查队工作总结》，1953 年 3 月 10 日，档案号：99 - 1 - 3，西双版纳州档案馆。

表 6　　　　　　　　　　1952 年车里县雨量变化

月份（月）	1	2	3	4	5	6	7	8	9	10	11	12	全年
雨量（毫米）	—	5.5	35.3	30.8	62.7	154.4	184.4	205.4	136.8	44.8	26.5	—	931.7

资料来源：云南特种林试验指导所：《普洱区调查队工作总结》，1953 年 3 月 10 日，档案号：99 - 1 - 3，西双版纳州档案馆。

如表 6 所示，车里的年雨量已经高于 770 毫米，在海拔 700 米以下区域，北回归线附近或再偏南的一些区域，无霜害、雹害；在海拔 1000 米以上区域，一般在最冷月期间有霜害，甚至结冰，而在第二干期后即可降雹，一般热带性植物不宜生长；在海拔 700 - 1000 米的区域，有轻微霜害，也可能结冰但并不严重。[2] 根据华南地区种植橡胶的经验可知，橡胶树在生长时需要月降雨在 150 毫米左右，而车里即是在雨季中仅 6、7、8、9 四个月才符合胶树生长要求，因此在车里植胶必须首要解决灌溉问题，以加长植物的生长期[3]，供给胶树足够的水分，保证橡胶树的生长。

从土壤条件而言，车里土壤土质具备种植橡胶的优越条件。先就土性

[1]　云南特种林试验指导所：《普洱区调查队工作总结》，1953 年 3 月 10 日，档案号：99 - 1 - 3，西双版纳州档案馆。

[2]　云南特种林试验指导所：《普洱区调查队工作总结》，1953 年 3 月 10 日，档案号：99 - 1 - 3，西双版纳州档案馆。

[3]　云南特种林试验指导所：《普洱区调查队工作总结》，1953 年 3 月 10 日，档案号：99 - 1 - 3，西双版纳州档案馆。

而言，车里大部分土壤所具有之粒状构造，腐殖质表土与深厚疏松之土层，均为生长橡胶树之优良环境；在车里土壤种类中，以反应属微酸性，呈酸性之老冲积红壤，片岩红壤，花岗岩红壤及石灰性冲击土占绝大多数，其中呈碱性的石灰质冲积土，仅偶有发现，所占面积甚小；而且未见于此地有广泛分布于云南省中部、北部及西部的中性石灰岩红壤，因此，酸性反应妨碍橡胶树生长的可能性无须考虑。① 由于车里具有优越的自然地理优势，林木生长甚为迅速，在天然林保护之下，土层深厚，腐殖质保护完善，又为冲积平原，属于最适合植林的老冲积红壤，且平坝面积较广，荒地百分率之高（大多在60%以上）均为云南省内其他地区所不及。② 然而，当地土壤中多白蚁、红蚁、黄蚁、大蟋蟀等，对于橡胶树的危害极为严重，必须通过施肥管理进行防治。

从森林植物的分布同样证明此地区宜于植胶。就热带森林分布而言，热带树木众多，如菩提树、黄果树、缅树、黑心树、柚木、火木树、脱来章等都是东南亚的重要林木种类，与马来亚、锡兰、缅甸、泰国的林木种类相同，尤其是最后所述的两种与橡胶树属于同一科属，因此，澜沧江流域被认为是完全适宜种植橡胶的；就热带果树的引种而言，车里橄榄坝等地区，居民村落附近满植椰子、槟榔、香蕉、木瓜、杧果等果树，生长情况茂盛，且有自行进入山林变为野生者，东南亚种植橡胶树之地区，亦普遍生产上述水果，这些水果均可引入西双版纳进行种植，则橡胶树也是如此；就草本植物而言，车里一带的气温较为稳定，冬无严寒夏无酷暑，"从冬季有西瓜、茅草及各种瓜果蔬菜的情形来看，证明该地区在冬季是没有霜雪的"。③

从水利资源而言，澜沧江下游流经西双版纳地区再流出境外，称为湄公河。澜沧江下游的主流水系为九龙江，在车里县境内，其他支流为南峤、佛海县的流沙河，大勐龙的南阿河，勐腊、勐拿的南腊河，又佛海境

---

① 云南特种林试验指导所：《普洱区调查队工作总结》，1953年3月10日，档案号：99-1-3，西双版纳州档案馆。
② 云南特种林试验指导所：《普洱区调查队工作总结》，1953年3月10日，档案号：99-1-3，西双版纳州档案馆。
③ 云南特种林试验指导所：《普洱区调查队工作总结》，1953年3月10日，档案号：99-1-3，西双版纳州档案馆。

内，勐板打洛的南览河流入缅甸后进入澜沧江，其他大小支流河渠甚多①，水利资源极为丰富，这为橡胶的灌溉提供了便利。

20世纪50年代初，对于西双版纳适合橡胶种植的宜林地面积进行了初步统计，估计约有宜林地350万市亩以上，即甲种宜林地面积，包括比较集中的平坝之荒地，小秋林地带竹林地、河谷地，海拔在700米以下之山坡地等，主要分布地区为车里县所属景洪坝、橄榄坝、大勐笼坝、小勐养坝、勐宽坝；镇越县所属勐腊、勐拿、大勐仑、小勐仑、勐混、勐哲坝；以及佛海、南峤、澜沧、宁江、六顺、六城县等一部分地区。②

20世纪50年代，对西双版纳境内的自然环境考察是第一次大规模的针对边疆民族地区热带资源进行的全面调查，为国家进一步开发边疆热带资源，以及加强对边疆民族地区的治理奠定了重要基础。

第二节　20世纪60—70年代西双版纳橡胶规模化引种的自然环境

对于西双版纳橡胶种植区域的自然环境条件的调查在20世纪50年代和60年代先后进行了两次，20世纪60年代第二次对西双版纳全境的自然环境、社会、经济、文化等进行了更为全面的调查。这次调查基本上确定了景洪、勐腊、勐海的多数地区是具备引种橡胶的自然环境条件的，尤其是景洪、勐腊地区的植胶条件最为优越。此一时期的橡胶宜林地调查及区域选择奠定了今后国营农场橡胶引种及规模化发展的基本分布格局。

一　西双版纳橡胶规模化引种的自然环境

20世纪60年代初，由中国科学综考队对西双版纳境内的橡胶宜林地进行了第二次全面调查，进一步拓展了宜胶林地的区域及范围，包括西双版纳所属景洪、勐腊、勐海三县的所有宜林地区，明确了各个地区适宜于种植橡胶的自然环境条件，其中既包括橡胶生长的有利自然环境条件也包

---

① 普洱区林垦工作站：《普洱区有关橡胶事业站几项材料》，1953年1月23日，档案号：99-1-5，西双版纳州档案馆。

② 普洱区林垦工作站王海鹏：《普洱区有关橡胶事业站几项材料》，1953年1月23日，档案号：99-1-5，西双版纳州档案馆。

括对橡胶生长的不利自然环境条件。

（一）景洪县橡胶引种的自然环境

景洪县位于西双版纳中部，地处东经100°25′－101°65′，北纬21°35′－22°30′，属亚热带季雨林气候，年均温＞20℃，大部分地区无霜，最低温度＞12℃，年降水量＞1400毫米，除普文、勐旺、整糯、勐养外，其余坝子均在海拔600米左右，土层深厚肥沃，田野阡陌，享有"滇南谷仓"之美誉；海拔多为1000米左右的低中山和丘陵，自然资源和地下矿产甚为丰富，个别高原山岭，高达1500－2000米，地势高，水源旺，山溪河流比较多，水力资源条件优越，具有发展热作的得天独厚的优越条件。[①]

1. 气候条件

景洪县境处于北回归线以南热带北部边缘，绝大部分地区属热带季雨林气候，在大气环流的控制及地形干扰的情况下，气候变化极为明显[②]。如表7、表8所示，景洪县可以划分为热带半热带季风气候、亚热带湿润气候、亚热带半湿润气候三种类型，2000米以下地区属于基本无寒害区，绝对低温一般＞5℃，仅个别年份是＜5℃，橡胶树一旦低于5℃，生长就会受到抑制，但是当地水热条件基本能够满足橡胶生长发育的需要[③]。境内地势北高南低，从水热条件来看，冬季无霜，且无寒潮侵袭，最冷月均温12－15℃，一般＞15℃，绝对最低温＞4.2℃，此种气温有利于橡胶树安全越冬；年温差小（年平均温差10.5－12℃），绝对温差30－35℃，日温差15－18℃，有利于橡胶树进行光合作用和营养物质的累积；1000米以下的低河谷盆地如景洪橄榄坝、大勐龙等地区月均温达22℃，夏长无冬，专有6－7个月夏天，≥18℃有9－10个月，以橡胶正常生长临界温度18℃计，其生长季可达9－10个月；静风环流，无飓风袭击，年平均风速1RR/秒，每年虽有2－3次7－8级大风，但持续时间不超过20分钟，影响不大；水湿充沛，年总降水量1200－1600毫米，雾日150天以上，露日315天，相对湿度皆大于84%[④]。

① 《景洪县橡胶宜林地复查报告》，1961年2月，档案号：98－1－24，西双版纳州档案馆。
② 《景洪县橡胶宜林地复查报告》，1961年2月，档案号：98－1－24，西双版纳州档案馆。
③ 《景洪县橡胶宜林地复查报告》，1961年2月，档案号：98－1－24，西双版纳州档案馆。
④ 《景洪县橡胶宜林地复查报告》，1961年2月，档案号：98－1－24，西双版纳州档案馆。

表7 　　　　　　　　　　　　景洪县气候区划

项目	热带半热带季风气候	亚热带湿润气候	亚热带半湿润气候
海拔	<1000 米	1000 – 1500 米	>1500 米
平均温度	>21℃	>19℃	17 – 18℃
>10℃积温	7500 – 8000℃	6000 – 7500℃	<6000℃
最冷月均温	>15℃	>10℃	>8 – 6℃
霜	无	基本无霜	有轻霜，个别年份有结冰
年降水	>1200 毫米	>1000 毫米	>1000 毫米

资料来源：《景洪县橡胶宜林地复查报告》，1961 年 2 月，档案号：98 – 1 – 24，西双版纳州档案馆。

表8 　　　　　　　　　　　景洪县气候资料（1951—1960 年）

地名	景洪	大勐龙	橄榄坝	平均
海拔	533 米	540 米	510 米	
年均温	21.5℃	20.9℃	21.3℃	21.2℃
最冷月均温	15.3℃	15.1℃	15.5℃	15.3
绝对高低温	4.2℃	3.6℃	7.4℃	4.2℃
年降水量	1205.8 毫米	1488.4 毫米	1635.9 毫米	1446.7 毫米
相对湿度	84%	87%	85%	85%
年蒸发量	1984.0	2018.6	1846.6	1949.7
日照时间	无	无	无	无
霜	162.0	132.5	187.0	160.5
雾	235.0	185.0	206.0	207.0
雨日	56	71.6	76.8	干旱

资料来源：《景洪县橡胶宜林地复查报告》，1961 年 2 月，档案号：98 – 1 – 24，西双版纳州档案馆。

　　然而，橡胶所需要的气温、降水、土壤等生态因子，都是决定其是否正常生长的重要条件，也因此橡胶对于环境的要求极高，适应环境的能力却较弱。就西双版纳地区而言，与最适宜橡胶生长的自然环境相较，种植橡胶是存在其环境限制的，主要限制性因子是低温寒害及干旱。

　　一是低温期较长；从 12—2 月，月均温在 18℃以下，最低月均温 15 – 15.5℃，绝对最低温达 4.2℃，橡胶呈半休眠状态，影响割胶日数；二是雨量分布不均，干湿季节分明，雨季降水量 70 – 80%，多集中于 7 – 9 月，

5月雨量为4月的3—15倍，10月雨量较11月大5-10倍，干季最长连旱日数可达24天，特别是3-4月，温度高，温度系在景洪降雨系数为56，除橄榄坝、大勐龙外，估计其他坝区皆小于65，属干旱区；按全国热作栽培去降雨系数80-70为湿润区，65-50为干旱区，因此，干旱成为橡胶生长和产胶的限制因子；三是景洪县内北部地区如勐养、普文、小勐蟒、整糯坝等地，由于纬度较高（北纬22°-33°），受辐射冷却，低区部分极易受寒害影响。[①]

由于环境局限，必须通过人为干预改良橡胶周边生长环境，才能保证橡胶的正常生长。针对这一环境限制，提高农业技术水平是极为必要的，以此保证橡胶树的速生高产，主要途径是克服影响橡胶树生长的限制因子——干旱，加强抚育管理促进橡胶生长。其综合农业技术措施：一是半腐熟的有机肥在干季施土，可起稳温稳湿作用，并改变土壤理化性质，提高土壤肥力，促进根系的生长和吸收能力；二是干热阶段应充分利用高温条件，保证干季橡胶正常生长，浸施堆积肥，不仅可以减少落叶与旱相，且能使湿热季加速生长；三是在干旱季节，无法灌溉的橡胶种植区，往往进行松土或在胶树周围进行覆盖以保持土壤水分，从表9可知，较之裸地而言，橡胶林地进行覆盖可以更好地保持土壤水分，以避免旱季缺水的现象。[②]

表9 覆盖与裸地含水量表

处理	土壤含水量（%）												注
	1956年3月			1956年4月			1957年9月			1958年2月			热作所 1956—1958年分析
	10cm	20cm	30cm	10	20	30	10	20	30	10	20	30	
覆盖原达 52-20cm	10.03	15.39	17.41	20	17.26	19.61	26.21	25.48	25.13	17.34	18.09	19.01	
裸地	7.0	14.57	17.42	17.1	16.52	16.55	24.66	23.3	23.86	10	16.58	19.21	

资料来源：《景洪县橡胶宜林地复查报告》，1961年2月，档案号：98-1-24，西双版纳州档案馆。

2. 地貌条件

景洪县属滇西南山原或中山峡谷地区，在横断山系纵谷区南端，地处

---

① 《景洪县橡胶宜林地复查报告》，1961年2月，档案号：98-1-24，西双版纳州档案馆。
② 《景洪县橡胶宜林地复查报告》，1961年2月，档案号：98-1-24，西双版纳州档案馆。

澜沧江深大断裂带两侧，东部是无量山尾梢，西部是怒山余脉，地势北高南低[1]，呈北北西－南南东走向，地势由西北向东南倾斜，多为100－1200米带中山地，个别达2500米以上，盆地一般系于900米，沿江仅55米左右，处于裂点以下，皆属低盆地[2]。

从景洪县的地貌条件与橡胶宜林垦殖之间的关系来看：一是地势向东南倾斜，使季风暴雨深入内地，且能阻挡北方寒潮的侵袭，一定程度上避免橡胶遭受寒害；二是古老的高风面，具有深厚的风化壳，使该地区的土层深厚，水分含量和矿物质养分含量较丰富，土壤呈微酸性，皆宜于橡胶的生长；三是层状地貌发育不仅为橡胶宜林地提供梯田开垦的有利条件，而且造成相对静风的环境和优越的水热状况，特别是低盆地，旱季雾霭对湿度的调节效果极为明显；四是坝区第四纪沉积发育，地下水蕴藏丰富，为橡胶生长提供了充足的水源；五是现代地貌作用引起水土流失，特别是白垩纪、石灰岩层、千枚岩抗风化力较弱，花岗岩结构粗疏，缺少地被物的情况下，干期受到风化，容易引起片蚀、细微和滑坡等现代地貌作用，这也是橡胶单一化种植后水土流失加重的重要因素；六是微地貌对小气候水热的分配影响差异较明显，这也是使得橡胶在不同种植区域生长情况有所差异的原因所在，故在对阴阳坡、坝区和丘陵利用的上下界线合理进行种植。[3] 可以更好地避免在不适宜种植橡胶的区域种植橡胶，因为在不适宜种植橡胶的区域种植橡胶必然破坏原始森林植被，造成不必要的土地资源浪费，不仅无法保证橡胶生长，更会破坏原生生态环境，造成生态系统失衡，引发生态灾害。

3. 植被类型

从植被条件来看，景洪县[4]地带性植被主要是热带雨林和季雨林，山腰地带有常绿栎林分布，由于民国时期的开发，原生植被大部分都已破坏，仅在山沟及村寨附近有大量残存，之所以被保存也是由于少数民族地区对于竜林、神山、神林、坟山等的信仰。但是绝大部分原始森林植被仍

---

① 景洪县农业区划：《景洪县农业后备资源调查报告》，内部资料，1993年，第1页。
② 《景洪县橡胶宜林地复查报告》，1961年2月，档案号：98－1－24，西双版纳州档案馆。
③ 《景洪县橡胶宜林地复查报告》，1961年2月，档案号：98－1－24，西双版纳州档案馆。
④ 民国十六年（1927）设县治，称车里县；1958年，实行全国统一的建制县景洪县；1993年，撤县设市。

是被次生植被所代替，成为竹林、竹木混交林和稀树高草群落。

就原生植被而言，一是沟谷雨林：沿着沟谷两侧呈现带状分布，在小环境的气候支配下，雨林树木高大，板根显著，藤本发达，有老茎生花现象，主要乔木树种有番龙眼、千层榄仁、石果刺桐、草本以海芋、格叶、鱼尾藤、卷柏等，附寄生植物有鸟巢蕨等，此类型反映自然生境的水热条件优越，对橡胶的生长极为有利；二是低丘雨林：主要是分布在 800 米以下的丘陵坡地上，属于地带性植被，分布面积很大，是最为理想的橡胶种植区域，该地区的主要树种有灯台树、大叶含笑、大叶勒麻木、大叶藤黄、大乌柏等，草本植被以湿生为主，如义蕨、凤尾藤、受地草等，局部地方有卷柏，藤本植物主要有倪藤、钩藤等，这两种类型分布很广，但大部已遭破坏，次生植被类型特别多；三是季雨林：分布于坝区的阰地或丘陵的坡麓地段，大多辟为农田或傣族聚居地，常见的树种如大齐树、菩提树、刺桐、攀枝花、八宝树等，次生的有大白花等，季雨林植被的立地条件极为优越，是橡胶种植区域的选择范围，这些区域已经绝大部分辟为水田；四是干性常绿栎林：海拔 800－1300 米均有分布，以栲属和柯属为主，尤以银背栲、印度栲、木荷、大沙叶、黄牛木等多见，草本植被有珍珠莎、株叶芦、斑鸠兰等，此种植被在该地区分布不多，大部分为次生稀树高草群落代替，此外，思茅松在该县的整糯坝、普文一带均有出现，其生长分布区域一般生境较为干燥；五是次生植被：由于人为活动的影响，常见的次生植被群落有竹林、竹木混交林、稀树高草、马鹿草、白茅、飞机草群落等；这些区域除岩石裸露、山脊地带及陡坡不能开垦利用外，其余均被视为适合橡胶种植区域。[①]

就人工植被而言，坝区大多被开辟为水稻田，山区为刀耕火种的农用地，大部分种植旱稻、棉花、大豆、苞谷、花生、红薯等作物，村寨附近有成片的铁刀木林，主要是薪炭林，村前屋后栽培有椰子、槟榔、杜果、番木瓜、橡胶、芭蕉、菠萝等热带水果。晚清民国时期，一些外来的热带经济作物逐渐引种到该地区，在国民政府的主导下，热带经济作物栽培发展较快，在橄榄坝、景洪、大勐笼等地都有外来经济作物进行人工栽培。

根据当地的植被类型来看，当地的生物气候条件是适宜种植橡胶的，

----

① 《景洪县橡胶宜林地复查报告》，1961 年 2 月，档案号：98－1－24，西双版纳州档案馆。

但是宜胶条件既有其优势也有其局限。首先是优势方面：一是植被结构分层不明显，树干高大、灰白，具有东南亚雨林特色，含有无患子科、肉豆蔻科、番荔枝科、棕榈科、天南星科等典型热带区系成分，反映出一定的热带生物气候条件；二是植被恢复迅速，一般烧垦后 3－5 年可恢复成林，这也是当地山地民族选择刀耕火种"轮歇制"的决定条件，主要是由于该地区的生态环境条件优越，人为活动干扰较小，在一定程度上环境自身可以进行自我调节和修复，因此进一步证实了"刀耕火种"并非一种破坏自然的生计方式，而是当地民众在长期的实践探索中摸索出的适应当地生境的生存发展方式，此外，植被的迅速恢复对于防治水土流失是具有重要作用的；三是大部分地区椰子、槟榔等典型热带作物能正常生长发育，橡胶定植 4.5－5 年达到开割标准，反映了景洪县是发展橡胶最优越的区域之一。[①] 其次，局限方面：一是群落季相明显，阳性落叶成林不少，干季有明显的落叶期，反映本区具有明显的季节性，故在干热季节，特别注意对外界环境水分调节，以满足橡胶速生高产的要求；二是北部地区，普文、整糯坝等地温带性落叶成分较多，如麻栎、栓皮栎、棠梨、西桦等，思茅松在 1100 米左右常成纯林分布，反映气候干凉，个别年份有轻霜出现，其生物气候条件较差，不利于橡胶生长；三是群落递列更替十分迅速，故在大面积垦殖后，胶树成林前，环境将更趋于干旱。[②]

4. 土壤条件

土壤发育与生物气候及地形条件是密切相关的。由于该地区温度高水温条件好，母质风化强烈，土壤具有明显的地带性，山原深切割，地势起伏大，土坡垂直分布亦有一定的规律，由低至高为赤土（砖红壤性土，海拔在 800 米以下）—赤土化红壤（砖红壤、性红壤 800－1100 米）—红壤（1100－1600 米），适宜种植橡胶作物的主要土壤类型为赤土及赤土化红壤。[③]

根据以上土类特性可以划分为三种类型：一是赤土，为半热带地区的土壤类型，是橡胶种植的主要区域；主要分布在大勐龙、橄榄坝及四周的低山丘陵地区，海拔在 800 米以下，其成土母质多为石灰岩、紫色沙、页

① 《景洪县橡胶宜林地复查报告》，1961 年 2 月，档案号：98－1－24，西双版纳州档案馆。
② 《景洪县橡胶宜林地复查报告》，1961 年 2 月，档案号：98－1－24，西双版纳州档案馆。
③ 《景洪县橡胶宜林地复查报告》，1961 年 2 月，档案号：98－1－24，西双版纳州档案馆。

岩及部分冲积物；根据植被情况，可分为林地赤土、竹林赤土、草地赤土三个亚类；第一亚类是林地赤土：分布在本区的大勐龙及橄榄坝一带，土层深厚（1米以上），有机质层达20厘米以上，含量为3%－5%，土体疏松质地一般为堆质，富铝化作用强，土壤酸度大，pH反映在4.5－5.0；第二亚类草地赤土：主要分布在景洪坝四周的丘陵地，表土具有20厘米左右的暗色生草丛，这层的草根密集，结构较好，有机质含量颇高，pH5.5左右；第三亚类竹林赤土：在大勐龙、橄榄坝、景洪地区都有分布，其中尤其是河谷两岸分布最广，土层深厚，且有机质含量较高，pH5.4左右。① 二是赤土化红壤，是南亚热带地区的土壤，亦是本区种植橡胶的重要基础；主要分布在小勐养、普文、整糯坝等地，海拔为800－1100米，大母质主要为变质岩和紫色沙、页岩。

从植被来看，当地主要为季雨林和竹林，可以分为两类：第一类是林地赤土化红壤，分布在小勐养、普文、整糯坝一带，土层深厚，有机质含量较高，质地中壤－重壤，附5.5左右，其有机质淋较弱；第二类是竹林赤土化红壤，主要分布在三达山海拔850－900米处，土层一般为80厘米左右，大体干燥，质地为壤质，pH5.5－6.0，陡坡水土流失现象较为严重。② 三是红壤，可以划分为三类，为东南亚热带地区的土壤，主要分布于北部，为1100－1600米，大母质为花岗岩，紫色沙、页岩、千枚岩，植被主要为常绿阔叶林、稀疏草地及针叶林。一是林地红壤：主要分布在普文、整糯地区海拔交接地带，土层较深厚，但在陡坡及山脊部分土层浅薄，土壤酸度变化不大，一般pH5.5左右，有机质层为10－15厘米，质地为壤质，土壤的红化现象较明显，土体比较疏松；二是草地红壤：主要分布在大渡岗海拔1300米等原面上，土层厚达2米以上，有机质含量中等，表土10厘米左右内比较干燥，土体结构较好，主要由于草根的作用，土壤的质地为中壤质，pH5.0－5.5；三是隐灰化红壤：主要分布在整糯坝及小勐满地区，海拔1100－1200米的松林地区，有机质层薄，一般在5厘米左右，酸度大，在有机质层下有银灰色的隐灰化层发育，大坡肥力低。③

从景洪县的气候、土壤、植被等条件来看，景洪县拥有较好的种植橡

① 《景洪县橡胶宜林地复查报告》，1961年2月，档案号：98－1－24，西双版纳州档案馆。
② 《景洪县橡胶宜林地复查报告》，1961年2月，档案号：98－1－24，西双版纳州档案馆。
③ 《景洪县橡胶宜林地复查报告》，1961年2月，档案号：98－1－24，西双版纳州档案馆。

胶的自然环境条件，主要表现为气温较高、雨量充沛、土层深厚、有机质含量高、土壤比较疏松、水资源丰富，保证了橡胶的正常生长。然而，由于景洪地区干湿季明显，影响土壤水分不协调，林地破坏大，干季土壤水份蒸发增加，而且竹林赤土和竹林赤土化红壤的土体比较紧实板结，物理性状差，易于引起水土流失[①]。这就容易导致橡胶生长受到一定的环境限制。

（二）勐腊县橡胶引种的自然环境

勐腊县地处云南最南端，位于西双版纳东部，地处北纬 21°09′ – 22°24′，东经 101°05′ – 101°50′，该地区属热带雨林气候，全年高温多雨，但由于地形复杂多样，区域性小气候特征极为明显。

1. 气候条件

就气候方面而言，橡胶是典型的热带雨林乔木树种，对气候条件的要求是高温高湿。但橡胶经过长期引种驯化，在年均温 >19℃，绝对最低温 ≥5℃或 <3℃的低温持续时间短暂，无霜、微霜或轻霜，年雨量 >1000 毫米，干季有浓雾，年平均相对温度 >70%，常风 3 – 5 级，大风持续时间不长，均可作为橡胶宜林地，如勐腊县小于 800 – 1000 米地区的终年无霜区已和基本无霜区（包括部分微霜区）均已经作为橡胶种植区域。[②]

从水热条件而言，勐腊县的水热条件是完全满足橡胶生长需要的。勐腊县年均温为 20 – 21℃，绝对最低温在 6℃左右，也有出现低温的年份，如 1957 年 2 月，出现过 3.6℃，但持续时间很短，全年 ≥10℃ 积温达 7500℃，月平均温度达 ≥18℃或为 9 个月，全年无冬，生长期为 360 天；年降水量 >1200 毫米，虽有干湿季之分，但旱季的雾霭，颇似细雨，保证了橡胶在干季水分不足的缺陷；全年雾日有 140 – 160 天，降雨达 70% 左右，系半湿润区，水分条件基本上能满足生长要求；此外，勐腊县全年既无寒潮，平流霜，亦无飓风和热风，属基本静风环境，使橡胶免受风害，年温差小约 9.0℃，日温差 >12℃，可以使橡胶树在白昼充分进行光合作用，夜间进行营养物候的累积。[③]

---

① 《景洪县橡胶宜林地复查报告》，1961 年 2 月，档案号：98 – 1 – 24，西双版纳州档案馆。

② 云南省思茅专员公署农垦局、中国科学院综考队：《西双版纳州橡胶宜林地复查报告》，1961 年，档案号：98 – 1 – 24，西双版纳州档案馆。

③ 云南省思茅专员公署农垦局、中国科学院综考队：《西双版纳州橡胶宜林地复查报告》，1961 年，档案号：98 – 1 – 24，西双版纳州档案馆。

然而，也有一些不利于橡胶正常生长的环境限制因素，尤以突发性的灾害性天气最为突出。一是雨季来临之初，有 6—7 级大风，风向多西北转西南，一般风雨交加，且夹有冰雹，对作物有危害，需要保护避风坡防护林；二是勐伴、尚勇等橡胶种植区域有微霜，特别是勐伴的曼燕地区，20 世纪 50 年代初曾有结冰记录，>1400 米的山区亦曾下过雪，有低温霜冻现象，因此，必须注意低温期防霜措施，一般采用蒸烟、搭暖棚等办法进行防范；三是雨季雨量集中，均为旱季的 8 倍，在高温高湿的环境中橡胶生长较快，但是在旱季雨量减少，地面由于裸露，土壤的保水性较差，水分蒸发较快，因此，应注意森林气候的保护和兴修水利。①

2. 地貌条件

勐腊县位于澜沧江深大断裂以东，地处无量山南延之尾梢，整个地势呈北北东—南南西走向，由于深受大地构造和新构造运动，及现代河流侵蚀切割影响，地势由东北向西南倾斜，沿河流层状地貌发育形成侵蚀中山、低山、丘陵、阶地及河谷盆地②。北部中山平原，中部岩溶景观，南部宽谷盆地开阔，呈壮年期地貌，山势趋缓，阶地广布，层状地貌发育明显，一般分为三层：上层地貌为海拔 1000—1500 米以上的低中山和中山山原面，中层地貌是海拔 800—1000 米的低山丘陵，下层地貌是由盆地或谷地组成③。垂直带的分层地貌为橡胶的发展奠定了有利条件。

虽然决定植胶条件的主要生态因子是气候，但是在地形地貌复杂的地区，地貌条件对气候要素的再分配起着决定性的影响。如控制勐腊地区气候的西南季风、湿热气流、沿山脉谷地走向，在深入内地的同时，高山层层阻挡了寒潮侵袭，因此，橡胶宜林地皆分布于沿河丘陵阶地部分④，可以有效避免寒潮对于橡胶树的影响。

勐腊县的主要地貌类型分为三类：一是由于该区外围山地，由石炭二叠纪石灰岩，石英岩及部分泥灰岩组成，坡度较陡，而丘陵低山及河谷沉

---

① 云南省思茅专员公署农垦局、中国科学院综考队：《西双版纳州橡胶宜林地复查报告》，1961年，档案号：98 – 1 – 24，西双版纳州档案馆。

② 云南省思茅专员公署农垦局、中国科学院综考队：《西双版纳州橡胶宜林地复查报告》，1961年，档案号：98 – 1 – 24，西双版纳州档案馆。

③ 勐腊县农牧、渔业局种植区划组：《勐腊县种植区划》，内部资料，1986年，第 1 – 2 页。

④ 云南省思茅专员公署农垦局、中国科学院综考队：《西双版纳州橡胶宜林地复查报告》，1961年，档案号：98 – 1 – 24，西双版纳州档案馆。

积阶地，主要为三叠纪紫色沙页岩组成，在高温高湿环境下长期被现代河流修饰，坡度平缓，仅谷壁较陡，高度小于 1000 米，特别是高度小于 800 米地区，橡胶种植面积广，利用率高；二是勐腊县境内有补远江、罗梭江、南腊河等，流向均匀构造方向一致，相应的各个河谷盆地走向也会发生变化，但由于坡向不同，水热条件各有差异，如勐腊坝橡胶种植的一等宜林地上限，东南坡可达 800—850 米，部分尚可达 900 米，而西南坡一般为 700—750 米，部分达 780 米左右，连风谷地，雨林上限可上溯至 900 米；三是紫色沙页岩抗风能力弱，故残积坡积特别发育，尤其是勐腊干湿季分明，雨量集中，植被破坏后，土壤侵蚀严重。[①] 在此地貌类型条件下，水土流失也较为严重，在橡胶种植区域必须要注意水土涵养及梯田开垦。

3. 植被类型

就森林植被分布而言，勐腊县主要是热带季风性雨林及干性常绿栎林的分布区，其植被类型分布是随着水热条件垂直变化及人为干扰程度而转移的。一般海拔 800 米以下的丘陵、阶地为热带季节性雨林，根据水湿条件差异又分为低丘雨林和沟谷雨林，原始森林植被被破坏后常被阳性杂木林、竹林、高中草地及藤木群落等次生植被所代替；干性常绿栎林分布于 800 米以上地区，原生植被遭受破坏后，多成次生状态[②]。根据该地区的森林植被，可将其主要群落分为五种类型：

一是低丘雨林，又称干性季节性雨林；属于热带北缘的植被类型，分布面积甚大，也是宜胶林地选择的主要植被类型之一，以勐仑、勐腊地区最为典型，群落结构茂密，层次不明显，外众形状，植株高低粗细不一，乔木以大药树、大叶白颜树、灯台树、大乌桕等热带树种为代表，玉凉、老人片、巴地木、鸡屎树，均需见下木成分，由地草、卷柏等明显型种类组成，此种类型植被其边群常具裸芽，为基本无霜之指标，其下土壤疏松、湿润，极其适宜橡胶种植；二是沟谷雨林；常为沟谷至水系源头，成带状与热带雨林相间分布，如千果榄仁、番龙眼、八抱树、硬核刺桐等，沟谷雨林破坏后，常形成藤冠或野芭蕉群落，此种类型植被所在地区水分

---

① 云南省思茅专员公署农垦局、中国科学院综考队：《西双版纳州橡胶宜林地复查报告》，1961 年，档案号：98 - 1 - 24，西双版纳州档案馆。

② 云南省思茅专员公署农垦局、中国科学院综考队：《西双版纳州橡胶宜林地复查报告》，1961 年，档案号：98 - 1 - 24，西双版纳州档案馆。

条件优越，往往常年流水，日照短，雾日长，土层深厚，除宽沟谷土层深厚可植胶外，一般应保留作为水源涵养林；三是阳性杂木林；阳性杂木林多系低丘雨林被烧垦破坏后发展起来的次生群落，林地结构较为稀疏，草木极其发达，乔本多由阳性落叶树组成，常见有大白花、大叶子树、火焰树、毛叶紫薇、中平树、黄牛木、楹树芽植物；低丘雨林恢复初期，在较阴湿地区形成大白花—马鹿草或中平树群落，在生境干旱、土壤条件较差地段常出现黄牛木单群聚，此类植被所在地区生境较为干燥，此种环境并非是橡胶种植的优越地区；三是高中草群落；多为森林经过反复刀耕火种后撂荒所形成的植被，最常见的有飞机草、白茅、综叶苔、野右草等以草本植物为主的群落，此种群落也反映了该地土壤肥力稍差于阳性杂木林分布地区；四是竹林；竹林为低丘雨林的次生系列，在开阔气候燥热的坝区分布最广，以勐仑、勐满最为典型，海拔600米以上的丘陵地区皆为梅山竹林覆盖，600米以下坝子边缘多系梅檬竹林，常沿沟谷分布，与楠山竹邻接，其下土壤常具发育性淀积，土层板结；在海拔较高，土层瘠薄的山脊、山顶则以毛节为优；竹林生长繁茂地区，往往气候十分炎热，降水条件较差，如具大量性刀林分布的景洪坝，降雨系数为56，系干旱地区，勐捧地区也与此类似；虽然竹林分布地区热力充沛，可以植胶，但需要解决胶地灌溉；五是干性常绿栎林；多分布于800米以上丘陵、低山、中山，其代表成分为毛木荷、胖婆娘、珍珠粉等，该类型植被大面积分布的地区为微霜区，作为橡胶种植区域需要人为干预优化该地生态环境。①

就有利方面而言，勐腊县丰富的天然植被类型反映了该地优越的生态环境条件以及坝区热带人工植被类型形成了该区域复合型的自然－人工生态系统，为发展橡胶栽培提供了优越的生态环境基础。主要表现为两个方面：一是勐腊县境内自然植被多层结构及种类成分常由内豆蔻科、棕榈科、豆科、番茄枝科组成，与东南亚热带雨林类似，村寨周围的椰子、槟榔等典型热带作物能正常生长发育，反映了当地热带生物气候优越、水热条件充足；二是植被恢复迅速，在刀耕火种抛荒后的土地已经3－5年即可郁闭成林，对土壤自然肥力迅速恢复起着主导作用，另外由于林地砍伐

① 云南省思茅专员公署农垦局、中国科学院综考队：《西双版纳州橡胶宜林地复查报告》，1961年，档案号：98－1－24，西双版纳州档案馆。

后次生植被迅速郁闭，能够增加地表抗蚀力，减少水土流失。①

就不利方面而言，勐腊地区在人为开发后，使原生生态系统遭到一定破坏，由原本复杂的森林群落结构转变为群落结构简单的灌木丛、草地等组合，一方面生物多样性减少，另一方面结构简单的群落结构，对于外来物种的抵抗能力较弱，加剧了生物入侵，如飞机草作为一种繁殖能力极强的杂草入侵到该地。生态环境的破坏对于今后橡胶的生长及发展也会造成不利影响，使得橡胶的抚育管理力度加大，增加人工成本，主要表现为两个方面：一是由于植被类型的生长受季风影响，季节性明显，干季落叶，此种环境条件下对于调节水份循环，特别是在干季减少水分蒸发不能发挥最大效应，因此，应在防护林带多保留林冠茂密的常绿树种；二是现状植被以行林占绝对优势，为发展橡胶栽培的不利因素，竹林被伐后木本科草类大量发展，特别是茅草，对橡胶幼树的生长有不良影响。②

4. 土壤条件

就土壤条件而言，勐腊县适宜橡胶种植区域主要是砖红壤及砖红壤性土，其分布面积广，均为壤质，土层深厚，具酸性反映，有机质含量较高，与其他热带山地土壤比较，土体中不含石砾，为橡胶种植创造了优越的土壤条件。但是，干旱季节土壤水分缺乏，草地为砖红壤性土，竹林为砖红壤性土、林地为红壤，土层在100厘米以内的土壤含水量仅占10% – 15%，这种土壤水分含量接近于枯位含水量，实际上很难被植物所吸收，仅能在有灌溉条件的基础上才能合理利用③。为了解决干季土壤水分的问题，除了饮水灌溉、合理开垦，对森林气候的保护及对水流、河岸等防护林的保护外，必须要实行胶粮间作，开垦梯田，保持水土，加强瓜豆类地表覆盖④，更好地防止水土流失，为橡胶生长提供良好的自然环境。

---

① 云南省思茅专员公署农垦局、中国科学院综考队：《西双版纳州橡胶宜林地复查报告》，1961年，档案号：98 – 1 – 24，西双版纳州档案馆。
② 云南省思茅专员公署农垦局、中国科学院综考队：《西双版纳州橡胶宜林地复查报告》，1961年，档案号：98 – 1 – 24，西双版纳州档案馆。
③ 云南省思茅专员公署农垦局、中国科学院综考队：《西双版纳州橡胶宜林地复查报告》，1961年，档案号：98 – 1 – 24，西双版纳州档案馆。
④ 云南省思茅专员公署农垦局、中国科学院综考队：《西双版纳州橡胶宜林地复查报告》，1961年，档案号：98 – 1 – 24，西双版纳州档案馆。

（三）勐海县橡胶引种的自然环境

勐海县位于西双版纳西北部，地处北回归线以南，北纬21°40′－22°30′，东经100°00′－100°35′①。从地貌条件来看，滇西南山区被现代河流切割形成中山、低山和盆地。勐海县属于横断山系的怒山山脉尾端之东侧，澜沧江西岸，是一个山、河、丘、坝交错的地区，地形组成较为破碎，地貌结构复杂，全县大部分地区在海拔1500米以下，地貌结构呈层状发育，分为三层：上层1500－2000米以上的中山山地（山区）、中层1500米以下的低山丘陵（半山区）、下层由盆地或谷地组成（坝区）②。海拔多在1000－1700米，属亚热带湿润气候，年均温18℃，最高达36℃，最低为2℃，年降水量1200毫米；100米以下地区，特别是河流溯源侵蚀裂点以下的低山丘陵与低盆地属半热范围，高湿潮湿，基本无霜③。

勐海地区位于景洪以西，地势较景洪坝为高，海拔多在3000米以上，由于地势条件的影响，气温较景洪、勐腊为低，橡胶种植条件一般不如景洪及勐腊。但尽管如此，从总的生物气候条件看来，勐海县部分地区是适宜于植胶产业的，在1000米以上地区橡胶生长正常，而1000米以下，橡胶可良好生长④。因此，勐海县部分区域是具备宜于植胶的有利自然环境条件的，该地区的气候及水热条件基本适宜，植被覆盖良好，地势平缓，土壤肥沃。

勐海县地形较之景洪、勐腊更为复杂，气候差异较大。海拔在1000米以下的山间河谷盆地丘陵低山地，如勐往、打洛、勐满等地外围，高山环绕，气候炎热，年均温19－20℃，月均温>18℃有6－7个月，最冷月均温>12℃，绝对最低温>2℃，日温差大，基本无霜，雨水充沛，年降水量为1000毫米，相对湿度78%－80%，多雾霭⑤。

---

① 由于后期行政管辖区域范围屡有调整，经纬度有所变化，此处经纬度以该时段的行政区域为准。

② 勐海县农牧渔业局种植区划组：《勐海县种植业区划》，内部资料，1986年，第1页。

③ 中国科学院云南热作生物资源综合考察队思茅分队：《勐海县橡胶宜林地复查报告》，1961年2月，档案号：98－1－24，西双版纳州档案馆。

④ 中国科学院云南热作生物资源综合考察队思茅分队：《勐海县橡胶宜林地复查报告》，1961年2月，档案号：98－1－24，西双版纳州档案馆。

⑤ 中国科学院云南热作生物资源综合考察队思茅分队：《勐海县橡胶宜林地复查报告》，1961年2月，档案号：98－1－24，西双版纳州档案馆。

在此种气候及地形条件下，勐海县境内森林植被资源极为丰富，生长茂密，藤本植物甚为丰富，其结构种类具有一定的热带性，如植被主要为山地雨林、湿性照叶林①及部分热带季风林，反映了此地区的热带生物气候较为优越，基本是适于橡胶生长发育的。就地势平缓、波状起伏的丘陵低山，相对高度在 100 米以下的地区，其坡度多数小于 25°；就土壤条件而言，土壤主要为红壤及赤土化红壤，自然肥力良好，有利于橡胶的种植。此外，勐海县灌溉条件优越，一般在 1000 米以上地区仍有流水的分布，有利于胶园的自流灌溉②。

除上述有利条件外，在勐海县发展橡胶较之景洪、勐腊更易受环境条件制约。首先，由于受地形条件的限制，勐海县宜胶地分布多在 800 米以上，其气温数比 800 米以下其他县为低，如景洪县年均温 21.5℃，勐海县则为 18.3℃，生长季节较短（6－7 个月），个别年份甚而有轻霜出现，在一定程度上影响橡胶生长速度；其次，个别地区，如勐旺，虽植胶条件优越，但交通不便，山岭隔绝沟谷切割，在橡胶林地的开辟上有一定困难；此外，由于勐腊县宜胶地区多为风化深厚的花岗岩母质，易于遭受冲刷与侵蚀，加剧了水土流失的风险。③

根据以上对于勐海县自然环境条件的分析，部分地区的自然环境可以满足橡胶生长需要，但大多数地区是不适宜于种植橡胶的，即使加强人为技术干预及抚育管理，也难以保证橡胶正常生长。如南糯山、勐遮、勐阿、勐康等地，从 1958—1960 年已经分别进行过橡胶栽培试验，试种区海拔皆在 1060 米以上，最高者在南糯山，达 1402 米，土壤为林地红壤及砖红壤化红壤，植被以湿性常绿栎林、稀疏草坡、阳性杂木林为主；试种期间，每年均遭受不同程度的寒害影响④。如表 10 所示，橡胶种植区域的海拔越高，橡胶树生长越缓慢，而且海拔高低是影响产胶数量及质量的重要因素。如表 11 所示，每年 12 月至次年 2 月未稳定之芽叶均受轻微冻害，

① 又称"常绿阔叶林"。
② 中国科学院云南热作生物资源综合考察队思茅分队：《勐海县橡胶宜林地复查报告》，1961 年 2 月，档案号：98－1－24，西双版纳州档案馆。
③ 中国科学院云南热作生物资源综合考察队思茅分队：《勐海县橡胶宜林地复查报告》，1961 年 2 月，档案号：98－1－24。
④ 中国科学院云南热作生物资源综合考察队思茅分队：《勐海县橡胶宜林地复查报告》，1961 年 2 月，档案号：98－1－24，西双版纳州档案馆。

出现破皮流胶现象也较 1000 米以下橡胶种植区域更为频繁; 而且病虫害普遍发生, 如苗圃及定植林为白叶病、麻点病引起落叶危害特别明显, 个别地区如勐康、勐遮、南糯山因苗圃选择不当, 病虫害发生相当严重, 死亡率达 18.2%, 最高达 54.1%[1]。

表 10   各试种区橡胶生长量与橄榄坝对比列表

地点	海拔	树高 (平均) 离地 50cm 处胸围	高/粗 (离地 50cm 围)	备注
南糯山	1602m	2.36m	8.09cm	1957 年定植
勐遮	1160m	3.13m	13.96cm	1958 年
勐阿	1060m	3.07m	12.85cm	
橄榄坝	516m	3.3m	14.6cm	

资料来源: 中国科学院云南热作生物资源综合考察队思茅分队: 《勐海县橡胶宜林地复查报告》, 1961 年 2 月, 档案号: 98-1-24, 西双版纳州档案馆。

表 11   橡胶受害情况调查表   单位: 株

地点	调查株数	破皮流胶	叶片枯黄	顶芽枯梢	萌生		
					一次	二次	三次
南糯山	72	9	37	6	5	2	1
黎明农场	50	3	9	7	4	1	
勐润	35	零寒害 10 株, 轻寒害 1 株					

资料来源: 中国科学院云南热作生物资源综合考察队思茅分队: 《勐海县橡胶宜林地复查报告》, 1961 年 2 月, 档案号: 98-1-24, 西双版纳州档案馆。

由于勐海县地形差异较大, 坡向、坡度、坡形的选择尤其重要。如表 12 所示, 丘陵边缘缓坡与辐射霜沉积塞地, 河谷坡地与积水洼地, 坡腰与坡脚, 其橡胶高粗生长量有显著差异。就苗圃地的选择而言, 宜在地势微倾斜、易于灌溉、肥沃的沙壤土或壤土地区, 此处的水热条件优越, 可增加抗病抗虫能力, 以减少病虫害及克服幼苗不长根的现象, 因此, 橡胶种植区域应选择丘陵缓坡、河谷坡地、坡腰处, 不选或少选阴坡、凹形和洼地[2]。结合表 13 对于勐海县橡胶种植区域的气候、地貌、植被、土壤、水利等条件的分析, 1000 米以下的打洛、勐往、勐满等高温潮湿的山间河谷盆地,

---

① 中国科学院云南热作生物资源综合考察队思茅分队: 《勐海县橡胶宜林地复查报告》, 1961 年 2 月, 档案号: 98-1-24, 西双版纳州档案馆。
② 中国科学院云南热作生物资源综合考察队思茅分队: 《勐海县橡胶宜林地复查报告》, 1961 年 2 月, 档案号: 98-1-24, 西双版纳州档案馆。

更加具有发展橡胶的优越自然环境条件。

表12 地形部位及橡胶生长量对比表

地点	部位	树高	差值	离地50cm树围	差值	高/粗（50cm处围）
南糯山	丘陵缓坡	2.36m	1.52	8.09cm	4.09	3.4%4.19%
	塞地	0.84m		4.0cm		4.19%
黎明农场	河谷坡地	3.13m	0.86	13.96cm	6.96	4.46%
	冲积扇边缘洼地	2.17m		7.5cm		3.46%
勐阿	坡脚	2.09m	0.98	1.9cm	4.95	3.7%
	坡腰	3.03m		12.85cm		4.18%

资料来源：中国科学院云南热作生物资源综合考察队思茅分队：《勐海县橡胶宜林地复查报告》，1961年2月，档案号：98-1-24，西双版纳州档案馆。

表13 勐海县橡胶种植的自然条件分析

等级		二等	三等
自然条件及科学论据	气候	年均温19-20℃，最冷月均温>12℃，绝对最低温2℃以上，基本无霜，相对湿度38%-80%，年水量1400mm	年均温19℃左右，最冷月均温12℃左右，绝对低温1℃以上，偶有轻霜，相对湿度75%左右，年水量1000-1200mm
	地貌	海拔550-1100m，相对高度100m以下，平均坡度15-25°，山间河谷盆地之丘陵低山	海拔800-1000m，相对高度200m，坡度20-25°
	土壤	赤土红坡，红壤，土层厚度100厘米左右，质地为轻——中坡，有机质中量，微酸性——酸性反应	红壤，60-80厘米厚，质地轻-中坡，有机质中量，酸性反应
	植被	山地雨林（番龙眼，大小叶藤发，大叶木兰）南亚热带干性栎林（毛木荷、印度椿）次生为稀树草坡，草地，□①性杂木林	南亚热带常绿栎林，以毛木荷、印度椿为主，次生植被为阳性杂木林和草地。
	水利	水丰、源高，便于自流灌溉	自流灌溉较为困难
宜胶结论		综合自然条件及高海拔地区试种结果，肯定本区可植胶	
社会经济状况		宜林地区耕地总面积83000亩（包括水田与旱地）坝子边缘丘陵低山除少数茶园外尚未利用，坝区以单季稻为主，劳力缺乏。	

资料来源：中国科学院云南热作生物资源综合考察队思茅分队：《勐海县橡胶宜林地复查报告》，1961年2月，档案号：98-1-24，西双版纳州档案馆。

---

① 原文中无法识别此字，以"□"代替。

二　西双版纳橡胶引种区的分布及选择

根据西双版纳橡胶引种区的气候、地形地貌、土壤、植被、水源等自然条件的考察，初步确定了景洪县、勐腊县、勐海县橡胶种植的海拔、面积及范围。其中景洪县、勐腊县是橡胶种植区域选择的主要地区，勐海县发展橡胶的自然环境条件较以上两县稍差，并未作为橡胶种植的主要区域。因此，重点对景洪县、勐腊乡两县橡胶种植区域的划定进行探讨，勐海县稍作提及。此一时期，西双版纳橡胶种植区域的划定基本奠定了今后橡胶发展的空间分布格局。

（一）景洪县橡胶引种区的分布及选择

景洪县宜胶地区以 800—1000 米为宜，面积为 1220867 亩，800 米以下宜林地面积有 1334812 亩，共计 2314373 亩。在此海拔范围内，自然环境条件优越，且适合于大规模集中经营，据景洪县各主要坝区橡胶试种生长情况及越冬表现，大致的趋势是橄榄坝 > 景洪 > 大勐龙 > 小勐养 > 普文 > 整糯坝 > 勐旺。[①]

橄榄坝、景洪和大勐龙地区（北纬 21°45′，海拔 550 米—600 米）全年无霜，属于热带季节性雨林、季雨林及次生的竹林和稀疏草坡，橡胶树能安全越冬 4—5 年即可达开割标准；整糯坝、普文一带（北纬 22°海拔 850—900 米）有轻霜，属于南亚热带过渡性雨林、常绿栎林及部分热带松林，表明该地年积温较低，个别年会有霜害，但可争取 7—8 年达到开割林标准；小勐养则介于二者之间，基本无霜，但个别年份亦能受寒害，主要是通过人为改善橡胶生长环境；而勐旺则以麻栎、棠梨等典型温带落叶树为主，坝缘有松树，冬季芭蕉叶枯萎，经试验，橡胶四年尚未结果及湿度等较差，故此地带不适宜植胶；因此，除勐旺以外，如表 14 所示，景洪县海拔一般在 1000 米以下，除了普文 880 米，小勐养 830 米以外，澜沧江河谷地带的允景洪、橄榄坝、大勐龙则为 600 米左右；前者划为一等宜林地，而后两者列入二等和三等宜林地。[②]

---

① 《景洪县橡胶宜林地复查报告》，1961 年 2 月，档案号：98 – 1 – 24，西双版纳州档案馆。
② 《景洪县橡胶宜林地复查报告》，1961 年 2 月，档案号：98 – 1 – 24，西双版纳州档案馆。

表 14　　　　　　　　　　　附宜林地面积等级统计表　　　　　　　　　　单位：亩

地区	一等	二等	三等	合计	已定植面积
景洪	306586	30960		487546	41853
大勐龙	504127	253500		757627	15234
橄榄坝	1576211			157624	285109
勐宽	50175			50175	
大海	24300	66518		90818	
波贺	173000	86630		258630	
官累	120000			120000	
三达山		37000		37000	
小勐养		65248		65248	293
大渡岗		50106		50106	147
小勐蟒			85800	85800	
整糯坝			110780	110780	
普文		34843	8176	43019	
合计	2754399	624805	204756	2314373	342636

资料来源：《景洪县橡胶宜林地复查报告》，1961 年 2 月，档案号：98 - 1 - 24，西双版纳州档案馆。

此一时期，海拔在 800—1000 米范围内目前未开发为橡胶的宜胶地区，部分是作为当地民众的旱作用地，但此时的考虑并非出于 800—1000 米的环境条件不适宜发展橡胶，主要是由于机械化程度较低，且劳动力缺乏，生产力水平较低。尤为重要的是为实现粮食自给，"粮食不过关，橡胶就不能上马"[①]，也就意味着必须贯彻农业为基础，橡胶为纲，胶粮并举的方针，因此，才未将 800 米以上的土地开垦为橡胶林。

（二）勐腊县橡胶引种区的分布及选择

勐腊县共有宜林土地 1515852 亩，分布于北纬 21°09′ - 27°15′，海拔在 600—1000 米，属热带及亚热带范围，无霜或轻霜，根据各宜林地之间自然条件，结合橡胶喜高温、好湿润的生态特性[②]。勐腊县的宜胶土地可

---

① 《景洪县橡胶宜林地复查报告》，1961 年 2 月，档案号：98 - 1 - 24，西双版纳州档案馆。
② 云南省思茅专员公署农垦局、中国科学院综考队：《西双版纳州橡胶宜林地复查报告》，1961 年 1 月 7 日至 1961 年 2 月 28 日，档案号：98 - 1 - 24，西双版纳州档案馆。

以划分为三个等级，如表 15 所示，一等橡胶种植区域全年无霜，综合自然条件能够满足橡胶良好生长发育的需要，不需要过多地人为改造当地生态环境；二等橡胶种植区域基本无霜或偶有微霜，综合自然条件基本上能够满足橡胶生长发育的要求，唯个别因素较差，需要经过一定农业技术措施优化橡胶生长环境；三等橡胶种植区域有轻霜，综合该区域的自然条件稍差，特别是限制橡胶正常生长发育的低温（月均温≤15℃），其连续时间较差，达 3—4 个月，霜期有 25—30 天，霜日 5—10 天的地区，此种林地橡胶生长速度缓慢，易受寒害影响。① 一等橡胶种植区域是生态环境最为优越的地区，更原始森林分布较为密集的区域，橡胶林地的开垦必然会造成原生森林植被资源的破坏，导致生态失衡；二等、三等林地并非橡胶种植的理想区域，尤其是三等林地，此两种林地必须依赖于一定的现代农业技术，才能保证橡胶正常生长。但即使如此，由于该区域受到自然环境条件的限制较大，即使人为进行改良，橡胶的生长及发育仍是较为缓慢，产量也会受到影响，因此，这些地区不适宜大规模种植橡胶。

表 15　　　　　　　　　勐腊县宜林地等级各自然要素分布区

自然要素等级		一等	一等	二等
分布地区		勐拿、勐润、勐满、勐腊、勐仑、澜沧江畔（长征）	勐醒、勐远、勐户、勐捧、弄因、曼江、勐伴	勐伴、曼要、尚勇、那着
气候	霜	五	个别年份有	每年有轻霜 5 - 10 次
	极低温	3℃以上	-1℃	℃以上
	最冷月均温	14.8℃	13℃	>11℃
	年均温	20.6℃	20℃左右	>19℃
	年水量	1400mm	1400mm	1300mm
	相对湿度	>80%	>80%	>80%
	蒸发量	1600 - 1700mm	1600mm	1400mm
地貌	地形	低山丘陵开阔河谷盆地		中心峡谷盆地
	海拔	500 - 780m	600 - 850m	800 - 1000m
	相对高度	100 - 250m	120 - 200m	>120m
	平均坡度	15° - 22°	20° - 25°	18° - 25°

① 云南省思茅专员公署农垦局、中国科学院综考队：《西双版纳州橡胶宜林地复查报告》，1961年1月7日至1961年2月28日，档案号：98-1-24，西双版纳州档案馆。

续表

自然要素等级		一等	一等	二等
分布地区		勐拿、勐润、勐满、勐腊、勐仑、澜沧江畔（长征）	勐醒、勐远、勐户、勐捧、弄因、曼江、勐伴	勐伴、曼要、尚勇、那着
植被	原生	低丘雨林、景谷雨林	同左	干性常绿栎林
	次生	竹林、阳性竹林、村寨有椰子、槟榔	阳性杂木林	萌生常绿栎林、□树草地、部分落叶林及松树混林
土壤	土类	砖红壤、砖红壤性土	砖红壤性土	同左
	厚度	>100cm	80－100cm 以上	>60cm
	质地	壤－砂壤	同左	同左
	酸度	酸性	同	同
	有机质	中量以上	>中量	>中量

资料来源：云南省思茅专员公署农垦局、中国科学院综考队：《西双版纳州橡胶宜林地复查报告》，1961 年，档案号：98－1－24，西双版纳州档案馆。

勐海县橡胶种植区域主要分布在低海拔的打洛、勐往及勐满等地。如表16所示，由于勐海县种植橡胶的自然环境条件逊于景洪、勐腊两县，首先如打洛、勐往及勐满三地偶有微霜出现，应列为二等宜林地；其次如勐阿、勐康等地，自然条件较前者稍差，年有轻霜，可列为三等宜林地；此外，南糯山、黎明农场等地，因其种植橡胶的自然环境条件更差，并未列入橡胶种植选择范围①。由此可见，橡胶种植区域的选择是极为严格的，为科学、合理种植橡胶提供了充足准备。

表16　　　　　　　　　　　　勐海县宜林地面积统计表

地区	一等	二等	三等	合计
打洛		43828 亩	83058 亩	126886 亩
勐往		44000 亩	45400 亩	89400 亩
勐满		89168 亩		89168 亩
总计		176996 亩	128458 亩	305454 亩

资料来源：云南省思茅专员公署农垦局、中国科学院综考队：《西双版纳州橡胶宜林地复查报告》，1961 年，档案号：98－1－24，西双版纳州档案馆。

---

① 云南省思茅专员公署农垦局、中国科学院综考队：《西双版纳州橡胶宜林地复查报告》，1961 年，档案号：98－1－24，西双版纳州档案馆。

此一时期，对于橡胶种植区域的选择充分考虑到了橡胶的生物学及生态学属性，基本上是根据橡胶的生态习性选择橡胶种植区域，遵循了生物生长的自然规律，但橡胶作为一种外来物种的引入仍是对原生生态系统造成一定影响。这主要是由于在20世纪50年代至70年代的30年间，除橡胶种植所带来的生态变化之外，外来移民的进入、人口的急速增长、人地矛盾的增加以及政治运动、大炼钢铁等综合性因素的影响加剧了西双版纳当地生态环境的剧烈变迁。

三 西双版纳橡胶大规模引种带来的生态变迁

西双版纳橡胶引种之前的大部分区域多是原生或再生森林，物种资源极为丰富。橡胶的开垦及橡胶园的建立必须要砍伐森林，而大面积森林的砍伐，"破而不立"，将导致地方气候的恶化、地力的衰退，原始森林砍伐之后被单一的人工橡胶林所代替，将加剧土壤冲刷、引起严重的水土流失[1]，复杂的生态系统被单一生态系统取代之后，当地生态系统抵御自然灾害的能力也会随之削弱，致使自然灾害频发。

（一）原始森林遭到破坏

橡胶在西双版纳地区的规模开发及种植对于当地原始森林植被造成了一定破坏。西双版纳地区是云南省阔叶林和竹林主要林区之一。据1962年云南省森林资源整理统计，西双版纳州共有林地面积约一千四百六十万亩，木材蓄积约七千万立方米，竹林约十五亿八千六百万株；1966年，林业部门针对竹林分布比较集中的景洪、勐腊两县进行了调查，两县有竹林面积约四十七万亩，木材蓄积量约四百七十万立方米，竹林一亿五千二百万株（合二百万吨左右），集中分布在澜沧江上游和勐养河、南腊河、兰定河沿岸；但在国营农场或合作社种植橡胶和发展粮食、经济作物、经济林木等过程中，由于橡胶树主要种植于海拔900米以下的地区，这些地区同时也是竹林资源分布的主要地区。[2] 因此，橡胶的规模化开垦种植一定

---

① 云南省亚热带作物科学研究所：《橡胶生产的合理垦种问题》，1966年5月31日，档案号：98－1－60，西双版纳州档案馆。

② 边疆规划工作组林业小组：《边七县规划工作会议参考材料之四：关于西双版纳地区现有森林资源利用的调查》，1966年5月22日，档案号：98－1－60，西双版纳州档案馆。

程度上导致了原始森林面积减少。

至20世纪70年代末，根据西双版纳州的不完全统计，当地遭受破坏的森林有二百二十多万亩，其中自1970年以来毁林开荒、垦殖橡胶的达七十多万亩，而橡胶种植成活的只有四十多万亩；从20世纪50—70年代，为开垦种植橡胶，进行了西双版纳第一次大规模政策性移民，从外地调进了五万人，使得当地人口急速增长，同时又带来了生活问题和燃料问题，在这五万人中有一万人在开荒种地、砍木烤胶，使得烧柴用量空前增大，"仅烧柴一项，每年要砍十八万亩树林"，地方民众也受到国营农场、部队、机关大面积毁林垦殖影响，也争相砍林开荒占地，从而使当地森林遭到了严重的破坏；据思茅和西双版纳两地、州的不完全统计，从1970年到1979年春，已烧山毁林一百二十七万八千五百多亩，尤其是低海拔的沟谷热带雨林和丘陵地区的热带季雨林更受到毁灭性的破坏，具有热带地区代表性的森林植被被砍伐殆尽，几乎完全丧失涵养水土的表层土；最终，造成森林生态环境受到严重干扰和破坏，到1960年，划定的自然保护区也遭到蚕食和破坏，原有的林下植物日益减少，珍贵树种稀少，稀有植物处于灭绝及濒危之中，如"稀有的热带树木望天树，过去曾有二、三百株之多，现在仅残存二十余株"。由于现代科技发达，拖拉机进入沟谷林地，开辟道路、砍伐森林，能运出的成材树木即成柴薪，而不易加工和运输的大树则伐倒在地。[①] 原始森林群落结构复杂多样，一旦被破坏便很难恢复，而且会严重影响区域气候变化，并造成土壤水分流失增加及肥力降低。

原始森林对于调节气候和改善气候是具有重要作用的，森林的大面积破坏使得区域小气候发生改变。一是气温升高，森林砍伐后不论气温和土温都有升高，其中年平均气温升高0.6°，土表问题变化尤其明显，最高温林外比林内高达21.8°，林外比林内在一天中或一年中的冷热变化都要加大；二是空气湿度降低，雾日减少；森林可以通过不断蒸腾大量水汽到空气中，因而有森林的情况下，空气湿度相对较高，林内比林外全年平均高4%，森林砍伐后，空气湿度自然降低，雾日也会随之减少；三是静风环

---

① 《中国科学院第二次植物园工作会议代表对在西双版纳毁林种橡胶问题的意见》，1979年4月17日，档案号：67-1-4，西双版纳州档案馆。

境遭受破坏，风力变大，大风次数增加；四是降雨减少，由于滇南西双版纳等地区，地处热带内陆，比起热带海洋气候区，森林对于降雨的影响较大。[①]

原始森林对土壤水分及肥力也会造成一定影响。森林砍伐后，水分流失迅速增加，据观测结果（坡度17°），森林地区与开垦地（草地）水分流失量相差14倍；西双版纳地区森林的土壤肥力较高，据计算，1米厚的土壤每亩含纯氮5100市斤，合计硫酸铵（含氮20%）2万多市斤，但森林砍伐后，养分分解就会加速，一般的有机物在100天左右就可以完全分解，加上水土流失严重，养分大量流失，森林砍伐后，土壤冲刷流失量增加347倍（从每亩3千克加大到1179千克），一片五年生的橡胶林地，纯氮或有机质都比森林降低一半。[②]

（二）自然灾害频繁发生

20世纪50年代以来，自橡胶引种到西双版纳，由于橡胶对于非原生生态系统的适应性较弱，而且作为外来物种进入新的生态系统之后对于自然灾害的抵抗能力降低，使得伴随橡胶而来的自然灾害种类及发生频率增加。

首先，低温冻害对于橡胶种植的影响尤其严重。西双版纳地区在1954—1955、1962—1963、1967—1968、1970—1971、1973—1974和1975—1976年冬发生低温冻害共6次，20世纪50—70年代初的4次冷冬低温强度不大，胶树所受低温寒害是局部的，而20世纪70年代后期发生的两次冷冬低温寒害极为严重，橡胶树普遍受害；第一次是1973—1974年冬的低温冻害，这是一次高空冷平流影响下引起地面异常强烈的辐射降温，低温历时较短，但强度大，降温期间普遍出现霜冻，气象台监测数据的绝对最低气温降至有记录以来的最低值，对于橡胶树是一次杀伤性的寒害，以幼龄胶树受害严重，尤以1-3年生幼树受害最为严重；第二次是1975—1976年冬，

---

① 中国科学院西双版纳热带植物园：《边七县规划工作会议参考材料之六：滇南地区森林砍伐对气候土壤等方面的影响及合理开垦的几点初步建议》，1966年5月22日，档案号：98-1-60，西双版纳州档案馆。

② 中国科学院西双版纳热带植物园：《边七县规划工作会议参考材料之六：滇南地区森林砍伐对气候土壤等方面的影响及合理开垦的几点初步建议》，1966年5月22日，档案号：98-1-60，西双版纳州档案馆。

此次低温寒害则是累积性的，绝对最低气温高于1973—1974年冬，但降温历程长达25天之久，有害低温反复出现，而开割林地更由于树冠对太阳辐射热能的截留，致使胶树产生严重的烂根和树干寒害。① 此次寒害给橡胶造成较为严重的损失，受害最为严重的橡胶林主要分布于阴坡，尤其是坡度较大的阴坡，由于地形地势复杂，低温和水热条件再分配极为明显，不同小环境的自然条件对橡胶的寒害影响存在着明显的差异，由于阴坡热量条件差，导致橡胶受害严重。

其次，病虫害种类增加，主要包括白粉病、橡胶条溃疡病以及季风性落叶病等。1961年，在热作所和一团二营（原景洪农场）首次发现白粉病，受害面积150亩，受害林地叶片发病率仅0.36%；随着橡胶树大面积郁闭成林、连片，不仅每年橡胶林地、苗圃普遍发病，而且在1963—1972年的8个调查年头里（1969—1970年未进行），有4个年份（1964、1966、1967、1972）发生了不同程度的病害流行，其中最严重的一次是在1964年，因病落叶株（3－5级）达40.4%；白粉病菌是一种专性寄生菌，只能寄生在活的叶片、嫩梢和花序上，所以橡胶树大面积郁闭成林是白粉病流行的基本条件，主要是在春季流行，2月下旬后，随着胶树抽叶的增多和病菌繁殖传染的扩大，病害发展随之普遍和严重，一般在3月下旬或四月初达到当年发病的最高峰，此时正是胶树抽叶至叶片老化的时期，在此期间的气温状况一方面影响新抽叶片的老化速度，另一方面也会影响病菌的繁殖和传染，从而左右病害的流形强度。② 此种病害发生和流行是由于越冬菌量、胶树物候和气象因素综合作用的结果，1967年已提出："影响病害春季流行强度的综合因素中，气象因素中的湿度是主导，特别是冬温对当年的病害流行具有决定性的作用。越冬菌量，胶树物候是在气温的影响下，构成病害流行的必要因素。"③

1961年，西双版纳地区景洪农场、橄榄坝农场和省热作所，于9月下旬和11月下旬橡胶割面曾相继发生黑绞病，9月下旬的病害较轻而且很快

① 刘隆等主编：《西双版纳国土经济考察报告》，云南人民出版社1990年版，第189页。
② 《橡胶白粉病在景洪地区的流行规律和防治试验总结》，1972年1月1日，档案号：2125－004－0162－006，云南省档案馆。
③ 《橡胶白粉病在景洪地区的流行规律和防治试验总结》，1972年1月1日，档案号：2125－004－0162－006，云南省档案馆。

即告消退，11月下旬由于连续降雨两天，阳光很少，同时气温较低，病害突然严重；黑纹病（条溃疡病）系一种溃烂性的寄生性病害，割面感病初期，病部出现暗黑色的条斑，后随病势的发展，条斑逐渐下降和纵裂，严重时并向两侧扩展及向割线下部蔓延，造成块状溃烂，当病部发生溃烂后即长出灰白色的雾状物，并呈橄榄形的物色小孢子。此次病害发生后，绝大部分橡胶树已告停割，并用硫黄牛粪泥浆（比例：硫黄∶牛粪∶泥浆 =1∶33∶66）涂封割面，保获再生皮，所涂封过此涂剂的割面干燥，经过检查证实是有一定的防病效果，但病害较重，病部较大的割面，虽已停割和涂封硫黄牛粪泥浆，而病菌已然还能透过牛粪泥层而在其上而成长灰白色的雾状物，同时对冬季继续割胶的也未能制止病害的发生。①

1978年，西双版纳地区自然灾害频繁，橡胶树开割前及初期白粉病、冰雹、阵性龙卷风连续发生，7月后又由于气温偏低为 0.5－1℃，加之，阴雨连绵，造成割面条溃疡病、季风性落叶病等连续发生，据不完全统计，凡断树9万余株（其中西双版纳7.16万株），约计损失干胶200吨；进入雨季后由于气温偏低，阴雨连绵，割面条溃疡发病较普遍，据东风农场调查21.25万株，发病率3.3%，3－5级重病树占1.4%，病害指数1.6，8月又导致季风性落叶病的发生和蔓延，据景洪农场调查发病面积有3500亩，黎明农场达2755亩；据热作所植保组织力量调查景洪、东风、勐腊三场开割林地4563亩，发病的有2187亩，占调查面积的47.8%，其中以 RRIM600 号最重，调查2670亩，发病1730亩，占62.8%，PB86 次之，RR107 及其他品系较轻，从地区看，勐腊农场发病率最高，达46.4%，景洪农场44.9%，东风农场较轻，发病率占16.9%。②

20世纪50—70年代，随着橡胶的引种及发展，西双版纳地区的生态环境发生了剧烈变迁，原本以自然生态系统为主的自然景观逐渐转变为以人工生态系统为主的人工景观，热带雨林生态系统被人工橡胶林生态系统所取代，复杂的生物群落逐渐趋于简单化、单一化。

---

① 云南省热带作物科学研究所：《关于橡胶割面病害发生情况报告（1961）研胶治字第68号》，1961年12月21日，档案号：2125－002－0923－005，云南省档案馆。
② 云南省农垦总局热作处：《关于1978年橡胶树自然灾害等的情况的报告》，1979年3月27日，档案号：2125－005－0180－001，云南省档案馆。

第三节　20 世纪 80—90 年代西双版纳橡胶
大规模扩张的自然环境

20 世纪 80 年代以来，随着橡胶种植面积大规模、单一化扩张，在推动社会经济迅速发展的同时，也使得生态环境向不可逆转的方向变迁。随着民营橡胶的兴起及发展，进入橡胶大规模种植的重要阶段，也是"橡胶"这一物种开始备受争议的时期。

一　西双版纳橡胶大规模扩张的自然环境

巴西橡胶的生态习性，是在其原产地终年高温高湿的热带雨林的气候条件下形成的。此一时期世界上天然橡胶生产国如东南亚诸国、印度、非洲的尼日利亚、象牙海岸、利比里亚、喀麦隆、扎伊尔等国来看，大都位于赤道附近，南北纬 10°之间，海拔高度一般在 300 米以下，都属于热带雨林气候区，终年高温高湿[①]。因此，西双版纳地区种植橡胶的自然环境条件是不及国外橡胶生产国甚至我国海南地区的。

20 世纪 80 年代以来，西双版纳橡胶种植面积最广的区域是景洪、勐腊两县，年平均温度 21.0 – 21.7℃（1954—1978），≥10℃的积温 7625.5 – 7922.3℃，一年中月均温低于 20℃的有 4 个月，年水量 1209.3 – 1543 毫米；年均温比马来西亚低 5 – 6℃，比海南岛低 2.5 – 3.5℃；年积温比马来西亚低 2000℃左右，比海南岛低 1000℃左右；年水量不仅比上述两地区分别要少 1/3 – 1/2，而且分布不均匀，一年中有 5 个月是旱季。[②]

虽然西双版纳橡胶种植的自然环境较之亚非种植区，甚至是我国海南地区有其劣势，但橡胶的生长及产胶所要求的气候条件是光合作用与同化物质的结果，终年高温高湿未必对胶树生长有利，昼夜温度高而变幅小，并不一定利于产胶、排胶；就综合气候因子来说，水热指标虽稍低，但水热条件配合较好；从气候的年内配合上，该地区冬季暖和、春季高温、夏季静风、高温高湿，但不酷热，适宜胶树生长和产胶；在昼夜的配合上，

---

① 刘隆等主编：《西双版纳国土经济考察报告》，云南人民出版社 1990 年版，第 195 页。
② 刘隆等主编：《西双版纳国土经济考察报告》，云南人民出版社 1990 年版，第 190 页。

白天热量充足，夜间凉爽，日温差大，这种周年和昼夜的配合，可以弥补温度和雨量的不足；即绝对值低，有效性高，既有胶树生存的基本条件，又有利于橡胶树生长，且光合作用效率较高，同化物质积累转化也高；除此之外，西双版纳地区植胶的土壤自然肥力较高。[1] 气温、降水、土壤是保证橡胶生长的主要生态因子，从橡胶对于环境的适应性而言，此地的自然环境条件适宜橡胶生长。

从气候变化规律与橡胶树的生长情况来看，热量和雨量的配合好，有利于橡胶生长。西双版纳地区可以划分为三个季节，即干凉季、干热季和湿热季。一是干凉季（12月至次年2月）；平均月气温15.8℃，平均月雨量18.3毫米，相对湿度26.5%，日照率52.1%，风速0.5米/秒；因寒潮波及较少，平时暖和，偶尔低温，但与干旱配合，又多晴天，利于胶树越冬，也利于抑制病虫害流行，此时橡胶进入换叶期，基本停止生长，茎粗增长率低，为全年的4%—11%。[2] 二是干热季（11月和3—4月）；平均月气温22.1℃，平均月雨量29.1毫米，相对湿度74%，日照率53.1%，风速0.65米/秒，温度高，热量充足，但雨量不够，11月为胶树越冬前期，虽然生长缓慢，但对胶树形成新叶蓬极为适宜，新芽萌动早，叶蓬稳定快，茎粗增长率为全年的7%—12%；该季的前期和末期都是旱雨季的交替时期，昼夜温差为全年最大的季节，同化物质积累高，也是产胶排胶最适宜的时期，胶树在这里一年中两个产量高峰期也是出现在这个季节。[3] 三是湿热季（5—10月）；平均月气温24.5℃，平均月雨量180.2毫米，相对湿度87.2%，日照率38.3%，风速度0.72米/秒，此季为期半年，热量和雨量配合好，高温高湿，高温时有雨水调节，无酷暑，胶树生长特别快，茎粗增长率为全年的79%—89%，是上两季的几倍；但高温高湿对产胶排胶不太适宜，除10月份温度转凉，进入第二个产量高峰外，其余各月割此产量均比干热季要低。[4] 由上可知，西双版纳地区最适合橡胶生长的季节为湿热季，为期半年，生产期短于国外及海南橡胶种植区，但西双版纳的胶树生长快，投产年限短，茎粗的年绝对增长量并不低，胶树的投

① 刘隆等主编：《西双版纳国土经济考察报告》，云南人民出版社1990年版，第190页。
② 刘隆等主编：《西双版纳国土经济考察报告》，云南人民出版社1990年版，第191页。
③ 刘隆等主编：《西双版纳国土经济考察报告》，云南人民出版社1990年版，第191页。
④ 刘隆等主编：《西双版纳国土经济考察报告》，云南人民出版社1990年版，第192页。

产期和开割前后树围年增粗与国外及海南生长好的地区相当。[1]

从土壤条件来看，土层深厚、肥力高，胶树营养状况好、产量高。西双版纳地区的主要植胶类型为砖红壤，土层深厚，多在 1 – 1.5 米以上，虽然风化和成土作用深，脱硅和富铁铝化作用强烈，但由于植被繁茂，生物富积作用较强，因而土壤有机质积累量高，一般达 3% – 6%，含全氮 0.15 – 0.25%，钾含量特别丰富，仅有效磷含量较低；土壤质地均匀、疏松，物理性质良好，土壤肥力状况为国内宜胶地的上等，近乎东南亚国家最好的植胶土壤。[2] 植胶土壤肥力状况好，反映胶树的营养状况亦好，这不仅从胶树生长苗壮、叶多、树冠层厚（占树高的1/3）、叶色浓绿的外观可以看出，从胶树叶片营养诊断的资料也可看出，如表 17 所示，与国内外所确定的正常营养指标值相比较，西双版纳割胶树叶片养分含量均接近或略超过正常范围的最高值。[3]

表 17　　西双版纳割胶树叶片养分含量与国内外正常营养叶片指标比较表

地点	N%	P%	K%	Mg%
斯里兰卡	3.2 – 3.5	0.20 – 0.25	1.30 – 1.65	0.21 – 0.26
印度	3.0 – 3.2	0.20 – 0.25	1.0 – 1.2	
马来西亚	3.3 – 3.7	0.21 – 0.27	1.3 – 1.5	0.25 – 0.28
华南	3.2 – 3.4	0.21 – 0.23	0.9 – 1.1	0.35 – 0.45
西双版纳	3.4	0.24	1.4	0.42

资料来源：刘隆等主编《西双版纳国土经济考察报告》，云南人民出版社 1990 年版，第 192 页。

从西双版纳地区的热量、湿度等生物气候条件而言，远不如橡胶的其他产地巴西、东南亚甚至是我国海南地区。但西双版纳橡胶种植之所以能突破传统植胶禁区取得成功，主要是由于独特的地理条件营造了一个较为理想的植胶小气候环境，虽然较传统植胶区北缘高出 6° – 7°，但由于北面有青藏、云贵两大高原及众多山系形成的天然屏障，阻挡了北方寒流南下的通道，而南面和西南面则毗邻东南亚平原，自印度洋来的湿热季风可以长驱而至。[4]

---

[1]　刘隆等主编：《西双版纳国土经济考察报告》，云南人民出版社 1990 年版，第 192 页。

[2]　刘隆等主编：《西双版纳国土经济考察报告》，云南人民出版社 1990 年版，第 192 页。

[3]　刘隆等主编：《西双版纳国土经济考察报告》，云南人民出版社 1990 年版，第 193 页。

[4]　云南农垦集团有限责任公司，云南省热带作物学会编：《云南热带北缘高海拔植胶的理论与实践——纪念中国天然橡胶事业 100 周年》，2005 年，第 37 页。

从热量而言，西双版纳地区平均气温为 20 – 22℃，较之国外主要橡胶产区低 5 – 6℃，日均温≥15℃的持续天数有 309 – 329 天，这不仅远低于世界传统植胶区，而且与国内海南省相比也少 35 – 55 天，年积温也明显低于海南；但由于西双版纳日温差较大，平均日温差为 7.7 – 18.4℃，较之海南大 3 – 5℃，昼间高温有利于进行光合作用，夜间温凉有利于减少呼吸消耗，使得胶树光合产物净积累高，夜间呼吸消耗物质降低 9.7%，在这种日温差大、清晨凉爽的环境下极有利于胶树的排胶，这也是西双版纳地区优于其他产胶大国的一个突出特点。[①] 就水热条件而言，西双版纳地区水热同季，有效性高，年降水量（1100 – 1600 毫米）较之世界上主要植胶国少 1/3，比海南少 300 – 600 毫米，干湿季明显，年降水量的 80% 以上集中在雨季（5 – 10 月），多雨与高温同季，水热条件配合较好，胶树生长旺盛；11 – 12 月则是少雨与低温相匹配，适于胶树低温的生理属性，有利于御寒越冬，且冬季常有重雾，对旱情有着较好的缓解作用。[②]

就光能而言，西双版纳光能充足，光质好，年辐射总量 121 – 135 千卡/厘米^2，年日照总时数 1860 – 2180h，属胶树日照适度区，日照冬多夏少，12 月至次年 2 月日照多达 470 – 575h，比海南儋州多 100 – 150h，带来了冬令日低温持续时间短，有利于胶树安全越冬，且光照中短波成分大，有利于胶树生长；就土壤深厚程度而言，西双版纳土层深厚，土壤肥沃，植胶土壤主要为砖红壤，土壤风化度高，呈酸性，pH 值 4.5 – 5.5，沙黏度适中，自然肥力较高，保肥保水能力较强，自然土壤有机质含量 3% – 5%，全氮含量 0.14% – 0.32%，全磷含量 0.03% – 017%，全钾含量 0.9% – 3.0%，速效磷含量 5ppm – 8ppm，速效钾含量 80ppm – 200ppm；就风力而言，静风频率大，常风小，年均风速 0.5 – 1.4 米/秒，有利于胶树生长，且无台风袭击。[③]

从橡胶林的生态价值而言，较之灌木丛、稀疏高草地等次生植被发挥了一定的生态效益。西双版纳垦区土地面积 108.6 万亩，占全州总面积的 3.8%；垦前森林覆盖率 12.05%，至 1994 年，垦区森林覆盖率为 73.3%，

---

① 云南农垦集团有限责任公司，云南省热带作物学会编：《云南热带北缘高海拔植胶的理论与实践——纪念中国天然橡胶事业 100 周年》，2005 年，第 38 页。

② 云南农垦集团有限责任公司，云南省热带作物学会编：《云南热带北缘高海拔植胶的理论与实践——纪念中国天然橡胶事业 100 周年》，2005 年，第 38 页。

③ 云南农垦集团有限责任公司，云南省热带作物学会编：《云南热带北缘高海拔植胶的理论与实践——纪念中国天然橡胶事业 100 周年》，2005 年，第 38 页。

为垦前的 6.08 倍，是 1992 年的 1.69 倍；在水土保持方面，据州第二次土壤普查及热作所、中科院勐仑植物所测定，成年胶林通过人为进行修筑梯田、树围盖草、扩穴压青改土和挖水肥沟科学施肥后，与同地区杂木林、竹林土壤养分含量比较，胶林土壤水土流失量、蓄水能力接近雨林土壤，土壤的物理性状比垦前改善；除少数坡度过大的胶园外，其余表土层有机质含量普遍有所上升，取得了良好的生态效益。① 但橡胶林与天然森林的生态功能相较是无法相提并论的，这一时期的主流话语是橡胶林具有一定的生态效益，其生态问题并未被重视。

二　西双版纳橡胶大规模扩张后的生态变迁

20 世纪 80 年代以来，在北纬 18°–24°大面积种植天然橡胶，并因地制宜地形成了具有中国特色的植胶技术和科学管理体系，1983 年，我国种植橡胶树 712 万亩，居世界 37 个植胶国家和地区的第 4 位②。然而，云南植胶的纬度在北纬 21°到 25°，且海拔较高，由于云南受西南季风和东南季风的作用，又受地形地貌变化的影响，改变气象要素的再分布，造成气候地理分布的区域性改变，形成适合热带作物生长的环境；但毕竟不是典型的热带气候，植胶潜在的突出问题是冬期的低温危害，这是云南橡胶树北移首要面对的问题。③ 因此，在非典型的热带气候条件下，种植典型的热带树种，必然会出现与非本土生态系统相排斥的生态问题，这也成为非传统植胶区发展橡胶持续存在的矛盾。

20 世纪 80—90 年代是橡胶大规模扩张的时期，1980 年至 1999 年的20 年间，西双版纳植胶面积从 52 万多亩增长至 204 万多亩④，成为我国第二大天然橡胶生产基地。然而，橡胶在大规模扩张的同时，使得当地生态环境发生剧烈变迁，如森林资源破坏、水土流失以及病虫害、低温寒害、风害等，这是在人类追求生存发展的过程中忽略生态环境的后果，造成了

---

① 西双版纳农垦分局：《西双版纳垦区热带北缘植胶大面积高产综合技术》，1994 年 9 月 20 日，档案号：98－8－61，西双版纳州档案馆。

② 《云南橡胶增产产量达三万吨》，《人民日报》1984 年 12 月 31 日。

③ 云南农垦集团有限责任公司，云南省热带作物学会编：《云南热带北缘高海拔植胶的理论与实践——纪念中国天然橡胶事业 100 周年》，2005 年，第 2 页。

④ 西双版纳傣族自治州统计局编：《中华人民共和国西双版纳五十年——综合统计历史资料汇编(1949—2000 年)》，内部资料，2004 年，第 192—196 页。

当地生态环境线性变迁。

（一）森林植被破坏日趋严重

20 世纪 80 年代后，橡胶的大规模扩张较之前更为加剧了原始森林破坏的程度，造成生态系统严重失衡。此一时期，中国学界对于"垦殖橡胶与生态平衡之间的关系"的探讨也是较多的，关于"植胶必然毁坏森林""原有的林下植物日益减少，珍贵树种难以找到，稀有植物处于灭绝濒危之中，大好的生物资源宝库瞬即空虚"等观点引起社会的反思[①]，对是否是"毁林种胶"也存在一定争议。至 1984 年止，西双版纳的天然森林覆盖率已下降到 34%，毁林面积达到 600 多万亩。[②]

根据橡胶垦前植被调查，在开垦殖胶的面积中，如图 3 所示，原有植被中热带雨林面积占 14.8%、南亚热带常绿栎林占 9.5%、竹木混交林占 34.4%、竹林占 26.9%、灌丛占 3.2%、草地占 11.2%，总计 94% 是因植胶而被砍伐的植被，有 6% 的植被是未被开垦为橡胶的，这 6% 应属于人工植被，原始植被占比 24.3%，次生植被占比 69.7%，反映了橡胶的垦殖是造成森林覆盖率降低的主因，打破了原生生态系统的平衡。此外，砍柴烤胶也毁去部分森林，至 20 世纪 80 年代，由于橡胶加工技术的落后，干胶

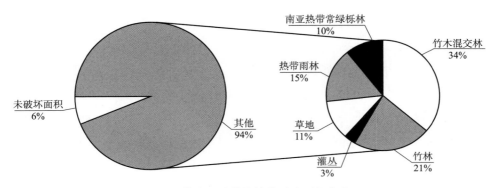

图 3　橡胶垦殖前植被类型及面积占比

数据来源：参见黄泽润、李一鲲、曾延庆的《垦殖橡胶与生态平衡》（《中国农垦》1980 年第 3 期）一文数据进行绘制。

---

① 云南省地方志编纂委员会总纂、云南省农垦总局编撰：《云南省志·卷三十九·农垦志》，云南人民出版社 1998 年版，第 793 页。

② 云南省地方志编纂委员会总纂、云南省农垦总局编撰：《云南省志·卷三十九·农垦志》，云南人民出版社 1998 年版，第 792 页。

的生产仍是烧木柴烤胶，按照当时西双版纳垦区年累计生产干胶 38000 吨，按最高消耗量，1 吨干胶耗柴 1 立方米，年消耗木柴 38000 立方米①，对于森林造成严重破坏。

此时的主流观点认为"橡胶开发前原生森林植被已被破坏，橡胶开垦林地也多是次生植被类型，人工橡胶林替代了过去的竹木混交林、竹林、灌丛草地等，而真正的原始森林被开发植胶的只占 24.3%（约 11 万亩）"②。但也有一些学者指出橡胶的垦殖不但未破坏森林，而且通过植胶可以更好地退耕还林，增加森林覆盖率，保护生物资源不受破坏，实现从掠夺自然资源到合理开发利用自然资源的转变，更是进一步提出"就目前山区、半山区适宜发展橡胶的地段来看，根本不是什么砍伐森林后再植胶，而是植胶造林，是在种旱谷的掠荒地上造林，是在森林采伐后的迹地上造林。本区植胶初期，是砍伐了一些森林植胶，但主要是次生林"③。

（二）区域小气候环境改变

至 1984 年止，西双版纳的天然森林覆盖率已下降到 34%④。热带雨林对于调节小气候具有重要作用，气候变化是热带雨林覆盖面积减少、区域小气候环境变化的典型标志。随着橡胶的引种及大规模种植，侵占了热带雨林生境，破坏了当地生态系统，主要体现为气温逐渐升高、暖冬年份增加、雾日逐渐减少、冬季日照时数增多。

首先，平均气温逐渐升高，旱象突出。如表 18 所示，以勐腊县为例，平均气温在各季均有不同程度上升现象，而最有规律性的连续升温，则是春季（3–5 月）的下限温度，夏季（6–8 月）平均气温和年平均气温；1957—1988 年的 32 年间，春季平均最低气温上升 0.9℃，夏季平均气温和年平均气温分别升高了 0.7℃、0.8℃，其他季节则是一种波动上升状态；春季平均最高气温在 1℃ 以内上下波动，年平均最高气温在 0.3℃ 以内变动；极端最高温度≥37℃ 的年数，反而是减少的，前 16 年中有 7 年，后 16

---

① 黄泽润、李一鲲、曾延庆：《垦殖橡胶与生态平衡》，《中国农垦》1980 年第 3 期，第 24—25 页。

② 黄泽润、李一鲲、曾延庆：《垦殖橡胶与生态平衡》，《中国农垦》1980 年第 3 期，第 25 页。

③ 刘隆等主编：《西双版纳国土经济考察报告》，云南人民出版社 1990 年版，第 199 页。

④ 周宗、胡绍云、谭应中：《西双版纳大面积橡胶种植与生态环境影响》，《云南环境科学》2006 年第 S1 期，第 67 页。

年中只有3年，极高温度1958年为38.1℃，如1958年3－5月春旱，平均温度比往常高1.8℃，4月26日气温高达38.1℃，为历史最高值，降水量不到正常年的50%，到6月才连降大雨，旱情才缓和，才能耕种。[①] 相隔21年后出现最高极值的是1979年，也只有38.4℃，并非一年比一年气温高。[②]

表18　　　　　　　　　1957—1988年勐腊县气温资料统计表　　　　　　单位:℃

项目年份	1957—1960	1961—1965	1966—1970	1971—1975	1976—1980	1981—1986	1986—1988
春季平均最低气温	16.5	16.9	16.9	17.2	17.4	17.3	17.4
春季平均最高气温	31.6	31.4	31.3	30.7	31.7	31.4	31.2
夏季平均气温	24.3	24.4	24.4	24.5	24.8	25.0	25.0
年平均气温	20.7	20.9	21.0	21.0	21.3	21.5	21.5
年平均最高气温	28.8	28.6	28.8	28.5	28.7	28.7	28.7
极端最高气温≥37℃年数	2	2	3	0	2	1	0
暖冬年份	0	1	1	1	2	2	1

资料来源：勐腊县气象站编纂：《勐腊县气象志》，内部资料，1996年，第36页。

其次，雾日逐渐减少也是近年来西双版纳州气候明显变化的现象之一。民国《镇越县志》记载："本县虽地居热带，惟山坝关系气候……森林茂密，地气潮湿，烟雾弥漫，无论高山、平原均在云雨笼海之中"[③]，尤其是在易武、曼腊等海拔较高地区，长年累月，大雾弥漫，雾也是西双版纳地区冬半年坝区和山谷地带最多的一种地方性气候现象，在昼夜温差大、夜间无云或少云的冬季有利于辐射冷却，春秋两季次之，夏季最少；以勐腊县为例，如表19所示，从昼夜有记录的1965年（在此之前并无夜间记录）开始统计，勐腊地区的年雾日是逐渐减少的，24年间减少了55

---

① 勐腊县水利局编著：《勐腊县水利志》，云南科技出版社2010年版，第88页。
② 勐腊县气象站编纂：《勐腊县气象志》，内部资料，1996年，第35页。
③ （近人）赵恩治修，单锐纂：《镇越县志》，成文出版社1938年。

天，1970 年以来，年雾日减少了 33 天，四季中雾日的变化，冬季属正常波动，以春季减少最多，达 20 天，占年雾日减少天数的 61%。[1] 雾日减少反映了冬季日照时间增加，从 20 世纪 60—80 年代，由于橡胶的大规模种植，导致热带雨林大面积破坏，近地面空气层和低空的饱和水汽压维持的时间缩短，雾气生成时间推迟，消散时间提前，空气相对干燥的时间增长，春旱现象愈加突出。

表 19   勐腊县平均雾日表

年份　　月份	12—2	3—5	6—8	9—11	全年
1965—1969	61	47	14	55	189
1970—1974	76	47	9	37	167
1975—1979	68	43	9	38	159
1980—1984	71	32	6	35	144
1985—1988	69	27	5	28	134
1970—1988 年雾日减少	——	20 天	4 天	9 天	33 天

资料来源：勐腊县气象站编纂：《勐腊县气象志》，内部资料，1996 年，第 38 页。

此外，橡胶开发区域与热带雨林区域是高度重合的，勐仑植物园位于三面环水的葫芦岛上，且植被保护较好，很少有植被破坏。然而，勐腊县县城四周的植被，自 20 世纪 60 年代以来逐渐被破坏，方圆十千米以上的大面积原始森林被砍伐殆尽，地面裸露或更植橡胶树，由表 20 可知，自 60 年代以来，勐腊升温 0.6℃、勐仑升温 0.4℃，即普遍性升温 0.4℃，局地植被破坏后增加的升温量为 0.2℃。[2]

表 20   1961—1985 年勐腊、勐仑年平均气温   单位：℃

地名　　年份	1961—1965	1966—1970	1971—1975	1976—1980	1981—1985
勐腊	20.9	21.0	21.0	21.3	21.5
勐仑	21.3	21.6	21.5	21.7	21.7

资料来源：勐腊县气象站编纂：《勐腊县气象志》，内部资料，1996 年，第 34 页。

---

[1] 勐腊县气象站编纂：《勐腊县气象志》，内部资料，1996 年，第 38 页。
[2] 勐腊县气象站编纂：《勐腊县气象志》，内部资料，1996 年，第 34 页。

（三）自然灾害程度加重

自西双版纳地区橡胶大规模种植之后，伴随而来的是各种自然灾害频发，这也是引种外来物种所带来的生态灾变之一，表明了橡胶对于非本土生态环境的适应能力较弱。虽然西双版纳地区比传统植胶区北缘高出 4－5 个纬度，但北面有青藏、云贵两大高原及众多山系形成天然屏障，阻挡了寒流南下的通道，而南面和西南面则毗邻东南亚平原和南亚平原，自太平洋和印度洋而来的湿热季风可以长驱而至。① 即使如此，低温寒害仍是影响西双版纳橡胶发展的重大限制因子之一。

西双版纳地区除山脊外的其他保留地段由于辐射降温强烈、冷空气沉积，遭受寒害较重，同时也是橡胶树病害比较严重的地段，这些区域并不适宜种植橡胶②。1986 年 3 月 1 日，勐养地区受西北部严重阴雨寒流袭击，出现了建场以来罕见的"倒春寒"，日均气温从 18℃降到 8℃，低于 10℃天气持续 16 天，使橡胶受到严重寒害；根据 4 月上旬普查，橡胶受害面积 7922.71 亩，停割 137407 株，预计损失干胶 86.774 吨，产值 494289.00 元，全场人均损失 208.92 元，占计划的 13%。③ 冰雹、大风对于橡胶树的影响也较为严重。如景洪橄榄坝农场在 1980 年 3 月 26 日至 4 月 2 日 8 天中，连续三次遭到严重的冰雹、大风危害，其中，3 月 27 日下午 5 时 21 分的 10 级大风，以 25m/s 的风速，伴着雷暴雨袭击该场，造成很大损失，该场七个分场 55 个橡胶队，有六个分场 41 个橡胶队不同程度受到风灾和冰雹灾害④。

病虫害是危害西双版纳橡胶树生长及产胶的最大限制因子之一，西双版纳橡胶发展中最为频发的病虫害包括季风性落叶病、割面条溃疡病、白粉病三大病害。

季风性落叶病在 7、8 月较为频发。以勐腊地区为例，7、8 月雨量偏多、湿度较大，形成了该病害暴发与流行的自然环境。1980 年 7 月至 8 月，勐腊地区发生季风性落叶病，据勐腊气象站资料，7 月降雨 413.4 毫

① 刘隆等主编：《西双版纳国土经济考察报告》，云南人民出版社 1990 年版，第 13 页。
② 王任智、李一鲲：《从橡胶林土壤水分平衡看植胶对生态平衡的影响》，《云南热作科技》1981 年第 3 期，第 13 页。
③ 国营勐养农场：《关于勐养农场橡胶遭受寒害的情况报告 场字（1986）3 号》，1986 年 4 月 17 日，档案号：2125－006－0500－010，云南省档案馆。
④ 西双版纳州农垦分局党委办公室：《橡胶农场遭到严重风灾 全场职工团结抗灾恢复生产》，1980 年 4 月 2 日，档案号：98－2－74，西双版纳州档案馆。

米，7 月 13 – 21 日出现连续 9 天日平均气温低于 29℃、相对湿度高于 80%、日降水量大于 2.6 毫米、日照少于 3 小时的天气过程①，充分具备了季风性落叶病流行的气候条件；7 月下旬割胶林地普遍发病和落叶，病情发展一直延续到 8 月下旬②。此次病害基本上使得勐腊地区所有割胶林地都有不同程度的受害，落叶量多在 10% 以下，有少数林地落叶 20% – 30%，个别林段落叶量可达 40% – 50%，据对二、三、六三个分场 17 个点 1724 株胶树的调查结果，单株发病率 5% – 100%，平均 73%；落叶 30% 以上病株占 0 – 70%，平均 13.6% 落叶量 5 以下 – 40%，平均 12.7%；病情因品系不同有明显差异，RRIM600、PB86 较重，PR107、GT1 较轻。③因此，橡胶品系的培育与优化是抵御病虫害的重要技术措施，也是进一步使橡胶实现本土化的重要途径，以更好地减少自然灾害的暴发。

割面条溃疡病主要是由于雨季高温多雨，极易构成有利于病害暴发和流行的环境条件。20 世纪 80 年代以前，西双版纳历史上发生过两次割面条溃疡病，第一次在 1971—1972 年，造成 40.73 万株停割，占当年开割株数的 14.58%，灾后又因整治处理不及时，多熟植株相继被小蠹虫危害，使这部分胶树几乎全部报废；第二次出现在 1979—1980 年冬春，23.9 万株因病害被迫停割，占当年开割株数的 8.1%，这两次病害大流行损失极为严重。④割面条溃疡病在勐腊农场于 1972 年、1973 年首次暴发流行，1979 年再次大流行，造成了发病率 25%，3 – 5 级病株达 3 万株以上（占 11.9%）的严重损失⑤，但此次发病并未引起重视，据对勐腊农场二、三、六三个分场 11 个点的调查结果：1980 年总发病率 27.5%；3 – 5 级病株占 6.9%，与农场普查数字相接近，其中重病的分场总发病率达 30% 以上；3 – 5 级病单病株占 10% 以上，个别重病树位发病率高达 100%；3 – 5 级病株占 86%。调查中看到一些重病区有不少胶树经 1979—1980 年病害病斑累累，

① 这种天气连续四天就会引起病害的发生和流行。

② 云南热作所：《1980 年勐腊农场橡胶季风性落叶病和割面条溃疡病调查报告》，1980 年 9 月 26 日，档案号：98 – 2 – 76，西双版纳州档案馆。

③ 云南热作所：《1980 年勐腊农场橡胶季风性落叶病和割面条溃疡病调查报告》，1980 年 9 月 26 日，档案号：98 – 2 – 76，西双版纳州档案馆。

④ 西双版纳农垦分局：《西双版纳垦区热带北缘植胶大面积高产综合技术》，1994 年 9 月 20 日，档案号：98 – 8 – 61，西双版纳州档案馆。

⑤ 云南热作所：《1980 年勐腊农场橡胶季风性落叶病和割面条溃疡病调查报告》，1980 年 9 月 26 日，档案号：98 – 2 – 76，西双版纳州档案馆。

割胶范围内已无好皮，完全丧失了经济价值；据农场普查两边割面都是 3－5 级的病树已达 1 万株以上，占总割胶树的 4％ 左右。[1]

橡胶白粉病的暴发与流行是气候因素（包括气温、雨量、湿度、光照等）以及地形条件综合作用的结果。1985 年春天以来，西双版纳全垦区橡胶树遭受了一场严重的白粉病危害，来势之猛，强度之大，受害面积之广，持续时间之长，灾情之重是空前未有的，据初步统计全垦区 639963 亩胶树 95％ 以上的受害[2]。此次白粉病危害程度与地形条件、树龄有密切关系，据各场汇报白粉病在不同的地形条件下受害程度不一，其特点是山顶重，丘陵瘠地重，山脉轻，凹坡地轻，阳坡重，阴坡轻，迎风坡坡重，背风坡轻[3]，充分说明了无序的橡胶种植在一定程度上加剧了橡胶白粉病的发病频率；此外新的环境条件下适合白粉病暴发，1985 年暴发的白粉病在新割胶林重，老割胶林地轻；白粉病的流行与气候因素关系密切，1985 年的白粉病与 3 月的倒春寒有关，3 月中旬出现了倒春寒现象后，病情有明显增重，景洪于 3 月 13 日开始降温，到 15 日平均温度降到 17.4℃，勐腊地区于 3 月 14 日降温至 16 日平均温度降到 14℃，勐捧地区也同时降温，日平均温度降到 15.1℃；降温严重影响了新叶的老化程度，使物候期有所延长，这阶段的旬平均气温均界于 19－28℃，属于白粉病菌的返程范围；此外，1985 年，白粉病盛发期适逢严重干旱，1 月是滴雨不降，2 月上中旬降零星小雨全月降水量只有 19.1 毫米，有利于白粉病菌的浸染，特别是三月只有 0.1 毫米，也基本上无雨，这正是喷药的关键时期，由于天气干旱药粉不易附着在叶片上，因而防治效果差，4 月虽然降水 76.7 毫米，其中 55.5 毫米是在下旬降的，因此 4 月下旬病情基本稳定。[4] 白粉病是垦区常见而危害较严重的叶部病害，自大面积植胶，至 1994 年，有过 14 次流行，其病害流行特点是：发病普遍、蔓延快、病害重，特别是在胶

---

① 云南热作所：《1980 年勐腊农场橡胶季风性落叶病和割面条溃疡病调查报告》，1980 年 9 月 26 日，档案号：98－2－76，西双版纳州档案馆。

② 西双版纳农垦分局：《西双版纳垦区橡胶白粉病流行防治情况报告》，1985 年 7 月 30 日，档案号：2125－009－0071－005，云南省档案馆。

③ 西双版纳农垦分局：《西双版纳垦区橡胶白粉病流行防治情况报告》，1985 年 7 月 30 日，档案号：2125－009－0071－005，云南省档案馆。

④ 西双版纳农垦分局：《西双版纳垦区橡胶白粉病流行防治情况报告》，1985 年 7 月 30 日，档案号：2125－009－0071－005，云南省档案馆。

叶抽叶期的 2－3 月遇低温阴雨天，有 3－5 天的阴天或小雨天气，绝对最高气温又偏低，胶叶物候延长的条件下，白粉病更易特重流行。①

此外，西双版纳垦区由于大部分胶园垦前植被多为撂荒地、次生杂木地，常见有红根病、褐根病和紫根病三种根部病害，其中红根病对橡胶危害尤为严重，如 1992 年，根据景洪、东风、勐腊、勐捧等七个农场开割胶园根病的普查，调查面积 41.65 万亩、832.92 万株，病株 3.64 万株，发病率 0.437%，死亡 2.66 万株，死亡率 0.22%，占病株的 73.09%，平均每亩因病死亡 0.1 株，其中以红根病为重，累计病率 0.34%，死亡率 0.26%，占病株的 76%；褐根病次之，累计病率 0.03%，死亡率 0.007%，占病株的 28%。②

橡胶大规模种植之后，自然灾害的暴发虽然与气候、地形等自然环境条件密切相关，但人为因素也在很大程度上加剧自然灾害程度，如对于自然灾害的普遍认识不足，尤其是病虫害以及基层技术力量薄弱、农药少等也是橡胶病虫害暴发严重的重要原因。

（四）水土流失加剧

随着橡胶种植区域的大规模发展，西双版纳地区的土地利用方式发生明显转变，原始森林覆盖率降低，使得雨季雨水对于土壤的冲刷更为严重，导致水土流失加剧。西双版纳橡胶多种植在丘陵山地，植胶的自然条件远不如世界传统植胶区，雨季降水强度较大，山高坡陡极易引起水土流失。如景洪农场，"橡胶林地绝大部分是 25°以上的丘陵坡地，植胶后几经间作，又随荫蔽度的增大，植被覆盖越来越差，原植胶带面外倾、塌方、水土冲刷流失严重，土壤肥力下降，理化性能恶化，胶树根裸露，势必影响胶树的长势和产胶。"③

橡胶对水土保持的功能和胶园的土壤肥力以及橡胶林所发挥的生态功能仅次于热带雨林，比次生杂木林和次生竹林均好；而且胶园水土保护的工程措施（梯田）和生物措施（覆盖作物），以及胶树的残落物对土壤的

---

① 西双版纳农垦分局：《西双版纳垦区热带北缘植胶大面积高产综合技术》，1994 年 9 月 20 日，档案号：98－8－61，西双版纳州档案馆。

② 西双版纳农垦分局：《西双版纳垦区热带北缘植胶大面积高产综合技术》，1994 年 9 月 20 日，档案号：98－8－61，西双版纳州档案馆。

③ 《加强割胶技术管理 努力提高经济效益》，1983 年，档案号：98－3－27，西双版纳州档案馆。

自肥，再加上人工培肥措施，可以保持胶园的土壤肥力①。但是，在橡胶生长的不同阶段，一旦抚育管理不当，则会造成严重的水土流失问题。橡胶林必须通过人为优化、营造橡胶生长环境才能保证其持续经营。

从橡胶定植到成龄郁闭，所需时间因气候与土壤条件优劣有所差异，较好的地方一般需要6年，较差的地方则需要7-8年；在幼林期间，由于原生森林被砍伐殆尽，导致地表裸露，加剧了水土流失的风险，即使部分保护带间作粮、豆、薯类作物，但由于在种植过程中不断翻耕土壤，作物收获之后约有半年的时间土壤裸露，导致土壤有机质减少、结构破坏且肥力降低，其涵养水分的能力也随之降低；在胶树成林郁闭后，不耐阴的豆科覆盖作物逐渐死亡，地面上除了枯枝落叶，仅余稀少的矮草和小灌木，为追求压青施肥，一部分人会在林下铲去草皮，从而造成地被破坏、土壤暴露、地表径流增大，片蚀和沟蚀极为严重，水平梯田被冲坏，肥力降低，树根裸露。② 由此说明了橡胶种植如不加以人为优化、改造胶园生态系统以及严格遵守《橡胶栽培技术规程》，必然会加剧水土流失。

第四节　21世纪以来西双版纳橡胶急速扩张的新自然环境

21世纪以来，受国际橡胶价格上涨、国家政策导向、经济利益驱动以及价值观念转变等因素影响，橡胶种植面积急速扩张，造成当地生态环境甚至社会文化发生剧烈变迁。

一　西双版纳橡胶急速扩张的自然环境

西双版纳位于中国西南边陲，地处北回归线以南，热带北部边缘，属热带湿润季风气候类型，由于境内各地地形复杂多样、海拔高度差异明显，致使各地气候类型千差万别，从海拔较低的河谷地带至海拔较高的山区，依海拔高低分别出现北热带、南亚热带、东南亚热带、北亚热带等数个山地垂直气候带类型，其中海拔800米以下的盆地、河谷为热带季风气

---

① 刘隆等主编：《西双版纳国土经济考察报告》，云南人民出版社1990年版，第200页。
② 王任智、李一鲲：《从橡胶林土壤水分平衡看植胶对生态平衡的影响》，《云南热作科技》1981年第3期，第13页。

候，海拔 800 米至 1500 米的地区为南亚热带季风气候，海拔 1500 米以上的山区为东南亚热带季风气候。① 西双版纳多样的气候类型以及复杂的地形特征为各种生物生存提供了优越的自然环境。

（一）气候条件

西双版纳地区河谷和平坝地带以北热带和南亚热带气候为主，纬度较低，北有哀牢山、无量山为屏障，阻挡南下的寒流，夏季受印度洋的西南季风和太平洋东南气流的影响，无飓风与台风之害，在低纬度、中海拔地理条件的综合影响下，受季风气候制约，形成了四季温差小、干湿季分明、垂直差异显著的低纬山地季风气候类型②。西双版纳的低纬、季风及山地气候特征为橡胶种植营造了独特的优良气候环境。

首先，四季温差小的低纬气候；西双版纳除河谷地带外，大部分地区夏无酷暑，最热月平均气温一般在 25℃ 左右，35℃ 以上高温天气出现日数较少，全州各地冬无严寒，最冷平均气温大多在 15℃ 左右，极少出现极端最低气温在 0℃ 以下的天数，一般将 ≤5℃ 视为是最低气温，既是低温寒害的最低标准，也是热带经济作物受害的临界温度，一般最低气温易出现在 1 月，如景洪地区 25 年资料中就有 5 年出现低于 5℃ 的灾害性天气。③ 其次，干湿季分明的季风气候；西双版纳南近海洋，北倚青藏高原，受东亚季风、西南季风、高原季风的综合影响，形成了冬干夏雨的季风气候；干季从 11 月至次年 4 月，其间受热带大陆气团控制，降水稀少，整个干季雨量仅占全年的 14% − 17%；雨季从 5 月至 10 月，受热带海洋气团控制，在暖湿气流的影响下，雨量集中，大暴雨天气多，雨季降水量占全年雨量的 83% − 86%，雨季中降水日数也多，一般占全年雨日数的 80% 以上。④ 此外，西双版纳境内地形地貌复杂多样，高低悬殊，气候垂直差异明显，"一年分四季，十里不同天"是最为常见的现象，这与地理位置、海拔高度和坡向坡度不同以及各地气温、降水、日照分布等差异密切相关，局部

---

① 西双版纳州气象局编纂：《西双版纳州气象志》，内部资料，2013 年，第 92 页。

② 西双版纳州气象局编纂：《西双版纳州气象志》，内部资料，2013 年，第 92 页。

③ 西双版纳州气象局：《景洪地区一月最低气温的几种天气形势》，1979 年，档案号：60 − 1 − 26，西双版纳傣州档案馆。

④ 西双版纳州气象局编纂：《西双版纳州气象志》，内部资料，2013 年，第 93 页。

小气候环境明显，随海拔高度变化，气候条件差异较大。[1]

从温度来看，西双版纳地区年平均气温在 18 – 22℃，全州最冷月均温 8.8 – 15.6℃，≥10℃的活动积温 5062 – 8000℃，海拔 800 米以下地区全年活动积温皆在 7500℃ 以上，长夏无冬，年日照时数 1800 – 2100 小时，季节分配较均匀，其气温年较差不大，日较差则较大，如最冷月与最热月温差只有 9.9℃，而日温差最大可达 27.3℃。[2] 景洪、勐腊、大勐龙年平均温度均在 10℃ 以上[3]，而勐海因海拔较高而气温明显低于这些地区，正因如此，景洪、勐腊、大勐龙因冬季温度较高，热带作物越冬条件好，尤其是对橡胶种植极为有益。

从降水量来看，根据 2013 年降水量数据，西双版纳州年平均降水量 1770.8 毫米，折合年降水总量 336.35 亿立方米；从年降水量来看，勐腊县年降水量最大，为 130.08 亿立方米，占全州降水总量的 38.7%；景洪市年降水量 120.01 亿立方米，占全州降水总量的 35.7%；勐海县年降水量最小，为 86.26 亿立方米，占全州降水总量的 25.6%。2013 年全州降水量总体分布趋势与历年基本一致，空间分布极不均匀，表现为山区大于坝区河谷，年降水量变化在 120 – 2500 毫米，降水量高值区主要分布在西双版纳州南部及勐腊县大部分地区，年降水量在 2000 – 2500 毫米，低值区主要在景洪市中部及勐海县大部分地区，年降水量在 1200 – 1600 毫米。[4]

从光照来看，雾日是影响农作物、经济作物的重要气候要素。西双版纳自古以来便是一个多雾之地，尤其是冬半年（从 12 月至次年 3 月），河谷地带、山间坝区经常大雾弥漫，其雾日之多、雾时之长、浓度之大十分罕见。根据 1954 年至 2011 年西双版纳各气象站检监测资料显示，全州多年平均雾日勐腊最多，为 130 天，景洪最少，为 86.9 天，勐海、大勐龙居中，分别为 120 天和 124 天；全州的雾多是辐射雾，且有 80% 以上集中在冬半年，尤其是 12 月和 1 月两个月多雾，多年月平均雾日 18 – 23 天，有雾日的持续时间为 5 – 7 小时；从 20 世纪 50 年代以来，景洪、勐腊、勐海雾日减少趋势明显，且冬半年各月总雾日和总降雾量也在逐年减少，城镇

① 西双版纳州气象局编纂：《西双版纳州气象志》，内部资料，2013 年，第 93 页。
② 资料参见《西双版纳傣族自治州资源环境承载力评价》，2017 年。
③ 西双版纳州气象局编纂：《西双版纳州气象志》，内部资料，2013 年，第 96 页。
④ 资料参见《西双版纳傣族自治州资源环境承载力评价》，2017 年。

较农村雾日减少更为明显。①

（二）地形地貌

西双版纳地处云贵高原西南边缘，在大地构造上处于印度板块和欧亚板块之间，两板块结合线为哀牢山，地形较为复杂，高山、河谷、丘陵、盆地（坝子）相互交错，全州地势北高南低、东北部和西北部较高、中部较低②。西双版纳全境山脉或山地 94.52% 属海拔 1000—2000 米中山，5.48% 属海拔 1000 米以下低山或丘陵，主要山脉的分水岭间谷地宽阔，连成珠状分布③。从山地面积高程来分，如图 4 所示，1000—1400 米高程的地区占全境山地总面积 42%，2000 米高程以上地区占总面积的 0.4%；坝子面积以高程分，则位于 800 米以下高程的坝子面积为 77 万亩，占全州坝子总面积的 54.5%，位于 800—1000 米高程的坝子，面积为 15 万米，占全州坝子总面积的 10.6%，位于 1000—2000 米的坝子面积 47 万亩，占全州坝子总面积的 33.4%。④

从坡度来看，西双版纳全州坡度在 8° 以下，坡度是地表单元陡缓的程度，地面坡度越大、地形过于破碎、切割密度越大，同时，坡度较大的地方，地质灾害易发性越大，虽然可以通过采取工程措施的方法得以改善，但投入成本大，且对区域范围内的生态环境会造成较大影响，破坏生态的平衡性；西双版纳地区土地资源坡度分为 4 级，其中，坡度小于等于 8 西双版纳全州坡度在 8 的土地资源面积为 447433.61 公顷，占比 23.43%；8 – 15°土地资源面积为 578024.45 公顷，占比 30.27%；15 – 25°间的土地资源面积 708308.39 公顷，占比 37.09%；坡度大于 25°的土地资源面积 175838.17 公顷，占比 9.21%。⑤

西双版纳境内有许多山顶平坦的地貌，最高点是勐海县勐宋乡的滑竹梁子，海拔 2429 米；全州最低点是澜沧江与南腊河的汇合处，海拔 477 米；多数地区的海拔在 1500 米以下，地形结构是四周高、中间低，山地

---

① 西双版纳州气象局编纂：《西双版纳州气象志》，内部资料，2013 年，第 100 页。
② 西双版纳傣族自治州水利局编：《西双版纳傣族自治州水利志》，云南科技出版社 2012 年版，第 19 页。
③ 资料参见《西双版纳傣族自治州资源环境承载力评价》，2017 年。
④ 西双版纳州地方志办公室编纂：《西双版纳州志·上册》，新华出版社 2001 年版，第 168 页。
⑤ 资料参见《西双版纳傣族自治州资源环境承载力评价》，2017 年。

面积约为 1.8 万平方千米，占全州总面积的 95.1%；山与山之间分布着 49 个盆地，面积为 978 平方千米，占全州总面积的 4.9%；其中，勐遮盆地最大，面积为 153 平方千米；勐腊县、景洪市全州的盆地，海拔在 500—700 米；勐海县全州的盆地，海拔在 1100 米左右。[①] 20 世纪七八十年代以来，随着人口过度增长、山地大规模开发，橡胶作为重要热带经济作物的引入，导致生态系统失衡，造成地质灾害时有发生，尤以滑坡、泥石流、塌方最为显著，对于当地人类生命财产和社会经济发展造成重大影响。

（三）土壤条件

西双版纳境内土壤质地主要受母岩层母质层的影响，如砂砾岩、花岗岩形成沙质类土壤，页岩、泥岩等岩层形成黏质类土壤，砂质泥岩、互层砂岩与页岩形成壤质土壤；土壤质地指土壤中不同大小直径的矿物颗粒的组合状况，与土壤通气、保肥、保水状况及耕地难易程度有密切关系，是土壤的一种十分稳定的自然属性。[②] 如图 7 所示，西双版纳州土壤质地主要有壤土、砂质土、黏质土；砂质土抗旱能力弱，易漏水漏肥，因此土壤养分少、保肥性能弱；黏质土含土壤养分丰富，有机质含量较高，不易被雨水和灌溉水淋失；壤土兼有砂土和黏土的优点，是较理想的土壤，耕地性优良[③]。

西双版纳境内的土壤酸碱度受母岩层母质层的影响，如富含碳酸钙的岩石、基性岩衍生的土壤易呈碱性，富含硫化物的岩石形成的土壤易呈酸性；从土壤酸碱度来看，土壤酸碱度包括酸性强度和酸度数量两个方面，或称活性酸度和潜在酸度，土壤酸碱度对土壤肥力及植物生长、养分的有效性等影响很大；西双版纳州土壤共有 9 个土类，18 个亚类，55 土属，120 个土种，地带性土壤由海拔由低至高主要分布有砖红壤、赤红壤、山地红壤、黄壤、黄棕壤五个大类，全州土壤 pH 值介于 4.5 – 6.5 之间，主要呈酸性。[④]

[①] 此部分资料为西双版纳州档案馆史志办李国云老师提供。
[②] 资料参见《西双版纳傣族自治州资源环境承载力评价》，2017 年。
[③] 资料参见《西双版纳傣族自治州资源环境承载力评价》，2017 年。
[④] 资料参见《西双版纳傣族自治州资源环境承载力评价》，2017 年。

（四）动植物资源

西双版纳生态系统丰富多样，森林生态系统、河流生态系统、湿地生态系统、灌丛生态系统等自然生态系统为生物多样性提供了优越的自然环境条件，有"动物王国""植物王国"的美誉。

从植被类型而言，西双版纳植被类型主要包括原生植被、次生植被、人工植被三种。原生植被分为东南亚热带雨林（印度－马来西亚雨林群系）北缘类型和南亚热带常绿阔叶类型，其中东亚热带雨林北缘类型分为热带雨林和热带季雨林，南亚热带常绿阔叶林类型又分为季风常绿阔叶林和南亚热带针叶阔叶混交林、针叶林。① 热带雨林分为三种亚类型，即湿润雨林、热带季节性雨林和热带山地雨林，湿润雨林分布在海拔 700－1100 米的勐腊县补蚌、景飘、纳里一带，热带季节性雨林可以分为湿性季节雨林和干性季节雨林，湿性季节性雨林（也称沟谷雨林），分布在海拔800 米以下河谷盆地附近的阶地，低中山的阴湿沟谷两侧坡面下部，谷底终年有流水，主要分布在勐腊、景洪、勐罕；干性季节性雨林（也称低丘雨林），分布于河谷盆地两侧的阶地、丘陵及低丘的下部，西双版纳各少数民族保护的水源林、风景林、"竜山""神山""坟山"也属于这一类；热带山地雨林（也称热带雨林），分布在山地植被垂直带上，海拔 800－1000 米；热带季雨林分为石灰岩山地雨林和河岸雨林，石灰岩山地雨林以勐腊县勐仑地区为分布中心，向北和东北延伸到象明、易武，向西北从基诺山直到勐养；河岸雨林（也称河谷季雨林），分布于补远江上游南木河、勐养河、南因河等河流两岸；山地季风常绿阔叶林分布于受季风影响的热带山地上，海拔 1000 米以上山地垂直地带的干燥地段，勐海分布面积较大，勐腊、景洪部分山地也有分布，随着山地海拔升高，亚热带成分逐渐增加而热带成分逐渐减少；南亚热带常绿阔叶林和针阔混交林分布于勐养、曼稿、尚勇等局部地区海拔1000—1400 米的中山山地上，以勐养为分布中心，为热带山地季风常绿阔叶林向思茅松林过渡的镶嵌地带。② 次生植被分为灌木林和热带山地稀树高草地类型，因热带雨林和亚热带雨林植被被破坏后极难恢复，往往被灌木林和荒草所代替，而原生植被被破坏

---

① 西双版纳州地方志办公室编纂：《西双版纳州志·上册》，新华出版社 2001 年版，第 202 页。
② 西双版纳州地方志办公室编纂：《西双版纳州志·上册》，新华出版社 2001 年版，第 202 页。

后，由于气候湿热多雨，一年生或多年生草本植物生长迅速，很快占据土地，如飞机草与紫茎泽兰亚类、棕叶芦高草稀树草地亚类、茅草稀树草地亚类在热带雨林被破坏后迅速蔓延，很快取代原有植被，使得当地既无法放牧，也无法再生长乔木，造成严重的生物入侵，破坏当地生态系统。① 人工植被主要是橡胶、茶树、热带水果、热带植物等。21世纪以来，橡胶种植面积的急速扩张逐渐侵蚀原始森林，尤其是热带雨林面积锐减，生物多样性减少，生物灾害频繁。

从动物资源来看，西双版纳是我国小区域单位面积上动物种类最多的地区之一，优越的气候环境以及茂密的热带雨林为各种野生动物提供了生长繁殖的良好条件，全州动物种群有多孔动物、刺胞动物、扁形动物、轮形动物、棘头动物、线虫动物、线形动物、软体动物、环节动物、节肢动物和脊椎动物等十多个门类，全州被列为世界性保护动物的有亚洲象、兀鹫、白腹黑啄木鸟、金钱豹、印支虎（又称勐腊虎、孟加拉虎）、灰叶猴、白颊长臂猿、狼、黑熊、水獭、斑林狸、金猫、云豹、鬣羚、黑颈长尾雉、双角犀鸟、穿山甲、豹、小熊猫、小爪水獭、豹猫、丛林猫、巨松鼠、孔雀雉、绿孔雀、蟒26种。② 21世纪以来，随着西双版纳州人口增加，现有土地承载力已无法满足产业经济发展需求，野生动物的生存空间被侵占，人与动物之间的矛盾日益凸显，尤以象灾最为严重，多有野象走出保护区觅食、踩踏庄稼甚至伤人事件发生。

二 西双版纳橡胶急速扩张后的生态变迁

21世纪以来，随着民营橡胶的迅速发展，橡胶种植面积急速扩张，为追求经济利益最大化，人们在能种植橡胶的地方都种植了橡胶，高海拔、陡坡度甚至是有些村寨周边的水源林、风景林也种植上橡胶，加剧了当地生态环境的恶化。当前，最为凸显的生态环境变迁主要体现在群落结构单一化、生物多样性减少、土壤肥力及保水性变差、自然灾害日趋严重等。

（一）群落结构及物种趋于单一

西双版纳地处热带北缘，位于印度－缅甸生物多样性热点区域内，这

---

① 西双版纳州地方志办公室编纂：《西双版纳州志·上册》，新华出版社2001年版，第202页。
② 西双版纳州地方志办公室编纂：《西双版纳州志·上册》，新华出版社2001年版，第220页。

主要是由于其年平均温度和降水量较高，为植物的良好生长发育提供了较为适宜的水热条件①。西双版纳生物物种具有丰富性及特有性的特点，是我国生物物种最为丰富的地区，各类群的物种数均接近或超过全国一半，物种总数中的30%以上动植物类群为新分类类群，尤其是特有物种现象十分突出，植物区系地理成分构成复杂，植物特有属和特有种相对集中，其中有不少种类是云南植被有关类型的建群种、优势种或者标志种②。西双版纳山地雨林群落维管束植物物种为99—181种，其中乔木物种为56—137种，灌木物种为5—9种，草本物种为12—21种，藤本物种为2—15种，蕨类物种为3—8种③。

然而，西双版纳地区橡胶急速扩张之后，天然森林覆盖率从20世纪70年代的70%左右降低到2000年的50%④，单一的人工橡胶林代替了物种丰富的原始森林，致使橡胶林占据了热带雨林的生存空间，热带雨林面积逐渐缩小，原本复杂的热带雨林生态系统逐渐转变为单一的人工生态系统，新的人工橡胶林群落层次结构单一。物种丰富、群落结构复杂的热带雨林被单一的橡胶林替代后，不仅造成了本地区生物多样性的流失，也减少了该区域森林生物量及碳贮量，从而影响该区域的碳循环过程⑤。热带雨林被破坏之后，原始生态系统便难以恢复，群落结构趋于单一化，生物多样性逐渐减少。

一方面，森林群落结构趋于单一化。群落垂直结构越复杂，表明动物、微生物的种类就越多，从森林群落的垂直结构来看从上往下可依次划分为乔木层、灌木层、草本层、地被层等，热带雨林的垂直结构就比亚热带常绿阔叶林、温带落叶阔叶林和寒温带针叶林的群落结构要复杂得多，

---

① 唐建维、庞家平、陈明勇等：《西双版纳橡胶林的生物量及其模型》，《生态学杂志》2009年第28卷第10期，第1947页。

② 资料参见《西双版纳傣族自治州资源环境承载力评价》，2017年。

③ 李宗善、唐建维、郑征等：《西双版纳热带山地雨林的植物多样性研究》，《植物生态学报》2004年第6期，第836页。

④ Huafang Chen，Zhuang‐Fang Yi，Dietrich Schmidt‐Vogt，Antje Ahrends，Philip Beckschäfer，Christoph Kleinn，Sailesh Ranjitkar，Jianchu Xu. *Pushing the Limits：The Pattern and Dynamics of Rubber Monoculture Expansion in Xishuangbanna，SW China.* https：//doi. org/10. 1371/journal. pone. 0150062（2016‐02‐23）.

⑤ 唐建维、庞家平、陈明勇等：《西双版纳橡胶林的生物量及其模型》，《生态学杂志》2009年第28卷第10期，第1947页。

而人为种植的橡胶纯林只有乔木层一种群落结构，优势树种也仅有橡胶树一种，垂直结构简单，没有明显分层现象。①

  另一方面，生物多样性逐渐减少。单一种植的人工橡胶林属于经营作业，林内物种较为单一，远不如热带雨林物种丰富，如热带雨林中的生物量随海拔高度的降低逐渐增加，变动在 $311.16 - 381.46t \cdot hm^{-2}$，而不同龄级的橡胶林生物量变动较大，其中 8—9 年生的橡胶林由于处于幼龄林水平，生物量仅有 $19.69t \cdot hm^{-2}$，而 20 年生和 30 年生橡胶林的生物量分别为 $251.58t \cdot hm^{-2}$ 和 $270.79t \cdot hm^{-2}$，可见，橡胶林中的生物量低于热带雨林生物量，略高于次生林生物量。② 在橡胶成林之后，林下植被都要进行清除，而且幼龄期间种植的不耐阴的覆盖作物也无法生长，造成生物多样性严重破坏。由于人工林所发挥的主要是经济价值，人工林中随着人为活动量增加，严重影响了动物生存和迁徙，人工橡胶林与天然林相较，单一橡胶林内的鸟类、哺乳类等明显减少，主要是由于橡胶林中植物种类较少，使昆虫及微小动物活动和存在较少，从而影响了鸟类及大型动物的觅食。③ 而且由于人工橡胶林物种单一，且株与株之间的空隙较大，地面裸露，不利于大型动物的遮蔽与隐藏，进一步妨碍了动物的迁徙，进而影响了物种之间的基因交流与繁殖。

  此外，通过观察橡胶林中的植被类型进一步证明橡胶纯林群落结构简单，虽然生物量高于次生林，但物种丰富度降低。橡胶林替代热带雨林之后，林下代表性植被类型主要包括弓果黍、棕叶芦、白茅、棕叶狗尾草等禾草科植物，飞机草、胜红蓟、革命菜等菊科草本植物以及狭眼凤尾蕨、毛蕨、柳叶海金沙等蕨类植物，大戟科、樟科等科属植物种数不多，但较为常见且有一定数量。④ 西双版纳橡胶林林下植被随着胶龄的增长是呈下降趋势的，尤其是从幼龄到中幼龄阶段，橡胶树不断与林地植被争夺所需

---

  ① 鲍雅静、李政海、马云花等：《橡胶种植对纳板河流域热带雨林生态系统的影响》，《生态环境》2008 年第 2 期，第 737 页。

  ② 鲍雅静、李政海、马云花等：《橡胶种植对纳板河流域热带雨林生态系统的影响》，《生态环境》2008 年第 2 期，第 737 页。

  ③ 周宗、胡绍云：《橡胶产业对西双版纳生态环境影响初探》，《环境科学导刊》2008 年第 3 期，第 74 页。

  ④ 周会平、岩香甩、张海东等：《西双版纳橡胶林下植被多样性调查研究》，《热带作物学报》2012 年第 33 卷第 8 期，第 1448 页。

的水分、养分、光照等因子，橡胶树在与其他物种的竞争中具有绝对优势，在橡胶林林分郁闭后，林下喜阴植物有所增加，阳性植物相对减少，植被高度及覆盖度也明显降低，直至橡胶林逐渐进入成熟期，林内环境变化开始放缓，林下植被结构基本定型，多样性变化趋小，其中植物类型主要为不足1米高的浅根系草本植物以及少量小灌木，这些植被截持雨水、涵养水分、固土保土、促进养分循环的作用较小，导致橡胶林中生物多样性减少、水土保持能力下降、土壤养分降低以及水土流失加剧。[1]

（二）土壤肥力下降及保水性变差

21世纪以来，西双版纳地区橡胶种植区域已扩展到了海拔1100米以上的高海拔区域[2]，其中遭到严重破坏的是海拔800米以下的热带雨林，自20世纪70年代到2007年共丧失了约14万hm^2[3]。橡胶林所营造的次生环境与原生环境不同，使得立地条件发生改变，即森林形成和发育的各种自然环境因子改变，土壤肥力也相应地发生变化，致使土壤养分状况变劣，保水性降低，进一步造成水土流失等负面生态效应，较之于原生森林，由于橡胶林中人为干预强度较大，常常开展等高耕作和松土、锄草、施肥等抚育管理活动，土壤剖面受到扰动，表层土壤与底层土壤改变，引起土壤碳排放和积累平衡的急剧变化，[4] 从而使得土壤养分变劣、肥力降低。

从土壤的保水能力来看，热带雨林和人工橡胶林两种林型相较，人工橡胶林下土壤的实际斥水性明显高于热带雨林，而其土壤潜在斥水性则显著地低于热带雨林；温度可以明显地改变土壤斥水性强度，但其对两种林型下土壤斥水性的影响基本相同；热带雨林和人工橡胶林的土壤斥水性在干季（11月至次年4月）无显著差异，在雨季（5－10月）则差异显著。[5] 由于橡胶林中林间空隙大，涵养水分能力较低，进而导致西双版纳

---

① 周会平、岩香甩、张海东等：《西双版纳橡胶林下植被多样性调查研究》，《热带作物学报》2012年第33卷第8期，第1447页。

② 即当地村民所提到的水源林区域。

③ 卢洪健、李金涛、刘文杰：《西双版纳橡胶林枯落物的持水性能与截留特征》，《南京林业大学学报》2011年第35卷第4期，第28页。

④ 沙丽清：《西双版纳热带季节雨林、橡胶林及水稻田生态系统碳储量和土壤碳排放研究》，硕士论文，中国科学院研究生院（西双版纳热带植物园），2008年，第64页。

⑤ 李金涛：《西双版纳热带雨林和橡胶林林下土壤斥水性比较研究》，《中国地理学会地理学核心问题与主线——中国地理学会2011年学术年会暨中国科学院新疆生态与地理研究所建所五十年庆典论文摘要集》，中国地理学会，2011年，第47页。

地区河流流量降低，增加了土壤侵蚀，河流的泥沙量也随之增加①。从水土流失量来看，橡胶林的水流失量是同面积天然热带雨林的 3 倍，土流失量则是同面积热带雨林的 53 倍②。

从橡胶林枯落物的储量、持水性能以及截留降雨特征来看，土壤的保水能力。首先，橡胶林中的枯落物有利于保持森林水分平衡与土壤发育，随着 20 年生中龄林向 40 年生老龄林转变，橡胶林枯落物储量显著减少，由于橡胶林林分过于单一，加之频繁的人为活动干扰，进一步加快了枯落物分解的速度，导致枯落物储量偏低和时空异质性较大，特别是雨季中后期，橡胶林枯落物处于分解程度高和储量低的状态，其储水能力和截留能力都被削弱。③

因橡胶林多数并不具备灌溉条件，其所吸收的水分全部来自土壤，而土壤水分则多来自降水，在降雨量为 1459.4 毫米的情况下，雨林下地表径流为 6.57 毫米，橡胶林下为 18.65 毫米，橡胶茶间作林下为 13.5 毫米，农用地为 162.78 毫米，橡胶林下为雨林的 2.8 倍，其绝对值仅占降雨的 1.28%，因此，随着植被层次增加，径流量逐渐减少，土壤冲刷量与热带雨林相差千余倍，雨林中径流量小，而且冠丛厚度大，林下藤蔓及杂草茂密，其截留量远远超过橡胶林的雨水截留量。④

（三）自然灾害持续爆发

随着橡胶的急速扩张，原生生态系统被破坏，橡胶林代替了原生植被，导致了生境的单一化，加剧了生态灾害的暴发，更是引发了新的灾害种类的出现。而且人工橡胶林作为单一经济林在抵御生态灾害面前是完全无能为力的，西双版纳地区随着橡胶的大规模种植引发的自然灾害主要为病虫害及地质灾害。

单一人工橡胶林的大规模种植完全取代了复杂的热带雨林生态系统，在很大程度上增加了生态灾害暴发的可能性，削弱了天然森林本身对于灾

---

① Qiu J. *Where the rubber meets the garden*. Nature，2009，p. 457.

② 周宗、胡绍云、谭应中：《西双版纳大面积橡胶种植与生态环境影响》，《云南环境科学》2006 年第 S1 期，第 68 页。

③ 卢洪健、李金涛、刘文杰：《西双版纳橡胶林枯落物的持水性能与截留特征》，《南京林业大学学报》2011 年第 35 卷第 4 期，第 68 页。

④ 卢洪健、李金涛、刘文杰：《西双版纳橡胶林枯落物的持水性能与截留特征》，《南京林业大学学报》2011 年第 35 卷第 4 期，第 69 页。

害的抵抗能力，一旦病虫害暴发，可能导致橡胶大面积受害。病虫害是影响橡胶生长及产量最为严重的生物灾害之一。由于橡胶树为纯林群落，一旦发生病虫害则大面积暴发和流行的风险极大，尤其是橡胶白粉病、蚧壳虫病等频繁发生。如橡胶蚧壳虫病是 21 世纪以来出现的一种新虫害，于 2002 年 2 月在勐捧镇首次发现，至 2004 年在西双版纳州国营及民营橡胶林地大面积暴发和流行，危害面积达 1.3 万 hm²，遭受虫害的橡胶树枝叶上密布着龟壳状腊质蚧壳，叶片逐渐发黄、萎缩、干枯、死亡，进一步导致煤烟病发生，严重影响橡胶树的正常生长及其产胶量，而且此种虫害并未见其他国内其他橡胶产区有所报道，目前也并未有较好的防治措施。①

此外，随着橡胶林的单一化、无序化、大规模扩张，部分民众为了追求经济利益最大化在超海拔、超坡度、超宜胶地规划范围的"三超"区域内种植橡胶，忽视橡胶带来的负面生态效应，从而导致原生生态系统失衡、生态功能退化，破坏了原生植被水源涵养及调节水分平衡的功能，进一步导致近年来地质灾害持续增加，在单点暴雨的冲击下，易引发次生灾害，如山洪暴发、山体塌方、水土流失等地质灾害频发。② 地质灾害以滑坡、塌方尤多。根据《云南省西双版纳傣族自治州地质灾害防治规划（2011—2020 年）》，西双版纳州地质灾害有 1 个高易发区、7 个中易发区、1 个低易发区、7 个不易发区③。地质灾害低易发区与橡胶种植区域部分重合，橡胶林主要集中分布于景洪市东南部和勐腊县西部区域，同时在勐海县西部坝区有较小范围的零星散落分布④。地质灾害中、低易发区涉及勐海县东部地区，景洪市东南部、勐腊县西部，危害对象包括村寨、公路、耕地等；从地质环境条件来看，部分地区地形较陡、分布的地层岩性为泥岩，粉砂质泥岩，随着人类不合理的经济活动的加剧，滑坡、塌方、塌陷等地质灾害发生频繁，除橡胶的大面积种植以外，如自然植被的破坏、电

① 管志斌、陈勇、雷建林、潘育文：《西双版纳州橡胶蚧壳虫大面积暴发》，《植物保护》2005 年第 1 期，第 92 页。
② 周宗、胡绍云：《橡胶产业对西双版纳生态环境影响初探》，《环境科学导刊》2008 年第 3 期，第 68 页。
③ 寇卫利：《基于多源遥感的橡胶林时空演变研究》，博士论文，昆明理工大学，2015 年，第 104 页。
④ 寇卫利：《基于多源遥感的橡胶林时空演变研究》，博士论文，昆明理工大学，2015 年，第 104 页。

站的修建、不合理的挖沙、取土、陡坡耕作等进一步加剧了局部地带出现人为地质灾害。①

20 世纪 50 年代以来，在跨文化扩张背景下，橡胶作为一种极其珍贵的战略物资，在国家政策的主导下进行大规模的引种及发展。从最初西双版纳橡胶引种及发展的自然环境来看，人们在选择橡胶这一环境适应性较差的外来物种时，就已经充分考虑到橡胶与当地环境之间的复杂关系，再行选择橡胶的种植区域、面积及范围，在适宜的区域内进行合理开垦种植。但随着橡胶资源价值地位的提升，人们为追求经济利益的最大化，不断突破环境极限，更是试图改变橡胶的生物特性，使得人与自然之间的矛盾日渐突出，这一矛盾背后更多的是人类在其中发挥着主要作用，包括政治需求、经济发展、外交需要、技术进步、观念转变等综合性因素，需要进行深刻反思。

---

① 资料参见《西双版纳傣族自治州资源环境承载力评价》，2017 年。

第五章 资源开发与兴边富民：20 世纪以来 西双版纳橡胶引种及发展的动因

西双版纳橡胶引种及发展的人为原因受到多重因素的综合作用，主要是政治力量和经济利益合力推动下的结果，后者又发挥着主要作用①。但是由于时代背景的差异，不同时期推动与影响橡胶引种及发展的原因有主次之分，而且主导性因素往往并非唯一因素，在政治因素发挥主导作用时，经济因素也或多或少发挥着推动作用，经济因素作为主导因素时，政治因素也起着一定作用。

从宏观因素来看，国际局势、政策制度、市场经济一直是影响橡胶种植规模变迁的固定因素。此外，前一章所谈及的西双版纳橡胶种植规模变迁的自然因素的历史考察中，橡胶本身的生态及生理适应性变化不是很明显，不仅是自然环境变迁中橡胶适应了当地的生态环境，而更多是人为通过改良橡胶品种、提高农业技术创造了橡胶大规模发展的外在条件，这也反映了人为因素是橡胶大规模引种及发展过程中的主导因素。

从微观因素来看，可以将政治、经济等方面因素进行细化分析，不同时期不同因素所发挥的作用是存在区别的，20 世纪 50—70 年代橡胶的规模种植及发展，是政策主导下的一种行为。而 20 世纪 80 年代之后，随着家庭联产承包责任制的推广以及市场化的深入发展、民营橡胶的迅速发展，政策导向以及市场经济逐渐成为影响橡胶大规模发展的双重因素。进入 21 世纪以来，随着经济全球化的发展，市场经济成为橡胶急速扩张及小规模减少的主导性因素，随着橡胶市场价格的上涨，经济利益最大化逐

---

① 吴振南：《生态人类学视野中的西双版纳橡胶经济》，《广西民族研究》2012 年第 1 期，第 141 页。

渐成为人们的主要目标，而橡胶种植的直接利益相关主体，即橡胶种植户，则逐渐成为影响橡胶种植面积变化的重要因素之一，可以说，橡胶种植面积与橡胶种植户的态度及行为是呈正相关的。

第一节　20世纪50年代前西双版纳橡胶引种的动因

西双版纳地区作为滇南极边之要地，热带资源极为丰富，但素为"瘴疟之地"，长期以来"蚊虫为虐，疾病丛生……汉人来往边地经商，恒在干季期间，通常必待霜降始往，清明而返"①，只因此地"烟瘴剧烈，汉族不能久居"②，这成为边疆民族地区社会经济发展的一大障碍，但"瘴气"作为一道自然屏障在很大程度上削弱了中央政府的管控能力，"甚至成为边地分离势力威胁中原王朝的武器"③。直至民国时期，国民政府逐渐加强对西双版纳地区的开发，民国元年（1912），柯树勋提出《治边十二条陈》，主张渐进式的"改土归流"，暂不废除土司，削弱了土司的权力④，并通过移民垦殖、发展实业、改善医疗卫生条件及交通条件等进行初步开发，尤其是移民垦荒以及大力推广经济作物种植，且国民政府极为鼓励暹罗华侨投资实业，这为橡胶的引种奠定了重要基础。

一　移民垦荒：边疆民族地区农业经济发展的需要

西双版纳境内气候温和、土地肥沃、自然资源丰富，但是地广人稀，"平均每方里得不够两个人口"⑤，荒地甚多，开发程度较低。晚清时期，西方帝国主义开始觊觎我国边疆民族地区的热带资源。清光绪三十四年（1908）以后，景洪、勐海、勐遮年产八九万斤樟脑，年产六七万斤紫梗，皆被帝国主义全部或部分套购而去；该地更是普洱茶的重要产区，自英国占领缅甸后，则被英国所垄断，普洱茶在勐海茶厂或茶庄加工后，用马驮

---

① 严德一：《普思沿边——云南新定垦殖区》，《地理学报》1939年，第36页。

② （近人）柯树勋编撰：《普思沿边志略》，普思边行总局出版社1916年版，自序。

③ 林超民：《〈清代云南瘴气与生态变迁研究〉序言》，载于周琼《清代云南瘴气与生态变迁研究》，中国社会科学出版2007年版。

④ 凌永忠：《论民国时期边疆管控强化过程中的普思沿边政区改革》，《中国边疆史地研究》2014年第24卷第4期，第92页。

⑤ （近人）李拂一：《车里》，商务印书馆1933年版，第4页。

经打洛到英国占领的景栋卖与英商，英商则改用汽车运至仰光，再海运至印度的加尔各答和噶伦堡，然后转运我国西藏，极大地损害了边疆民族地区民众的经济利益以及边疆与内地之间的经济联系①。自滇越铁路筑成后，英法两国对于西双版纳的热带资源更是虎视眈眈，边疆危机加重。

辛亥革命后，民国政府开始组织政策性移民。民国二年（1913），西双版纳设普思沿边行政总局，大力招徕商户、开垦土地，玉溪、普洱等地汉人迁入，大规模开垦土地，种植茶叶；至民国三十三年（1944），就十二版纳而言，全人口仅18万余，而待垦荒地则达468万亩，根据国民政府开发计划，可移垦100万人口，其中包括邻近地区的汉人、华侨、难民、退役军人等②。此项方案，使得民国时期西双版纳地区自然资源得到规模开发，如表21所示，从荒地所种植作物来看，绝大多数属于林地种植的作物，如茶、桐、樟、咖啡、金鸡纳等。

民国三十五年（1946），官方鼓励其他地区的无土地或贫民移垦，并有相应的奖励政策，"内地各县如会泽、宣威、曲靖、陆良、沾益、大姚、姚安、镇南、牟定等县，佃农或贫民，均富有向外开发性，应奖励移垦，或由政府分饬各该县调查贷款迁移，以资救济瘠土，平民而利开发，否则人烟稀少，终乏人垦殖"。③ 民国三十八年（1949），移民农业人口5000户到车里县勐宽坝，该区气候温暖、土质肥沃、水利畅通，距离车里县城仅有两站，由佛海出国亦仅一日，生产为外销极其便利，交通亦便捷，稻作可一年二熟，竹木颇多，并分配给耕地、林地、牧地，其中林地选择一部分山林进行砍伐，改为种植经济林木，油桐4000亩、茶树1000亩、桑和樟脑1000亩、果树500亩、蓖麻500亩④。从表21、表22、表23可知，民国二十八年（1939）车里县种植作物以稻为主，其他农作物、经济作物所占比重较小；与民国三十三年（1944）种植作物相较，经济作物的

---

① 赵建忠：《近现代西双版纳傣族经济政治研究（1840—1949）》，博士学位论文，中央民族大学，2003年，第11页。

② 云南省档案馆：《民国时期西南边疆档案资料汇编·云南卷》第十六卷，《云南省民政厅边疆行政设计委员会拟制〈思普沿边开发方案〉（1944）》，社会科学文献出版社2013年版，第131页。

③ 云南省档案馆：《民国时期西南边疆档案资料汇编·云南卷》第十七卷，《云南省政府秘书处为检送〈思普沿边区建设概论〉函省民政厅（1946.10.28）》，社会科学文献出版社2013年版，第400页。

④ 云南省档案馆：《民国时期西南边疆档案资料汇编·云南卷》第四卷，《车里县政府遍拟〈车里县移民计划书〉（1949.06.01）》，社会科学文献出版社2013年版，第501页。

种类显然多于之前，尤其是木棉、咖啡、金鸡纳、橡胶等外来物种的引种。

表21　　　　民国二十八年（1939）云南车里县普通作物调查表

作物种类	种植亩数（亩）	产量种额（担）	每亩产量（市斤）
稻	80000	184000	230
玉蜀黍（苞谷）	400		
高粱	170	1400	200
大豆（黄豆）	350	630	180
蚕豆	30	45	150
豌豆	40	60	150
马铃薯（洋芋）	5	9	180

资料来源：云南省建设厅：《各县局农作物产量及病虫害调查》，档案号：1－1－8，西双版纳州档案馆。

表22　　　　民国二十八年（1939）云南车里县特种作物调查表

作物名称	种植亩数（亩）	产量种额（担）	每亩产量（市斤）
中棉	2500	1000	40
茶	4000	3200	80
烟草	3300	1000	30
甘蔗	264	3960	1500
落花生	200	120	60
蓝靛	300	300	100

资料来源：云南省建设厅：《各县局农作物产量及病虫害调查》，档案号：1－1－8，西双版纳州档案馆。

表23　　　　民国三十三年（1944）十二版纳部待垦荒地统计表

县名	所在地	荒地面积	地势	宜种作物
车里	景洪坝、橄榄坝、勐宽坝	60万亩	田地	茶、桐、樟、棉、桃椰、椰子、咖啡、樛、柚、金鸡纳
佛海	勐海坝	26万亩	田地	稻麦、茶、桐、樟、麻、棉、咖啡、金鸡纳
镇越	易武、勐仑、勐腊坝	10万亩	田地	茶、棉、樟、麻、咖啡
南峤	南峤坝、顶真坝	210万亩	田地	稻麦、茶、桐、樟、棉、草麻、果品、紫梗、咖啡

县名	所在地	荒地面积	地势	宜种作物
六顺	六顺坝、芭蕉菁、兰坪	20万亩	田地	棉、樟、茶、竹、桐、药用植物
思茅	思茅、普腾、者难坝、老君田	130万亩	田地	稻麦、茶、麻、棉、草麻、水果、珍贵木材
江城	江城县坝	10万亩	田地	茶、棉、樟、麻、咖啡、三七、茴香

资料来源：云南省档案馆编：《民国时期西南边疆档案资料汇编·云南卷》第十六卷，《云南省民政厅边疆行政设计委员会拟制〈思普沿边开发方案〉（1944）》，社会科学文献出版社2013年版，第131页。

二　经济作物推广：边疆民族地区热带资源大规模开发

民国十八年（1929），镇越县5个林场营造茶、樟、桑、杂木等4.32万余亩；民国二十二年（1933），遵云南省建设厅令，佛海、猛混、猛板、景洛等地设5个农事实验场，试种樟、茶、桐、果等林木；民国二十五年（1936）7月，云南省政府命令建设厅分令南峤、佛海诸县保护原有天然森林，并督导人民荒山造林；民国二十六年（1937），镇越县于易武镇开辟农事混合试验场，育植桐、樟、三七、杉、竹、合欢、有加利等种子苗木。[1] 民国二十七年（1938），云南省务会议决议筹设思普区茶叶试验场，"以谋普洱茶种植制造之改良"；民国二十八年（1939）元旦设南峤第一分场，4月设南糯山第二分场，南峤县农场开办于景真，省建设厅拨银4000元（半开），种植稻麦及桃梨等果木，又种植金鸡纳树，种子从河口引进；民国二十九年（1940），云南省建设厅训令佛海、镇越、车里、六顺、南峤诸县调查及推广香樟林；同年，佛海县同农业生产合作社垦荒山130亩，植桐、茶；同年，佛海县永福农场垦荒山2040亩，种植桐子树、樟脑、茶叶、蓖麻；同年，镇越县垦荒2800余亩，种桐子树2000株，种茶约3000株；民国三十三年（1944），云南省民政厅边疆行政设计委员会编纂《思普沿边开发方案》，统计辖境宜农林荒地计468万亩。[2] 民国三十八

---

① 西双版纳傣族自治州林业局编：《西双版纳傣族自治州林业志》，云南民族出版社2011年版，第8页。

② 西双版纳傣族自治州林业局编：《西双版纳傣族自治州林业志》，云南民族出版社2011年版，第8页。

年（1949），车里县种植桑树、樟脑、油桐、茶树等经济林木，将原有森林砍伐一部分作为建筑材料，改为栽种以上树种。[①]

国民政府在西双版纳进行的经济作物大规模推广及种植，为橡胶的早期引种提供了前提。在官方主导下的热带资源开发，很大程度上开垦山地推广种植经济效益高的本土经济作物，又选取外来物种进行广泛引种，既增加了当地土地资源承载力，又导致当地少数民族长期以来依托的自然生境遭到破坏，种植水稻、旱稻、苞谷等传统作物的农田也逐渐被经济作物所取代，耕地面积减少，粮食短缺，境内各县积谷从未足数，这也是引发民国三十一年（1942）、民国三十二年（1943）两年大旱，导致有史以来的首次出现饥荒现象的因素之一。此外，经济作物的大规模种植，致使热带雨林也由此转变为人工经济林，传统作物被大量取代，多数外来作物引种成功，也有部分新物种的引种过程中由于缺乏技术、资金、劳动力而失败。

三　实业救国：国民政府鼓励海外华侨投资

关于国民政府在 20 世纪 20—30 年代招商引资，与华侨回国投资之行为，前文已有备载，至 20 世纪 40 年代末，海外华侨"因鉴于国难期中，民生苦计负起义务之责任"成立"旅暹那磅华侨垦殖树胶委员会""以代表民众意志，呈请祖国政府开荒垦殖，以期达成国内外同胞移边发展事业为宗旨。……后方办事地址设在暹罗那磅，前方地点则于镇越县猛捧地方为目标地点"。其主要任务有三项："（甲）关于测量土地以扩移居修筑道路、以利通行，建设学校、以启民智，建立医院以及有关公益或慈善事项。（乙）关于种植树胶以及五谷果实之属。（丙）关于矿场之事项。"[②]

由于西双版纳地区自然环境与缅甸、泰国等东南亚国家和地区相似，但卫生设备条件较差，非土著人很难在当地长期生存，为给华侨发展实业提供便利，"使新来者作久居繁殖之计，现有健康，才能谈到生存与发展，

---

① 云南省档案馆编：《民国时期西南边疆档案资料汇编·云南卷》第四卷，《车里县政府遍拟〈车里县移民计划书〉（1949.6.1）》，社会科学文献出版社 2013 年版，第 525 页。

② 旅进那磅华侨垦殖树胶委员会：《旅进那磅华侨垦殖树胶委员会简章及职员履历表》，1949 年 11 月 10 日，档案号：1077-001-03942-070，云南省档案馆。

开发边地"①，因此，解决卫生问题成为开发边疆之第一要务；其次才是交通条件改善、农事改良以及教育倡导，这为西双版纳橡胶的早期引种提供了重要保障。在外忧内患的背景下，国民政府针对西双版纳地区的开发加强了对边疆民族地区的管控，促进了当地卫生教育事业以及社会经济发展，推动了边疆民族地区的近代化转型。

第二节　20世纪50—70年代西双版纳橡胶规模引种的动因

一　国际背景下西方帝国主义的经济封锁

橡胶对于现代工业发展以及国民经济建设发挥着极为重要的作用。中华人民共和国成立之初，中苏两国多次针对天然橡胶的问题进行协商，1949年12月16日，毛泽东访问苏联期间与斯大林举行会谈，斯大林问毛泽东："在中国南方能否栽培橡胶树呢？"毛泽东回答："到目前为止，尚未成功"之后，斯大林又多次询问在中国海南岛等热带沿海地区能否种植橡胶，周恩来告诉斯大林说，"从南洋回国的一些华侨带回了一些橡胶树种，在海南岛试种成功，但橡胶树数量少、产量低，并且都是私人经营的，如果由国家着手发展橡胶种植，情况会大不相同"②。1950年6月，朝鲜战争爆发，国际局势发生变化，西方帝国主义对社会主义国家实行经济封锁及禁运，为保持中苏两国之间的经济联系，双方达成协议，中国负责为苏联代购橡胶，1950年11月21日斯大林致信毛泽东，要求中国绕过美英政府的干涉，利用私商或其他"适当途径"为苏联分批代购5万吨橡胶，每批0.8万吨至1万吨③。然而，中国此时已经卷入朝鲜战争，橡胶获取极为困难，但出于中苏合作大局，仍将中国1950年现有进口1万吨橡胶存货拨给苏联0.5万吨，并同意为苏联代购5万–7万吨橡胶，中国趁东

---

① 严德一：《普思沿边——云南新定垦殖区》，《地理学报》1939年，第36页。
② 李华：《1949—1953年中苏领导人磋商天然橡胶合作的历史考察》，《党的文献》2017年第3期，第102页。
③ 李华：《1949—1953年中苏领导人磋商天然橡胶合作的历史考察》，《党的文献》2017年第3期，第103页。

南亚橡胶生产国关于橡胶出口管制政策以封锁社会主义国家的市场在执行范围及力度上尚不严格之时，于 1950 年最终进口了 12 万吨橡胶，其中 8 万吨转口给苏联①。

1950 年 12 月，美国国务卿杜勒斯公开宣布 "68 号 IVSC – G8 决议案"，决定对中国实行经济封锁和全面禁运，橡胶在禁运物资清单之中。西方国家在法国巴黎成立了国际统筹委员会，将禁运扩展为针对整个东方世界的共同行动，设置禁运封锁线，一些东南亚国家在美、英两国控制下，制定出了针对橡胶的苛严的 "封关" 法律②。1951 年，中国仰赖于东南亚及港澳华商抢购了一批橡胶③。但随着 1951 年 5 月 18 日，联合国通过了对中国进行禁运的决议后，英国与东南亚各国加强了对我国橡胶禁运的力度，我国从东南亚各国与港澳地区获得橡胶也变得十分困难④。1951 年 5 月底，中国租用英国的南斯摩洛号从南洋群岛的新加坡港起航，运载的 3745 吨橡胶，成为禁运政策实施后中国从境外获得的第一批橡胶，也是最后一批⑤。这些橡胶足可装备 6 万架战斗机或 12 万门大炮，或 1.5 万辆 2.5 万吨的军用汽车⑥。在为苏联代购大量橡胶的同时，中国国防工业及国民经济建设也迫切需要橡胶。

1951 年下半年，由于朝鲜战争结束，国际局势有所缓和；1952 年，由于经济萧条，世界橡胶市场出现了严重的需求萎缩和货物积压，西方帝国主义国家以及东南亚产胶国遭受沉重打击，开始将目光转向被封锁的社会主义国家⑦。此次经济危机除与资本主义经济的内在矛盾有关，也与 1951 年年末朝鲜战争停火所导致的战时需求减少与经济萧条有关，使得橡胶的需求量极度萎缩、积压严重、价格大幅下跌，如 1952—1953 年世界橡

---

① 李华：《1949—1953 年中苏领导人磋商天然橡胶合作的历史考察》，《党的文献》2017 年第 3 期，第 103 页。

② 伊始、郭小东、陆基民、温远辉、谢显扬：《突破北韩十七度》，花城出版社 2006 年版，第 5 页。

③ 姚昱：《20 世纪 50 年代初的中苏橡胶贸易》，《史学月刊》2010 年第 10 期，第 69 页。

④ 姚昱：《20 世纪 50 年代初的中苏橡胶贸易》，《史学月刊》2010 年第 10 期，第 71 页。

⑤ 伊始、郭小东、陆基民、温远辉、谢显扬：《突破北韩十七度》，花城出版社 2006 年版，第 3 页。

⑥ 伊始、郭小东、陆基民、温远辉、谢显扬：《突破北韩十七度》，花城出版社 2006 年版，第 4 页。

⑦ 姚昱：《20 世纪 50 年代初的中苏橡胶贸易》，《史学月刊》2010 年第 10 期，第 71 页。

胶总产量 180 万吨，而积压的橡胶却高达 35 万吨至 40 万吨，世界橡胶市场的价格从 1951 年的每磅约 0.88 美元急剧跌至 1953 年的每磅 0.2 美元①。此种危机之下，损失严重的锡兰（今斯里兰卡）于 1952 年 10 月与中国政府签订《中锡贸易协定》，又于同年 12 月签订了中国每年用 27 万吨大米换取锡兰 5 万吨橡胶的五年贸易协定②。此协定初步打破了西方帝国主义对中国经济封锁的局面，与此同时，我国为满足国内以及苏联的橡胶需求，同苏联开始共同商议橡胶种植及生产事宜。

1952 年 9 月 15 日，中苏两国在莫斯科签署《中华人民共和国中央人民政府、苏维埃社会主义共和国联盟政府关于帮助中华人民共和国植胶、割胶、制胶及售与苏联橡胶的协定》（简称《中苏橡胶协定》），第一号和第二号包括两个方面：一是苏联在植胶、割胶及制胶时期给予中国农具、设备、油料和贷款帮助，向中国派遣专家顾问；二是中国以生产橡胶偿还贷款及其利息，并将每年所生产的橡胶大部分出售给苏联③。1953 年 5 月 15 日，中苏两国又签订了新的协定，中共中央也及时对橡胶种植和生产做出了政策调整④。1954 年 4 月 22 日，NSC5417 号文件明确指出橡胶问题已经上升为与美国在整个东南亚地区的安全利益休戚相关的重要问题之一，东南亚橡胶生产国强烈要求废除对华橡胶禁运⑤。1954 年 6 月，印度尼西亚开始向中国大规模出售橡胶，并于 1956 年 6 月 13 日，正式宣布不再遵守联合国的对华橡胶禁运决议，马来亚与新加坡随后立刻采取行动取得了对华出售橡胶许可证，并于 8 月下旬至 10 月派官方代表团访华，正式与中国开展官方橡胶贸易，至 1957 年 7 月 4 日，马来亚联邦政府宣布取消对中国输出橡胶的一切限制⑥。

---

① 姚昱、郭又新：《1953—1956 年美国的橡胶政策与国内政治》，《世界历史》2007 年第 6 期，第 61 页。

② 姚昱、郭又新：《1953—1956 年美国的橡胶政策与国内政治》，《世界历史》2007 年第 6 期，第 62 页。

③ 李华：《1949—1953 年中苏领导人磋商天然橡胶合作的历史考察》，《党的文献》2017 年第 3 期，第 106 页。

④ 李华：《1949—1953 年中苏领导人磋商天然橡胶合作的历史考察》，《党的文献》2017 年第 3 期，第 107 页。

⑤ 姚昱、郭又新：《1953—1956 年美国的橡胶政策与国内政治》，《世界历史》2007 年第 6 期，第 64 页。

⑥ 姚昱、郭又新：《1953—1956 年美国的橡胶政策与国内政治》，《世界历史》2007 年第 6 期，第 67 页。

二 国家政策主导下的规模化发展及移民实边

中国为实现橡胶自给，于20世纪50年代，在国家政策主导下开始规模化引种橡胶。1951年8月31日，中央人民政府政务院作出了《关于扩大培植橡胶树的决定》，指出：为争取橡胶的迅速自给，对巴西橡胶及印度橡胶应采取大力培植的方针，要求自1952年迄1957年以最大速度在大陆广东（海南岛除外）、广西、云南、福建、四川五个省区共植巴西橡胶及印度橡胶770万亩（海南岛的任务另定），其中广东为200万亩（包括高雷、粤中、西江、潮汕、兴梅、东江6个专区，27县），广西为300万亩（包括梧郁、钦廉、南宁、龙州、百色5个专区，37县），云南为200万亩（包括普洱、蒙自、宝山、丽江4个专区，30县），四川为50万亩（包括自万县至宜宾沿长江两岸河谷地区），福建为20万亩（包括龙岩专区7县）[1]。又于1952年9月15日，中苏双方签订《中苏橡胶协定》，此协定规定在苏联提供人才、技术、设备的基础上，由中国主导种植、生产巴西橡胶[2]。最初的工作是进行宜胶资源的实地考察，由中苏专家以及国内各高校、科研机构教师、学生等组成调查队进行橡胶宜林地调查，随后确定橡胶种植区域引种橡胶。

20世纪50年代初，云南橡胶产业的发展正式起步，但因云南地处西南边疆，交通不便、少数民族众多，种植橡胶的条件并不成熟。1953年4月底，中共中央西南局书记邓小平指示："云南植胶涉及兄弟少数民族，应谨慎从事，应该考虑少数民族的特殊情况，压缩勘测计划"，随着朝鲜战争结束以及中锡橡胶贸易协定，1953年5月19日，中共中央书记处扩大会议基本同意关于暂停云南植胶问题，和紧缩华南植胶计划两个指示草稿[3]。然而，中苏之间的贸易协定并不允许这一决策，《中苏橡胶协定》要求中国需用橡胶偿还贷款及利息，偿还贷款本金从1956年上半年开始直

① 农垦部政策研究室、农垦部国营农业经济研究所、中国社会科学院农经所农场研究室编：《农垦工作资料文件选编》，农业出版社1983年版，第42页。

② 文婷：《1952年〈中苏橡胶协定〉与20世纪50年代的云南农垦》，《当代中国史研究》2011年第18卷第2期，第86页。

③ 文婷：《1952年〈中苏橡胶协定〉与20世纪50年代的云南农垦》，《当代中国史研究》2011年第18卷第2期，第87页。

至 1961 年上半年结束，若中国生产的橡胶不够则需进口，不但占用大量外汇，而且还要加上铝、锡、铅、锑等贵重金属来偿还贷款①。由于中国外债的压力以及中国自身国防工业与国民经济建设对于橡胶的迫切需求，必须要规模化种植橡胶，加快橡胶生产。

1959 年，农垦部、化工部党组《关于大力发展天然橡胶的报告》提出："我们不仅有条件发展天然橡胶，而且也有条件加速发展，在第二个五年计划期间，除现有的 120 多万亩橡胶外，拟再发展 1000 万亩。其中广东 650 万亩，广西 100 万亩，云南 250 万亩。"②照此规划，云南从 1952 年开始试种，1956 年开始有计划的发展，到 1959 年年底，已有橡胶农场 41 个，职工 3 万人，定植橡胶 5 万亩；在第二个五年计划结束时即 1962 年，云南省橡胶发展到 200 亩，其中 1960 年定植 10 万亩，连原有共 15 万亩，1961 年定植 85 万亩，共达 100 万亩，1962 年定植 100 万亩，共达 200 万亩③。

橡胶的大规模发展及生产面临重重困难，橡胶的栽培种植、抚育管理、加工制造等都需要大量的劳动力及先进的技术设备。云南地区较之于内地而言，山区众多、交通不便，地广人稀、劳力不足，生产生活方式落后，在此种相对封闭的环境中，各少数民族受教育程度较低。因此，云南地区要大规模发展橡胶，只依靠边疆少数民族民众远远不够，主要是由于地方民族社会经济尚处于较为原始的状态，无法在短期内接受并适应现代科学知识及技术。因此，在国家主导下，开始有计划地从内地招徕汉族移民进行垦荒，兴办农场，大力发展橡胶事业。1957 年 3 月，云南省热作局改为云南省农垦局，由农垦部和省委双重领导，原垦殖场改为国营农场，同年又新建国营农场 5 个，接管军垦农场和地方农场 13 个，职工达到9930 人，当年定植橡胶苗 733.3 公顷，两年累计达到 1033.3 公顷，中国第二大天然橡胶生产基地就此发展起来④。20 世纪 60—70 年代的人口迁移

---

① 文婷：《1952 年〈中苏橡胶协定〉与 20 世纪 50 年代的云南农垦》，《当代中国史研究》2011年第 18 卷第 2 期，第 87—88 页。

② 云南省地方志编纂委员会总纂：《云南省志·卷三十九·农垦志》，云南人民出版社 1998 年版，第 783 页。

③ 农垦部政策研究室、农垦部国营农业经济研究所、中国社会科学院农经所农场研究室编：《农垦工作资料文件选编》，农业出版社 1983 年版，第 426 页。

④ 文婷：《1952 年〈中苏橡胶协定〉与 20 世纪 50 年代的云南农垦》，《当代中国史研究》2011年第 18 卷第 2 期，第 87—88 页。

是在政府主导下进行的一次大规模的政策性移民，极大地补充了规模化发展橡胶所需的劳动力。

西双版纳地区所辖景洪、勐腊两县最适宜橡胶生长。20 世纪 50 年代末，景洪已建立 9 个橡胶农场，勐腊于 1960 年也已设点建场 5 个，第二个五年计划期间，西双版纳地区橡胶计划发展 25 万－35 万亩①。但西双版纳作为发展橡胶的重要基地，少数民族众多，地广人稀，劳动力极为匮乏。以勐腊县为例，1951 年，全县总人口为 46220 人，每平方千米只有 6.74 人②。因此，要依靠西双版纳地区的土著民族从事国营企业性质的产业化和集约化的生产劳动是较为困难的，唯有从内地移民。西双版纳的首次大规模移民，即从橡胶移民开始的，这也是首次内地人口大规模进入西双版纳。此时，西双版纳的橡胶农场不仅象征着国家及其权威，更是汉族移民的象征③。20 世纪 50 年代初，橡胶移民的主要群体包括部队复员转业军人、昆明市青年志愿垦荒队的青年、省市机关下放干部和居民。1958 年，13 军 37 师、39 师转业军人 526 人到达大勐龙东风农场；1958 年 4 月至 5 月，北京华侨补习学校 350 名归侨学生到达勐养农场；1958 年 1 月，云南省级机关下放干部 600 余人到勐阿农场，思茅地区机关下放干部 278 人到勐龙建立前哨农场，昆明下放居民 18 人到达勐养农场，56 人到达大渡岗农场④。

20 世纪 50 年代末 60 年代初，国家开始动员外省大规模移民。1958 年，中共中央北戴河会议提出的《关于动员青年前往边疆和少数民族地区参加社会主义建设运动的决定》，这个决定提出要在第二个五年计划期间动员大量青年到边疆和少数民族地区支援建设⑤，此次支援边疆建设的主要目的是垦殖橡胶。1959 年 2 月 3 日，国家农垦部、化工部党组在一份名为"关于大力发展天然橡胶"的报告中，请求党中央和毛泽东主席解决云

---

① 思茅地委：《农水局关于我区发展橡胶方案的报告》，1959 年 10 月 26 日，档案号：98－1－2，西双版纳州档案馆。

② 尹绍亭、深尾叶子主编：《雨林啊胶林》，云南教育出版社 2003 年版，第 5 页。

③ 尹绍亭、深尾叶子主编：《雨林啊胶林》，云南教育出版社 2003 年版，第 3 页。

④ 尹绍亭、深尾叶子主编：《雨林啊胶林》，云南教育出版社，2003 年版，第 3 页。

⑤ 文婷：《"支边"与 1950—1966 年的中国边疆移民》，《昆明学院学报》2015 年第 37 卷第 1 期，第 44 页。

南橡胶种植中的劳动力问题，建议从外省移民 30 万人①。在云南第二个五年计划内，为实现全省达到橡胶种植 200 万亩的规划，"需要橡胶工人十七万人，除了现有六万人和今冬（1960 年）湖南再支援的四万人之外，还需七万人"②。为满足云南橡胶种植的劳动力需求，中央从湖南支援新疆的 60 万人中抽调 5 万人到云南，于 1959 年年底至 1960 年，湖南省向云南西双版纳、红河、德宏、临沧等地区共移民 36695 人，其中青壮年 22037 人，家属 14658 人，主要来自湖南醴陵、祁东、祁阳三个县，其中到达西双版纳的共 22236 人；1965—1966 年，湖南又有 18 个县的 1.15 万人自发地迁移到西双版纳等地③。

20 世纪 70 年代，由于政治运动影响，大规模移民主要是知识青年上山下乡。1968 年 2 月 21 日，第一批知青到达西双版纳东风农场；1968—1971 年，又有一批上海（57099 人）、北京（8394 人）、四川（41068 人）知青相继被安置在红河、西双版纳地区的生产建设各农场；至 20 世纪 70 年代后期，大规模、有组织的橡胶移民停止④。此次大规模的政策性移民不仅为西双版纳橡胶的规模化发展提供了充足的劳动力，更为西双版纳橡胶种植事业的发展奠定了坚实基础。

三　国防工业建设及国民经济发展的迫切需求

20 世纪 50 年代初，我国生橡胶主要是依赖于进口，但凡国际局势紧张，橡胶原料来源渠道随时面临被切断之威胁，天然橡胶原料无法自给成为国防经济建设发展的一大障碍。橡胶作为四大工业原料之一，对于我国工业的迅速发展、稳定边疆具有极其重要的作用。因此，实现国内橡胶自给刻不容缓。

中国橡胶工业起始于 20 世纪初，至 20 世纪 50 年代，中国已有 543 家工厂（包括少数手工生产工场）；随着橡胶制品的种类增加、用途扩大，从交通用的轮胎、工矿用的胶带、滚筒、水管、气管，到日常消费用的胶

---

① 尹绍亭、深尾叶子主编：《雨林啊胶林》，云南教育出版社 2003 年版，第 9 页。
② 农垦部政策研究室、农垦部国营农业经济研究所、中国社会科学院农经所农场研究室编：《农垦工作资料文件选编》，农业出版社 1983 年版，第 426 页。
③ 尹绍亭、深尾叶子主编：《雨林啊胶林》，云南教育出版社 2003 年版，第 9 页。
④ 尹绍亭、深尾叶子主编：《雨林啊胶林》，云南教育出版社 2003 年版，第 10 页。

鞋、雨衣，以至医疗卫生、文教体育用品，可谓是无处不在，粗略统计国内现有橡胶制品，可达 200 余种①。橡胶工业的发展极大地刺激了橡胶原料需求日渐激增，但此时国内橡胶工业原料大部分是仰赖于进口，由于抗战期间，橡胶工业遭受沉重打击，一度处于萎靡状态，直至中华人民共和国成立以后，橡胶工业重心逐渐北移，市场逐渐扩大、交通恢复、民众购买力提升，又由于 1950 年朝鲜战争爆发，橡胶作为重要的战略物资，其原料需求急剧增加，促使国内橡胶制造业蓬勃发展，如军用品、胶鞋等常有大量订货②。然而，由于橡胶原料的紧缺导致中国橡胶制造业发展十分困难。

党和国家极为重视橡胶事业的发展，周恩来总理曾明确指示，"我国能种植橡胶的土地不多""要多努力，在荒山上多种橡胶，为我国的橡胶事业多作贡献"，直至 20 世纪 70 年代末，我国橡胶的年耗用总量约 30 万吨，1977 年自产的橡胶 10 万吨，不足的 20 万吨需要从国外进口③。随着我国橡胶需求的增加，国内生产的橡胶远不能满足橡胶工业发展的需要。橡胶作为军需民用的重要战略物资，对于推进国民经济迅速发展至关重要。因此，必须在国家主导下充分利用有限的热带土地资源，加速橡胶种植规模的扩大，这是特殊历史阶段的必然选择。

第三节　20 世纪 80—90 年代西双版纳橡胶大规模发展的动因

一　国际橡胶市场价格及国内橡胶需求影响

改革开放以来，随着经济全球一体化，橡胶市场逐渐开放，国际橡胶市场价格成为影响我国橡胶供求关系的关键因素，橡胶价格的波动对于我国制定天然橡胶生产规划以及加速橡胶生产规模的扩大具有重要影响。

从国家管理力度层面来看，1980 年以前，天然橡胶的供需关系主要是

---

① 季崇威：《中国橡胶工业当前的出路和努力方向》，《人民日报》1952 年 12 月 19 日。
② 季崇威：《中国橡胶工业当前的出路和努力方向》，《人民日报》1952 年 12 月 19 日。
③ 云南省农垦总局：《加速国营农场橡胶发展的初步意见》，1978 - 03 - 10，档案号：2125 - 004 - 0742 - 003，西双版纳州档案馆。

由国家进行统一调配，作为一类物资进行管理，橡胶产品也是由国家进行统一收购、统一销售、统一定价，在此种计划经济基础上，国际橡胶市场对于我国的影响相对较小①。改革开放以来，随着市场的逐渐开放，市场化程度加深，国家将天然橡胶生产指令性计划改为指导性计划，橡胶产品收购计划仍由国家计委和农业部下达，收购价格实行双轨制，在一定程度上放松了对于天然橡胶的管控力度，如1996年以后，国家逐步强化了天然橡胶进口的配额和关税管理，并把天然橡胶的产品处理权完全交给生产企业，价格随行就市②。

20世纪80年代末，由于东欧苏联政局发生剧变，造成世界经济发展缓慢，橡胶市场也受到一定冲击。从我国橡胶的市场价格来看，此时国内天然橡胶价格整体趋势处于缓慢增长。到1987年年底，1988年综合平均价为8434元，而到1990年国家又统一标准胶定价为7850元，按照国家定价7850元/吨计算，29年来仅提高了29%，平均年增加仅1%，天然橡胶进口价低于国家收购价，市场价低于国家收购价③。从橡胶的需求量来看，20世纪80年代中期至90年代以前，国家统配橡胶分配逐年减少，1987年比1986年递减20.7%，1988年比1987年又递减7.2%，相反，全国橡胶需求量逐年增大，1987年比1986年增加12%，1988年比1987年增加7%，供求矛盾加剧，市场价格上扬④。

20世纪80年代以后，天然橡胶价格在全国各地市场普遍上升，烟片橡胶的市场价格一般在9900元/吨，某些地区已突破了10000元/吨，这主要是由1989年全国橡胶需求为87万吨，国内仅可供应68万吨左右，缺口较大而造成的⑤。为满足国内天然橡胶的需求，扩大橡胶种植面积，增加国内天然橡胶产量是必然趋势。正值此时，我国在云南、广东、广西等热带北缘高海拔种植橡胶取得了突破，这为大规模种植天然橡胶奠定了重要基础。至90年代，天然橡胶生产在生物技术、品种改良、割胶技术方面

① 过建春：《从弹性角度看中国天然橡胶市场》，《中国热带作物学会 热带作物产业带建设规划研讨会——天然橡胶产业发展论文集》，中国热带作物学会，2006年，第21页。
② 过建春：《从弹性角度看中国天然橡胶市场》，《中国热带作物学会 热带作物产业带建设规划研讨会——天然橡胶产业发展论文集》，中国热带作物学会，2006年，第22页。
③ 柯佑鹏、过建春：《天然橡胶价格问题刍议》，《热带作物研究》1992年第1期，第71页。
④ 王启明：《今年橡胶供求矛盾突出》，《陕西化工》1988年第4期，第29页。
⑤ 《天然橡胶价格上升》，《合成橡胶工业》1990年第1期，第7页。

已经有了新的突破，采用抗寒高产综合栽培，每亩产干胶已有 150 千克 – 200 千克。因此，我国的天然橡胶发展的主要目标和方向仍是大规模扩大橡胶种植面积，巩固提高现有 860 万亩，努力发展到 1000 万亩，实现 20 世纪末年产 45 万—50 万吨的目标①。

国际市场天然橡胶供过于求，致使 1992 年国际市场天然橡胶价格仍处于偏低水平②。1991 年，我国天然橡胶进口量高达 26 万吨以上，加上广西边贸进口 7 万吨，当年国内新增天然橡胶资源达 61 万吨，超过了实际耗费量，严重冲击了国内橡胶市场，致使国产胶生产成本偏高、质量差③。1994 年以来，国际市场橡胶价格的变化左右着国内橡胶市场的价格，自 1994 年年初，橡胶价格大幅度上涨，天然橡胶价格以每月 10% – 15% 的幅度暴涨，至 8 月中旬，进口 3 号胶已涨至每吨 1.6 万元，至 9 月上旬，才有回落，进口胶价格跌至每吨 1.45 万元④。又由于全球经济好转，汽车业、航空航天业等蓬勃发展，橡胶需求激增⑤。我国国内橡胶短缺，国内天然胶年产量约 30 万吨，合成胶生产能力为 32 万吨，实际产量为 24 万吨，全国橡胶资源供应只有 50 多万吨，而国内需求量为 87 万吨，供需缺口较大，在高额的利润诱惑之下，大大刺激了世界橡胶的生产，产量高于消费量的增长⑥。1994 年，我国进口天然橡胶约 40 万吨，再加上生产自销部分，中国已成为仅次于美国的世界第二大天然胶消费国，今后随着中国汽车产业的发展，对于橡胶的需求还将进一步增加⑦。1995 年，世界橡胶产量比 1994 年增长 5.4%，而消费量只增长 3.7%，1996 年仍然是高于消费量的增长，1995 年世界橡胶产量比 1994 年增长 5.4%，而消费量只增长 3.7%，1995 年上半年在我国天然橡胶开割之前，我国消费量的增加刺激了橡胶价格短暂的暴涨，我国橡胶市场同样出现短暂的价格暴涨⑧。此种

---

① 中华人民共和国农业部农垦司、中国农垦经济研究与技术开发中心编：《农垦工作资料文件汇编（1983—1990）》，内部资料，第 561 页。
② 韦宁：《天然橡胶市场分析及预测》，《河北化工》1992 年第 1 期，第 63 页。
③ 杨培生：《天然橡胶价格持续走疲今年形势不容乐观》，《中国农垦》1992 年第 1 期，第 13 页。
④ 《天然橡胶价格难以大幅回落》，《中国橡胶》1994 年第 23 期，第 10 页。
⑤ 江梅：《国际市场天然胶价持续上涨》，《世界热带农业信息》1994 年第 9 期，第 4 页。
⑥ 邓志声：《国内橡胶价格看好》，《世界热带农业信息》1994 年第 6 期，第 12 页。
⑦ 《国际市场天然胶价格走势分析》，《世界热带农业信息》1995 年第 11 期，第 6 页。
⑧ 《今年下半年橡胶和天然胶行情预测和走势分析》，1996 年 8 月 30 日，档案号：98 – 9 – 11，西双版纳州档案馆。

国际及国内形势之下，中国对于天然橡胶的需求稳步增长，亟待扩大天然橡胶种植面积，来缓解天然橡胶原料之不足。

1996 年 1 – 12 月，天然橡胶累计进口 55 万吨，1995 年进口 32 万吨，比 1995 年同期增长 72.1%；1996 年，我国每年天然橡胶需求量为 70 万吨至 75 万吨，实际上 1996 年进口天然胶和国产天然胶的总和是 95 万吨，资源总量比正常需求量多出 20 万吨至 25 万吨，将会导致严重的供需矛盾；合成橡胶是天然橡胶的重要替代性原料之一，1996 年由于国际合成橡胶价格也较低，进口较多，加之国内合成胶生产能力不断增强，丁苯胶、顺丁胶价格从年初的每吨 12500 元左右降至每吨 8000 元左右，下跌幅度达 35% 左右，进一步促使了生产企业在工艺上加大合成胶的用量比例，降低了天然橡胶的使用量①。直至 20 世纪 90 年代末，受亚洲金融危机影响，全球性对天然橡胶购买力下降，全球橡胶供大于求，国际天然橡胶价格下滑②。由于市场化程度加深，我国橡胶市场价格受国际市场影响，其波动幅度较大，如 1995 年天然橡胶平均价格为 13586.69 元/吨，出现波峰，接着价格急剧下降，达到波谷③。

二　国家政策支持下民营橡胶的迅速发展

国家政策支持下民营橡胶的迅速发展是促使橡胶大规模发展的主要因素之一。20 世纪 60 年代，随着国营橡胶农场的建立及发展，地方政府开始支持场社联营，民营橡胶缓慢发展。直至改革开放之后，在国家政策扶持和鼓励之下，民营橡胶开始迅速发展。

世界主要植胶国基本都是大胶园、小胶园并举，周恩来总理曾提出要"以场带社，共同发展"④。十一届三中全会以来，在国家政策主导下的民营橡胶迅速发展，坚持国营和社队经营两条腿走路的方针，结合农场的实

---

① 云南农垦天然橡胶销售中心：《云南农垦天然橡胶销售中心关于九七年天然橡胶市场走势和市场价格的预测》，1997 年 5 月 8 日，档案号：98 – 9 – 11，西双版纳州档案馆。

② 蔡东宏：《1998 年全球天然橡胶供过于求价格下跌》，《世界热带农业信息》1999 年第 1 期，第 19 页。

③ 许海平、傅国华、张德生、朱炎亮、张玉梅：《中国天然橡胶需求弹性研究》，《农村经济与科技》2007 年第 4 期，第 27 页。

④ 中华人民共和国农业部农垦局，中国农垦经济研究与技术开发中心编：《农垦工作资料文件汇编（1983—1990）》，内部资料，1991 年，第 561 页。

际和当地特点，实行场社联营，这是迅速发展橡胶的一种有利形势。我国民营橡胶的发展，一是有利于对我国自然资源的合理开发使用；二是有利于调动社队群众的积极性，发展生产，增加收入，扩大积累，改善生活；三是有利于节约国家投资，在较短时间内，为国家生产更多的橡胶；四是有利于发挥农场的优势，把国营和民营联系起来，共同发展，共同富裕，共同走社会主义道路；五是有利于改善场群关系，加强民族团结，使祖国的边疆更加繁荣和稳定①。随着家庭联产承包制的推广，逐渐从计划经济向社会主义市场经济转变，政府开始鼓励当地少数民族民众种植橡胶，将橡胶视为既能满足中国工业发展需要，也能提高农民经济收入的双赢经济作物。

1978 年，云南省委、省政府做出决定："在我省边疆民族地区，在林业'三定'的基础上，要大力发展以民营橡胶为主的热带、亚热带经济作物"②。1980 年，国务院制定了"以国营为主，国营、民营两条腿走路发展橡胶"的方针③。中央领导同志视察云南工作时指出：云南热区的优势要开发，发掘热区潜在优势，在省委和各级领导的重视下，加强了对民营橡胶的领导，在乡镇企业系统成立了管理机构，加快了民营橡胶发展速度④。云南省委（1981）3 号文件指出："实行场社（队）联合经营有利于更多地照顾群众利益，改善场群关系；有利于在资金、技术劳动、机械等方面取长补短，发挥优势；有利于合理布局，充分利用资源，避免浪费。"结合学习中央领导同志视察西双版纳时的指示，场社联合经营橡胶，既是改善场群关系，加强民族团结的重要措施，又是兼顾国家、集体、个人三者利益，引导农民走共同富裕道路的长远之计⑤。此期间，西双版纳实行以国营为主，国营、民营并举的发展方针，集中成片的土地，由国营农场种植，零星、分散的土地，由公社使用⑥。与此同时，积极开展多种经营，

① 云南省农垦总局办公室：《东风农场和社队联营橡胶的实施办法》，1981 年 6 月 1 日，档案号：2125－005－0422－014，云南省档案馆。
② 李一鲲：《再谈云南的民营橡胶》，《云南热作科技》1998 年第 4 期，第 21 页。
③ 张雨龙：《从边境理解国家：中、老、缅交界地区哈尼/阿卡人的橡胶种植的人类学研究》，博士论文，云南大学，2015 年，第 49 页。
④ 李一鲲：《云南的民营橡胶》，《云南热作科技》1988 年第 4 期，第 21 页。
⑤ 东风农场：《西双版纳州民营橡胶工作会议参考资料——关于橡胶联营的情况介绍》，1982 年 2 月 23 日，档案号：2125－005－0629－019，云南省档案馆。
⑥ 西双版纳州农垦分局党委办公室：《橡胶生产发展遇到严重困难 迫切要求中央和国务院予以解决》，1980 年 3 月 22 日，档案号：98－2－75，西双版纳州档案馆。

充分发挥西双版纳的自然优势，大力发展橡胶生产，坚持以国营为主的同时，积极扶持社队发展[①]。

至 20 世纪 80 年代末，云南省已建立民营胶园 300 多个，橡胶加工和制品 188 个，遍布西双版纳、思茅、临沧、德宏和红河五个地（州）、24个县，西双版纳民营植胶面积占总资源的 79.63%，在云南省各地区民营橡胶分布中占比最高[②]。如图 4 所示，西双版纳地区民营橡胶从 1978 年的10535 亩增长至 1987 年的 404342 亩，种植面积大规模发展，十年间增加了 39 万余亩。

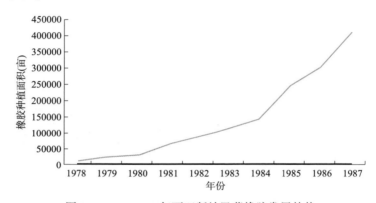

图 4   1978—1987 年西双版纳民营橡胶发展趋势

资料来源：根据西双版纳傣族自治州统计局编《中华人民共和国西双版纳五十年——综合统计历史资料汇编（1949—2000）》（内部资料，2004 年）数据资料进行绘制。

20 世纪 90 年代以后，橡胶市场开放程度加深，市场价格上涨，民众种植橡胶的积极性提高，逐渐成为当地少数民族民众生产生活的主要经济来源。至 20 世纪 90 年代末，云南民营橡胶成为橡胶产业的重要组成部分，为边疆民族地区创造了一定的社会、经济、生态效益，推动了边疆民族地区社会经济发展，使众多山区少数民族脱贫致富。1997 年，云南省民营橡胶种植已达 9.26 万 hm^2，占云南省植胶面积的 53.05%，投产 3.37 万hm^2，占云南省投产面积的 34.76%，产干胶 45195 吨，占云南省干胶总产量的 29.49%[③]。西双版纳作为橡胶产业的重要生产基地，国营橡胶农场通

①   中国农业银行、西双版纳州中心支行：《关于西双版纳橡胶种植情况及今后发展规划的调查报告》，1981 年 12 月 14 日，档案号：98 - 3 - 7，西双版纳州档案馆。
②   李一鲲：《云南的民营橡胶》，《云南热作科技》1988 年第 4 期，第 1 页。
③   李一鲲：《再谈云南的民营橡胶》，《云南热作科技》1998 年第 4 期，第 27 页。

过示范、引导、扶持，积极鼓励和支持民营橡胶发展。自20世纪60年代，由国营橡胶农场派出科技人员帮助规划林地，提供种苗，技术，还给予资金扶持，1980年前无偿资助58.35万元，1981年后又贴息贷款936万元扶持民营橡胶发展；至1993年，全州民营橡胶已种植59.40万亩，开割12.02万亩，年产干胶8953吨，产值6088万元①。此外，在20世纪90年代的"退耕还林"计划中，橡胶被视为提高森林覆盖率的树种之一，加之，国家补贴以及橡胶价格上涨，极大地激发了外地投资者、当地政府官员及少数民族民众种植橡胶的热情，推动了当地社会经济迅速发展。

三　科学技术的突破及推动

科学技术是推动我国橡胶种植面积大规模发展的关键因素之一。从20世纪50至80年代，在橡胶种植及生产过程中积累了诸多经验，首创了一整套适用于我国热带北缘高海拔地区橡胶种植的栽培技术，在北纬18°－24°的范围内种植橡胶640万亩，种植面积占世界第四位，产量居第六位②。

1963年3月8日，农垦部、国家科委颁发《橡胶栽培技术暂行规程》，要求各垦区必须大力营造防护林，实现良种化、育大苗、改良土壤，防止病虫害。1979年2月27日，《橡胶栽培技术规程（试行草案）》颁布，对于橡胶规划设计要求山、水、园、林、路统一规划，橡胶林的开荒、定植与造林以及抚育管理等都进行严格要求。自此《规程》颁布之后，橡胶林的种植、管理等更加合理化、标准化、科学化。

云南橡胶产业的迅速发展主要得益于科学技术进步及创新，经过长期的科学探索和生产实践，形成了一套因地制宜，适合云南植胶环境特点，并具有自主创新的橡胶树抗寒高产综合栽培技术，包括以抗寒、高产、胶木兼优，新品种为主的"品系、环境、措施"三对口植胶技术，等高开垦、宽行密株、工程措施与生物措施相结合的山地胶园基本建设标准，测土配方、营养诊断指导施肥和橡胶树病虫害综合防治技术，橡胶树综合

---

① 西双版纳农垦分局：《西双版纳垦区热带北缘植胶大面积高产综合技术》，1994年9月20日，档案号：98-8-61，西双版纳州档案馆。
② 《橡胶北移栽培技术使我成为第六产胶国　年经济效益在千万元以上的十三项发明》，《人民日报》1982年11月7日。

"管、养、割"和刺激新割制、防雨帽割胶等高产高效种植采胶技术。①

自 20 世纪 80 年代，西双版纳地区橡胶大面积种植依赖于科学技术与创新，自热带北缘高海拔植胶取得成功，成为我国第二大橡胶生产基地。从客观因素而言，与当地独特的地理条件所营造的植胶小气候环境有关。西双版纳橡胶种植区域地处热带北缘丘陵山地，已经超出了赤道以北 15°之外，且北移了 5－6 个纬度，与世界主要植胶国相比植胶海拔要高出 500－800 米，年平均气温低 5－6℃，冬季受低温影响，年割胶期少 3－4 个月，年降水量少三分之一，有半年干旱而且雨季降雨强度大，山高坡陡易引起水土流失，还有受阵性风害和白粉病、条溃疡病等不利因素影响。② 在此种自然环境条件下，西双版纳地区虽可以植胶，但与适宜橡胶生长的环境条件还有一定差距，且这些差距将会危害橡胶树的正常生长。因此，必须要依赖于人为调适橡胶与环境之间的关系，优化、改良橡胶的生长环境。

西双版纳垦区依靠科技进步，根据本地区自然资源条件特点，实施高产稳产的"三项基础工程、六项措施、四项技术"。其中"三项基础工程"主要是指：一是建设高标准梯田；二是选择和培植高产优良品系；三是培育壮苗和高质量定植。"六项措施"分别是：一是修防牛工程；二是广种优良覆盖作物；三是抗寒植胶；四是大田改造和林地整顿；五是贯彻"预防为主，防重于治"的病虫害防治方针，营养诊断，合理施肥；六是营养诊断，合理施肥。"四项技术"：一是适合本地区特点的割胶生产技术；二是安防雨帽割胶；三是戴头灯早割胶；四是割胶制度改革。③

由于橡胶生产技术的创新及发展，西双版纳橡胶实现了高产稳产。以植胶为基础产业的西双版纳农垦，1993 年垦区 66.1272 万亩开割胶园，实现平均亩产干胶达到 102.3 千克，平均株产 5.29 千克；同年全国橡胶平均亩产为 66.8 千克，其中：海南省为 64.1 千克、广东省为 38.3 千克、福建省为 36.2 千克、广西壮族自治区为 26.3 千克、云南省为 88 千克；西双版纳垦区亩产比云南省胶园平均亩产（88 千克）高 14.3 千克，新增加产量

① 中共云南省委农村工作领导小组办公室：《2014 年涉农调研报告汇编》，内部资料，2014 年，第 95 页。

② 西双版纳农垦分局：《西双版纳垦区热带北缘植胶大面积高产综合技术》，1994 年 9 月 20 日，档案号：98－8－61，西双版纳州档案馆。

③ 西双版纳农垦分局：《西双版纳垦区热带北缘植胶大面积高产综合技术》，1994 年 9 月 20 日，档案号：98－8－61，西双版纳州档案馆。

9456.19 吨，新增产值 7358.28 万元；1994 年垦区开割胶园 67.7 万亩，平均亩产达 113.16 千克，比当年全省胶园平均亩产（103 千克）高 10 千克，新增产量 6627.8 吨，新增产值 5729.45 万元。[①] 根据《IRRDB 信息》1992 年报道，世界主要产胶国橡胶产量如下：马来西亚为 70.66 千克、印度尼西亚为 34.66 千克、泰国为 69.33 千克、印度为 66 千克、斯里兰卡为 51.33 千克、科特迪瓦为 113.33 千克，西双版纳垦区 1993 年橡胶单位面积产量不仅创造了全国纪录，而且达到了世界先进水平[②]。这是我国植胶史上继北移成功之后的又一重大突破，主要是由于资源、科技、管理诸方面优势综合作用的结果。

第四节　21 世纪以来西双版纳橡胶急速扩张及小规模减少的动因

一　2000 年至 2011 年西双版纳橡胶急速扩张的动因

2000 年至 2011 年，西双版纳橡胶种植面积的急速扩张，受到了国际橡胶市场价格、国内橡胶工业发展、经济利益驱动以及林权制度改革等多方面因素影响，其中橡胶市场价格以及经济利益驱动，是导致橡胶急速扩张最为主要的因素。在橡胶市场价格暴涨之下，巨大的经济利益刺激了橡胶种植户盲目扩大橡胶种植面积。

（一）国际橡胶市场价格持续上涨

2000 年，中国加入世界贸易组织（WTO）之后，全球经济一体化趋势加快，国内橡胶价格与国际橡胶市场价格波动变化同步。自此，我国开始对所有入境的天然橡胶都纳入配额管理，配额内进口天然橡胶关税由原来的 25% 下降为 12%，天然橡胶产业已完全进入市场经济时代[③]。

---

① 西双版纳农垦分局：《西双版纳垦区热带北缘植胶大面积高产综合技术》，1994 年 9 月 20 日，档案号：98－8－61，西双版纳州档案馆。

② 西双版纳农垦分局：《西双版纳垦区热带北缘植胶大面积高产综合技术》，1994 年 9 月 20 日，档案号：98－8－61，西双版纳州档案馆。

③ 过建春：《从弹性角度看中国天然橡胶市场》，《中国热带作物学会 热带作物产业带建设规划研讨会——天然橡胶产业发展论文集》，中国热带作物学会，2006 年，第 22 页。

21世纪以来，随着国内橡胶需求不断增长，天然橡胶价格整体趋势呈持续上升。2000年，由于受国际橡胶市场价格下跌影响，橡胶的市价呈逐步下降趋势，从年初的9700元下降至年末的8900元，2001年1－2月继续下滑，至2月末市价跌到8400－8500元①。2001年以后，橡胶市场价格有所回升并持续上涨，自2002年6月以来，由于天然橡胶减产、进口关税税率上调、配额发放量减少、汽车产业的拉动以及期货市场的推波助澜，进口橡胶价格上涨一倍，达到14500元/吨②。2002年10月至2008年7月，为全球天然橡胶市场全面复苏并崛起的最好时期③。2003年2月，在投机资金的作用下，国内橡胶价格连续多次暴涨，期货市场上天然橡胶价格越过15000元/吨，橡胶新增资源大幅度增长，特别是进口量增势迅猛；2003年1－2月累计，橡胶新增资源53万吨，增长32%，新增资源量近13万吨，全国消费橡胶约为52万吨，增长15.6%，其中天然橡胶消费不到22万吨④。2005年，天然橡胶价格达到历年高峰，最高价格超过26000元/吨⑤，海口5号标准胶平均价格是15892.23元/吨，最高价格达到17000元/吨；上海标准胶平均价格是16123.81元/吨，最高价格也达到17000元/吨⑥。2006年以来，我国天然橡胶价格强劲攀升，综合干胶平均价首次突破2万元/吨，同年5－6月，所有橡胶产品价格均创历史最高纪录⑦。截至6月底，海南及云南产区现货平均报价由5月的21600元/吨上涨至28200元/吨左右，据中国物流信息中心市场监测，上半年全国天然橡胶市场平均价格比去年同期上涨68.6%，比年初上涨26.7%⑧，橡胶市场价格不断上涨。2007年，全年综合干胶平均价达到2.02万元/吨，仍比2006年高出0.7个百分点，再创历史新高；2008年8月以来，国内天然橡胶价格持续下

① 《天然橡胶市场价的历史现状与趋势》，《上海化工》2001年第5期，第42页。
② 张新华：《橡胶持续涨价应引起重视》，《中国经贸导刊》2003年第7期，第40页。
③ 邢民：《天然橡胶价格暴跌的思考》，《中国农垦》2009年第1期，第1页。
④ 陈克新：《资源水平大幅攀升 市场价格多次暴涨——2003年2月份橡胶市场综述》，《中国橡胶》2003年第7期，第18页。
⑤ 许海平、傅国华、张德生、朱炎亮、张玉梅：《中国天然橡胶需求弹性研究》，《农村经济与科技》2007年第4期，第27页。
⑥ 黄艳：《2005年我国天然橡胶价格创纪录》，《世界热带农业信息》2005年第9期，第26页。
⑦ 邢民：《天然橡胶价格暴跌的思考》，《中国农垦》2009年第1期，第1页。
⑧ 陈中涛：《供应紧张需求旺盛 市场价格大幅上涨——2006年上半年我国天然橡胶市场回顾与下半年展望》，《中国橡胶》2006年第15期，第25页。

跌，国标 – 5 号胶价格已从 2.79 万元/吨的下跌至 1.80 万元/吨左右，两个多月内下降了近 1 万元①。2008 年 1 – 8 月累计，全国橡胶消费量在 275 万吨左右，增幅超过 10%，在橡胶需求结构中，天然橡胶的消费比例开始提高；进入 8 月后，国内供应压力依然沉重，天然橡胶价格继续走低②。进入 2008 年 11 月以后，全国橡胶需求更加疲软，导致新增资源急剧下降，市场价格继续暴跌③。2009 年，全球经济产出的增长率将降至 2.2%，低于 2008 年的 3.7%，全球经济陷入衰退④。

自 2009 年至 2010 年，由于受自然环境影响，中国、泰国等天然橡胶主产国天然橡胶减产，国际市场的天然橡胶供应偏紧，国内外天然橡胶价格上涨；从 2009 年 9 月开始，云南省降水明显减少，高温、少雨天气一直持续，直至 2010 年 3 月上旬，全省降水较常年同期偏少 59%，降水量创下了自 1961 年以来历史最少的纪录，我国天然橡胶减产，橡胶价格上涨，如 2010 年 10 月份，我国天然橡胶综合平均价格环比涨幅突破 10%，达到 13.2%⑤。此时，西双版纳橡胶开割受到干旱影响，比往年推迟了 10 – 15 天，部分开割农场产量不到正常年份的 1/3⑥。此外，2010 年 10 月，我国海南以及泰国则是遭受强降雨引发的洪涝灾害，严重影响割胶的进度以及阻碍交通运输；10 月底，印度尼西亚由于遭受强地震、海啸以及火山等多重自然灾害的冲击，天然橡胶总产量也受到一定影响⑦。2011 年上半年，我国各类橡胶价格均持续出现大幅度上涨，普遍涨幅在 50% 左右，到下半年，因受欧债危机的影响，又由于我国制造业、建筑业、出口贸易形势并不理想，使得我国经济 "硬着陆" 风险增加，引发橡胶市场价格震荡下行，尤其是进入第 4 季度之后，多数橡胶价格同比出现下降，如 2011 年 12 月天

① 邢民：《天然橡胶价格暴跌的思考》，《中国农垦》2009 年 1 期，第 2 页。
② 陈克新：《资源水平大幅回落 消费力度有所增强——8 月全国橡胶市场形势综述》，《中国橡胶》2004 年第 19 期，第 23 页。
③ 《橡胶价格进入震荡筑底阶段》，《橡胶工业》2009 年第 56 卷第 2 期，第 98 页。
④ 陈克新：《橡胶价格走势呈现 U 字形态》，《中国橡胶》2008 年第 24 卷第 2 期，第 27 页。
⑤ 陈中涛：《目前国内橡胶市场价格易涨难跌——10 月份国内橡胶市场分析》，《中国橡胶》2010 年第 26 卷第 22 期，第 28 页。
⑥ 《国内天然橡胶将减产 6% 以上》，《世界热带农业信息》2010 年第 10 期，第 6 页。
⑦ 刘宾：《天然橡胶价格涨势过快 后期或呈现高位宽幅震荡》，《橡胶科技市场》2010 年第 8 卷第 22 期，第 25 页。

然橡胶（SCRWF）每吨均价 27499 元，同比下降 20.05%[1]。

从 2009 年到 2011 年，天然橡胶价格一直处于高位状态[2]。自 2009 年，以天然橡胶期货为代表的资本市场对橡胶产品进行炒作加剧了市场价格的波动，国内天然橡胶价格在 2011 年达到"非理性"的 4.3 万元/吨[3]。由于巨大的经济利益诱惑，极大地刺激了地方民众对于橡胶带来的经济利益的追求，胶农种植橡胶树的积极性大幅度提高，橡胶种植面积急速扩张。天然橡胶价格的高低直接影响胶农植胶的积极性[4]。

（二）国内对天然橡胶原料的需求激增

改革开放以来，随着国民经济的迅速发展，人民生活水平的提高，物质需求增加，进而扩大了对于橡胶制品的消费需求，加之橡胶制品的多样化，使得国人对天然橡胶市场的需求越来越大，橡胶被广泛应用于工业、农业、国防、交通运输、医药卫生和日常生活等各个领域，极大地带动了橡胶工业的快速发展。因此，中国在 21 世纪以来急速扩张橡胶种植面积以提高天然橡胶产量，但由于发展面积受到土地资源和自然条件的严重约束，适宜植胶的土地面积有限，而且国内天然橡胶是典型的劳动密集型产业，成本较高[5]。所以我国的橡胶原料供给主要依赖于进口，一部分依赖于国内天然橡胶及合成橡胶。

21 世纪以来，汽车工业迅速发展，极大地刺激了国内对于轮胎的迫切需求，而天然橡胶是制造轮胎的重要原料。由于国民经济的高速发展，境外大型橡胶制品企业开始向中国大陆转移生产能力以及轮胎等橡胶制品出口量增加，中国天然橡胶消费进入了快速增长时期，逐步成为全球最大的消费国和最大的进口国，如 2002 年，全国天然橡胶新增资源量大约 150 万吨（其中国内橡胶产量约为 54 万吨，进口橡胶量为 96 万吨），同期消费量

① 陈克新：《2011 年我国橡胶市场形势回顾与展望》，《橡胶科技市场》2012 年第 10 卷第 2 期，第 42 页。
② 黄慧德：《2017 年我国天然橡胶将增产》，《世界热带农业信息》2017 年第 1 期，第 4 页。
③ 崔美龄、傅国华：《我国天然橡胶种植户生产行为的影响因素分析——基于橡胶价格持续低迷的背景》，《中国农业资源与区划》2017 年第 38 卷第 5 期，第 86 页。
④ 柯佑鹏、过建春：《中国天然橡胶安全问题的探讨》，《林业经济问题》2007 年第 3 期，第 201 页。
⑤ 柯佑鹏、过建春：《中国天然橡胶安全问题的探讨》，《林业经济问题》2007 年第 3 期，第 203 页。

160万吨，存在10万吨的供需缺口，而2003年，全国工业生产同比增长
17.5%，其中汽车产量增长62%，轮胎产量达到2418万条，比去年同期
增长18.2%①。2003年，橡胶工业总产值达到1275.42亿元，约占全国国
内生产总值的4%，极大地刺激了天然橡胶的消费需求；2004年，轮胎出
口增长超过30%，突破了5000万条，实现了出口交货值增幅超过了交货
量增幅，成为世界轮胎出口大国②。2005年1—10月，累计轮胎产量为
24859万条，增长28.4%，由于橡胶制品产量的强劲增长，使得国内橡胶
消费水平显著提高，如10月全国各类橡胶消费量应当超过45万吨，同比
增幅不低于15%，1—10月累计橡胶消费量达到400万吨③。2006年1—6
月，我国天然橡胶消费约118万吨，比去年同期增长约13%，全国汽车产
量为388.66万辆，比去年同期增长27.8%，轮胎产量突破2亿条，达到
2.03亿条，比去年同期增长14%④。2007年中国轮胎产量达5.5亿条，比
2006年增长了23%，国内天然橡胶消费仍呈持续增长势头，2008年1—4
月，中国天然橡胶累计进口达63万吨，比2007年同期增长了26%⑤。中
国轮胎行业的迅猛发展极大地促进了天然橡胶的需求。

　　云南省的植胶环境条件和土地资源极为优越，适宜于发展天然橡胶产
业，通过提高天然橡胶产量，使我国在复杂多变的国际贸易环境中，更好
地平抑国际天然橡胶市场价格，保障国家战略物资储备供应，确保国防和
经济安全，具有重要的现实意义和深远的战略意义⑥。西双版纳作为我国
仅次于海南的第二大天然橡胶基地，近年来橡胶种植面积的急速扩张以及
丰富的胶乳产量，有利推动了我国天然橡胶产业的发展，有效促进了汽
车、航空航天、装备制造等相关产业的迅速发展，为我国国民经济发展作

　　① 陈克新：《天然橡胶价格持续上涨的原因分析》，《橡胶科技市场》2003年第8期，第19页。
　　② 过建春：《从弹性角度看中国天然橡胶市场》，热带作物产业带建设规划研讨会——天然橡胶产业发展论文集，中国热带作物学会，2006年，第22页。
　　③ 陈克新：《供求关系有所变化 市场价格高位回调——2005年10月中国橡胶市场综述及后市展望》，《中国橡胶》2005年第23期，第24—25页。
　　④ 陈中涛：《供应紧张需求旺盛 市场价格大幅上涨——2006年上半年我国天然橡胶市场回顾与下半年展望》，《中国橡胶》2006年第15期，第25页。
　　⑤ 杨连珍：《2008年上半年中国天然橡胶供需分析》，《世界热带农业信息》2008年第5期，第17页。
　　⑥ 中共云南省委农村工作领导小组办公室：《2014年涉农调研报告汇编》，内部资料，2014年，第93页。

出了较大贡献。橡胶已经成为当地经济发展的主要产业，也是西双版纳地区的支柱性产业，亦是西双版纳地方财政收入的主要来源，更是当地少数民族民众的重要经济收入来源，如西双版纳州农民人均纯收入中橡胶的贡献率达 34%①。由于近年来橡胶价格的持续攀升，极大地带动了胶农种植橡胶的积极性，促进了橡胶种植面积的迅速扩大，橡胶种植成为边疆民族地区少数民族民众脱贫致富的主要致富方式，对于极大推动边疆民族地区社会经济发展起到了重要作用。

（三）巨大经济利益刺激下的“橡胶热”

21 世纪初，随着橡胶价格的暴涨，引发了西双版纳橡胶种植面积急速扩张的高潮，更是吸引了诸多外来商人到西双版纳进行投资，一度进入“橡胶热”阶段。此一时期，西双版纳橡胶种植面积呈极度膨胀之势，尤其是“随着橡胶价格疯狂上涨，可以砍的树都被砍了，而被种植橡胶树来取代”②，“任何地段只要胶苗种下不死就都成了橡胶园”③。此种大规模的盲目扩张种植，只为追求经济利益，而不考虑橡胶种植的环境条件，带来了剧烈的生态环境变迁，严重威胁到边疆生态安全。

橡胶产业是西双版纳州的支柱性产业。至 2003 年，西双版纳州橡胶产值达到 17 亿元，占全州财政收入的 30%以上④，成为地方财政以及少数民族民众的主要收入来源。进入 21 世纪以来，随着橡胶市场价格的持续上涨，在巨大经济利益刺激之下，吸引了更多的本地民众以及外来商人扩张橡胶种植面积。一方面，橡胶种植面积急速扩张；2003 年，西双版纳州橡胶种植面积达到 228 万亩，其中营橡胶农场橡胶种植面积 110 万亩，民营橡胶种植面积达到了 118 万亩，仅 2002 年至 2003 年两年间，新增橡胶种植面积 10 万亩⑤。另一方面，许多外来商人开始到西双版纳租地种植

---

① 中共云南省委农村工作领导小组办公室：《2014 年涉农调研报告汇编》，内部资料，2014 年，第 95 页。

② Rubber industry threatens Yunnan rainforests, https：//www. chinadialogue. net/blog/1884 – Rubber – industry – threatens – Yunnan – rainforests/en（2008 – 09 – 04）.

③ 邹国民、杨勇、曹云清、石兆武、蒋桂芝：《西双版纳橡胶种植业现状、问题及发展的探讨》，《热带农业科技》2015 年第 38 卷第 3 期，第 1 页。

④ 易建华、李雄武：《胶市激起千层浪——西双版纳橡胶产业发展剖析》，《中国农垦经济》2004 年第 8 期，第 10 页。

⑤ 易建华、李雄武：《胶市激起千层浪——西双版纳橡胶产业发展剖析》，《中国农垦经济》2004 年第 8 期，第 11 页。

橡胶，极大地提高了土地以及胶树价格；地价由最初的每亩 200 元涨到 300 元，坡向和地势较好的山地涨到每亩 400 元，已开割投产的胶树由每株 80 元涨到 160 元，一些村民为追求经济效益在海拔 1300 多米的植胶禁区也种上了橡胶，从中获得高额回报，部分村寨周边的水源林被破坏开垦，成片的山脊裸露在外①。

在橡胶价格暴涨阶段，西双版纳地区一些胶农自发、盲目、跟随性的扩张橡胶种植面积现象尤其严重，不考虑橡胶的环境适应性，在超海拔、超坡度和土质较差的环境条件下植胶，致使橡胶树生长缓慢，甚至到了正常的出胶年度还不能割胶生产，种植者即放弃管理。如勐腊县关累镇，2001 年以前植胶面积约 2666.67hm²，但到 2011 年橡胶园面积猛增到 10066.67hm²，10 年间增加了 6666.67hm²，新植胶园 40% 以上的是在海拔 900 米以上、坡度大于 30° 的荒地上开垦种植的，所植橡胶树 10 年以上都达不到开割标准，或开割率太低不值得开割，到 2013 年开割面积只约有 2866.67hm²②。此一期间，橡胶种植面积的急速扩张造成了严重的土地资源浪费，更为重要的是破坏了当地生态环境。

（四）集体林权制度改革

新中国成立后的土改时期（1951—1953 年），一切土地所有者自由经营、买卖及出租其土地的权利，使农民拥有了土地产权和森林资源产权；合作社时期（1953—1957 年），森林资源产权与经营权发生分离，农民个体依然是林地资产所有权主体，但林地资产、林木资产所有权和使用权折价入股，转移给了农村合作社；农村集体化时期（1958—1980 年），通过人民公社"一大二公"将森林资源产权全部收归农村集体所有，农村集体成了森林资源产权唯一主体③。因此，西双版纳山林权属长期未定，管理责任不明确，处于林无主、人无权，自流的垦殖和砍伐状态。1956 年，西双版纳进行和平协商土地改革，废除封建领主土地所有制，同时废除封建

---

① 易建华、李雄武：《胶市激起千层浪——西双版纳橡胶产业发展剖析》，《中国农垦经济》2004 年第 8 期，第 11 页。

② 邹国民、杨勇、曹云清、石兆武、蒋桂芝：《西双版纳橡胶种植业现状、问题及发展的探讨》，《热带农业科技》2015 年第 38 卷第 3 期，第 1 页。

③ 张冲平、李建友、何丕坤：《云南集体林权制度改革的理论思考》，《林业调查规划》2006 年第 5 期，第 134—135 页。

领主对山区民族的土地山林所有制，大森林、大荒山一律收归国有；领主、地主直接经营小块茶园、樟脑林、小块果园及其他经济林木，所有权全部变动；但国有林仍未明确划定，各地仍按传统习惯范围管理山林①。随着社会经济发展和人口迅速增长，林权争执纠纷日益加剧，国家农场的发展，不断扩大垦殖范围，生产生活的用材量相当大，由于界限不清，经常与社、队争执林权，所有权不明确，民众造林积极性并不高，农村特别是山区耕地不固定，靠毁林开荒和种轮歇地，对森林破坏相当严重，由于林权不定，乱砍滥伐，毁林开荒，任意放火烧山等破坏森林的严重现象长期不能解决。农场与地方、农场与社、队群众的关系，山区与坝区，民族与民族等之间的关系日益突出②。

自党的十一届三中全会以来，国务院颁布《保护森林发展林业若干问题的决定》之后，农村集体依然是林地资产所有权主体，通过开展稳定山权林权、划定自留山和落实林业生产责任制的林业"三定"工作，扩大林业经营自主权和实施林业分类经营改革③。我国的林权制度由于时代的局限性，在一定程度上阻碍了林业的发展，尤其是林地产权主体不明晰。1982—1983 年，西双版纳开展了林业"三定"和"两山一地"的工作，在全州制定了责任山、自留山和轮歇地，落实了山林管理责任制，在一定程度上解放和发展了林业生产力；20 世纪 90 年代中期的林权变革中，大部分地方实行了荒山有偿转让，有的地方将荒山、荒地的使用权有偿出让给农户个人④。

2002 年，西双版纳开始首轮"退耕还林"，根据国家退耕还林相关规定，退耕还林的经济林连续补助 10 年，生态林连续补助 8 年，将退耕还林与扶贫结合起来；当时地方政府人员鼓励种植橡胶林，将橡胶作为林地覆盖率的树种之一，并认为橡胶林可以防治水土流失，这就使种植橡胶成为一种环境保护行为，促使地方民众在林地上全部种上了橡胶。自 2006 年

---

① 西双版纳州地方志办公室编纂：《西双版纳州志·中册》，新华出版社 2001 年版，第 329 页。

② 《关于制定林权的意见（征求意见稿）》，1979 年 8 月 1 日，档案号：57 – 1 – 23，西双版纳州档案馆。

③ 张冲平、李建友、何丕坤：《云南集体林权制度改革的理论思考》，《林业调查规划》2006 年第 5 期，第 135 页。

④ 张冲平、李建友、何丕坤：《云南集体林权制度改革的理论思考》，《林业调查规划》2006 年第 5 期，第 135 页。

以来，随着林权体制的改革，进一步放松并明确了山林权属，实现"山有其主，主有其权，权有其责，责有其利"的目标，建立起"产权归属清晰，经营主体到位，责权划分明确，利益保障严格，流转顺畅规范，监管服务有效"的现代林业产权制度，明确了林木林地所有权或使用权①。2008年，西双版纳下发了《关于进一步加大集体林权制度主体改革力度和稳步推进配套改革的意见》，林改范围进一步扩大，主要是集体商品林，包括天保工程区的集体人工商品林木以及宜林荒山、荒地，非天保工程区的集体商品林木、林地及宜林荒山、荒地等②。

二　2012年以来西双版纳橡胶种植面积小规模减少的动因

西双版纳橡胶种植面积减少的原因，主要是由于国际橡胶市场价格暴跌，极大地影响了胶农的植胶积极性，部分胶农开始丢割、弃割、砍胶，并改种其他经济效益较高的短期经济作物，如香蕉、甘蔗、火龙果等。根据西双版纳傣族自治州2017年国民经济和社会发展统计公报数据，西双版纳州橡胶种植面积共457.42万亩，减少了17.9万亩③。2012年以来，由于橡胶市场价格持续降低，严重打击了胶农种植橡胶的积极性，弃割、丢割、砍胶的现象频繁发生，笔者在2016年8月的调研中发现，由于橡胶价格暴跌，当地一位胶农家中50亩的橡胶树全部砍掉，改种香蕉，此种现象在西双版纳地区极为普遍。因此，市场经济的变动是导致橡胶种植面积小规模减少的主导因素。

（一）橡胶市场价格持续低迷

2011年以来，整个橡胶市场行情呈现下滑趋势，从2011年3月至2013年，天然橡胶价格从40000元/吨左右的历史高位（也是橡胶价格38年以来的最高点）大幅回落④。随着人力资源成本上升和环保投入加大，

---

① 《中共云南省委 云南省人民政府关于深化集体林权制度改革的决定》，《云南林业》2006年第5期，第3页。

② 张娜：《西双版纳林权改革前后橡胶种植变化及政策影响原因》，硕士学位论文，云南大学，2015年，第42页。

③ 《西双版纳傣族自治州2017年国民经济和社会发展统计公报》，《西双版纳日报》2018年3月28日第3版。

④ 参见云南省商务厅《2013年市场聚焦：行情持续走低 云南橡胶市场前景不容乐观》，内部资料，2014年。

天然橡胶的生产成本随即上升，而市场行情却一直低迷，导致大量橡胶林被低价出售，很多进入开割期的橡胶林也暂时闲置①。

2012 年上半年，由于欧债危机，我国经济下行压力增大，从而引发橡胶价格震荡走低，至 2012 年第二季度我国经济增速回落至 7.6%，上海期货市场天然橡胶价格跌至每吨 24000 元左右②。2013 年 3 月份，国内天然橡胶市场综合平均价格环比下降 7.4%，同比下降 23.5%，跌幅较上月增加 8.8 个百分点③。2013 年，国内天然橡胶市场价格持续下跌，1 – 12 月，国内天然橡胶累计平均价格较去年同期下降 22.2%；2013 年中旬，景洪市橡胶价格呈下跌趋势，其中一级橡胶价格为 17 – 17.5 元/千克，降幅为 14.2%，二级橡胶价格为 15.5 – 16.2 元/千克，降幅为 16.1%④。

2014 年 10 月上旬，天然橡胶市场价格保持平稳，中下旬开始呈现小幅震荡上扬走势，但整体价格依旧低迷⑤。2015 年 4 月，国内天然橡胶综合平均价格环比下降 1.71%，降幅较上月扩大 0.87 个百分点，同比下降 18.58%，比年初下降 0.98%⑥。2015 年 9 月，胶价环比下降 4.33%，降幅较上月收窄 2.93 个百分点，同比下降 38.04%，1 – 9 月累计同比下降 16.55%⑦。由于供需基本面的改变促使其价格逐步下滑，至 2015 年跌破成本价到最低 1.0 万元/吨⑧。近年来，由于胶价持续低迷，2015—2016 年上半年，海南橡胶园弃管、弃割现象严重，尤其是民营胶园极为突出，弃割率、弃管率分别高达 59%、80% 以上；海胶集团弃割率、弃管率分别高达 30%、50% 以上；2016 年 9 月开始，天然橡胶价格大幅上涨，年初价格

---

① 参见云南省商务厅《云南橡胶价格持续低迷 过度发展可能导致损失》，内部资料，2014 年。

② 陈克新：《橡胶市场依然阴霾笼罩——2012 年上半年我国橡胶市场综述》，《橡胶科技市场》2012 年第 10 卷第 8 期，第 39 页。

③ 董昱：《天然橡胶价格大幅下跌——2014 年 9 月份国内橡胶市场分析》，《中国橡胶》2014 年第 30 卷第 21 期，第 23 页。

④ 马梦雯、王见、李娅：《云南省景洪市天然橡胶价格波动的影响及原因分析》，《中国林业经济》2014 年第 5 期，第 50 页。

⑤ 董昱：《天然橡胶价格小幅震荡上扬——2014 年 10 份国内橡胶市场分析》，《中国橡胶》2014 年第 30 卷第 23 期，第 27 页。

⑥ 董昱：《天然橡胶价格降幅继续扩大——2015 年 4 月份国内天然胶价分析》，《中国橡胶》2015 年第 31 卷第 11 期，第 32 页。

⑦ 董昱：《天然橡胶价格依然下行——2015 年 9 月份国内天然橡胶价格分析》，《中国橡胶》2015 年第 31 卷第 21 期，第 32 页。

⑧ 崔美龄、傅国华：《我国天然橡胶种植户生产行为的影响因素分析——基于橡胶价格持续低迷的背景》，《中国农业资源与区划》2017 年第 38 卷第 5 期，第 86 页。

为 9760 元/吨，年末价格为 16380 元/吨，全年涨幅为 67.83%①。2017 年 2 月，天然橡胶价格又急速下跌②。2019 年下半年，由于受到极端天气影响，天然橡胶产量出现季节性增长，天然橡胶价格出现大幅上涨③。

以景洪市为例，由于橡胶市场价格持续低迷，自然灾害严重，割胶技术未更新，橡胶树破坏严重，胶树产量低，承包户收入大幅度降低，形势十分不利，导致不少承包人停割、弃割。2011 年，全年胶价平均在 27 元每千克左右，至 2015 年，胶价普遍下降到 8－12 元/千克，承包户的收入大幅度下降；职工承包人割一刀 200 株，收入在 50－60 元，非职工承包人就更少了；不少承包户嫌胶价低，割一刀连人工成本和摩托车油钱都不够，直接停刀不割。通过景洪市农垦局调研的四个农场 7 个生产队、12 个居民小组，共走访农场各级干部 40 人，承包户 57 户，承包人 114 人中，其中 5 个农场管委会，停割总人数为 1430 人，停割岗位总数 1931.5 个，停割总面积 9381.1 亩，停割人员占总承包人数比例为 3.6%；自 2015 年开割以来，天然橡胶市场价格一直处于低位，承包户销售胶价在 8－11 元/千克干胶之间徘徊，由于受市场供需求矛盾影响，胶价持续低迷成为目前橡胶产业的"新常态"，短期内市场胶价也不会有太大涨幅。由于受自然灾害、胶价低和割胶技术下降等因素影响，各农场的承包人收入大幅度减少，严重影响家庭生产生活，承包人讲得最多的一句就是，"我今年连饭都吃不饱了，还拿什么来交承包费"。④

近几年来，天然橡胶价格大幅度下跌，频繁出现砍伐胶树、荒废管理和停止割胶的现象，据景洪市农业局统计，目前景洪市未达到更新的胶园已被砍伐改种其他作物的已有 3600hm²⑤。

在"橡胶热"时期，胶农将原有的水果园、水源林，甚至连鱼塘、水田也排干种上了橡胶树，严重影响了天然橡胶产业的可持续发展。但随着

① 黄慧德：《2017 年我国天然橡胶将增产》，《世界热带农业信息》2017 年第 1 期，第 4 页。
② 莫业勇、杨琳：《2017 年天然橡胶市场回顾及 2018 年展望》，《中国热带农业》2018 年第 2 期，第 4 页。
③ 童长征：《2019 年上半年天然橡胶期货市场分析及后市展望》，《橡胶科技》2019 年第 17 卷第 8 期，第 429 页。
④ 景洪市农垦局：《景洪市农垦局资料汇编（2015 年）》，内部资料，2016 年，第 73—75 页。
⑤ 邹国民、杨勇、曹云清、石兆武、蒋桂芝：《西双版纳橡胶种植业现状、问题及发展的探讨》，《热带农业科技》2015 年第 38 卷第 3 期，第 1 页。

2012 年以来，橡胶价格开始跌落，单一种植橡胶所带来的各种问题逐渐暴露，2014 年国内天然橡胶跌到了 2010 年以来的最低价，在勐腊当地一级干胶平均收购价仅为 8 元/千克，使依靠橡胶树为经济来源的胶农难于维持生计，迫使一些胶农弃胶外出打工，甚至砍橡胶树改种其他经济作物，同时，雇工割胶的种植者多数也收益甚微，甚至无收益，难于维持生产，只能采用停割的方式减少损失①。

（二）"走出去"发展战略的实施对橡胶产业的影响

20 世纪 90 年代以来，云南省结合国家境外禁毒罂粟替代种植、大湄公河次区域合作、建设西南开放桥头堡建设等政策的实施，橡胶作为"走出去"发展第一大作物，已经在老挝、缅甸等周边国家取得了发展②。进入 21 世纪以来，云南适宜植胶地区的土地资源逐渐达到极限，并且部分橡胶种植区域超宜胶范围、超海拔、超纬度，部分胶农将原有一些经济作物、薪炭林、水源林都种植上橡胶，这对于云南乃至我国橡胶产业的持续发展极为不利，而且造成了当地生态环境的严重破坏。

2010 年 1 月 1 日，中国—东盟自由贸易区（CAFTA）正式全面启动，为加强与周边国家的互利合作，实施"走出去"发展重大战略方针，通过鼓励国内橡胶公司投资，国营农场转为私人企业，政府给予这些企业以补贴，相当于这些公司在边境对面种植橡胶所花费初始成本的 80%，贷款利息也受到一定补贴，此外，还免除了进口橡胶的大部分关税③。这一举措极大地促进了国内天然橡胶原料的进口，极大地推动了跨境橡胶种植事业的发展，由于老挝、缅甸种植橡胶的成本较国内低，对于国内天然橡胶的销售造成一定冲击，在一定程度上也影响了胶农在国内种植橡胶的积极性，部分边境胶农纷纷出国租赁土地种植橡胶。

至 2004 年，仅云南农垦一些单位和个人在境外开展的橡胶替代罂粟种植面积就达 4000hm²（其中部分胶园已先后投产），并帮助和带动境外

---

① 邹国民、杨勇、曹云清等：《西双版纳橡胶种植业现状、问题及发展的探讨》，《热带农业科技》2015 年第 38 卷第 3 期，第 2 页。

② 汪铭、陈志伟、罗星明等：《云南天然橡胶产业发展情况及政策建议》，《中国热带农业》2014 年第 5 期，第 8 页。

③ ［美］查尔斯·曼恩（Charles C. Mann）：《1493：物种大交换开创的世界史》，朱菲、王原、房小捷、李正行译，中信出版社 2016 年版，第 320 页。

边民种植，发展为一定规模的橡胶园，2004 年干胶产量已超过 400 吨①。据云南省商务厅统计，2007 年，云南省有 102 家企业在缅甸、老挝北部地区实现替代种植面积 65.3 万亩，其中橡胶种植面积为 55.6 万亩，占 85.1%，其他经济作物，如木薯、甘蔗等共 9.7 万亩，占 14.9%；可见，橡胶已成为境外替代种植项目的优势作物，而且综合效益显著②。至 2014 年，云南省已有 30 多家企业采取企业投资、订单收购胶乳、"公司＋农户"合作等多种模式带动境外橡胶生产，在老挝、缅甸境内植胶 140 多万亩，如云南农垦全资的云橡投资公司，2013 年年末累计投资 2.8 亿元，在老挝北部 4 省植胶 8.92 万亩，带动植胶 40 万亩，建有万吨胶厂 1 座，2013 年生产、收购加工干胶 5700 吨，产值 1.14 亿元，利润 2391 万元③。

中国企业在老挝、缅甸地区种植橡胶一定程度上缓解了国内植胶土地资源的紧缺，但由于老挝、缅甸橡胶种植人力成本远低于国内，影响了国内尤其是西双版纳橡胶种植户的切身利益，进而使得许多胶农到缅甸、老挝租赁土地种植橡胶，降低了国内胶农植胶的积极性，一些胶农开始丢荒、砍胶，改种其他如经济效益较高的经济作物，一定程度上使得西双版纳橡胶种植面积小规模减少。

（三）经济作物的多样化经营

自 20 世纪 80 年代，实行家庭联产承包责任制以后，农民获得了土地使用权，可以自由选择种植何种作物。在政府扶持和鼓励下，当地少数民族民众开始种植橡胶，2000 年至 2011 年，随着橡胶市场价格的持续上涨，在巨大经济利益刺激之下，橡胶成为"摇钱树"，更成为农民选择种植的主要经济作物，由于橡胶产生的经济效益远高于种植其他经济作物，遂使农民逐渐放弃其他作物的种植。

自 2012 年以来，橡胶价格持续跌落，胶农遭受到了巨大损失，开始选择其他较之橡胶能获得更大经济效益的经济作物。如香蕉是近年来当地

---

① 瞿意明：《浅谈云南天然橡胶产业"走出去"发展战略的实施》，《热带农业工程》2006 年第 2 期，第 9 页。

② 殷世铭：《云南天然橡胶产业"走出去"发展战略的成效》，《世界热带农业信息》2008 年第 11 期，第 13 页。

③ 中共云南省委农村工作领导小组办公室：《2014 年涉农调研报告汇编》，内部资料，2014 年，第 96 页。

种植较多的经济作物之一，由于香蕉较橡胶经济回报快且高，一些胶农在砍伐完橡胶树之后全部改种香蕉，香蕉逐渐从原本的坝区农田集中分布区域延伸到低山区域，这在一定程度上减少了橡胶的种植面积，但这一选择并非出于生态的考虑，而更多是经济利益的考量。香蕉较之橡胶而言，则又是新一轮的生态灾难，香蕉易受病虫害侵袭，其大面积的单一种植也增加了病虫害的流行与暴发。可以说，单一的生计方式往往很难规避市场风险的，从这一方面来说，农民的选择有时是跟风式的，是一种"非理性"选择。

近年来，香蕉逐渐成为仅次于橡胶的第二大经济收入来源。以勐海县曼芽村为例，21世纪初，为转变单一的经营方式，由当地政府进行扶持，但主要是在外地人来本地租种香蕉之后才开始带动当地村民种植香蕉的。最初，香蕉种植的推广及普及并不受当地农民欢迎，主要是由于现代科学技术的短板，如勐海县财政局免费提供给农户香蕉种子，当时是1千克2角钱，村民觉得价格低，收入少，又不了解香蕉种植技术，并没有种植香蕉的积极性；此后，随着来自四川、安徽和广西的人租用村寨的土地种植香蕉（地租当时是200元/亩，现在是3000元/亩），村民逐渐看到外地人租种香蕉取得了较好的经济收益，也开始种植香蕉，但由于当地人不懂技术，自己种植要请技术员，化肥、农药等费用加起来，种一棵香蕉的成本是40元左右；2009年，随着外来的化肥厂和农药厂组织的技术员在各个代售点免费为村民进行培训，村民才开始大规模的种植香蕉。[1] 香蕉是一种短期经济作物，可以在短期内获得收益，但是成本较高、种植风险也较高，主要是种植香蕉的肥料和农药以及人工成本容易，一般香蕉种植6年很容易得黄叶病，很难治愈，加之，香蕉价格低迷时就会亏本，也因此一些村民不会贸然放弃橡胶树改种香蕉，而是会边种橡胶边种香蕉，或者将土地租出去。

目前，当地农民虽然仍是以经济利益为目标选择种植的经济作物，但是由于橡胶价格的下跌以及种植香蕉的风险性，往往会进行多样的生计选择，如种植橡胶、茶叶、香蕉、甘蔗、热带水果、咖啡、砂仁等多种经济作物。在此种背景之下，单一的橡胶种植转变为多元的经济作物种植，这

---

① 资料来源于2015年云南大学人类学暑期班曼芽村调研报告。

种转变在一定程度上规避了市场的风险性，农民可以通过将土地分配给不同的农作物来应对他们面临的不确定性。同时，农民对于多样生计方式的选择必然会在一定程度上减少橡胶种植面积，并不再或很少进行橡胶林地更新，从这一现象来看，在橡胶价格保持低价或稳定价格的同时，橡胶面积可能会小规模减少，不会继续扩张。

纵观西双版纳橡胶引种及发展的70余年，20世纪50年代以来，由于朝鲜战争爆发，帝国主义对中国实行经济封锁，橡胶被作为禁运的一种，我国不得不为实现橡胶自给而大规模引种橡胶，橡胶开始在西双版纳进行大面积种植。20世纪60—70年代，为实现国防经济建设的迫切需要，橡胶在西双版纳规模化种植，并进行了有史以来第一次大规模橡胶移民。20世纪80年代，随着我国橡胶在热带北缘高海拔种植的成功，一定程度上实现了我国橡胶的部分自给，成为"非传统植胶区"，进一步提升了我国的国际话语权。自橡胶在引种成功以来，在国家政策主导下，开始鼓励和支持大力发展民营橡胶。从20世纪八九十年代以来，橡胶种植面积开始大规模扩张，由于受到国际橡胶价格市场的影响，橡胶价格持续增长，我国进入了"橡胶热"时期，橡胶的巨大经济潜力被激发。21世纪以来，尤其是2006年至2011年，橡胶价格上涨，橡胶种植面积急速扩张，一些胶农开始在超宜胶规划范围、超海拔、超坡度地区种植橡胶；到2012年开始，橡胶价格下跌，民营橡胶中出现大面积砍伐橡胶的现象，开始种植经济价值较高或风险较低的经济作物。因此，西双版纳橡胶的引种历程是与政治、经济、社会、技术、军事、环境等各方面因素密切相关的，在综合性因素影响下，使得橡胶逐步渗透到人与自然之间的互动之中。

第六章 从国家到地方：20 世纪以来西双版纳橡胶发展历程及其影响

第一节 国家主导：20 世纪以来西双版纳国营橡胶农场的建立及发展

中华人民共和国成立后，出于建立独立自主的民族工业体系的需要和国际上反华势力封锁禁运的实际，国家迫切需要发展天然橡胶种植业。20世纪50年代以来，西双版纳丰富的热带资源开始受到高度重视，国家逐步加强对于边疆民族地区的开发，极大地推动了西双版纳地区社会经济的迅速发展，西双版纳在边疆民族地区中的地位不断凸显。改革开放以来，农垦经济进入了高速增长时期。自1956年，规模化引种及发展橡胶以来，地方政府充分发挥农垦部门的队伍优势、管理优势，依靠科技进步，依托本地区优越的热带资源，橡胶大面积北移种植成功，并大面积丰产，初步建成了我国除海南以外的第二个天然橡胶生产基地。20世纪80年代末至90年代前期，西双版纳农垦系统的工农业总产值和上交地方的税费，在西双版纳州工业总产值和财政总收入中所占的份额，均为40%左右；至1993年，西双版纳垦区植胶面积约占全国植胶总面积的9%，其中开割66.13万亩，年总产干胶6.8万吨，约占云南农垦总产量的82.4%，占全国总产量的20%，平均亩产干胶102.3千克，为云南其他垦区平均亩产的1.54倍，为全国平均亩产的1.52倍①。西双版纳橡胶种植面积及产量不仅在全

---

① 西双版纳州农垦分局编：《西双版纳州农垦志》，内部资料，1994年，第1页。

国占领先地位，甚至达到了世界先进水平。

一 20世纪50年代初西双版纳国营橡胶农场建立的背景

晚清民国时期，云南为发展农业生产，开始建立农事试验场。清宣统元年至三年（1909—1911），当地在昆明市北门外高山寺建实验农场，种植粮食、蔬菜、花卉，划圆通山全部为种植桑园①。民国时期，为推动经济发展，国民政府大规模建立农事试验场，创办垦殖局，开发农林牧业。民国元年（1912）5月，云南省立农事试验场在昆明正式成立，主要分为农艺、林艺、园艺、蚕桑、病虫害共五部，对于作物品种进行育种育苗栽培、改良农业生产技术以及施肥、病虫害管理试验②，关于树木繁殖、播种方法、苗木移栽及种子采集方法等方面都有涉及③。民国十八年（1929）至民国二十七年（1938），先后在镇越、佛海、猛混、猛板、景洛、南峤等地设立农事实验场，培育茶叶、樟树、桑树、油桐、蓖麻、棉、金鸡纳、橡胶等经济作物。农事试验场的设立一定程度上开发了当地热带资源，充分发挥了热带资源优势，进一步推动了传统农业生产的近代化转型。

中华人民共和国成立后，由国家主导的国营农场的建立及发展对祖国的社会主义建设和繁荣边疆做出了一定的贡献。1951年，中华人民共和国颁布的土地改革法第15条规定：在分配土地时，县以上的人民政府可根据当地土地情况，酌量划出一部分土地归国有，举办农事实验场和国营示范农场；同年3月31日，西南军政委员会农林部作了具体规定，要求各专、县设立郭勇农场，以加强良种繁殖及示范推广农业科学技术④。

1951年9月，云南省农林厅林业局成立林垦处，随后在车里成立普洱区林垦工作站；同年9月，国务院做出关于扩大培植橡胶的决定，并确定云南为全国第二个橡胶基地；10月8日，云南省农林厅召开了林业工作会

① 云南省地方志编纂委员会编：《云南省志·农业志》（卷二十二），云南人民出版社1996年版，第146页。

② 《云南省立农事试验场一览》，《云南实业公报》1926年第52期，第101—106页。

③ 陈丽萍：《民国时期云南农会研究》，硕士学位论文，云南师范大学，2016年，第43页。

④ 云南省地方志编纂委员会编：《云南省志·农业志》（卷二十二），云南人民出版社1996年版，第146页。

议，决定成立滇西、滇南、思普三区调查工作队，由森林学教授秦仁昌、植物分类学研究员蔡希陶、植物分类学副研究员冯国楣三位专家分别作领队，赴三区调查产胶植及宜胶区域，思茅调查队至江城、思茅、六顺、南峤、佛海、车里、勐腊等地调查，发现有大叶鹿角藤等野生产胶植物资源，并曾引种过苏联橡胶草①。

1952 年，滇西、滇南、思普 3 个林垦工作站成立，确定了培训干部、开辟苗圃、观察母树、引进种苗、割胶试验及宜林地调查 6 项任务后，在潞西、盈江、莲山、陇川、金平、车里等地设场，开始进行巴西橡胶（称为甲种）的引种，印度榕（称为乙种）及藤本胶的扦插繁殖试种②。经过试验，此类藤本、草本产胶植物，产胶量微少、经济价值低、不宜发展，因此重点以三叶橡胶树作为发展方向；由普洱区林垦工作站了解到暹华胶园的情况，并应经理钱仿舟的请求，同意由林垦工作站代管该胶园，吸收钱仿舟为工作站技术员，李宗周为技工，以暹华胶园作为第一个橡胶试验场所③。

1953 年 2 月，云南省垦殖局成立，为发展橡胶生产，设立了普洱垦殖局（筹备处），具体分管西双版纳地区的橡胶发展；4 月，由垦殖局组织中央林业部和东北森林勘察设计队有关专家，并招收包括当地民族在内的临时工共 500 余人，组成勘察设计队，在普洱区调查队调查的基础上，规划农场场址，为大规模种植橡胶做准备④。1953 年 7 月，朝鲜战争结束，随着国际国内形势的变化，中央决定云南垦殖由大规模发展转为小型重点试验，于 9 月 1 日，撤销原有的垦殖局普洱分局（筹备处），成立"云南省林业厅特种林指导所车里特种林试验场"，下设橄榄坝分场（原为暹华胶园），根据试验总结橡胶树在云南不同地区的生长规律、产量水平的科学依据与降低成本的可能性⑤。1955 年 2 月，车里特种林试验场，改称

① 西双版纳州农垦分局编：《西双版纳州农垦志》，内部资料，1994 年，第 98 页。
② 云南省地方志编纂委员会：《云南省农垦志》（卷三十九），云南人民出版社 1998 年版，第 79 页。
③ 西双版纳州农垦分局编：《西双版纳州农垦志》，内部资料，1994 年，第 98 页。
④ 西双版纳傣族自治州林业局编：《西双版纳州林业志》，云南民族出版社 1996 年版，第 9—10 页。
⑤ 云南省地方志编纂委员会：《云南省农垦志》（卷三十九），云南人民出版社 1998 年版，第 79 页。

"云南特林所景洪试验场"①。1955年5月，橄榄坝试验分场首次试验割胶，李宗周试割12株，并用土法把胶乳加工成胶片，胶片经试验场和海南、上海等有关科研单位核实，质量可靠②。

根据《中苏橡胶协定》，中国于1956年上半年开始需要用橡胶偿还贷款和利息，如若国内无法生产橡胶则需进口，还要要加上铬、铝、锡、铅、锑等贵重金属来偿还贷款③，显然以中国当时的条件是无法实现的，必须大规模发展橡胶，这也是导致后期中国橡胶种植历程中出现种种生态问题的根源之一。1956年，中央决定开辟云南垦区，规模植胶，从华南垦殖局抽调干部援滇，正式布点开发；1956年1月，云南省农业厅热带作物局任局长江洪洲先后到景洪坝、勐遮坝以及澜沧江下游沿岸实地规划宜林地，指出："党和政府过去总想在西双版纳大规模发展橡胶，但没有十分把握，不打无准备之仗，现在经过试验场的努力，在理论和时间上，基本上肯定了在西双版纳植胶的可行性。"④ 从此，开始了西双版纳国营橡胶农场的建设历程。

二 20世纪50—70年代西双版纳国营橡胶农场的建立

从20世纪50—70年代，国营农场的建立，基本上奠定了西双版纳橡胶种植的初步格局。西双版纳国营农场可以分为军垦分场、国营垦殖场和地方国营农场三种类型，其中国家垦殖场主要是为发展橡胶而兴办，三个农场统属关系不同、经营方针也不同，军垦农场和地方国营农场是以经营短期农作物为主。

1953年9月，在景洪坝正式成立了西双版纳特林实验场⑤，有计划地引种橡胶，第一批引种的橡胶树是从德宏运来的缅甸种源苗木共510株，于1953年8月29日定植，又由海南岛运来第一批橡胶种子53千克，于10

---

① 西双版纳傣族自治州林业局编：《西双版纳州林业志》，云南民族出版社1996年版，第9—10页。

② 西双版纳州农垦分局编：《西双版纳州农垦志》，内部资料，1994年，第98—99页。

③ 文婷：《1952〈中苏橡胶协定〉与20世纪50年代的云南农垦》，《当代中国史研究》2011年第18卷第2期，第87页。

④ 西双版纳州农垦分局编：《西双版纳州农垦志》，内部资料，1994年，第99页。

⑤ 云南省热带作物科学研究所的前身。

月1日到达并育苗①。因此，钱仿周从泰国运来的橡胶种子，与德宏、海南的橡胶种子三种不同种源，成为最早研究橡胶树在西双版纳的环境适应性的试验材料，也是1956年正式肯定西双版纳可以大规模发展橡胶的重要依据，同年，云南成立省热带作物局，隶属于省农业厅领导，专门负责云南的橡胶发展工作②。1956年，西双版纳第一批发展橡胶的国营农场也同时建立，在橄榄坝建立景洪农场、曼勉农场和南联山农场，并开始有计划地发展橡胶。

1955年4月，中国人民解放军十三军三十七、三十九师和军直1697名复员、转业官兵，到达勐遮坝创办黎明农场，建队8个；1956年1月24日，昆明市青年志愿垦荒队员550余名到达黎明农场，加入职工队伍，成员以社会青年为主，其中女青年占90%以上；同年3月，首批海南、粤西调干到达景洪，其中42人筹建景洪垦殖场，另14人筹建广龙垦殖场。③同年6月，景洪、广龙两场适用特林试验场提供的胶苗，共定植橡胶56亩；同年9月，景洪、广龙2场使用由海南运来的橡胶种子育苗285亩，这是最早建立的橡胶垦殖场；同年11月，第二批海南调干到达景洪，其中7人筹建曼勉垦殖场，另6人筹建曼增垦殖场。④

1957年，在景洪县橄榄坝内建立了橄榄坝农场，勐养坝内建立勐养农场；1958年在勐腊县勐腊坝内建立勐腊农场、勐海县打洛坝内建立打洛农场、景洪坝内建立广龙农场、景洪县勐龙坝内建立东风农场和大勐龙农场；1959年在勐腊县建立勐仑、勐醒、勐远、勐捧、勐润六个农场。⑤ 至20世纪60年代以前，共建立15个国营橡胶农场，均位于坝区，为今后橡胶农场的布局和扩建奠定了初步基础。

1957年1月3日，勐养垦殖场成立；1月28日，橄榄坝垦殖场成立；同年6月，国营勐养垦殖场更名为勐养农场，此后垦区各垦殖场相继改名为国营农场；同年12月，14名华南调干到达勐阿，筹建勐阿农场；1958年1月，省级机关下放干部109人到达大勐龙曼降村旁，建立国营大勐龙

① 刘隆等主编：《西双版纳国土经济考察报告》，云南人民出版社1990年版，第186页。
② 刘隆等主编：《西双版纳国土经济考察报告》，云南人民出版社1990年版，第187页。
③ 西双版纳州农垦分局编：《西双版纳农垦志》，内部资料，1994年，第6页。
④ 西双版纳州农垦分局编：《西双版纳农垦志》，内部资料，1994年，第7页。
⑤ 刘隆等主编：《西双版纳国土经济考察报告》，云南人民出版社1990年版，第187页。

农场，4月，补充退伍军人107人，昆明社会青年124人，昆明陆军步兵学校学员147人，建队6个；同月，国营勐阿农场成立，招工200余人，建队5个；省级机关下方干部300余人到达景洪、广龙、曼勉3场，122人到达黎明农场；同月，国营勐混农场成立；同年2月，思茅地专机关下放干部278人到达大勐龙，在曼秀村旁建立思茅地机关干部实验农场，建队6个；同月23日，省局调干14人至大渡岗创建国营大渡岗农场。① 1958年3月，地方国营景真农场成立，从思茅地区招工505人，建队6人；同月13日，十三军军直三十七师、三十九师专业军官526人分3批到达大勐龙曼别乡，建立曼别农场；同月21日，地方国营勐旺农场建立；5月曼别农场改名为东风农场；6月，景洪、广龙、曼勉、曼增、橄榄坝等垦殖场分别改名为国营农场，后曼勉、曼增又分别改名为飞龙、南联山。② 1959年，景真农场并入黎明农场，9月，勐混农场撤销，迁往勐斑地区新建打洛农场；同月，在勐腊地区同时组建勐腊、勐润、勐捧、勐醒、勐仑5个农场；1960年1月，湖南省醴陵县支边青壮年9227人（含家属3065人）分12批到达景洪、广龙、曼勉、曼增、东风、大勐龙、勐养、大渡岗、勐醒、勐腊、勐远等13场；1960年3月，景洪、勐海、勐腊三县农垦局成立，为各县主管农垦的机构；9月，尚勇、勐伴、勐满3个国营农场在勐腊县组建；10月，湖南祁东支边青壮年12712人（含家属5584人），分别到达垦区18场。③ 1962年1月，关坪由大渡岗牧场划出，单独建立国营关坪农场。④

截至1962年年底，西双版纳国营橡胶农场20个，其中：景洪县10个，包括景洪农场、广龙农场、飞龙农场、南联山农场、勐养农场、橄榄坝农场、东风农场、大勐龙农场、关坪农场、大渡岗畜牧场；勐海县3个，包括黎明农场、勐阿农场、打洛农场；勐腊县7个，包括勐腊农场、勐润农场、勐捧农场、勐醒农场、勐远农场、勐满农场、勐伴农场（育种站）；1963年，由于云南省农垦管理体制调整，实行省局—专局—总场—

---

① 西双版纳州农垦分局编：《西双版纳州农垦志》，内部资料，1994年，第7页。
② 西双版纳州农垦分局编：《西双版纳州农垦志》，内部资料，1994年，第8页。
③ 西双版纳州农垦分局编：《西双版纳州农垦志》，内部资料，1994年，第9页。
④ 西双版纳州农垦分局编：《西双版纳州农垦志》，内部资料，1994年，第10页。

农场—生产队五级管理。①

20世纪60年代初，橡胶发展初期，由于政治运动影响，橡胶生产有所收缩，1962年，云南省委贯彻"一吃二住三橡胶"的方针，如表24所示，植胶面积和株数分别比上年下降22%和12%。② 1966—1976年，由于政治运动，经历了生产建设兵团一师序列的组建与撤销；1970年，组建云南生产建设兵团一师，1970年1月，东风总场组建为云南生产建设兵团第一师第二团；同年2月，景洪、勐养、橄榄坝、黎明、勐腊总场分别组建为云南生产建设兵团一、三、四、五、六团；直至1974年11月，经国务院、中央军委及中共云南省委、昆明军区党委决定，撤销云南生产建设兵团，恢复农垦建制。③ 自此，国营橡胶农场的分布格局基本明确。西双版纳国营橡胶农场主要分布于景洪、勐腊两县，勐海县有少量种植，其中景洪、东风、勐捧3个农场是全国规模最大的橡胶生产企业，勐满、勐腊、橄榄坝、勐醒、勐养5个农场也都以种植橡胶为主，黎明、大渡岗2个农场部分种植橡胶。

1973—1974年、1975—1976年，橡胶生产上经历了两次特大寒害，造成惨重损失，又由于政治因素影响，无论在橡胶定植、中幼林管理还是在割胶方面，存在的问题都比较多，造成了大量橡胶树死亡。据估计，这一阶段种植的树木只有30%存活下来，此外，由于过度采挖和对树木的刺激，采挖面病害成为严重的问题；直至1974年恢复农垦制，到1977年年底，橡胶种植总面积估计为350000公顷，年产量为90000吨④。受"文革"影响，遭受到垦区植胶以来尤为严重的损失和浪费，累计报废橡胶25.17万亩，这一期间即报废23.05万亩，占总报废面积的92%⑤。如图5所示，自20世纪50年代以来，西双版纳国营农场的橡胶种植面积呈稳步增长趋势，但由于两次低温冻害，橡胶种植面积大幅度减少，直至改革开放后橡胶种植面积才逐渐增加。

---

① 西双版纳州农垦分局编：《西双版纳州农垦志》，内部资料，1994年，第15页。
② 西双版纳州农垦分局编：《西双版纳州农垦志》，内部资料，1994年，第99页。
③ 西双版纳州农垦分局编：《西双版纳州农垦志》，内部资料，1994年，第15页。
④ Linkham Douangsavanh, Bansa Thammavong and Andrew Noble：Meeting Regional and Global Demands for Rubber：A Key to Proverty Alleviation in Lao PDR, The Sustainable Mekong Research Network, 2008.
⑤ 西双版纳州农垦分局编：《西双版纳州农垦志》，内部资料，1994年，第100页。

表 24 　　　　　　　　　　**1956—1965 年橡胶生产情况表**

年份（年）	年末实有面积（万亩）	年末实有株数（万株）	开割面积（万亩）	干胶产量（吨）
1956	0.03	0.72		
1957	0.05	1.80		
1958	1.13	39.32		
1959	1.65	56.41		
1960	4.36	62.64		0.37
1961	4.98	134.13	0.02	2.60
1962	3.92	116.04	0.02	6.33
1963	7.37	111.91	0.04	9.80
1964	9.19	246.05	0.09	26.83
1965	12.37	334.92	0.03	48.90
1966	16.64	451.41	0.81	127.54
1967	21.74	479.28	0.83	187.11
1968	23.60	652.34	0.84	187.11
1969	25.92	699.92	1.20	255.56
1970	27.41	735.74	3.39	731.35
1971	32.34	847.60	6.39	1722.69
1972	34.90	831.80	11.78	2931.96
1973	40.60	992.65	12.10	3675.64
1974	40.82	980.19	10.12	1767.08
1975	30.10	679.36	17.19	4837.11
1976	30.27	664.75	16.01	3539.97

资料来源：西双版纳州农垦分局编：《西双版纳州农垦志》，内部资料，1994 年，第 99 页。

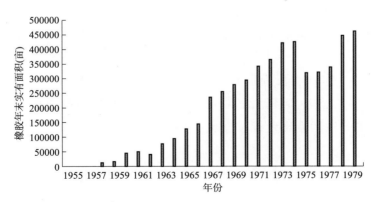

图 5　1955 年至 1979 年西双版纳国营农场橡胶实有面积变化

资料来源：根据西双版纳州统计局编《1949 年至 2000 年西双版纳州历史统计资料》（内部资料，2004 年）进行统计。

三　20世纪80—90年代西双版纳国营橡胶农场大规模发展

改革开放以来，因社会主义现代化建设的需要，橡胶更是成为工业、农业、交通运输、国防建设和人民生活中必不可少的物质资料，其资源价值从军事战略物资转变为经济战略物资，这一转变意味着橡胶的巨大经济潜力开始凸显。20世纪80年代以前，国营农场实行高度集中的管理体制。至1980年中期以后，国营农场体制改革，实行政企分离，自主权逐渐扩大，进行独立核算、自负盈亏。自此，国营农场可以因地制宜发展生产，在以发展橡胶为主的基础上，开发咖啡、砂仁、茶叶等多种热区经济作物，农场内部可以采取多种经营形式，由单一经营改为农工商联合经营，这为民营橡胶的发展提供了便利。

20世纪80年代初，西双版纳垦区共有10个橡胶农场，景洪县有景洪、东风、勐养、橄榄坝、大渡岗5个农场；勐海县有勐腊、勐捧、勐海、勐醒4个农场；勐海县有黎明农场。除大渡岗农场以茶叶为主，黎明以蔗、粮、茶、胶兼营外，其余8场全部以橡胶为主；其中规模最大的为景洪农场，植胶面积已达15.79万亩，规模在10万亩以上的还有东风、勐捧2个农场，5万－10万亩的有勐满、勐腊、橄榄坝3个农场，1万－5万亩的有勐醒、勐养、黎明3个农场，不足1万亩的只有大渡岗农场[①]。

随着国营橡胶农场体制改革，极大地调动了农场职工生产橡胶的积极性。1981年8月7日，《人民日报》报道：云南省农垦系统35个国营农场普遍实行财务包干和建立"定、包、奖"生产责任制，调动了各农场和广大职工的积极性，全系统一年转亏为盈[②]。国营橡胶农场除具有一般国营企业的经济特点外，还具有特有的占地面积广、单位分散、生产项目多、条件差异大、作物生长周期长、季节性强以及受自然因素影响等特点，"定、包、奖"经济责任制的实行，作为企业经营管理的重要制度，对促进国营农场经济的发展发挥了巨大作用[③]。由此改变了国家、农场、职工

---

① 云南省地方志编纂委员会总纂，云南省农垦总局编撰：《云南省农垦志》（卷三十九），云南人民出版社1998年版，第82页。

② 西双版纳州农垦分局党委办公室：《农垦部：中国农垦事业大事记（1949年至1981年）》，1949年至1981年，档案号：98－3－4，西双版纳州档案馆。

③ 《实行"定、包、奖"经济责任制，提高我场社会经济效益》，1981年，档案号：98－3－9，西双版纳州档案馆。

三者之间的关系，极大地调动了企业内部职工的生产积极性，提高了橡胶产量。截至1987年，国营农场种植橡胶面积已有4.86万公顷，1986年，农垦橡胶开割面积1.97万公顷，年产干胶2.5万公顷，每公顷产干胶1267.3千克，单株产量4.69千克，从事橡胶种植业和加工业的职工有33345人；其中：割胶工人19061人，幼树管理工13060人，制胶工人1224人；现有制胶加工厂47座，日生产能力217吨，累计生产干胶16.6万吨。[①] 此一时期，西双版纳国营橡胶农场取得较好的经济效益，成为我国仅次于海南的第二大天然橡胶生产基地，也是我国橡胶高产的主要地区之一。如图6所示，从1980年至1999年国营橡胶农场实有面积呈持续增长趋势。

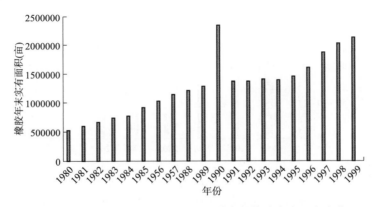

图6　1980年至1999年西双版纳国营农场橡胶实有面积变化

资料来源：根据西双版纳州统计局编《1949年至2000年西双版纳州历史统计资料》（内部资料，2004年）进行统计。

四　21世纪以来西双版纳国营橡胶农场的发展

2000年以来，民营橡胶种植面积迅速扩张，已超过国营橡胶农场种植面积。如图7所示，根据1955年至2018年西双版纳国营橡胶与民营橡胶年末实有面积变化趋势对比，从2000年以前，国营农场橡胶历年种植面积始终是在民营橡胶之上，但2000年以后，民营橡胶种植面积远超过国营农场橡胶种植面积。如图8所示，1960年至2009年西双版纳国营橡胶

① 西双版纳州农垦分局党委办公室：《农垦分局世界银行贷款橡胶项目管理办公室：热带作物综合开发利用项目》，1987年4月，档案号：98-4-11，西双版纳州档案馆。

农场与民营橡胶干胶产量变化趋势对比，民营橡胶的年干胶产量少于国营橡胶农场，即使 2000 年以后民营橡胶的种植面积急速扩张，但国营橡胶农场的干胶产量远高于民营橡胶，这主要是由于国营橡胶农场在生产技术、经营管理上是优于民营橡胶的。21 世纪以来，民营橡胶种植面积逐渐扩张，甚至超过国营橡胶农场，除却胶农、承包户、橡胶公司等民营橡胶群体大规模扩张种植橡胶，也与国营农场产业结构调整有关。

从国营橡胶农场的发展历程而言，国营橡胶农场由国有转变为私有，意味着国家对于橡胶的管控逐渐从地方"退场"，市场开始发挥主导作用。国家控制力度的减弱，一定程度上加速了橡胶种植的无序化。

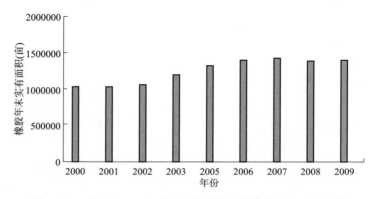

图 7　2000 年至 2008 年西双版纳国营农场橡胶实有面积变化

资料来源：根据西双版纳州统计年鉴（2000、2001、2002、2003、2005、2006、2007、2008 年）进行统计。

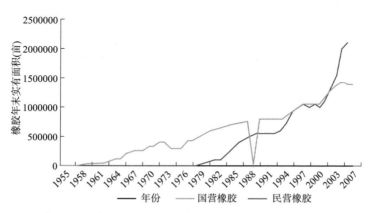

图 8　1955 年至 2008 年西双版纳国营橡胶与民营橡胶实有面积变化趋势对比

资料来源：根据西双版纳州统计局编：《1949 年至 2000 年西双版纳州历史统计资料》（内部资料，2004 年）以及西双版纳州统计年鉴（2000、2001、2002、2003、2005、2006、2007、2008 年）进行统计。

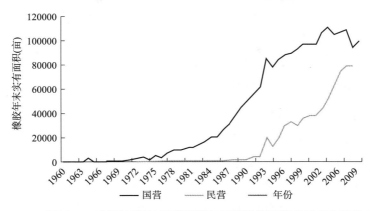

图 9　1960 年至 2009 年西双版纳国营橡胶与民营橡胶干胶产量变化趋势对比

资料来源：根据西双版纳州统计局编《1949 年至 2000 年西双版纳州历史统计资料》（内部资料，2004 年）以及西双版纳州统计年鉴（2000、2001、2002、2003、2005、2006、2007、2008 年）进行统计。

第二节　地方民族经济发展：20 世纪以来西双版纳民营橡胶的兴起及发展

20 世纪以来，西双版纳民营橡胶的发展断断续续已经走过 70 余年的历程。从南洋华侨基于实业救国的初衷投资国内垦殖事业，橡胶资源价值地位从珍贵的军事战略物资转变为重要的经济战略物资，成为与钢铁、煤炭、石油并列的世界四大工业原料之一，极大地推动了国防工业及国民经济建设需要。改革开放后，随着天然橡胶市场的开放，促使民营橡胶迅速发展。21 世纪以来，随着经济全球化，橡胶市场价格暴涨，促使西双版纳民营橡胶种植面积急速扩张，给地方少数民族民众带来了巨大的经济收益，橡胶产业以前所未有的趋势推动了地方民族经济快速发展。

一　20 世纪 50 年代前西双版纳民营胶园的建立

中国较之世界其他橡胶生产国引种橡胶的时间较晚，最早引种橡胶是在 20 世纪初[①]。西双版纳橡胶引种始于 20 世纪 40 年代末，由暹罗华侨钱

---

① 20 世纪上半叶橡胶在中国的引种详见上篇，本部分不再赘述。

仿周将橡胶引种到车里橄榄坝，建立了第一个民营胶园"暹华胶园"，开始了橡胶在西双版纳的早期发展。抗战爆发后，西双版纳战乱频仍，加之资金、技术及劳动力缺乏，橡胶种植并未实现规模化。

（一）20世纪50年代前西双版纳橡胶的引种

民国时期，西双版纳之所以被选为橡胶种植区域，主要得益于暹罗华侨钱仿周。钱仿周在暹罗经营橡胶园多年，具有丰富的橡胶种植管理经验，钱仿周未到车里之前其初衷是在海南岛发展橡胶事业，但由于发展橡胶的土地问题未得到解决，开始转向邻近暹罗的云南西双版纳地区，在车里建立了云南第一个民营胶园，即"暹华胶园"，为西双版纳今后橡胶事业的发展奠定了重要基础。

民国三十五年（1946）7月，暹罗华侨钱仿周经曼谷、新加坡过越南至昆明，由于从昆明至车里交通不便，遂再转到越南，再到缅北重镇景栋，由打洛入境①。至民国三十六年（1947）1月至车里，考察了当地的气候、土壤、植物、风俗等，钱仿周认为车里与爪哇、马来亚的自然与人文环境极为一致，适合种植橡胶，遂向当地政府要求土地，覃参议员保麟代向县府领获小山一座，即车里县景洪坝及橄榄坝，钱仿周将此地作为橡胶种植基地②。

民国三十六年（1947）1月中旬，钱仿周回暹罗报告情况，并领工人陈金昌、李宗周二人，于3月底到车里橄榄坝开辟预备苗圃；5月回暹罗由钱长琛、陈国强等运籽种50万粒，到橄榄坝播种③；当时因未对籽种进行较好包装，同时，一路上由于交通阻碍，途中延误时间较长，"结果种子仍不出芽，树苗如期吐叶"④，此次引种遂以失败告终，其失败的主要原因就在于对橡胶种子的生物特性缺乏科学认识，经长距离、长时间运输，错过了橡胶种子的有效发芽期。虽然引种失败，但科学认识到引种橡胶苗

① 普洱区林垦工作站：《橄榄坝暹华树胶公司情况》，1953年4月2日，档案号：99-1-3，西双版纳州档案馆。

② 云南省政府：《令知云南省建设厅有关办理特设机构在车里县种植橡胶等事已咨复省参议会》，1946年7月24日，档案号：1106-004-03362-008，云南省档案馆。

③ 普洱区林垦工作站：《橄榄坝暹华树胶公司情况》，1953年4月2日，档案号：99-1-3，西双版纳州档案馆。

④ 云南侨务处佛海办事处：《为报归侨钱仿周来车里县种植树胶经过情形事给云南侨务处的呈》，1947年6月6日，档案号：1092-003-00053-0027，云南省档案馆。

较之橡胶种子更易存活。同年 12 月，钱仿周在暹罗包装胶苗 2000 株运输到橄榄坝，在运输时，将椰子壳锤成绒，与肥土搅和，把胶苗的根须包裹起来，再装进木箱①，这样便保证了橡胶苗的长期驮运，使橡胶苗运到橄榄坝时损坏很少。

民国三十七年（1948）5 月，钱仿周回暹罗开始组织暹华公司，全称为"暹华树胶公司垦殖股份有限公司"，以股份制形式筹备资金，每股股金 500 码，每股当时先收股金一半，合泰铢 25 万，由交泰中口银行汇到车里县转交橄榄坝公司②。同年 7 月底，钱仿周率工人李宗周、木德标、姚福美、林冬兰、郑开庭 6 人，从暹罗运来胶苗 2 万株，先后用火车、汽车、马帮辗转，至 9 月 3 日运抵橄榄坝，以 1 银元 1 个雇工的工价，雇请村寨民工协助，将这批胶苗种植于曼龙岱，后又移植至曼松卡，建立了"暹华胶园"，胶园工人四五十人，之后又开辟林地 300 余亩，预备种苗十万株③，实现了西双版纳橡胶的早期引种及初步开发。

（二）20 世纪 50 年代以前西双版纳橡胶引种失败

20 世纪 40 年代末 50 年代初，西双版纳正处在解放过渡时期，战乱频仍，橡胶遭受毁灭性打击，难以维系。

民国三十八年（1949）1 月中旬，正值王少和、鲁文聪等在橄榄坝起义；是时，泰银行转车里县转交之款亦不能按期收获，不但工人工资无法支付，且工友钱长琛等数人伙食亦无从着落，遂工友等纷纷返回暹罗，只留李宗周一人在橄榄坝守胶园④。由于受到战乱影响，胶园资金短缺、工人减少，加之因缺乏技术及管理，橡胶多被胶园周边村寨所放养的牲畜损害，牛马四处奔入胶园，橡胶苗遭践踏，成活率低。因此，钱仿周向暹罗公司汇报情况后，又率工友陈金昌运胶苗 16000 株，拟再来补植，不幸的是运输时适值日本南进，缅政府戒严，不但胶苗不能运来，且被扣留不能要回，当时钱仿周只有将胶苗植于景栋，绕道由佛海打洛回车里，运回种

---

① 赵金丽编译：《橡胶的那些故事》，http：//blog. sina. com. cn/s/blog_ 61b3c09f0100gb4e. html（2009 – 11 – 10）。

② 普洱区林垦工作站：《橄榄坝暹华树胶公司情况》，1953 年 4 月 2 日，档案号：99 – 1 – 3，西双版纳州档案馆。

③ 西双版纳州农垦分局编：《西双版纳州农垦志》，内部资料，1994 年，第 97 页。

④ 普洱区林垦工作站：《橄榄坝暹华树胶公司情况》，1953 年 4 月 2 日，档案号：99 – 1 – 3，西双版纳州档案馆。

植，又经牛害及残匪①，最终导致胶苗成活甚少。

直至中华人民共和国成立之初，民营胶园仅剩余 97 株苗木。可以说，20 世纪 50 年代以前，西双版纳橡胶的引种是以失败告终，并未得到规模化发展，但为 20 世纪 50 年代以后橡胶在西双版纳的大规模引种及发展奠定了重要基础。

二　20 世纪50—70 年代西双版纳民营橡胶的起步阶段

20 世纪 50 年代以来，随着西双版纳国营橡胶农场初步建立，在地方政府鼓励和支持下，民营橡胶开始小规模试点，并扶持、帮助及支持农场周边村寨少数民族民众参与到橡胶发展之中，以场社联营的方式逐步开展。十一届三中全会之后，确定了专门管理民营橡胶的行政机构——乡镇企业局，由此开始了民营橡胶有计划、有组织的发展。

从 20 世纪 60 年代中期至改革开放以前，这一时期是民营橡胶的起步阶段，发展相对缓慢。1964 年 1 月，在景洪召开了云南省农垦总局、中共思茅地委、西双版纳州工委、景洪县委、省热作所负责人参加的会议，研究部署发展民营橡胶，确定景洪县曼景兰乡为发展民营橡胶的试点村，西双版纳省热带作物研究所、景洪农场等单位组织技术人员、民族干部到曼景兰、曼么等村寨发展种植橡胶，由热作所派出技术人员协同乡社干部进行林地规划，指导开垦和提供种苗，这是较早一批民营橡胶试点②。1964 年 8 月，西双版纳民营橡胶完成定植 150 亩；1965 年，各国营农场成立民族工作队（组），帮助农村社队种植橡胶，并提供技术、资金、种苗等，提高社队植胶积极性；民营橡胶发展初期种植品系为国内低产芽接树和实生树，1964 年以后，云南省热带作物研究所和当地农场指导推广国外 PB86、RRIM600、PR107、CT1 四大高产品系；1970 年以后，推广省热作所培育的云研 277 – 5 无性系，云研 1 号有性系等高产抗旱品系③。

20 世纪 60 年代初，原国家农垦部部长王震同志视察云南农垦工作时

① 普洱区林垦工作站：《橄榄坝暹华树胶公司情况》，1953 年 4 月 2 日，档案号：99 – 1 – 3，西双版纳州档案馆。
② 李一鲲：《云南的民营橡胶》，《云南热作科技》1988 年第 4 期，第 1 页。
③ 云南省景洪县地方志编纂委员会：《景洪县志》，云南人民出版社 2000 年版，第 274 页。

指示：国营农场要帮助边疆民族种植橡胶①。1966 年，国务院开始动员群众植胶，共支出 53.8 万元用于鼓励民营橡胶发展；1964—1966 年，云南省共发展民营橡胶约 5000 亩②。1966 年 3－4 月，陈漫远同志根据谭震林同志的指示，带领一个边疆规划工作组去云南搞橡胶发展规划，陈漫远同志在给云南省委的报告中，提出：可以实行以场带社，也可以积极试办以社带场，即由乡联社办小农场，并可在大片五人或人很少的空隙荒地，由国家扶植，从内地移民建集体所有制农场③。从发展形式来看，民营橡胶最初发展形式是从"以社带场"发展起来的，从云南边疆各少数民族的特点和实际出发，种植橡胶和各种经济林木。在此背景下，主要是以社办场，由国营农场积极支持合作社发展橡胶，并在技术、苗木等各方面给予帮助，农场还必须有计划地向合作社输送技术、卫生及会计人员；实际上就是社办橡胶小农场，依靠合作社来发展橡胶和各种经济林木，这种方式可以更好地促进边疆各少数民族群众参与到开发边疆之中，又可以更好地带动地方民族经济发展。④

1967—1976 年，"十年动乱"打断了民营橡胶的进程，已定植的民营橡胶因缺乏管理，损毁严重。由于"文革"影响，社队仅是将橡胶作为政治任务来完成，林地缺少管理，牛吃马踏，各种自然灾害严重，尤其是1973—1974 年及 1975—1976 年受两次低温寒害的影响，由于品系配置不当，橡胶树受到严重损失。到 1977 年年底止，全州民营橡胶实有面积仅为 9296 亩，实产干胶片 324 吨⑤。至 1978 年也只有 10907 亩，1979 年增长到 21741 亩⑥，如图 10 所示，此一时期民营橡胶发展比较缓慢，从 1967年至 1977 年，西双版纳民营橡胶种植面积迅速减少，直至改革开放后才有所增加。

---

① 李一鲲：《云南的民营橡胶》，《云南热作科技》1988 年第 4 期，第 1 页。

② 西双版纳州农垦分局编：《西双版纳州农垦志》，内部资料，1994 年，第 366 页。

③ 西双版纳州农垦分局党委办公室：《农垦部：中国农垦事业大事记》，1949 年至 1981 年，档案号：98－3－4，西双版纳州档案馆。

④ 《薛韬同志对边疆规划工作的谈话纪要》，1966 年，档案号：98－1－60，西双版纳州档案馆。

⑤ 西双版纳州计委：《关于民营橡胶改由地方经营的报告》，1978 年 10 月 9 日，档案号：67－1－1，西双版纳州档案馆。

⑥ 西双版纳傣族自治州统计局编：《中华人民共和国西双版纳五十年——综合统计历史资料汇编（1949—2000）》，内部资料，2004 年，第 192 页。

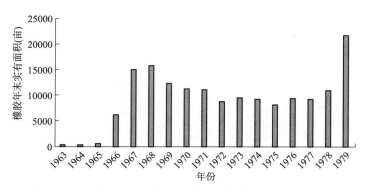

图 10　1963 年至 1979 年西双版纳民营橡胶实有面积变化

资料来源：根据西双版纳州统计局编《中华人民共和国西双版纳五十年——综合统计历史资料汇编（1949—2000 年）》（内部资料，2004 年）进行统计。

三　20 世纪 80 至 90 年代西双版纳民营橡胶大规模发展

20 世纪 60 年代初，周恩来总理曾提出国营和社队经营两条腿走路的方针，坚持国营和社队经营两条腿走路，加速发展橡胶和其他热带作物生产，由农场大力扶持社队和场社联营。1965 年年底，"三五"期间，发展橡胶开始采取农场经营与民营并举的方针，合作社有力量并积极要求发展橡胶，而土地已经列入农场规划范围的，农场应当大力支持，划出适当数量的土地给群众种植，如果土地已为农场种上橡胶，农场可就村寨附近划出一部分胶园包给合作社管理或者划归合作社所有，作为国家对社投资，割胶后分期归还[1]。根据中央和省委的指示精神，为了加速边疆建设，彻底改变边疆落后面貌，边疆七县在 1966 年至 1970 年，以橡胶带头，综合开发，主要包括四种形式：场社结合，以场带社，以社带场，搞社办农场或乡办农场，积极扶持合作社发展橡胶等亚热带经济作物[2]。

改革开放以来，农村经济体制改革，对产业结构进行了调整。西双版纳垦区将带动地方民族发展经济作为民族工作的重点，从而在更大规模上

---

[1]　中共西双版纳州工委：《西双版纳州工委关于全面开发边疆、巩固国防的"三五"规划意见的报告》，1966 年 5 月 30 日，档案号：98 - 1 - 60，西双版纳州档案馆。

[2]　《思茅区关于开发边疆、发展橡胶的酝酿意见（草案）》，1966 年，档案号：98 - 1 - 60，西双版纳州档案馆。

重新起步扶持民营橡胶，从资金、技术、物资等方面作了大量投入。1979年7月24日，国家农委副主任张秀山对云南、广东橡胶农场进行了长达四十天的考察，提出了《关于发展民营橡胶的建议》①。1983年，云南省委、省政府云发〔1981〕3号文件确定，农垦每年从盈利中提取6%（1987年后改为7%）的资金，交由地（州）财政扶持民营橡胶的发展，同时还确定，新发展橡胶种植成活验收后，每亩由农垦补助有偿无息贷款50元，有收益后再逐步偿还，除省上无息贷款及利润提留外，西双版纳分局还支持无偿援助资金53.35万元，贴息为群众贷款936万元，提供种苗282.68万株（无偿的49.41万株）、高产优质芽条30.25万米（无偿的17万米），并派出技术人员、培训芽接技工以及割胶工，还支援胶碗、胶桶、胶舌及制胶设备等②。地方政府的资金、技术、设备支持为当地民众发展橡胶提供了重要保障，促进了民营橡胶的迅速发展，有利于少数民族群众脱贫致富。

20世纪80年代以来，随着经济体制改革，市场机制开始发挥主导作用，土地使用权开始作为商品流入市场，又由于国家开放了天然橡胶市场，鼓励和支持当地民众积极种植和生产天然橡胶，允许地方政府从当地农场和小农户那里购买天然橡胶原料（包括乳胶和片状橡胶），然后将其出售给国营农场工厂，尤其是在土地产权改革之后，民营橡胶发展迅速；1988年12月29日，修改的《土地管理法》明确规定国有土地和集体所有的土地的使用权可以依法转让；1990年5月19日，国务院颁布了《中华人民共和国城镇国有土地使用权出让和转让暂行条例》明确规定，中华人民共和国境内外的公司、企业、其他组织和个人，除法律另有规定者外，均可依照本条例的规定取得土地使用权，进行土地开发、利用、经营③。随着农民逐渐获得了土地使用、出卖、转让、租赁、抵押等权利，加之天然橡胶价格的上涨，许多农户将橡胶林地租给外来商人，据西双版纳靠近边境地区的一个农户所说，"家里租了1500棵橡胶树出去，3年收的租金

---

① 西双版纳州农垦分局党委办公室：《农垦部：中国农垦事业大事记》，1949年至1981年，档案号：98-3-4，西双版纳州档案馆。
② 云南省地方志编纂委员会总纂，云南省农垦总局编撰：《云南省农垦志》（卷三十九），云南人民出版社1998年版，第431—432页。
③ 黄贤金、陈志刚、於冉、李璐璐：《20世纪80年代以来中国土地出让制度的绩效分析及对策建议》，《现代城市研究》2013年第9期，第18页。

是 18 万"①。到 20 世纪 90 年代初，当地的橡胶工厂建立起来，农场和少数民族村寨直接向他们出售生橡胶，1995 年，中国进一步开放了国内天然橡胶市场，允许国营农场和私营工厂直接向制造商销售产品②。此时，在天然橡胶价格上涨的鼓励下，许多外来商人纷纷来西双版纳建立橡胶公司，多种经营形式的民营橡胶迅速发展，促使橡胶种植面积大规模扩张。

20 世纪 80 年代以来，民营橡胶的推广及发展主要是由政府提供资金、技术、物资等方面的支持。在资金方面，20 世纪 80 年代初，发展民营橡胶的扶持资金主要由国营农场承担，对验收合格的民营橡胶每亩扶持无息贷款 50 元，至 1985 年，共支付 935.46 万元；在技术方面，相关部门派出专业人员从梯田规划、开垦、定植、抚育、管理、病虫害防治到割胶的关键环节对村寨进行指导帮助③。1988 年 3 月 13 日，西双版纳州农垦分局与乡镇企业局签订合同，由农垦分局向州乡镇企业局提供扶持民营橡胶发展的贷款和贴息贷款，至 1990 年共派出 40072 人次，至 1993 年仍有 20 余名技术骨干常驻乡镇，农垦部门为村寨培训芽接工 4567 人次，割胶工 14855 人次；在物资方面，提供了芽条 29 万余株，种苗 359 万余株，胶碗、胶舌、胶乳桶、胶刀、磨石等共 227 万件，农膜、柴油、农药、化肥、硫黄粉、冰醋酸等共 226 吨。④

从生产规模看，在地方各级政府、州县各有关部门的领导下，通过农垦的大力扶持和村寨群众自身的努力，20 世纪 80 年代以后，西双版纳州民营橡胶种植面积迅速增长，如图 11 所示。至 1993 年，总面积已达 60.81 万亩，其中，国营农场最集中的景洪县，其民营橡胶规模最大，已跃居全国第一；1993 年，全州民营胶开割 12.1 万亩，干胶总产量 8953 吨；随着大面积民营胶园的逐年投产开割，民营橡胶正在成为西双版纳农村经济发展的一大新兴支柱⑤。

---

① 杨筑慧：《橡胶种植与西双版纳傣族社会文化的变迁——以景洪市勐罕镇为例》，《民族研究》2010 年第 5 期。

② Linkham Douangsavanh, Bansa Thammavong and Andrew Noble. *Meeting Regional and Global Demands for Rubber*：*A Key to Proverty Alleviation in Lao PDR*, The Sustainable Mekong Research Network, 2008.

③ 西双版纳州农垦分局编：《西双版纳州农垦志》，内部资料，1994 年，第 27 页。

④ 西双版纳州农垦分局编：《西双版纳州农垦志》，内部资料，1994 年，第 366 页。

⑤ 西双版纳州农垦分局编：《西双版纳州农垦志》，内部资料，1994 年，第 366 页。

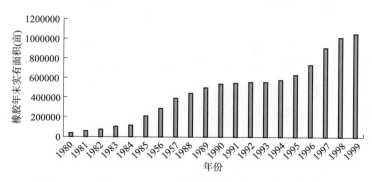

图 11　1980 年至 1999 年西双版纳民营橡胶实有面积变化

资料来源：根据西双版纳州统计局编《中华人民共和国西双版纳五十年——综合统计历史资料汇编（1949—2000 年）》（内部资料，2004 年）进行统计。

十一届三中全会后，由于政策放宽，鼓励农民在搞好粮食的同时大规模种植橡胶。以勐腊县为例，于 1982 年，明确指出："发展民营橡胶要集体、个人一起上，以个人发展为主；个人发展的橡胶园所有 50 年不变，并允许继承。国家在扶持政策上无论集体或个人都一视同仁；允许事业单位种橡胶并划给土地。"① 出现了农村和一些企事业单位种胶热潮，形成集体、个人或联营性质并存的发展格局，调动了群众植胶积极性，推动了民营橡胶的蓬勃发展。

此一时期，民营橡胶在国家政策推动下形成了场社联营、集体种植、农户自营三种主要经营形式。云南省委（1981）3 号文件指出："实行场社（队）联合经营有利于更多地照顾群众利益，改善场群关系；有利于在资金、技术劳动、机械等方面取长补短，发挥优势；有利于合理布局，充分利用资源，避免浪费。"② 西双版纳垦区结合农场的实际和当地特点，实行场社联营。场社联营的方式既有利于对我国自然资源的合理开发使用，也有利于调动社队群众的积极性，发展生产，增加收入，扩大积累，改善生活；可以节约国家投资，在较短时间内，为国家生产更多的橡胶；有利于发挥农场的优势，把国营和民营联系起来，共同发展，共同富裕，共同走社会主义道路；有利于改善场群关系，加强民族团结，使祖国的边疆更加繁荣和稳定。③

---

① 云南省勐腊县志编纂委员会编纂：《勐腊县志》，云南人民出版社 1994 年版，第 233 页。

② 东风农场：《西双版纳州民营橡胶工作会议参考资料——关于橡胶联营的情况介绍》，1982 年 2 月 23 日，档案号：2125 - 005 - 0629 - 019，云南省档案馆。

③ 云南省农垦总局办公室：《参考资料第 1 辑——东风农场和社队联营橡胶的实施办法》，1981 年 6 月 1 日，档案号：2125 - 005 - 0422 - 014，云南省档案馆。

首先，场社联营主要是由农场提供资金、技术等，群众开发土地种胶，投产后按合同分成。以东风农场为例，联营的方式包括两种：一是代加工，利润返还生产队；如胶乳加工，在社队同意的前提下，为了方便群众，降低成本，使社队增加收入，农场可以承担民营橡胶的胶乳加工，农场只收加工成本费，把胶片返回给公社，由公社处理；或者农场按一千克一元四角计算，把钱付给公社，由公社进行分配；民营橡胶的胶头胶线，由公社统一收购，农场帮助代加工，只收加工成本费，把利润全部返回给公社。二是合股经营；此种经营方式主要是由社队出土地、出劳力，农场出资金、出种苗、出技术，进行统一经营，统一核算，林权为双方所有，收益后，按照投入股份，实行利润分成，分成比例，或按四六开，或按三七开，即在当年产值中，扣除成本费用，所得利润，百分之三十至百分之四十分给农场，百分之六十至百分之七十分给社队；为了确保联营项的完成，不论哪一种方式的联营，都要签订合同，组织专业化联营队伍，长期固定，并采用联产计酬的方法，建立岗位责任制，实行专业分工，责任到人，集体经营，奖惩结合，多劳多得。① 场社联合经营橡胶，既可以有效改善场群关系，加强民族团结，又可以兼顾国家、集体、个人三者利益，提高群众联营橡胶的积极性，引导农民走共同富裕道路。《云南日报》《西双版纳报》都对十一队和向东寨的联营作了介绍，向东寨生产队干部说："我们发展水田已经没有出路了，发展山林生产，最好就走种橡胶，可是我们没有资金和技术力量，场社联营，把我们的困难解决了。"②

其次，集体种植。第一种是集体种植，由专业队管理；组织形式包括橡胶公司与胶农联合办场、区办场和乡办场等，专业队管理的胶园有比较健全的责任制，橡胶生产都比分户管理好；第二种是集体种植，分户管理；即将过去集体种植的胶园，折价平均分到农户（也有按人分配），以1984年8月7日的勐龙、小街、嘎洒三个区橡胶折价到户的情况调查为例，勐龙、小街、嘎洒三个区共有169个村寨、16个社办种植队植胶，到一九八四年七月止已累计定植51080亩，户均4亩，其中集体种植42580

① 云南省农垦总局办公室：《参考资料第1辑——东风农场和社队联营橡胶的实施办法》，1981年6月1日，档案号：2125 – 005 – 0422 – 014，云南省档案馆。

② 《西双版纳州民营橡胶工作会议参考资料——关于橡胶联营的情况介绍》，1982年2月23日，档案号：2125 – 005 – 0629 – 019，云南省档案馆。

亩，占84%，个人种植8500亩，占17%，三个区现有开割面积3521亩，1983年产干胶293吨，1983年以来嘎洒、勐龙区都已实行统一规划，个人种植为主，并有52个社先后将集体橡胶到户经营；橡胶种植以户营为主的形式有利于加速民营橡胶的发展，加强对胶林的管理，提高橡胶树成活率；如勐龙区，该区到1983年止累计种植面积13162亩，实际有效面积只有9886亩，存活率为75.5%，有些合作社管理不善，成活率很低，甚至在同一块土地连续种三四年也没有保存下来，分户经营和折价到户以后，这种状况有了明显的改善。① 从勐龙、小街、嘎洒三个区民营橡胶的情况来看，橡胶分户经营，是适应目前边疆民族地区的经营管理水平的，使得生产资料向劳动者的结合更加紧密，从根本上克服了集体统管时的平均主义，从而能够大大激发群众的劳动积极性，加速橡胶生产的发展，使农民更快地脱贫致富。②

此外，由农户自主经营的方式效果较好，由于橡胶林经营的好坏直接关系到胶农的切身利益，因此，胶农更为重视。1980年以后，农村推行家庭联产承包责任制，许多社队将胶园分给农户承包，由农户自主经营，虽然有些胶农自营的胶园可以与农场橡胶相较，但由于有一部分胶农是既种橡胶又种粮食，农忙时管理较为粗放，保苗率虽较高，但橡胶生长状况不太理想。③ 这与少数民族传统的刀耕火种的生产方式密切相关，往往胶农自营胶园的经营管理较之国营农场更为粗放，而且民营胶工由于缺少专业指导和训练，割胶技术较差；也有部分胶农为了多出胶水，严重违反割胶技术规程，日割三四刀次，一般橡胶树正常割胶年限为30-40年，国营农场由于对割胶有严格控制，一般割胶期可以到30年，而胶农自营胶园橡胶树开割后农户为获得更高产量往往多割，导致橡胶树的寿命缩减，由原本30年降到10年；据1987年和1988年勐腊县抽查情况，1983年由县企业管理局组织培训，在全县803名民营胶工中，有少数胶工消灭了"特伤"，伤树最少的胶工伤树率也还有20%。④

① 《勐龙、小街、嘎洒三个区橡胶折价到户的调查报告》，1984年8月7日，档案号：67-1-16，西双版纳州档案馆。

② 《勐龙、小街、嘎洒三个区橡胶折价到户的调查报告》，1984年8月7日，档案号：67-1-16，西双版纳州档案馆。

③ 李一鲲：《云南的民营橡胶》，《云南热作科技》1988年第4期，第3页。

④ 云南省勐腊县志编纂委员会编纂：《勐腊县志》，云南人民出版社1994年版，第235页。

四　21世纪以来西双版纳民营橡胶迅速发展及其困境

进入21世纪，中国加入世界贸易组织（WTO），全球经济一体化趋势加快，中国天然橡胶市场越来越受到国际市场的影响。2000年至2011年，随着橡胶价格的持续暴涨，极大地刺激了当地胶农种植橡胶的积极性，更是吸引了当地甚至外地商人承包土地种植橡胶，纷纷引来诸多投资商建立橡胶工厂及公司。2005年以来，随着国际橡胶市场价格暴涨，民营橡胶种植面积急速扩张，如图12所示。此一时期西双版纳民营橡胶的经营主体主要包括三类：一是民营橡胶公司，二是当地橡胶农户（自己的土地），三是承包户（当地人或者外地人承包橡胶）。

21世纪以来，天然橡胶已然成为西双版纳重要的支柱性产业，更是地方财政收入主要来源之一。2000年，景洪市各乡（镇）的财政收入中，民营橡胶税收占26.5%，占整个农业"四税"的64.6%，其中，橡胶税收入占财政收入比例较高的有景哈乡（74.62%）、基诺乡（73.86%）、小街乡（60.20%）、嘎洒镇（59.07%）、勐龙镇（45.05%）①。可见，天然橡胶已经成为西双版纳州少数民族民众生产生活的主要经济来源。2006年，国际橡胶市场价格暴涨，随着国家取消农业税以及对跨县和跨国界出售农作物的限制的取消，也就意味着农民可以从事跨境贸易，进一步加速了橡胶种植面积的对外扩张，原来的林地多数种上了橡胶树，并将橡胶树种植扩张到老挝、缅甸等地，开始跨境租赁土地种植橡胶。

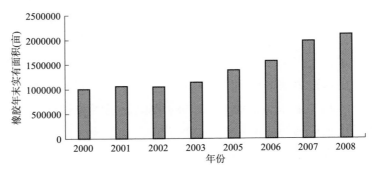

图12　2000年至2008年西双版纳民营橡胶实有面积变化

资料来源：根据西双版纳州统计局编《中华人民共和国西双版纳五十年——综合统计历史资料汇编（1949—2000年）》（内部资料，2004年）进行统计。

---

①　中国热带作物学会云南民营橡胶考察组：《云南省民营橡胶生产考察报告》，《热带农业科学》2001年第4期，第36页。

2012 年以来，随着天然橡胶价格的持续下跌，民营橡胶发展面临着严峻挑战与困局。西双版纳地区的部分民营胶园基本上无专人进行管理，致使胶园逐渐荒芜、杂草丛生，多数胶农种植橡胶只求索取，不进行任何投入，导致橡胶树长势差，胶乳产量长期处于低产水平。根据某镇民营胶园的调查，70% 的胶园不进行 "三保一护"，80% 的胶园不施肥，60% 的胶园不同程度地出现氮、磷、钾的缺素症状[1]。

为解决这一困局，在政府主导下推进技术发展的同时，开展多样化服务，推动传统产业振兴。以勐腊县为例，由勐腊县橡胶技术推广站负责，在提升培育橡胶产业中，从育苗、芽接、定植、幼林管理、病虫害防治、割胶技术等方面，采取下基层为胶农培训、集中开展培训、主动上门技术指导、通过手机互动开展技术服务、"请进来" 授课等多种措施；目前，共设立橡胶病虫害防治监测点 27 个，建设高产实验示范丰产胶园 107 亩，丰产园示范户 7 户。[2] 2018 年，勐腊县完成橡胶标准化抚育技术示范胶园 2000 亩，项目区主要栽种的品种有云研 77 - 2、云研 77 - 4、热研 8 - 79 和热研 7 - 33 - 79 等，良种率达 100%，品种纯度 100%，示范片橡胶树生长明显优于同区域同类胶园。[3] 这一系列措施有利于改变民营胶园失管弃管的现象，加强民营橡胶的科学管理。

第三节 传统分化与转变：20 世纪以来西双版纳橡胶引种带来的人文社会变迁

橡胶作为工业文明的象征以及现代化的产物，使西双版纳从传统社会快速进入现代社会，这意味着原有的政治、经济、文化秩序的转变，由此给西双版纳地方少数民族带来了翻天覆地的变化。20 世纪 50 年代以来，国营橡胶农场的建立和发展反映了国家权力介入之后对边疆民族地区控制力度的逐渐加强，同时，对于当地少数民族乃至整个西双版纳地区而言，

① 黄浩伦、张万桢、黄慧德：《西双版纳州天然橡胶经营与发展研究》，《中国高新技术企业》2015 年第 28 期，第 4 页。
② 《勐腊县指导天然橡胶标准化抚育技术》，http：//xsbn. yunnan. cn/system/2019/06/25/030308443. shtml（2019 - 06 - 25）。
③ 《勐腊县天然橡胶标准化抚育项目通过验收》，http：//xsbn. yunnan. cn/system/2019/07/02/030314613. shtml（2019 - 07 - 02）。

橡胶种植面积的急速扩张既有其积极影响也带来了诸多负面影响。在国家政策导向下，外来移民的大量涌入，带来了史无前例的人口增长、民族结构变化、传统生计方式改变、价值观念转变、生态环境变迁等影响。国营橡胶农场作为国家力量进入边疆民族地区的象征，一定程度上推动了当地社会经济发展，使西双版纳作为边疆民族地区的地位日益凸显。然而，随着国营橡胶农场的衰落，民营橡胶开始迅速发展，市场化、现代化、全球化逐渐成为当地社会的主流。当然，如果没有橡胶这一外来物种的引种及发展，整个西双版纳的社会文化变迁轨迹有可能另当别论，但是西双版纳传统社会文化变迁是历史的必然，即使橡胶没有进入西双版纳，这一变迁历程依然会以另外一种形式演变，其结果可能仍是如此。

一　纠纷与协调：国营橡胶农场与地方民众的关系

场群矛盾实际上是以汉族为代表的国家意识形态与以少数民族为代表的地方意识形态的民族关系的博弈，通过场群之间对土地、水源等自然资源权利的争夺表现出来。国营橡胶农场所在地区大多是少数民族聚居地区，处理好国营橡胶农场与地方民族之间的关系尤为重要，直接关系国营橡胶农场的生存发展以及边疆民族的稳定。民族关系融洽与否更是国家进一步加强边疆民族地区治理的重要表现。20世纪七八十年代，当地贯彻"汉族离不开少数民族，少数民族离不开汉族；农场离不开地方，地方离不开农场"的指导思想①，有利于增进民族团结，改善场群关系。通过国营橡胶农场带动周边村寨的方式，逐渐将工业化、现代化的技术、设备、观念融入少数民族生产生活之中，进一步实现了民族认同与文化融合，维护边疆稳定、巩固民族团结，更好地推动边疆民族地区社会经济发展。

（一）国营橡胶农场带动下地方民族经济的发展

20世纪50年代，国营橡胶农场建设初期，由于边疆民族地区地广人稀、生产水平低，少数民族生活较为贫困落后。国营橡胶农场为改善这一情况，通过场群共建活动，推动边疆文化、教育、卫生等方面的发展。截至1988年年底，西双版纳分局各农场，为村寨打水井129眼，架设钢绳吊

---

①　云南省地方志编纂委员会总纂，云南省农垦总局编撰：《云南省志·农垦志》（卷三十九），云南人民出版社1998年版，第426页。

桥 15 座，架设高压线路 176.8 千米，安装照明线路 62.7 万米，使 299 个村寨共 2.77 万户群众用上了电灯①。此外，农场向群众宣传科学卫生知识，西双版纳分局各农场积极组织群众看病、治病、防病。周边少数民族村寨民众在农场开垦、种植橡胶期间，也向农场提供了牲畜、运输工具、生产生活用地等，在外来移民进入农场期间，由于住房严重不足，村寨民众为农场提供大量建设房屋的竹子、木料、茅草等。因此，国营农场与地方民族之间的关系既有冲突，也有互帮互助，双方之间关系的调和有利于巩固民族团结，促进边疆民族地区社会经济发展。

20 世纪 80 年代以来，为推动民族地区经济发展，国营橡胶农场不再向外部招收职工，少数民族群众开始被纳入农场之中，人群结构的转变，为更好解决场群关系矛盾与冲突，提供了重要渠道②。国营橡胶农场通过鼓励和支持当地少数民族群众发展民营橡胶，使民众从中获取经济利益。如场社联营植胶，据东风农场一分厂十一队与小街公社向东寨生产队进行的试点，联营的形式为合服经营，即社（队）出劳力，负责开垦、定植、林管、投产，农场负责技术指导、种苗、资金［开垦、定植、林管（年）亩投资多少］预计亩橡胶到投产 206－230 元，林权双方共有，投产后逐年偿还投资、利润三七分成，定植树 121 亩，双方都履行了合同，苗木生长很好③。

21 世纪以来，随着民营橡胶的大规模发展，少数民族的收入已经超过国营橡胶农场的工人，极大地推动了地方民族经济发展，加快了工业化、现代化进程，提高了少数民族民众生产生活水平，维护了边疆稳定及民族团结，极大地提高了西双版纳在边疆民族地区中的价值地位。

（二）国营橡胶农场与地方民众之间的纠纷

西双版纳地区场群矛盾突出表现在国营橡胶农场同地方民族农村社队的矛盾。究其原因，在于国营农场初建时，所在地区地广人稀。此后随着

---

① 云南省地方志编纂委员会总纂，云南省农垦总局编撰：《云南省志·农垦志》（卷三十九），云南人民出版社 1998 年版，第 429 页。

② 《云南省农垦系统在西双版纳地区建立农场发展橡胶生产的情况反映》，1980 年 1 月 1 日，档案号：2125－005－0287－025，云南省档案馆。

③ 西双版纳农垦分局民族工作科：《1981 年民族工作情况》，1982 年 3 月 22 日，档案号：98－3－8，西双版纳州档案馆。

国营橡胶农场人口的大幅度增长，开发力度加大，人地矛盾日趋激化。此外，橡胶定植初期，农场经济收入有限，农场与周边村寨的矛盾表现并不突出，但随着橡胶开割胶投产，农场利润逐渐增多，造成国营橡胶农场同周边村寨经济收入悬殊①，使得周边村寨少数民族越来越意识到橡胶的经济价值，部分村民偷割农场胶乳，这在一定程度上加剧了农场与当地村寨民众之间的矛盾。

自农场建立以来，随着场群纠纷的增多，场群矛盾表现得愈加明显，主要表现在土地、放牧和橡胶偷割、鲜胶乳偷盗、水源污染等方面的问题，成为影响民族关系的根源。以勐捧农场为例，从 1974 年到 1997 年，场群间累计发生较大纠纷 22 起，年平均 0.9 起，因土地而引起的 14 起，占总数的 63.6%；因放牧引起的 3 起，占总数的 13.6%；偷胶引起纠纷 2 起，占总数的 9.1%②。首先，场群矛盾的重要原因在于土地纠纷，农场的土地往往是借用、占用村寨的土地，对于农场在土地占用中损害了当地村寨群众的利益主要通过补偿的方式进行弥补；1970 年，东风农场五分场建队时，占用了曼景发一块菠萝地，群众要求赔偿 360 元，但只付了 60 元，之后农场送去欠款③。其次，牛啃橡胶树的现象极为频繁，由于少数民族群众养牛都是放养的方式，将牛赶到山中就不再管了，而牛最爱吃苗圃地的胶苗或者幼树。农场职工则往往将牛赶走或追打，但少数民族将牛视为很重要的东西，因此，极其容易造成农场与村寨村民之间的矛盾。1971 年，勐满农场七队种植的 200 多亩橡胶和苗圃，全部被牛损坏吃掉橡胶后，农场知青砍伤了老乡的牛，老乡不服，全寨出动包围七队，险些造成流血事件④。此外，20 世纪 70—80 年代，关于水源问题纠纷也时常发生，如黎明农场四分场电站的尾水，危害勐阿公社南朗河大队的农田，群众多次提出未解决，后农场拨款一万元将尾水处理好；东风农场医院污水流入

---

① 《云南省农垦系统在西双版纳地区建立农场发展橡胶生产的情况反映》，1980 年 1 月 1 日，档案号：2125 - 005 - 0287 - 025，云南省档案馆。

② 张宁：《国营勐捧农场与原住民的协同发展——以梭罗宅爱尼人为例》，载于尹绍亭、深尾叶子主编《雨林啊胶林》，云南教育出版社 2003 年版，第 41 页。

③ 《关于改善场群关系的情况报告》，1981 年 5 月 27 日，档案号：98 - 3 - 8，西双版纳州档案馆。

④ 《搞好民族团结 共同建设新边疆——勐满农场八分场》，1980 年，档案号：98 - 2 - 76，西双版纳州档案馆。

曼井弯生活用水水沟，群众意见很大，直至医院安装水管将污水排走才得以解决①。

此外随着橡胶价格的上涨，部分村寨村民为追求经济利益往往偷割农场的乳胶。如东风农场附近群众到农场偷抢胶水和泥杂胶的现象严重，五分场七队的胶树被砍伤 200 多株，二分场发现树根被砍伤几千株②。为解泥杂胶的问题，1982 年，州政府制定了泥杂胶的拣收原则；1985 年，《关于加强橡胶产品经营的通知》提出对泥杂胶实行专营的方针，禁止非专营单位或个人收购泥杂胶；1986 年，西双版纳州政府发布保护橡胶资源的通知，使国营橡胶及民营橡胶进一步得到保护，促进了橡胶生产的发展③。20 世纪 80 年代以来，随着民营橡胶的迅速发展，场群纠纷逐渐减少，民族关系得以缓和，当地少数民族民众逐渐从中获得了丰厚的经济收益，经济收入显著提高，使得许多村寨脱贫致富，国营橡胶农场与地方民众之间的矛盾关系得到彻底解决。

二 冲突与融合：汉族移民与地方少数民族的互动

（一）汉族移民进入后人口迅速增长

西双版纳国营橡胶农场的外来移民主要包括转业、退伍的军人、归国华侨、难侨、下放干部、知识青年及社会青年等。20 世纪 50—60 年代，由国家政府主导，组织了中华人民共和国成立以来第一次大规模政策性移民，也可以称为"橡胶移民"。20 世纪 60 年代中期，在"三五"计划内边疆初步计划移民 10 万人，其中 1966 年 1 万人，1967 年 2 万人，1968 年 2.2 万人，1969 年 2.4 万人，1970 年 2.4 万人；5 年内景洪县 4.5 万人，勐腊县 2.5 万人，勐海县 1.6 万人④。移民人口主要来自湖南醴陵、祁东

---

① 《景洪农场收购橡胶的情况汇报》，1987 年 1 月 1 日，档案号：2125 - 006 - 0780 - 027，云南省档案馆。

② 《景洪农场收购橡胶的情况汇报》，1987 年 1 月 1 日，档案号：2125 - 006 - 0780 - 027，云南省档案馆。

③ 云南省地方志编纂委员会总纂、云南省农垦总局编撰：《云南省志·农垦志》（卷三十九），云南人民出版社 1998 年版，第 427 页。

④ 中共西双版纳州工委：《西双版纳州工委关于全面开发边疆、巩固国防的"三五"规划意见的报告》，1966 年 5 月 30 日，档案号：98 - 1 - 60，西双版纳州档案馆。

两县的支边青壮年 21939 人（其中家属 8649 人），于 1960 年分批到达各场①。

1959 年 12 月 28 日至 1960 年 6 月 10 日，第一批湖南青壮年前往西双版纳地区 13 个国营农场参加边疆建设，青壮年 9227 人，各场详细分配名额如表 25 所示，其中青壮年劳动力 6162 人，家属共计 3065 人②。1960 年 8 月 28 日，云南省安置委员会分配 2 万名湖南青壮年到西双版纳地区参加边疆建设，连家属 3.6 万人。1960 年 9 月 8 日，第一批湖南青壮年于 10 月中旬到达西双版纳地区 7000 人。1960 年 9 月 29 日，又分配 2 万名湖南支边青壮年中到达各农场。1965 年，有来自重庆的社会青年先后 1606 人，被安置在西双版纳各场；1968 年，来自北京的知识青年 56 名到达东风农场；同年 10 月，西双版纳组建的五个水利工程团先后接收知识青年 1 万多人；至 1979 年，大部分知识青年陆续返回原籍，大规模、有组织的橡胶移民基本停止，开始招聘当地少数民族职工③。

外来移民的大规模涌入带来了当地人口史无前例的迅速增长。20 世纪 50 年代以前，西双版纳的人口自然增长率很低，约为 5% –10%，出生率高达 40% –50%，死亡率约为 35% –45%，高出生、高死亡、低增长的人口再生产是这一时期的显著特征；20 世纪 50 年代以来，西双版纳人口迅速增加，1952 年，全州人口 212015 人，到 1990 年，人口总数增加到 796352 人，增长约 2.76 倍；1965 年人口自然增长率高达 33% 以上。④ 此一时期人口的急速增长主要是由于 20 世纪 60—70 年代大规模的外来移民的进入。以勐腊县为例，1958 年有人口 45628 人，至 1963 年勐腊农场总场成立后，湖南支边移民迁入各农场，全县人口 3 年间每年增加 2158 人，净增率为 35.2%；1970 年，由于知青"上山下乡"，为人口增长的高峰期，平均每年增加 4292 人，增长率为 51.57%；至 1980 年，人口密度从 1949 年的每平方千米 6.23 人增长到每平方千米 18.87 人；至 1990 年，又

① 西双版纳州农垦分局编：《西双版纳州农垦志》，内部资料，1994 年，第 53 页。
② 思茅专署农垦局：《按安置湖南支边青壮年工作总结》，1960 年 8 月 8 日，档案号：98 – 1 – 7，西双版纳州档案馆。
③ 苍铭：《云南边地的橡胶移民》，载于尹绍亭、深尾叶子主编《雨林啊胶林》，云南教育出版社 2003 年版，第 12 页。
④ 程贤敏、石人柄：《西双版纳的社会变迁与人口再生产类型的演变》，《中国人口科学》1993 年第 4 期，第 28 页。

增加到每平方千米 27.48 人。[①] 人口迅速增长对于地方民族社会带来一定冲击及影响。

（二）人口迅速增长对地方民族社会的影响

随着人口增长，人们对自然资源的索取必然加剧。如西双版纳的哈尼族聚落曼么，由于外来移民的涌入，大量砍伐森林、种植橡胶，人均森林面积由 1963 年的 100 亩下降到 1982 年 20 亩[②]。人口增长是自然资源耗竭、生态环境恶化的关键因素，西双版纳原始森林的减少、生物多样性的降低、生物入侵的加剧等与人口增长之后的过度开发、工业化及现代化进程加快密切相关。

随着汉族移民的进入，汉族人口所占比例增长，民族结构发生变化。从 1977 年年末人口来看，少数民族人口合计 627089 人，占总人口的 63.47%，汉族人口达到 229083 人，占总人口的 36.53%[③]，以汉族为中心的国营农场的分布格局逐渐形成。至 1965 年，勐仑只有 42 个聚落，少数民族聚落 36 个，占总数的 86%；新移民聚落仅有 6 个，占 14%；这一时期，农场聚落刚刚发展，仅占聚落总数的 4.76%；至 1983 年，农场聚落快速增长，发展到 16 个；至 2000 年，聚落较之 1965 年翻了一倍多，达到 88 个，少数民族聚落 48 个，与 1965 年相比，增幅为 33.33%，新移民聚落增至 40 个，与 1965 年相比，增幅达 566.67%，其中农场占了新移民聚落的 45%，共 18 个。[④] 在国营橡胶农场初建时期，除一小部分橡胶种植在被当地少数民族抛荒的轮歇地上，其他大多数橡胶都是通过毁林开荒的方式种植的。从 1965 年至 2000 年，坝区聚落从 26 个增长到 71 个，其中包括 39 个新移民聚落和 32 个少数民族聚落；从生态学角度看，这种聚落的增加既代表着人类活动范围的扩大，也代表着人类活动对自然的干扰程度

---

① 尹仑著：《应用人类学研究——基于澜沧江畔的田野》，云南科技出版社 2010 年版，第 219 页。

② 郑寒：《橡胶种植对西双版纳乡村聚落的影响——以勐仑自然保护区及周边地区为例》，载于尹绍亭、深尾叶子主编《雨林啊胶林》，云南教育出版社 2003 年版，第 73 页。

③ 西双版纳州计划委员会：《国民经济综合统计资料（1977 年）》，内部资料，1978 年，第 3 页。

④ 郑寒：《橡胶种植对西双版纳乡村聚落的影响——以勐仑自然保护区及周边地区为例》，载于尹绍亭、深尾叶子主编：《雨林啊胶林》，云南教育出版社 2003 年版，第 67 页。

增强。① 民族聚落格局的变化使得传统的自然与人文景观发生转变，尤其是进一步导致自然景观的破碎化，原本错落有致的自然与人文复合生态系统也逐渐转变为单一的人工生态系统。

外来移民与当地少数民族之间是相互作用、相互影响的关系。从长期的变化历程来看，汉族移民受到土著民族的影响，因其所处自然环境、所依存的生产方式转变的外部环境之下，其生活习惯、饮食方式、语言及行为等逐渐向本土化转化，以更好地适应当地环境。土著民族在面对"国营农场"这一外来移民群体以及作为工业社会产物的橡胶的强势进入，对于土著民族的传统生产生活方式、风俗习惯、价值观念等造成了很大冲击，土著民族也会在不自觉之中对本土文化进行无意识的传承及保护。从外来移民和土著民族两个不同群体的互动关系而言，为适应当地的人文与自然环境，外来移民被本土化的倾向是更为明显的，土著民族传统文化受到更大冲击，主要是被主流文化所同化，而并非外来移民本身所造成。

三 传统与现代：区域社会文化的变迁与回归

橡胶作为工业文明的象征，引种到西双版纳之后，在一定程度上推动了当地民族社会经济的迅速发展，同时也给当地社会文化带了一定影响。

（一）推动区域社会经济发展

随着现代化进程的加快，国营橡胶农场的建立及发展，推动了区域经济、文化、交通、医疗、教育等的现代化进程，促进了边疆民族地区社会经济的快速发展。

国营橡胶农场建立及发展之后，对周边村寨基础设施建设进行了投资，实现"三通"，即通路、通水、通电，修通了村寨与农场和外界连接的沙石路，自来水、照明灯也通到各家各户。如在1967年以前，根据需要修建勐腊—尚勇、勐腊—勐伴、勐仑—象明等几条公路，作为沟通各农场的主要交通干线②。为更好地开发边疆资源，发展橡胶，新建公路490千米，改建和新建马车路598千米，做到区区和场场通公路，队队有电

---

① 郑寒：《橡胶种植对西双版纳乡村聚落的影响——以勐仑自然保护区及周边地区为例》，载于尹绍亭，深尾叶子主编：《雨林啊胶林》，云南教育出版社2003年版，第71页。

② 《勐腊县橡胶宜林地复查报告》，1961年2月，档案号：98－1－24，西双版纳州档案馆。

话，并充分利用当地电力资源，积极扩大广播网的建设①。以勐捧农场为例，1990年至1997年，投资达1250万元；首先是改变原有住房条件，鼓励建砖混结构的房屋，并每户建房少数民族职工补助6000元，农场投资1045.2万元；其次，改善周边村寨村民医疗卫生条件②。21世纪以来，随着民营橡胶的迅速发展，少数民族群众走上了富裕的道路，极大提高了当地生产生活水平。

（二）传统生产生计方式的淡化与消失

国营橡胶农场作为国家意识形态的象征，其建立及发展对开发边疆民族地区、维护边疆民族团结具有重要作用，促进了西双版纳现代化进程。然而，任何事物都有其正反两面，西双版纳社会经济发展的同时，也使得传统社会文化在少数民族民众生产生活中逐渐淡化与消失。

1. 传统生计方式转变

西双版纳少数民族传统稻作农耕生产方式逐渐丧失。历史时期以来，西双版纳各少数民族就已经形成了以不同地势为标志的民族聚落格局，傣族主要分布于坝区，哈尼族、布朗族、基诺族等少数民族则主要分布在半山区或山区，形成了平坝民族与山地民族的分布格局。因为不同民族所处生态环境有其差异，形成了不同的生计方式，如坝区的傣族以种植水稻为主，稻作曾经是傣族人民的主业，历史上傣族群众曾培育了勐享、毫哈、毫弄索、毫弄干、毫龙尖温、毫龙冷等不少稻谷品种，积累了一整套选种育苗的技术和经验③。山地民族则主要种植旱稻，辅以采集狩猎，西双版纳海拔1000米以下的山地过去曾是山地民族轮歇耕地的主要分布带，刀耕火种由于地类不同和栽培作物的多样化，所以一年间需按季气变化安排各种农事活动，形成了一套系统的土地分类知识和循环轮垦制度④。但随着橡胶的大规模种植，几乎所有的水稻田、轮歇地都被橡胶园所取

---

① 《思茅区关于开发边疆、发展橡胶的酝酿意见》，1966年，档案号：98－1－60，西双版纳州档案馆。

② 张宁：《国营勐捧农场与原住民的协同发展——以梭罗寨啊尼人为例》，载于尹绍亭、深尾叶子主编：《雨林啊胶林》，云南教育出版社2003年版，第50页。

③ 杨筑慧：《橡胶种植与西双版纳傣族社会文化的变迁——以景洪市勐罕镇为例》，《民族研究》2010年第5期，第62页。

④ 尹仑、薛达元：《西双版纳橡胶种植对文化多样性的影响——曼山村布朗族个案研究》，《广西民族大学学报》（哲学社会科学版）2013年第35卷第2期，第63页。

代，以往的多元化作物种植结构转变为单一的橡胶林，以传统的粮食种植为主转变为以经济作物为主，自然生境的改变必然造成周边人文环境的变化。

目前，传统的稻作种植技术经验、气象物候知识以及随之衍生的传统文化或者成为旅游展览，或者被视为非遗传承，往往仅是一些老人还留有记忆或印象。20世纪80年代以后，随着杂交水稻的广泛传入，传统的稻作品种种植面积已经缩小甚至消失，选种育苗的经验技术也已被忘却，对于谷神的定期祭祀也脱离人们的生产生活，虽然还在祭祀"竜林"，但其信仰功能已经大大减弱①。橡胶种植更多是以追逐经济利润为目的的市场行为，随着生计方式的变化，潜移默化地影响着人们日常生活中的习惯行为方式，与稻作农业和山地刀耕火种密切相关的仪式、典礼、信仰空间等将逐渐变得不再重要②。

2. 传统生活方式转变

21世纪以来，随着民营橡胶种植规模的扩大，原本多元的农业种植结构被单一的橡胶种植所取代，当地少数民族一年之中的传统生产节律活动发生转变，人们的全部生活都围绕着橡胶进行。橡胶的割胶期一般从4月持续到11月，由于割胶，少数民族传统的生活规律被打乱，植胶、割胶、卖胶、管理胶树成了人们生活的中心，许多男子白天睡觉，晚上喝酒唱歌。在调研时，据一些胶农说，胶价好的时候，挣钱也多，晚上去镇上吃饭唱歌，到凌晨三四点去胶园割胶，早晨6点多又去收胶，再去卖胶，之后回家睡觉。

由于橡胶给当地民众带来的巨大经济收益，当地民众由依赖于自然转变为依赖于市场，生活中所利用的自然资源减少。如传统民居建筑的变迁，随着橡胶经济的发展，当地少数民族民众获得了丰厚的收入，也就使得民众盖房的需求持续上升，但由于橡胶的大规模扩张严重破坏了森林资源，导致木材减少，使当地民众以木材为主要建筑材料的传统建盖模式受到影响，同时因汉族带来的新建筑技术传入，从20世纪90年代初以后西

---

① 尹仑、薛达元：《西双版纳橡胶种植对文化多样性的影响——曼山村布朗族个案研究》，《广西民族大学学报》（哲学社会科学版）2013年第35卷第2期，第65页。
② 吴振南：《生态人类学视野中的西双版纳橡胶经济》，《广西民族研究》2012年第1期，第147页。

双版纳地区出现了大量的砖混结构民居，传统干栏式建筑走向"地面化"的趋势①。

（三）传统与现代碰撞下价值观念的转变

随着全球化进程的加快，其影响力已经渗透到中国社会生产生活的各个领域之中，使人们的价值观念发生了巨大转变。橡胶作为跨文化扩张产物使本土价值观念受到了冲击，随着外界文化的传入及渗透，少数民族传统文化中宗教信仰、风俗习惯、乡规民约等不再是指导人们思想行为的唯一标准，更多的是受到市场经济、异域文化、国家意志等外界因素的影响。橡胶进入西双版纳之后，加快了当地工业化、现代化进程，在工业文明发展过程中，当地少数民族传统社会文化显然无法适应，必须要做出选择和调适，否则就会被同质化，失去一个区域的独特性和鲜活力量，更会造成中华民族传统文化传承的断裂。

1. 传统生态环境保护观念转变

西双版纳当地少数民族传统的生态环境保护观念发生转变，给传统生态文化的传承及保护带来巨大冲击，造成当地生态环境破坏加剧。西双版纳少数民族多数奉行"万物有灵"的观念，在其观念中，水、农田、粮食和人都来自森林，如傣族谚语："有林才有水，有水才有田，有田才有粮，有粮才有人"的说法，将森林、水源、田地、粮食贯穿在一起，形成傣族独有的生态观念②。西双版纳有30余个大大小小的自然勐，600多个傣族村寨，每个寨子都有"竜社曼"，即寨神林，"竜林"即是寨神（氏族祖先）、勐神（部落祖先）居住的地方，里面的一切动植物、土地、水源是神圣不可侵犯的，严禁砍伐、采集、狩猎、开垦，即使是风吹落的枯枝落叶或者枝头掉落的果子也不能捡③。

随着橡胶价格的暴涨，在巨大经济利益刺激之下，逐渐改变了当地民众对其生存环境的传统认知，如勐罕镇曼塘村曾被村民视为神圣禁地的"竜林"，人们为追求巨大的经济利益，开始大规模种植橡胶，"竜林"被

---

① 常振华：《西双版纳橡胶经济发展与傣族民居的变迁》，硕士学位论文，青岛理工大学，2011年，第18页。

② 云南省民族学会傣学研究委员会编：《傣族生态学术研讨会论文集》，云南民族出版社2013年版，第494页。

③ 西双版纳州地方志办公室编纂：《西双版纳州志·中册》，新华出版社2001年版，第329页。

砍伐，原先近50亩的"竜林"，现在仅剩下3亩左右，传统的祭神仪式也逐渐消失①。橡胶的进入不仅改变了人们的环境认知，更是使得长期延续与传承的传统生态文化发生断裂。

（四）传统社会文化的"回归"

橡胶种植带来的区域社会文化变迁已经成为学界定性的认识，或者说已经形成一套成熟的研究范式，尤其是人类学、民族学探讨了橡胶这一外来物种进入之后，传统社会、文化、经济、生态环境等的变迁。这一人文反思主要是在橡胶从战略物资转变为生态破坏物种的背景下进行思考的。

橡胶种植区急速扩张后，带来的外界文化逐渐将本土传统文化置于较为被动的处境之中，在工业化、现代化、全球化的过程中，当地少数民族传统文化被强势文化所代替，但也有所吸收。归根结底，这一传统社会文化嬗变的根源则是地方社会经济的迅速发展导致，原生生态系统平衡被打破，人工生态系统占据主导，传统文化的存在需要依托的自然生境消失，传统文化所依存的载体必然消失。即使进行传承及保护，也仅是刻板的记忆，已经不再具有某种独特的文化内涵和功能。

因此，阻止文化传承的断裂就必须将传统文化赖以依存的媒介进行恢复，即保护、修复、治理因橡胶种植所带来的生态环境问题，尽最大可能在合理区域内恢复原生生态环境。生态人类学家尹绍亭提出通过恢复和重建少数民族村寨的自然圣境和宗教祭祀仪式，以传统文化为依托，以保护自然生态系统中的动植物及其生态服务功能为目的，启发村民的文化自觉，树立民族自信心，重新认识民族文化的价值，继承和发扬优良文化传统②。可以将其视为一种区域社会文化的"回归"，这种回归是建立在重塑自然圣境的基础上，通过恢复原本生境的生物物种，修复被破坏的生态系统，建立多元的生物群落，再进一步强化传统文化中值得延续和传承的风俗习惯，以此避免现代化成为当地少数民族民众生产生活的全部，适当"回归"传统，增强民族文化自信。

因此，应当重视地方民众对于生态修复的认知。虽然橡胶种植之后的

---

① 杨筑慧：《橡胶种植与西双版纳傣族社会文化的变迁——以景洪市勐罕镇为例》，《民族研究》2010年第5期，第65页。

② 本部分内容已发表于《原生态民族文化学刊》2019年第11卷第3期，第155页。

现代科学知识逐渐取代了传统知识及经验，但是当地少数民族民众仍然记得哪里曾经有溪流，哪里的水源在种植橡胶后干涸，年长的老年人记得过去在什么地方种植什么树，可以从山地民族轮作种植经验中知道如何在开垦的土地上恢复森林，因此，地方性知识尤其重要，特别是老年男性和女性的本土生态知识，对于恢复自然森林景观可能也起到一定作用。[①]

当前的环境友好型生态胶园对于生态修复作用并不明显，应进一步依赖于减少橡胶树的面积或者改种本土树种，以更好地修复本土生态，这就需要当地民众的广泛参与。在当下橡胶价格走低的市场环境下，应进一步启发当地民众自觉维护生态的意识，增强文化自信，回归"传统"。当然，本土生态知识不是静态不变的，也是动态的并不断发展的，应保持本民族独特性，将本土生态知识纳入到国家政策与学界研究之中，以资源优势转化为生态优势，将生态优势转变为经济收益，更好的打造本区域的"绿色品牌"优势，从而实现生态效益、经济效益、社会效益的统一。

四 单一与多元：农业种植结构的调整与转变

历史时期以来，西双版纳地区农业种植结构经历了从多元到单一再到多元的转变历程，这是自然选择到人为与自然双重选择的结果。

（一）农业种植结构趋于单一化

西双版纳少数民族种植的传统作物主要以粮食作物为主，稻谷为其主业，兼种苞谷、棉花、大豆、茶叶等作物。尤其是清中后期，西双版纳地区开始大规模种植罂粟，直至民国时期仍有种植；晚清民国时期，基于西双版纳地区丰厚的热带资源以及边疆民族地区开发的需要，国民政府开始大规模建立农事试验场，推广种植油桐、茶叶、樟树、桉树等经济价值较高的林木，但仍是以稻谷为主业，如谷类植物有白糯谷、紫糯、香糯、白粳谷、红粳谷、香粳谷、旱谷，还兼种其他农作物高粱、荞麦、玉蜀黍、芝麻、小黍等[②]，房前屋后还会种植椰子、杧果、波罗蜜、番木瓜、香蕉以及芭蕉等热带水果。

---

① Janet C Sturgeon, Nicholas K Menzies, Noah Schillo. Ecological Governance of Rubber in Xishuangbanna, China. 10. 4103/0972－4923. 155581 (2015－04－21).

② （近人）李拂一：《车里》，商务出版社1933年版，第19页。

20世纪50—80年代，随着国家力量的介入，橡胶开始大规模试种和推广，大部分的轮歇地都被种植了橡胶，此时橡胶主要由国营农场主导种植，当地少数民族民众并未开始大规模种植这一外来物种，主业仍是以稻谷为主，农业种植结构已经有从多元向单一作物的转变趋势。国营农场以橡胶为主，有计划有重点的栽培其他热带亚热带经济作物，尤其是在橡胶育苗、幼林时期，往往会套种玉米、稻谷、咖啡、砂仁等作物。为了更好地贯彻"一业为主，多种经营"的方针，西双版纳国营农场1978—1985年规划其他热带、亚热带经济作物50万亩，其中：茶叶15万亩，咖啡2万亩，水果13万亩、油茶10万亩，南药、香料和其他热带作物10万亩①。但橡胶种植的面积远远超过其他作物，这也是农业种植结构趋于单一化的标志。由于橡胶种植必须要将原有植被砍伐殆尽，不论是原始森林还是次生植被，这样就导致自然景观的单一化和破碎化。即使是在人工橡胶林地间作其他作物，维持物种多样性，但其生态功能已经被削弱，与原生生态系统的生态功能相差甚巨。

20世纪80年代以来，随着土地承包、林业"三定"、两山一地等政策的实施以及国家鼓励和扶持发展橡胶的举措，民营橡胶开始大规模发展，在市场经济推动下，少数民族民众越来越意识到种植橡胶可以获取比种植其他经济作物更大的收入。至2000年，几乎每个少数民族家庭都种植了橡胶，即使是1250米处的超海拔地带也种植上了少量橡胶②。在巨大的经济利益刺激下，村民选择了经济价值最高的作物，放弃了传统作物，日常生活所需粮食、蔬菜等多是花钱购买，因为大多数少数民族已经很少种植水稻、旱稻等，被卷入世界经济体系的西双版纳社会已经商业化。目前，西双版纳市场上流通的稻米大多数是来自其他地区，或是周边国家、抑或是西双版纳以外的云南及其他省份，仅有勐海县勐遮、勐满等坝区规模化种植稻谷，有版纳"小粮仓"之美誉，景洪、勐腊这两个区域曾经是种植稻谷的主要分布区，现在主要是种植橡胶、茶叶，很少规模种植其他作物。

橡胶种植的面积远远超过其他作物，这也是农业种植结构趋于单一化

---

① 《关于国营农场1978—1985年在西双版纳发展橡胶及其它热带、亚热带经济作物土地规划的意见》，1978年11月27日，档案号：98－2－55，西双版纳州档案馆。

② 郑寒：《橡胶种植对西双版纳乡村聚落的影响——以勐仑自然保护区及周边地区为例》，载于尹绍亭、深尾叶子主编：《雨林啊胶林》，云南教育出版社2003年版，第68页。

的标志之一，意味着西双版纳少数民族民众所面临的市场风险加剧。虽然橡胶带来的巨大经济利益给西双版纳少数民族民众带来了丰厚的收入，使得众多少数民族民众脱贫致富，有了稳定的经济来源。然而，农业种植结构的单一化，增加了地方民众对于市场的依赖性，完全受市场所左右，风险性增加，导致许多胶农在产业结构中的选择更具有盲目性、自发性，往往为获得巨大利益而忽略生态，单一大规模扩张种植橡胶，传统粮食作物、经济作物则被抛弃。一个个体的行为也会影响其他个体或群体，这就是经济学中所说的跟风心理，从而导致盲从，最终必然会遭到失败。这种盲目性加大了民众在应对市场突变时的风险，一旦遭遇自然灾害或者市场形势转变，则会面临更大风险。如2013年以来国际天然橡胶市场价格下降，许多胶农基本生活都无法维系，致使砍胶、弃胶、丢胶现象突出，这对于橡胶产业的可持续发展将会带来严峻挑战。

（二）多元立体的农业种植方式

土地利用方式变化会改变土地覆被，其结果不仅对土地覆被本身，而且对地方、区域甚至全球生态环境也会产生严重影响。目前，西双版纳州土地利用以农用地为主，比例为94.19%，其中，耕地占农用地总面积的7.67%、园地占31.27%、林地占58.65%；由于西双版纳州所处纬度、海拔、温度、降水量等因素对橡胶生长具有得天独厚的优势，是我国天然橡胶最重要的产地之一，故其他园地（橡胶园）在园地利用现状中比重最大，为84.79%，其次为茶园（14.73%）[①]。随着橡胶、茶叶等经济作物的大规模扩张种植，西双版纳土地利用方式趋于单一化。为规避单一种植带来的市场风险以及维护生物多样性，在政府主导下全面推进环境友好型生态胶园建设以及生态茶园建设，推广香蕉、甘蔗、澳洲坚果、火龙果等多种热带作物，以实现生态效益、经济效益和社会效益相统一。

党的十八大以来，生态文明建设开始纳入"五位一体"总体布局之中，在这一背景下，2015年，为促进橡胶产业的可持续发展，按照中央农村工作会议提出的"建设资源节约、环境友好型农业"，全面推进环境友好型生态胶园建设，在西双版纳垦区科研单位，建设3个生态胶园科技示范区，开展生态胶园关键技术的系统研究，示范展开研究成果和不同模式

[①] 资料参见《西双版纳傣族自治州资源环境承载力评价》，2017年。

的生态胶园，每个橡胶农场要建设面积不小于 1000 亩的生态胶园生产示范区，示范展示成熟的环境友好型生态胶园建设模式和配套标准化生产技术。[①] 以此更好地协调环境保护与经济发展之间的关系。

环境友好型生态胶园通过充分利用胶园丰富的林下资源和林荫空间，大力推行林下种、养相结合。景洪、东风、橄榄坝等农场在示范区采取宽航密株种植形式（每亩定植 25 株），采用混种、间套种等方式，在林下种植菠萝、砂仁、树菠萝、辣木、诺丽等经济作物，养殖蜜蜂、山鸡等，打造胶—果、胶—草、胶—苗、胶—药、胶—花、胶—禽、胶—蜂等新的生产模式，形成新产业，培育新亮点，提高土地利用率和产出效益，增加职工收入，丰富胶园生物多样性[②]。在更新期的橡胶林地均处于橡胶种植的最适宜区，生态条件优越，其一是提倡橡胶 + 固氮绿肥植物 + 功能性植物，如景洪农场采用此模式，在更新胶园 2 米内种大叶千斤拔，2 米外种植一行树菠萝；其二是橡胶 + 珍贵树种 + 经济作物，如东风农场采用在更新胶园边缘种植珍贵树种，在原根病区种植树菠萝、沉香、砂仁；橄榄坝农场在更新胶园边缘种植珍贵树种，在保护带种植菠萝；如勐满农场在更新胶园边缘种植珍贵树种，在保护带 2 米内种玉米、黄豆，中间种植树菠萝；勐腊农场在更新胶园山顶种植海南黄花梨，道路两旁种植树菠萝，保护带中种植黄豆、花生等经济作物。[③]

① 西双版纳州农垦局提供资料：《云南农垦 2015 年橡胶生产指导意见》，内部资料，2015 年。

② 西双版纳州农垦局提供资料：《西双版纳州农垦局关于报送 2015 年版纳农垦 0.9 万亩环境友好型生态胶园建设实施方案的报告》，内部资料，2015 年 7 月 30 日。

③ 西双版纳州农垦局提供资料：《西双版纳州农垦局关于报送 2015 年版纳农垦 0.9 万亩环境友好型生态胶园建设实施方案的报告》，内部资料，2015 年 7 月 30 日。

第七章　人与自然和谐共生：西双版纳橡胶扩张的生态修复实践

　　中国橡胶引种历程并非一部环境破坏史，而是橡胶、环境与人之间的互动关系史，这一过程中既有橡胶与环境之间的互动，也有人与橡胶之间的互动，但终究是人与自然之间的互动，既有冲突也有融合。正如王利华教授所提到的"环境史既然研究人与自然的互动，就不应以环境是否出现问题为指归，因为人与自然的冲突只是人与自然关系的一个方面。所以，环境史不仅需要研究人与自然之间的矛盾冲突，还要研究历史上二者之间的磨合、融合相处"①。人与自然之间的互动关系需要在不断地调适过程中协同共进。因此，应将人类置于整个自然界之中，作为单个生物群体看待，人与自然并非各自分离，人与自然处于同一个生态系统之中，人类在不断的认识自然、改造自然的过程中，自然受到人类的干扰也不断给予人类不同的反馈，人与自然之间的关系最终走向和谐共生、协同共进。

第一节　西双版纳橡胶扩张对边疆生态安全的影响

　　边疆生态安全是国家生态安全的重要组成部分，维护边疆生态安全更是推进生态文明建设的重要举措。生态安全需要构建人类、生物以及非生物之间永续发展的生态系统，自然生态系统的平衡是维护生态安全的环境需求，环境需求是人与自然和谐发展的维系基础，由于部分生态系统存在

---

① 钞晓鸿：《环境史研究的理论与实践》，《思想战线》2019 年第 4 期，第 117 页。

生态环境脆弱、人为造成的生态系统单一化、外来物种入侵等问题，人与自然之间的关系受到了严重威胁①。橡胶种植区域的急速扩张是人类为满足其自身经济诉求忽视生态而进行的选择，从而加剧了环境保护与经济发展之间的冲突与矛盾。西双版纳作为边疆民族地区，拥有优越的地理区位优势、丰富的自然环境资源、多样的民族文化，但是随着橡胶种植的无序化扩张，在一定程度上加剧了该区域生境破碎化、生物多样性丧失、生物入侵加剧、水土流失严重以及水土污染，并且危害到人类身体健康，威胁到生境安全、生物安全、水资源安全、土壤环境安全、人类生命安全，严重影响边疆生态安全，并危及跨境生态安全。但橡胶并非导致这一系列生态问题的唯一因素，这些生态安全问题同样是受到全球气候变暖、人为过度开发、人口急剧增长等诸多因素综合作用才逐渐暴露出来的。虽然前面已经谈及不同时期西双版纳橡胶引种带来的生态变迁，但需要重点强调当前维护边疆生态安全应当引起高度重视的生态问题，并提出针对性的解决方案及可持续路径。

一 物种危机加剧

西双版纳地理环境条件复杂多样，特有物种地理分布狭窄，某些物种仅分布于某一狭小区域，过分依赖特殊的生境，抵抗外界干扰能力较低，在遇到自然灾害和人为破坏后，极易陷入濒危状态甚至灭绝，同时，处于边缘地带的生物类群物种分布的边缘地带性突出，具有明显的脆弱性②。近年来，橡胶种植面积的急速扩张，造成森林生态系统的破碎化，孤岛化现象尤其突出，严重阻碍了物种之间的基因交流，使得森林生态系统变得更为脆弱，物种危机加剧，生物多样性锐减，尤其是本土物种逐渐消失。

生境破碎化反映了自然景观空间格局发生变化，这也是导致生物多样性锐减的主要原因之一。生境破碎之后，当地就会形成多个斑块生境，使得物种的生存栖息地减少，甚至被破坏，生境的数量、质量、结构都会发生改变，具体表现为：一是造成物种生存面积缩小甚至丧失，使斑块面积

① 本部分内容已发表于《昆明学院学报》2016 年第 38 卷第 1 期。
② 资料参见《西双版纳傣族自治州资源环境承载力评价》，2017 年。

敏感种趋于灭绝，并增加本地物种灭绝的概率；二是造成栖息地破坏，生境数量减少，生境质量下降及结构改变，从而导致生物多样性的下降；三是生境破碎化使斑块彼此隔离，改变了种群的扩散和迁入模式、种群遗传和变异等，从而影响物种的繁殖和迁移能力。[①]

西双版纳原本是以原始森林为主的自然景观，但在人为干扰的情况下导致景观逐渐由复杂趋向于单一，从而使自然景观的干扰阻抗和恢复能力降低，导致生物入侵加剧，改变生态系统结构、影响物质循环，降低生物多样性，这种景观的破碎化和片段化是大尺度内多个生态系统形成的自然景观体系的整体破碎化[②]，不仅会危及区域甚至国家生态安全，还可能引发全球性生态危机。

西双版纳原始森林面积的减少、生物多样性锐减等几乎是与橡胶种植区域、面积的扩张呈正相关的。历史时期，西双版纳地区的森林覆盖率接近100%，据称"面积广阔，大都崇山峻岭，古木参天"，至1955年初步勘查，全州森林面积81.2万公顷，占全州总面积的42.3%（不包括灌木林）；1980年，有林地面积下降56.93万公顷，占全州面积的29.62%，减少了24.27万公顷[③]。从西双版纳全州的天然森林面积来看，整体是呈下降趋势，减少的森林面积主要由橡胶林、灌木丛和轮作耕地所取代，尤其是受橡胶种植面积扩张的影响，至2003年，热带季雨林减少了67%[④]。特别是在2006年之后，橡胶林面积增加趋势明显，从3121785亩增长到2016年的4753500亩，10年之间增加了1631715亩[⑤]。以橡胶林为主的人工景观逐渐成为西双版纳的主要景观，基本空间布局以国营橡胶农场为核心，逐渐向外扩展形成连片规模，900米以下的热带雨林几乎全被橡胶林所替代，甚至高于900米海拔的陡坡、低草灌木丛地等，橡胶林的上限是1100米，高海拔种植的橡胶低产、开割周期长甚至是没有经济效益，但这

---

① 武晶、刘志民：《生境破碎化对生物多样性的影响研究综述》，《生态学杂志》2014年第33卷第7期，第1947页。

② 丁立仲、徐高福、卢剑波、章德三、方炳富：《景观破碎化及其对生物多样性的影响》，《江苏林业科技》2005年第4期，第46页。

③ 西双版纳傣族自治州林业局编：《西双版纳州林业志》，云南民族出版社1998年版，第1页。

④ 张佳琦、薛达元：《西双版纳橡胶林种植的生态环境影响研究》，《中国人口·资源与环境》2013年第23卷第S2期。

⑤ 橡胶林面积数据由西双版纳州统计局提供。

些地区也被开垦为橡胶林，到 2010 年，几乎 30% 的人工林位于 900 米以上①。其中坝区和中低海拔山地开发力度较大，山顶、山腰、山脚，甚至是整座山遍布以橡胶为主的人工林。

此外，在较陡的斜坡上种植橡胶的趋势也很明显，1988 年为 15°，2002 年为 18°，2010 年为 20°，有三分之二的橡胶林位于倾斜度超过 15°的斜坡上，然而，倾斜度为 24°或更大斜坡上的橡胶林，在经济上是无利可图的②，部分橡胶林的坡度超过 25°甚至到 35°，这些坡度地带的橡胶林不但产胶量较低而且大多数无法产胶，造成了土地资源的浪费，更加剧了水土流失，导致了天然林生态系统的破坏，使得生物多样性减少甚至消失。自橡胶种植面积急速扩张以来，天然森林面积迅速减少，自然保护区成为生物多样性保护的最后避难所。至 2010 年橡胶人工林覆盖了西双版纳自然保护区总面积的近 10%，进一步导致生物物种的丧失，经济发展与环境保护之间的矛盾更加尖锐，据中科院勐仑植物园研究表明：天然林每减少 1 万亩，就会使得一个生物物种消失，并对另一个物种的生存环境构成威胁，这种损失无法进行经济估算，与天然林相比，当地人工橡胶纯林的鸟类减少了 70% 以上，哺乳类动物减少 80% 以上。③

西双版纳生境破碎化之后导致生物多样性减少主要表现为减少种群面积、阻碍物种基因之间的交流、阻止种群之间的自由扩散与迁移、易受自然灾害侵袭以及外界生物体的侵扰，从而改变生态过程、改变区域小气候、改变景观结构、改变生境质量等④。由于自然景观破碎化和片段化导致的较为严重的人与自然之间的矛盾之一是人象关系的冲突一直难以调和。近年来，大象伤人事件一直是危害社会经济稳定发展的影响因素，生境丧失和退化是亚洲象走出自然保护区进入农田、村寨的主要原因。随着

---

① 周宗、胡绍云：《橡胶产业对西双版纳生态环境影响初探》，《环境科学导刊》2008 年第 3 期，第 74 页。

② Huafang Chen，Zhuang - Fang Yi，Dietrich Schmidt - Vogt，Antje Ahrends，Philip Beckschäfer，Christoph Kleinn，Sailesh Ranjitkar，Jianchu Xu. Pushing the Limits：The Pattern and Dynamics of Rubber Monoculture Expansion in Xishuangbanna，SW China. https：//doi. org/10. 1371/journal. pone. 0150062（2016 - 02 - 23）.

③ 察己今：《生态释放的最危险信号——西双版纳热带雨林开始缺水》，《中国林业》2007 年第 13 期，第 1 页。

④ 丁立仲、徐高福、卢剑波、章德三、方炳富：《景观破碎化及其对生物多样性的影响》，《江苏林业科技》2005 年第 4 期，第 46 页。

橡胶种植面积的不断扩张，尤其是民营橡胶的迅速发展之后，农民将整座山都种植上橡胶，甚至接近自然保护区的林地，自然生境不断被分割，导致亚洲象的生存空间不断被压缩，致使亚洲象的生境不断减少，挤占亚洲象的觅食和活动区域，大象不得不走出自然保护区到人类活动空间寻找食物，人与象之间的矛盾日益突出，如庄稼受损、家畜死亡，甚至是大象踩死人的事件极为频繁。

一直以来，西双版纳面临着物种危机的严峻挑战。由于橡胶等单一作物的大规模种植，不断蚕食着现有的天然森林。单一人工橡胶林生态系统逐渐代替热带雨林生态系统，致使热带雨林面积不断缩小，热带雨林功能降低、生物多样性逐渐减少，境内水源涵养、淡水生态系统受到威胁，以原始森林为主的自然景观也逐渐转变为人工林抑或是农田，造成了热带雨林景观的严重破碎化和片段化，生物多样性受到威胁，生物的种类和数量逐渐降低。热带森林被周围的农地或经济林所隔离，形成破碎化、片段化的森林，森林中物种的基因得不到有效交流，大大降低了保护的有效性，一些农作物野生近缘种的生存环境遭受破坏，栖息地丧失，部分珍贵和特有的农作物、林木、花卉、畜、禽、鱼等种质资源流失严重，一些地方传统和稀有品种资源丧失；如西双版纳国家级自然保护区已被分隔成 5 片，森林破碎化阻碍了物种基因流动，"边缘效应"的影响，使热带林组成成分及本地物种质量降低，影响到生物多样性保护，小片断热带林（竜山山林）经过 30 多年的演化，虽然木本植物的种数变化不大，但物种多样性指数却下降了 24%。[①]

橡胶种植的大面积扩张虽然不是自然景观破碎化和片段化的唯一因素，却是人为破坏的主要因素之一。自西双版纳引种及发展橡胶以来，带来的大规模汉族移民、传统生计方式的转变、人地关系紧张等是人与橡胶之间相互作用、相互影响的结果。以橡胶为主的人工景观的形成使得自然景观不可连续与相同化，这是人为过度开发影响下所导致的橡胶与环境之间关系的异化。在人与自然关系的调和中，物种危机是必须关注和重视的生态问题，通过何种措施解决人与自然之间的冲突与矛盾，是需要进行综合性、整体性考量的。

---

① 资料参见《西双版纳傣族自治州资源环境承载力评价》，2017 年。

二　生物入侵严重

自然环境是决定生物物种是否能正常生长的先决条件。低纬度地区物种种类丰富度高于高纬度地区，物种丰富度与物种入侵丰富度成正比。改革开放以来，随着经济的迅速发展，交通运输条件的便捷，人口密度、入境游客等直接或间接冲破高山、河流、湖泊、森林、草原等天然屏障，为生物入侵开通了便捷通道，导致跨国、跨区域生物入侵加剧。

根据西双版纳州多次组织开展的外来入侵物种调查资料，全州共发现的外来入侵物种主要有福寿螺、微甘菊、飞机草、紫茎泽兰、椰心叶甲、锈色棕榈象、红火蚁、双钩异翅长蠹等，入侵途径主要为引种和自然入侵。其中福寿螺在全州 30 多个乡镇均有分布，入侵面积达 40.19 万亩以上；微甘菊主要分布在勐腊关累镇、勐腊镇、勐满镇、勐捧农场的公路两旁、江河沿岸的林地及农地内，入侵面积 131 亩；椰心叶甲主要分布在景洪市城区、嘎洒镇、普文镇、勐罕镇、勐养镇及勐海县城区和附近的园区、苗圃，入侵面积 2080 亩；锈色棕榈象主要分布在景洪市嘎洒周边和勐腊县部分苗圃基地，入侵面积 310 亩；红火蚁 2014 年首次在版纳机场发现，主要分布在景洪市嘎洒机场及周边荒地和圃，勐罕镇和勐腊县勐仑镇部分苗圃也有发现，入侵面积 420 亩；双钩异翅长蠹 2014 年 5 月在勐腊县勐仑安纳塔拉度假酒店室内装饰材料上发现，造成经济损失 150 万元；其他像飞机草、紫茎泽兰、肿柄菊等也有大面积入侵。①

生物入侵对人类社会经济系统、自然生态系统造成威胁是一个长期的过程。近几十年来，在经济、贸易全球化背景下，生物入侵现象更为突出，对人类社会系统、自然生态系统均造成严重影响。西双版纳是中国第二大天然橡胶基地，更是同纬度唯一一个生物多样性热点地区。根据生物入侵理论假说"多样性阻抗假说"认为结构简单的生物群落更易被入侵，而生物多样性丰富的热带雨林几乎没有入侵物种暴发；"空生态位假说"认为由于外来种缺乏足够的"生物阻力"而易造成入侵。近年来，随着橡胶在西双版纳的大面积种植，复杂的热带雨林生态系统被简单的橡胶林人工系统所取代，自身的"生物阻力"是在逐渐减弱的，给外来物种带来了

---

① 资料参见《西双版纳创建国家生态文明建设示范州指标完成情况说明》，2017 年。

更多入侵的渠道，单一人工林发生大面积森林病虫害的隐患更加难以防控，如橡胶白粉病、季风性落叶病、蚧壳虫病等病虫害，将会对生态环境和社会经济发展造成一定影响。橡胶种植面积的扩张使得适合各种生物生存的栖息地减少，改变了原生生态系统的特性，影响了生态系统内的能量平衡和物质流动，加剧了外来物种的入侵速度，生物入侵成为西双版纳橡胶林大面积扩张之后带来的重要生物灾害类型之一。

在破碎的热带雨林之中，由于斑块边缘的强光和风流，斑块边缘的树干的致死率和破坏率较高，且藤蔓入侵进一步增加了本地树种及其幼苗的死亡率①。橡胶林代替了原本的热带雨林后，大面积的单一种植使得原有的生态系统被破坏，生物多样性减少，物种趋单一化，严重影响了生物与非生物之间的物质循环和能量流动的相互联系及稳定性。橡胶林的物种丰富度不到热带雨林的1/3，橡胶林中多数植物是入侵性杂草，如紫茎泽兰、肿柄菊、飞机草等草本植物，灌木和乔木种类极少，这是由于在橡胶林的抚育管理中为保证橡胶的生长和产胶，需要清除较高的草本和灌木，以保证橡胶园通风透光②。

以飞机草为例，飞机草作为一种入侵植物在橡胶种植以前就已经通过自然扩张入侵到西双版纳地区，由于橡胶林的单一种植，成为橡胶林中的恶性杂草之一。飞机草为菊科多年生半灌木，原产于中、南美洲，20世纪30年代，飞机草入侵到我国，于1934年首次在云南南部和海南尖峰山发现，至目前，已经扩散至四川、贵州、广西、广东、我国台湾地区、香港、澳门等广泛地区，严重危及我国西南地区生态安全。飞机草的繁殖能力很强，一般垦地放荒后20–30天就能迅速地生长，在土壤水分充足的地方，草丛高度可达4米，个别可高达7米，飞机草群落在滇南低海拔地区，在800–1000米分布尤多，较为集中区域为西双版纳及临沧孟定南汀河下游等地，一般分布在村寨附近荒地③。飞机草具体入侵到西双版纳的时间不是很明确，但飞机草群落主要是在森林地砍伐、烧垦后的裸露迹地

---

① 武晶、刘志民：《生境破碎化对生物多样性的影响研究综述》，《生态学杂志》2014年第33卷第7期，第1950页。

② 周宗、胡绍云：《橡胶产业对西双版纳生态环境影响初探》，《环境科学导刊》2008年第3期，第74页。

③ 吴征镒、朱彦丞、姜汉侨：《云南植被》，科学出版社1987年版，第512页。

或胶树郁蔽破坏后曝光处发展起来的植被，在热带季风气候地区都有分布，沙壤土上分布很广，生长旺盛。飞机草作为一种多年生宿根植物，地上部在干旱低温季种子成熟后多枯死，宿根于第二年春雨来时重新萌发，依赖于风力传播，在高温多湿环境下发芽很快，是侵入橡胶垦区的主要入侵性杂草①。20世纪60年代以来，关于飞机草的记载就频繁出现。在西双版纳高草林地飞机草群落是主要的次生植被类型之一，其他"由于人为活动的影响，次生植被群落有竹林、竹木混交林、稀树高草、马鹿草、白茅、飞机草群落等"②。开垦荒地时往往会在3月份斩坝③时"要斩得干净、烧得净光，毛草地、飞机草地烧坝④后，挖净草根"⑤，反映了飞机草早已传播至西双版纳大部分地区。

飞机草分布区域内，坡度平缓，风化层深厚，土壤肥力较好，是适宜植胶地区。飞机草不同于紫茎泽兰，二者虽都是入侵物种，但飞机草具有保持土壤肥力的作用，一些山地民族认为飞机草是可以给土地增肥的，也会种植飞机草⑥。20世纪60年代，一些国营橡胶农场还用飞机草进行覆盖。首先是作为苗圃地的选择中，往往将飞机草分布区域选为苗圃地，苗圃地"选于河西沿岸较平坦的砂壤地，少部分为粉砂土地，土层较深厚，植被多为飞机草"⑦，如1960年，国营勐醒农场在冬季育苗中就将有飞机草和小灌木林等植被分布地区作为苗圃地的选择依据。其次，作为覆盖的绿肥作物，如1960年，国营勐醒农场在冬季育苗中，为保证苗圃土温，提高土壤肥力，往往在3月初时，揭去全部暖棚并在株行间加盖飞机草，部分盖稻草以保以调温，增加肥分⑧。但由于飞机草的生物特性，严重阻碍了橡胶间作其他作物的生长，造成了作物之间的生存竞争，这种杂草也影响到橡胶的生长，由于橡胶的单一经营规模的扩大，即使间作其他作物，也无法与飞

---

① 徐成文、陈少卿、钟义等：《海南岛胶园杂草杂木调查报告》，1963年，第7页。

② 《景洪县橡胶宜林地复查报告》，1961年2月，档案号：98－1－24，西双版纳州档案馆。

③ "坝"应是"岜"，由于此字无法输入，特作说明。

④ "坝"应是"岜"，由于此字无法输入，特作说明。

⑤ 《关于国营农场大力进行开荒备耕工作的安排（61）思垦办字第22号》，1961年2月11日，档案号：98－1－19，西双版纳州档案馆。

⑥ 根据尹绍亭教授在西双版纳进行田野调查所了解。

⑦ 《国营勐醒农场橡胶生产技术总结》，1961年12月18日，档案号：98－1－20，西双版纳州档案馆。

⑧ 《冬季幼苗培育总结》，1960年3月28日，档案号：98－1－15，西双版纳州档案馆。

机草抗衡，飞机草的根系强大，生长力极强，在种间竞争中占据绝对优势，快速蔓延至路边、村寨周边，成为橡胶林中的一种强势杂草，对于社会经济发展造成一定损失，这也是橡胶人工林及单一作业导致的生态灾害之一。

西双版纳橡胶种植由于对热带雨林生态系统造成了严重干扰，原本的生态平衡状态被打破，随着近年来对外交流及进出口贸易的频繁，极有可能成为生物入侵的"重灾区"。因热带雨林生态系统的破坏，区域自身的生物抵抗能力降低，增加了橡胶林病虫害暴发的风险。21世纪以来，橡胶单一化、无序化扩张使原本的"生物阻力"大大降低，如果不加以防治，一旦生态危机暴发，将会对橡胶树造成毁灭性打击。如南美叶疫病，曾经使巴西橡胶种植园遭受严重损失，但在我国边境地区至今未将此疫病作为检验检疫的一种类型，更未采取一定的防御举措，如果此种疫病传至西双版纳，将会给中国乃至东南亚地区带来颠覆性的生态灾难。

三 水资源急剧减少

橡胶种植对于水资源的影响确实存在。西双版纳地区橡胶种植急速扩张之后带来的负面生态效应中，水资源减少现象尤为突出，当然橡胶种植并非导致水资源减少的唯一因素，却是区域水资源减少的主要原因之一。人工橡胶林是单一作业、纯林种植，每株之间的间距较大，无法形成高低错落的群落结构，加之林面长期裸露，地面温度升高，加速了土壤水分蒸发。西双版纳地区受单一经济作物种植影响，部分乡镇已无水源涵养林，多为单一经济作物，生态环境质量较差，水源涵养功能较弱，水土流失现象突出，水量减少，常出现季节性缺水，如景洪市普文、勐养、勐罕、景哈乡、勐海县勐满镇、西定乡、勐腊县勐捧镇等地原生态退化，水源涵养和固土功能的降低对水源供给将造成不利影响，水量和水质安全堪忧[1]。

由于橡胶林需要吸收大量水，加之土壤保水性差，水资源更显不足，胶乳70%以上的成分都是水[2]。中科院勐仑植物园研究表明：每亩天然林每年

---

[1] 资料参见《西双版纳傣族自治州资源环境承载力评价》，2017年。

[2] 周外：《西双版纳景哈乡戈牛村橡胶种植与水资源短缺初步研究》，中国自然资源学会土地资源研究专业委员会、中国地理学会农业地理与乡村发展专业委员会，中国山区土地资源开发利用与人地协调发展研究，中国自然资源学会土地资源研究专业委员会、中国地理学会农业地理与乡村发展专业委员会，中国自然资源学会，2010年，第416页。

可蓄水 25 立方米，保土 4 吨，而每亩产前期橡胶林平均每年造成土壤流失 1.5 吨，开割期的橡胶林每年每亩吸取地下水量 9.1 立方米，每公顷天然林每年可蓄水 735 立方米，保土 60 吨，而每公顷产前期橡胶林平均每年造成土壤流失 22.5 吨，开割的橡胶林每年每公顷吸取地下水量 136.5 立方米，农民割胶产出的胶水 70% 的成分是水[1]。从橡胶树的吸水性与蓄水性来看，其吸水性更强。橡胶同桉树一样，都有"抽水机"的说法，"一株橡胶树就是一台小型的抽水机""一株橡胶树一年产干胶 5 千克，一亩地，30 株橡胶树，年产干胶 100 多千克。以胶水 70% 的含水量算，一亩橡胶树，除了蒸腾的水分，胶水带走的水分都有 200 多千克"[2]。自 2006 年起，随着橡胶价格的暴涨，橡胶种植面积空前扩张，如图 13 所示，1949 年至 2018 年西双版纳橡胶种植面积整体趋势持续上升。随之而来的是西双版纳地区水分蒸发、地表径流加剧，冬季雾水截留减少。据当时的调查，西双版纳的许多村寨已经出现了溪水断流、井水干涸、自然泉涌消失的现象[3]。

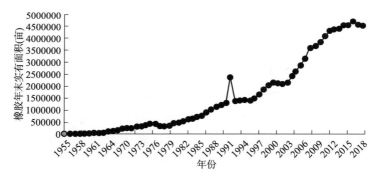

图 13　1949 年至 2018 年西双版纳橡胶种植面积变化

资料来源：根据西双版纳州统计局编《中华人民共和国西双版纳五十年——综合统计历史资料汇编（1949—2000 年）》（内部资料，2004 年）以及 2001 年至 2018 年西双版纳州统计年鉴、西双版纳州统计人员提供数据进行统计。

　　2007 年以来，西双版纳开始大面积种植橡胶林，部分地区甚至出现了烧山种橡胶的事件。根据中科院的研究，橡胶林的雨水蒸发量大于西双版

---

①　刀慧娟、乔世明：《西双版纳橡胶树种植引发的环境问题及法律对策探析》，《中央民族大学学报》2013 年第 40 卷第 3 期，第 35 页。

②　《云南橡胶专家：应正确看待橡胶林对干旱的影响》，http：//m. sto. net. cn/tianran/shu/2015 – 06 – 05/5451. html（2015 – 06 – 05）。

③　刀慧娟、乔世明：《西双版纳橡胶树种植引发的环境问题及法律对策探析》，《中央民族大学学报》2013 年第 40 卷第 3 期，第 35 页。

纳原生林地，水土保持功能下降，这也导致西双版纳旱季缺水情况加剧①。2007 年，景洪扫盲专干杨德明说："以热带雨林著称的西双版纳居然开始缺水，与无节制开发橡胶林不无关系。"② 2008 年，景洪市景讷乡丫口寨村一些村民反映，"现在，大片的原始森林被砍光、烧光，别说野生动物，连鸟都没有了，我们甚至连水都快喝不上了"，认为都是"橡胶惹的祸③"。同年，勐腊县南崩村开始砍伐村寨周边的水源林种植橡胶，至 2016 年全村共有橡胶林 4000 亩左右，而水源林仅剩 4 亩，泉水枯竭，村民不得不到两千米外的箐沟挑水。据村民反映，枯季周边箐沟水量较 10 多年前普遍减少 1/3 到 1/2④。橡胶林生态系统的水分储蓄能力较差，不足以支持旱季蒸散，最终导致旱季地表径流断流⑤。"每亩天然林每年可蓄水 25 立方米，保土 4 吨，而每亩产前期橡胶林平均每年造成土壤流失 1.5 吨，开割的橡胶林每年每亩吸取地下水量 9.1 立方米。按每立方米地下水 1 元、每吨流失土壤 10 元计算，全州橡胶林每年生态效益损失和生态效益替代价值将近 1.5 亿元。"⑥

自橡胶种植以来，在橡胶林地间作其他作物的方式，在一定程度上保持了水土，然而由于不同时期因经济需求不同，对于物种的选择是有偏重性的。20 世纪 50—70 年代，间作稻谷、玉米、大豆等粮食作物以及少量茶叶、甘蔗等经济作物；20 世纪 80 年代，开始间作砂仁、萝芙木等珍贵药材；20 世纪 90 年代至今，由于生态胶园、环境友好型生态胶园的相继提出和重视，间作作物逐渐关注到生态效益、经济效益和社会效益的统一，自党的十八大之后，生态文明建设如火如荼，环境友好型生态胶园的示范性推广，使人们对于物种的选择开始重点关注到生态效益，但是对于选择哪种作物进行间作，这种作物的科学性、合理性还有待于实验研究。

① 云南省商务厅：《行情持续走低，云南橡胶市场前景不容乐观》，内部资料，2013 年。
② 《西双版纳农民大规模毁林种胶 热带雨林开始缺水》，http：//society. people. com. cn/GB/8217/5852504. html（2007 – 06 – 12）。
③ 《大规模毁林种胶影响生态 村民"连水都快喝不上了"》，《法制日报》2008 年 6 月 27 日。
④ 刁俊科、李菊、刘新有：《云南橡胶种植的经济社会贡献与生态损失估算》，《生态经济》2016 年第 32 卷第 4 期，第 206 页。
⑤ 周琼：《环境史视野下中国西南大旱成因刍论——基于云南本土研究者视角的思考》，《郑州大学学报》2014 年第 47 卷第 5 期，第 139 页。
⑥ 《西双版纳农民大规模毁林种胶 热带雨林开始缺水》，http：//society. people. com. cn/GB/8217/5852504. html（2007 – 06 – 12）。

如学界普遍认为茶叶、咖啡、可可等在橡胶林地间作中是可以较好保持水土的作物，但是三者仍是存在一定差异。中国科学院热带植物园经过研究表明，橡胶树挥霍性的用水方式所导致的水源枯竭现象日益明显，橡胶树、间作植物的根系分布形式和可塑性是调控其水分有效获取的重要因素，在橡胶－茶叶复合系统内，其种间水分的适度竞争不仅提升了橡胶树的水分利用效率、促进了系统生产力，还增强了土壤的保水能力①。

西双版纳整个区域的水资源减少的另一表现是干旱现象频发。西双版纳属于少干旱区，年降水量大于 1000 毫米，最长连续无降水日数小于 90 天②。橡胶种植面积的急速扩张与西双版纳近年来旱灾的频发有密切关系。2009 年至 2013 年持续 5 年的西南大旱以及 2019 年上半年发生在云南多数地区的干旱，从 2008 年至 2010 年，西双版纳全州性遭受秋冬春连旱，2010 年的云南大旱，也有一些人发出"橡胶导致干旱"的声音，此次全省性干旱主要是受到了全球气候的影响，但西双版纳的干旱，一定程度上与本地 400 多万亩橡胶林有着某种联系，由于橡胶林的特殊性，其容易导致土地干燥，不利于涵养水源，肯定会在一定范围内影响到生态环境和气候变化③。2010 年，景洪市景哈乡戈牛行政村橡胶种植面积很大，水资源矛盾比较突出，在其 9 个村民小组里，8 个村民小组均反映出不同程度的水源短缺，其中曼令新寨最严重④。2019 年 5 月，云南省气象台发布了2019 年的首个干旱橙色预警，其中西双版纳出现特旱灾。截至 2020 年 4 月，云南旱情依旧严峻，西双版纳旱情有扩大趋势，将造成橡胶严重减产。从年际变化来看，从 1911 到 2010 年的 91 年间，西双版纳旱灾出现三个峰值，其中两个峰值分别在 20 世纪 60 年代、20 世纪 80 年代，尤其是20 世纪 80 年代，民营橡胶迅速发展，此一时期旱灾频发次数更多，直至2008 年以来，旱灾频发次数又出现回升趋势。从而反映了橡胶种植面积的

---

① 《间种世界三大饮料植物可否改善橡胶树的水分利用状况?》，http：//ehrg. xtbg. cas. cn/yjjz/201608/t20160812_ 344851. html（2016 – 07 – 13）。

② 陈宗瑜主编：《云南气候总论》，气象出版社 2001 年版，第 138 页。

③ 《云南橡胶专家：应正确看待橡胶林对干旱的影响》，http：//m. sto. net. cn/tianran/shu/2015 –06 – 05/5451. html（2015 – 06 – 05）。

④ 周外：《西双版纳景哈乡戈牛村橡胶种植与水资源短缺初步研究》，中国自然资源学会土地资源研究专业委员会，中国地理学会农业地理与乡村发展专业委员会，中国山区土地资源开发利用与人地协调发展研究，中国自然资源学会土地资源研究专业委员会，中国地理学会农业地理与乡村发展专业委员会：中国自然资源学会，2010 年，第 416 页。

扩张是导致干旱现象突出的因素之一。

西双版纳橡胶种植面积的无序扩张，导致热带雨林被破坏，天然林面积减少，人工林面积增加，植被类型单一，原生复杂的生态系统被打破，转变为结构简单的人工生态系统，对于自然灾害的抵抗能力降低。往往旱灾最严重的地区就是森林破坏及水土流失现象最严重的地区，由于植被破坏、水土流失、水文地质环境改变，使得区域性涵养水源的能力降低①。橡胶的大面积种植虽然并非是导致旱灾频繁发生的唯一因素，却是影响区域小气候改变的重要因素之一。西双版纳干湿季分明，原始森林的浓雾截留了大量的水分来保证区域小气候，但大量的橡胶园取代了整片整片的热带雨林，橡胶林地中绝大部分地面是处于裸露状态，而且由于树冠稀疏，遮蔽度较低，太阳辐射量加大，地表蒸发增强，土壤水分丧失较快，保水性较差，地表径流减少，水源逐渐枯竭，导致气候从湿热向干热方向转变②，进一步增加了干旱的风险。

四 环境污染凸出

橡胶在栽培、加工、制造的不同阶段对于区域生态环境带来了一系列生态安全问题。由于橡胶的大面积种植，推动橡胶工业迅速发展，随之带来的环境污染问题日渐突出，主要体现在橡胶林的抚育管理中的施肥以及橡胶加工业带来的环境问题，尤其是有毒化学品对于水资源、土壤资源、人类健康带来的危害最重。

（一）化学药剂的大量使用造成水土污染

随着橡胶种植的急速扩张，为追求高产，一些农民大量使用化肥、农药、生长调节剂等化学品，致使残留量增加，通过降雨地表水的流动汇集，水源地受农业面源污染程度加大，污染水源和水生生物，导致水质下降。

首先，橡胶林中化学药剂的广泛使用以及人工大量施化肥是造成水土污染、危害人体健康的重要因素之一。由于橡胶林属于单一的纯林，远不

---

① 周琼：《环境史视野下中国西南大旱成因刍论——基于云南本土研究者视角的思考》，《郑州大学学报》2014 年第 47 卷第 5 期，第 134 页。

② 刁俊科、李菊、刘新有：《云南橡胶种植的经济社会贡献与生态损失估算》，《生态经济》2016 年第 32 卷第 4 期，第 206 页。

及热带雨林，从而缺乏生物屏障，对于病虫害的抵抗能力较弱，容易导致病虫害的大面积暴发，如白粉病，胶农或橡胶树种植企业为控制白粉病，往往在橡胶园中喷撒了大量的硫黄粉、粉莠宁等化学药剂，使得西双版纳的河流及地下水系造成了严重的污染，致使水生生物几乎绝迹①。20世纪60年代以来，开始使用化学药物防治橡胶苗圃地、林地的病虫害、杂草等，在减少病虫害以及降低人工除草的劳动力成本的同时，也危害了当地生态环境。如六六六粉等化学药物曾被广泛用于橡胶林进行除虫除草，如在橡胶"苗圃地内蚂蚁堆的杂草地应彻底消除，并以六六六粉剂喷射，发现大蟋蟀、老鼠洞用六六六少许"②，也有"因催芽时撒播六六六粉过多，而引起药害"③。化学药剂在除草除虫方面确实高效，保障了橡胶树的快速生长，在一定程度上防治了病虫害。但许多害虫通过基因突变而逐渐适应，化学药品也就失去了利用④。

化学药物的过度使用不仅会污染水源和土壤，河流中的水生生物也会受害，以及饮用喝水的人类、牲畜及其他动物也会受到影响。此种连锁反应早在美国20世纪五六十年代大量用化学药剂时就造成过诸多悲剧。化学药物不仅能将杂草、害虫杀死，而且也会杀死其他微生物，并且此种化学药物在喷撒时往往会附着在土壤上，通过土壤再渗透到地表径流，从而造成地下水污染。地下水由于是流动的水源，一旦被污染，小溪、河流、农田灌溉用水都会被污染，从而也会影响世界水资源。

自20世纪80年代以来，随着橡胶的大面积种植，以及森林病虫害的频发，化学药剂广泛适用于病虫害的防治之中。如硫黄粉是防治橡胶白粉病的主要药物之一，然而，硫黄粉的施用对地表水及地下饮用水、河流、土壤及生活环境会产生一定的影响，而且过多的硫元素滞留于环境或生物体内，会严重阻碍植物或动物体的生理循环⑤。进入21世纪以来，随着橡

---

① 刀慧娟、乔世明：《西双版纳橡胶树种植引发的环境问题及法律对策探析》，《中央民族大学学报》2013年第40卷第3期，第35页。

② 《关于加强苗圃抚育管理确保苗木安全过冬的通知》，1960年1月19日，档案号：98-1-15，西双版纳州档案馆。

③ 《关于当前各农场特林生产技术方面的几点意见》，1961年，档案号：98-1-20，西双版纳州档案馆。

④ ［美］蕾切尔·卡森著，吕瑞兰、李长生译：《寂静的春天》，上海译文出版社2007年版，前言。

⑤ 麦全法、陶忠良、林宁等：《施用硫黄粉对橡胶园土壤及周边水源影响初探》，《热带农业科学》2011年第31卷第8期，第2页。

胶种植的急速扩张，尤其是民营橡胶，这些橡胶多是种植在村寨以及农田周边，所施用的农药严重危及人们的正常生活。2007年，景洪市嘎洒镇南联山村委会巴其一村，300多村民吃水用水都到井里来挑，各家的自来水龙头已形同摆设，因为给橡胶树打农药把水库的水污染了，在曼令新寨，很多村民因喝了被污染的水导致头痛和泻肚子，部分人甚至出现智力低下，记忆力下降等现象①。

目前，全球橡胶林种植面积已达1300多万公顷，为了促进橡胶树生长，获取更多的胶汁，同时防治白粉病，大量的氮肥和硫黄粉被投入橡胶林，这些氮肥和硫黄粉在土壤微生物的作用下，产生大量的氢离子，导致盐基钙、镁、钾、钠以离子的形式流失，使土壤酸化②。此外，为保证橡胶林下其他植被不与橡胶树争夺养分、水分等生态因子，橡胶幼树在抚育管理中需要进行人工追肥，每年每株施一次有机肥或压青材料，一般10－15千克，还要施一定量的氮肥（尿素0.23－0.68千克/株·a）、磷肥（过磷酸钙0.2－0.8千克/株·a），如果幼树有白粉病则需喷撒9－12千克/次·hm^2的硫黄粉来防病，一些胶农在胶园中还使用草甘膦等化学除草剂除草③，以此来抑制或清除其他植物，这种药物会附着在土壤中，随雨水下渗到地下水里、流淌到河流中，从而造成地表径流、泉水和地下水体的污染④。尤其是近年来，由于病虫害的持续发生，胶农为提高胶乳产量，保证经济效益，防治病虫害的农药施用量也相应增加，造成了严重的水源污染。

（二）橡胶加工带来的水源及臭气污染

橡胶种植规模的扩张，带动了橡胶种植区域橡胶加工业的发展。尤其是橡胶加工厂生产过程中所排放的废水以及大量恶臭气体具有很强的污染，严重污染了当地水域环境及周边生态环境。

20世纪90年代以来，由于橡胶种植面积的迅速扩张，橡胶工业发展

---

① 雷成：《云南西双版纳大规模毁林种橡胶树》，《中国青年报》2007年6月12日。

② 《热带雨林变身橡胶林土壤"酸"了》，http://www.xinhuanet.com/science/2019－09/10/c_138377111.htm（2019－09－10）。

③ 周宗、胡绍云：《橡胶产业对西双版纳生态环境影响初探》，《环境科学导刊》2008年第3期，第74页。

④ 刀慧娟、乔世明：《西双版纳橡胶树种植引发的环境问题及法律对策探析》，《中央民族大学学报》2013年第40卷第3期，第35页。

迅速，尤其是制胶厂数量迅速增加。为方便橡胶生产加工，往往在橡胶种植的主要区域附近都会有制胶厂的分布，这些制胶厂所排放的废水废气成为污染环境以及影响周边民众健康的主要因素。以勐养农场为例，至1995年勐养农场有植胶面积24297.8亩，1995年产干胶1955.72吨，拥有一座日加工12吨标胶的制胶厂，自建厂加工以来，制胶废水未经处理，直接排入水沟，最终进入河流，根据1995年7月14日西双版纳州环保监测站测定：本厂制吨干胶废水排放量为20.41吨，过片池日排放12.57吨以当年产干胶量，割制日计算，年排入沟河废水总量约4.3万吨。[①]

进入21世纪，随着橡胶加工厂的增多，带来的水源污染范围、程度逐渐加重。至2004年，西双版纳州橡胶加工厂共有94家，分布在全州的31个乡镇，橡胶加工过程中产生的主要污染物是制胶废水中的化学需氧量、氨氮、悬浮物、总磷等，给当地带来了严重的环境污染问题，2001—2004年西双版纳州制胶废水排放量占工业废水排放量的10%左右，对于当地河流水质甚至水中生物带来一定影响，如澜沧江、补远江、南腊河、南阿河、南览河等多数河流水质污染，使河流周边民众的生产生活用水受到不同程度的污染，导致全州主要河流水质类别为Ⅱ类占43.75%、Ⅲ类占40.63%、Ⅳ类占15.62%；又由于割胶后收胶不及时或受道路交通限制，产生了较多的较恶臭的泥杂胶，这些泥杂胶对村寨、加工厂的环境造成了较大的空气污染。[②]

橡胶加工厂所排放的废水中，年排放量约40万吨，对西双版纳境内的水环境造成了严重影响，约占15%，虽然对澜沧江的影响相对较小，但对局部小流域来说，仍存在一定的影响[③]。制胶废水是有机物含量极高的污水，流经之地，将耗尽水中溶解氧，致水体异味，水生物死亡形成环境污染，破坏水源，对于民众生活造成了严重影响，如景洪市戈牛村委会范围内有一家制胶厂，制胶厂产出的污水是经南阿河排出的，其实有这样一

① 国营勐养农场：《勐养农场建设治理制胶废水项目报告》，1997年5月18日，档案号：98-9-38，西双版纳州档案馆。

② 周宗、胡绍云、谭应中：《西双版纳大面积橡胶种植与生态环境影响》，《云南环境科学》2006年第S1期，第68页。

③ 周宗、胡绍云：《橡胶产业对西双版纳生态环境影响初探》，《环境科学导刊》2008年第3期，第74页。

条大河本不至于会缺水的，但是因为被污染了，河水不能够供生活使用①。至2013年，西双版纳全州有橡胶制胶厂98座②，给西双版纳生态环境安全带来严重隐患。

在橡胶生产过程中，经离心或混凝压片后，从乳胶中排出的大量的乳清和洗涤水是高污染性的废水，橡胶块的积聚散发出来的气味，以及干燥的橡胶颗粒和部分挥发性酸和氨散发出的烟雾，常常形成一种特殊的刺激性气味，在工厂内外扩散，从而造成大气污染。这些废水和废气处理不当，会严重危害当地生态环境③。在大多数制胶厂中，排气管出口的气味强度高于4级（较强的气味），车间生产设备附近的气味强度高于4级（较强的气味），工厂边界的气味强度高于3级（易感觉出的气味）④。这种气味的主要成分是硫化氢、硫醇、氮化合物和挥发性有机酸，这种气味主要来源为：一是新鲜胶乳固化和压片后排出的废水容易变质，释放气味；二是胶凝后不能及时处理，在堆积过程中由于微生物的迅速繁殖，也会产生气味；三是在标准橡胶制剂的干燥过程中会散发出大量的气味。⑤橡胶加工所造成的环境污染问题严重影响到区域性的水资源及土壤安全，更危及人类生命安全，从而不利于边疆民族地区生态安全的维护。

在橡胶大规模种植后的环境污染中，水源污染尤为突出，严重威胁着水生生物以及当地民众身体健康。水环境质量较差及极差的景讷乡、普文镇、勐养镇、景哈乡、勐捧镇、勐满镇以及嘎洒镇、勐罕镇、勐龙镇等乡镇多是西双版纳橡胶种植的主要区域，空间上的部分重合说明了橡胶大面积种植对当地水资源质量造成了一定影响。

随着西双版纳橡胶种植的单一化、无序化，生态危机日渐突出，如热

① 周外：《西双版纳景哈乡戈牛村橡胶种植与水资源短缺初步研究》，中国自然资源学会土地资源研究专业委员会、中国地理学会农业地理与乡村发展专业委员会，中国山区土地资源开发利用与人地协调发展研究，中国自然资源学会土地资源研究专业委员会、中国地理学会农业地理与乡村发展专业委员会：中国自然资源学会，2010年，第419页。

② 《消除生态隐忧 版纳胶园要改走"环境友好"路线了》，http：//www. cnraw. org. cn/ShowArticles. php？id＝3371（2013－08－02）。

③ 丁丽、程盛华、黄红海：《橡胶加工厂的臭气治理》，《农产品加工》2011年第12期，第61页。

④ 杨媨、邓志华、周成等：《西双版纳橡胶厂臭气污染特点及控制措施建议》，《热带农业科技》2012年第35卷第4期，第9页。

⑤ 丁丽、程盛华、黄红海：《橡胶加工厂的臭气治理》，《农产品加工》2011年第12期，第60页。

带雨林生态系统遭到破坏、自然栖息地破碎化及岛屿化严重、外来物种入侵加剧，生物多样性受到严重威胁，影响到边疆生态安全，环境保护与经济发展之间的矛盾更为突出。随着边疆民族地区经济社会的迅速发展，人口的快速增长，城镇化步伐的加快，橡胶、茶叶等经济作物给当地民众带来了丰厚的经济收益，农民积极性高涨，特别是橡胶种植面积的急速扩张已对西双版纳雨林景观风貌维护、水源涵养和水源地保护等造成了一定的压力和威胁；同时，由于人类活动空间不断深入自然保护区，适宜亚洲象等野生动物生存的环境及其食物源正在不断缩小，动物损害庄稼及伤人事件连年频发，人与野生动物之间的冲突日趋激烈，生物多样性保护与社会经济发展存在的矛盾难以调和①。当前，面对如此严峻的生态危机的挑战，亟待加快推动西双版纳橡胶种植区域的生态治理及修复进程，推进边疆民族地区生态文明建设的可持续发展，实现人与自然和谐共生。

第二节　西双版纳橡胶种植区域的生态修复举措

西双版纳是我国乃至北回归线上唯一一个生物多样性热点区域，在国家生态安全屏障建设中具有重要地位。西双版纳的生态保护建设历来受到国家和社会的关注与重视，并在政策、资金、项目等方面给予了大力支持，且实施了一系列生态保护举措。近年来，为维护边疆生态安全，筑牢西南生态安全屏障，国家先后在西双版纳实施天然林资源保护工程、退耕还林工程、野生动植物保护工程等生态工程，并开展亚洲象保护、国家公园、国家级自然保护区、国家森林公园等②。

一　环境友好型生态胶园的探索与实践

自橡胶引种到我国以来，胶园间作及覆盖一直是一项重要的抚育管理方式，但不同时期由于不同地区自然条件以及社会发展需要的差异，间作的物种有所不同，在这一过程中人对橡胶适应环境的干扰程度逐渐增强。

---

① 资料参见《西双版纳傣族自治州资源环境承载力评价》，2017年。
② 《"关于请支持西双版纳傣族自治州环境友好型胶园和生态茶园建设的建议"复文（2017年第7904号）》，http：//www.forestry.gov.cn/main/4861/20170912/1025825.html（2017-09-12）。

从橡胶间作到生态胶园再到环境友好型胶园，这一历程其实是人类在改造利用自然的过程中，试图实现人与自然和谐共生而不断调和人与自然的关系，这种方式从以经济效益为中心，再到经济效益与生态效益并重。人们越来越意识到，如果单纯地追求经济效益，而不对自然加以保护，就会遭到自然界的报复。虽然环境友好型生态胶园是近年来才提出的，但是追溯其历史已有 70 余年之久，环境友好型生态胶园最早的雏形是民国时期开始的胶园间作及覆盖，从间作及覆盖的物种选择来看，其主要目的并非保护生态环境，而是实现经济效益。随着橡胶种植带来的生态问题逐渐受到国际国内的广泛关注与重视，尤其是我国生态文明建设进程的加快，亟待治理及修复生态，筑牢边疆生态安全屏障。

（一）西双版纳环境友好型生态胶园的探索

"环境友好型生态胶园"遵循生态系统平衡理论与近自然林理论，通过改变橡胶种植的单一经营模式，尽可能选择乡土树种构建接近自然的农林复合生态系统，达到森林生物群落的动态平衡，使生产力最大化，增加生物多样性，保持生态系统生物链的动态平衡，实现橡胶园的生态效益、经济效益、社会效益的协调发展[1]。

1. 萌芽阶段（1950—1989 年）

民国时期，海南岛一些胶园在橡胶幼林中往往会间作茶叶、甘蔗、棉花、辣椒、可可等作物，并且从南洋引入葛藤、毛蔓豆等作为绿肥进行覆盖，以此保持水土，并提高经济效益。民国十一年（1922），最早将毛蔓豆（或称"红毛豆"）作为覆盖物进行试验，此种作物原产于南美，为伏地蔓生藤本豆科植物，由于其在幼龄胶林中生长特别好，逐渐传播到马来亚、泰国，再由泰国传至西双版纳暹华胶园。自 20 世纪 50 年代以来，西双版纳胶园普遍开始间种绿色覆盖物，以更好地保持水土，从而保证橡胶树正常生长，实现其经济效益。毛蔓豆是 20 世纪 50 年代初期作为林地活覆盖的草本植被之一。1953 年，西双版纳允景洪热带作物试验场（即暹华胶园）开始引种毛蔓豆作为覆盖作物。毛蔓豆的分生力强，叶层密长且厚，有保持水土的能力，冬天虽然落叶，但其深厚之枯叶层仍覆盖地面，

---

① 兰国玉、吴志祥、谢贵水、黄华孙：《论环境友好型生态胶园之理论基础》，《中国热带农业》2014 年第 5 期，第 17 页。

对西双版纳的冬旱可起到防旱保湿的作用，缓和低温变化，有利于地下微生物繁殖活动；此外，毛蔓豆覆盖之处，其他杂草不易丛生、滋生，种子落地鸟类不吃，第二年种子自行繁殖，可以节省重新种植的劳力及经济成本；毛蔓豆有根瘤菌，能固定空气中的氮素，对增进土壤肥力起一定作用；其侧须根多散生在 15 厘米地表下，对改良土壤物理性具有很大的意义；毛蔓豆种植第二年后可为绿肥及堆肥原料的丰富来源，如果在每年七月生长茂盛时，翻入中用作绿肥或割之堆积成堆肥，也可以作饲料。但是毛蔓豆的外争性强，可能与根系和胶根争夺地下养料，也可能影响橡胶树苗生长；而且落叶后形成的枯叶覆盖层，易引起火患。①

20 世纪 50 年代末 60 年代初，以蔡希陶、曲仲湘、吴征镒为首的一批科学家就开始了"人工群落"研究，构建了"橡胶 - 茶叶""橡胶 - 胡椒""橡胶 - 砂仁""橡胶 - 金鸡纳"等种植模式②。为充分利用土地资源，保证粮食生产，橡胶幼林往往会通过间作玉米、大豆、红薯、水稻等粮食作物，以实现胶粮兼收，在保证粮食生产的同时发展橡胶。此时，林内间种作物更具多元化，种植毛蔓豆、富贵豆等覆盖作物以及间作黄豆、花生、红薯、玉米、旱谷、木薯、芝麻等粮食及经济作物，虽收获量各有不同，但充分发挥了土地利用的潜力，有利于使土地保持较高的土壤含水量和地力，节约了另开地种植作物的劳动力；如种有毛蔓豆的土壤能经常保持土壤含水量在 17% - 25%，较裸地土壤含水量提高 3% 以上，而且土壤松软，透水保水性加强，肥力提高，如种毛蔓豆土地或其豆科作物地，反应间作物根系分布层内橡胶的吸养根很发达，这样对橡胶的长势有利。③间作物起着抑制杂草的作用，结合作物的管理也起着除草深耕的作用，如曼勉农场四队 8 万亩丰产试验田，因全部梯田种上花生，保护带种上红薯，加之精细管理，茅草及其他杂物极其稀少，而且土层在 30 厘米以上，经常能保持疏松。间作及覆盖作物以粮食作物为主，如红薯、玉米、旱稻、富贵豆、木薯，油料作物次之，黄豆、芝麻、花生及其他作物亦次

---

① 西双版纳热带作物试验场：《一九五六年任务工作报告：红毛豆栽培总结》，1956 年，档案号：99 - 1 - 19，西双版纳州档案馆。

② 张锐：《生态胶园在期待中上路》，《云南日报》2014 年 2 月 21 日第 2 版。

③ 《加强领导、专人负责，措施坚硬——飞龙农场第四队近二年来林地管理的几点体会》，1960 年，档案号：98 - 1 - 12，西双版纳州档案馆。

之。不同作物种植的区域因其生态特性也有所选择，梯田面以种植矮生或无缠绕性作物为主，包括部分豆科作物和部分粮食作物，如花生、黄豆、红薯、旱稻或芝麻等，缓坡地的保护带可种木薯、玉米、红薯、富贵豆、菠萝等，陡坡保护带以种毛蔓豆等为宜；梯田面种间作必须轮作，如在种红薯、旱稻之后要其豆科作物轮作，或先种豆科作物后间种红薯旱稻；梯田面间种地忌只种不施肥，否则间作生长不良，收获量低，而且过度剥夺地力，对橡胶生长也是不利的。①

1966 年，中国科学院西双版纳热带植物园提出开展多种经营，多种经营的模式不仅可以实现经济效益，而且在一定程度上也可以实现其生态效益。首先是经济效益；一般橡胶树要到六年至七年才开始割胶，而许多经济作物都是一两年以后就可以有收益，如萝芙木种植在橡胶林下，一年半左右，每亩橡胶林地就可以收到萝芙木干根 100 千克左右（计人民币 90元）；茶叶种植在橡胶林下，两年后，每亩橡胶林地就可以有四十斤左右的干茶收入，以后茶叶产量逐年还有增加；另外，橡胶定植的前几年，空隙很大，许多不耐荫的作物也可以间种，例如只要橡胶采用宽行距的种植方式，在橡胶行间甚至可以间种轻木，三年至四年，橡胶逐年长大，轻木即可采伐。② 其次是生态效益；天然的热带森林层次及种类都异常复杂，对于光、水土等自然资源的利用，经长期的历史发展达到了较高的合理性，多层多种的人工林可以进一步合乎自然的客观规律，能更合理地利用太阳光能、土壤养分及水分，由于不同层次的植物分别占据不同空间的位置，通过橡胶树冠的太阳光又可以再次被下层的植物利用；多层植物的枝叶重叠，雨水经过层层阻截冲力减少，水土流失减弱，保证了植物水分及养分的需要；不同层次的植物根系分布在不同深度的土层，可以充分利用各层土壤的养分及水分，利用植物种间关系，以克服各种自然灾害（如风害、寒害、冰雹等）、各种病虫害以及利用肥地植物增加土壤肥力。③

① 《加强领导、专人负责，措施坚硬——飞龙农场第四队近二年来林地管理的几点体会》，1960年，档案号：98－1－12，西双版纳州档案馆。
② 《边七县规划工作会议参考材料之七 橡胶林地多层多种经营的意义和作用》，1966 年 5 月 20日，档案号：98－1－60，西双版纳州档案馆。
③ 《边七县规划工作会议参考材料之七 橡胶林地多层多种经营的意义和作用》，1966 年 5 月 20日，档案号：98－1－60，西双版纳州档案馆。

20 世纪 70 年代末至 80 年代初，胶园林地覆盖重新恢复，尤其是覆盖作物。1977 年至 1979 年，开始宣传覆盖作物的优势，又重新种植。如勐醒农场共定植橡胶 9030.9 亩，种覆盖 4515.5 亩，占定植面积的 50.2%；1980 年至 1983 年，定植橡胶 8974.8 亩，种覆盖 8525.7 亩，占定植面积的 95%。[①] 因此，种植覆盖作物是实现经济效益和生态效益统一的重要路径，由于覆盖作物的大面积种植，改善了林地气候，减轻了人工劳动，增加了经济效益；同时也阻止了水土的大量流失，有利于胶苗及胶树的生长，对于土壤肥力的保持也起到积极作用。据有关资料记载，幼龄胶树林地，种植豆科覆盖作物每年每亩有 4000 斤以上的新茎叶，有 2000 斤以上枯枝落叶和根系，其中无刺含羞草、毛蔓豆，旱季枯死，若这些全部返回土壤，则可增加 N－14－26 斤，P2－3.6 斤，K18－32 斤，经测定，覆盖 10 年后的林段、土壤有机质提高 14%，含水量相对提高 10.4%－33.4%。[②]

20 世纪 50—80 年代，为保证橡胶的正常生长，胶园间作及覆盖通过保持水土及土壤肥力，使经济效益最大化。此时，对于橡胶所造成的生态问题虽已经受到关注，但是由于橡胶所带来的巨大经济利益，生态效益也开始被关注，但其重要性往往被人们所忽视，主要体现在胶园间作及覆盖的物种选择上，更多选择依据是根据作物的经济价值而非生态价值。

2. 发展阶段（1990—2011 年）

20 世纪 90 年代以来，随着橡胶的大规模扩张，所带来的生态问题日渐突出，因此，不得不关注到橡胶产业的可持续发展问题。此时，"生态胶园"的概念及内涵逐渐被提出并进行丰富。根据开发热区农业发展战略规划的需要，发展人工群落的"生态胶园"被视为重要战略任务之一。生态胶园的提出源于《国家中长期科学和技术发展规划纲要（2006—2020 年)》，是"立体农业"得以实践的重要体现。立体农业是由单一经营的传统农业向多层次、综合、高效的现代农业转化的农业生态经济系统，生态胶园则是生态系统、经济系统和天然橡胶人工群落系统相结合的复合系

---

① 《西双版纳农垦分局科技会议材料之十五：胶园活覆盖——无刺含羞草的种植推广》，1983 年，档案号：98－3－27，西双版纳州档案馆。

② 《西双版纳农垦分局科技会议材料之十五：胶园活覆盖——无刺含羞草的种植推广》，1983 年，档案号：98－3－27，西双版纳州档案馆。

统（可称为"经济生态胶园系统"）。生态胶园可以同时满足经济、生态、社会效益。

20世纪90年代，橡胶林以橡胶为长期主体作物，间种咖啡、肉桂、杉树、胡椒、剑麻为中期副主体作物，套种菠萝、绿肥等为短期辅助作物①，如西双版纳主要为非生产期胶园短期间作。云南省热带作物科学研究所初步提出了"片段化""网格化""立体化"的生态胶园建设模式：一是"片段化"种植，主要是在山顶、超坡度（坡度大于35°）以及大的沟谷两侧种植珍贵用材和乡土树种，兼顾生态和经济效益，更好地发挥涵养水源、保持水土的生态功能，并确保胶园开发的长期经济效益；二是"网格化"种植，通过合理布局林间道路，在胶林道路的两侧，选择干性好、生长较快的用材树种，进行交替种植，以路为界线、行道树为景观分割各种种植模式，形成网格化的格局；三是"立体化"种植，主要是在15°以下平缓坡地的橡胶树保护带，间作种植辣木、诺丽、星油藤、咖啡等经济作物，在珍贵用材及乡土树种形成荫蔽后，根据不同微环境特点，在林下种植耐荫药用植物及食用菌，整个胶园覆盖豆科绿肥植物，保持地力，减少水土流失②。此种模式为生态胶园的建设提供了理论基础。

20世纪90年代至21世纪初期，生态胶园作为保证橡胶产业实现其经济、生态、社会效益的一种可持续发展路径的探索使得生态胶园的建设更具科学性、标准性、合理性，初次将"生态"的概念纳入橡胶的发展之中，也就意味着橡胶所带来的生态问题已经受到人们的广泛关注与重视，但是"生态胶园"仍是以建立人工群落为核心，间作也仅是非生产期胶园短期间作，而生产期胶园的生态问题并未进行考量，其主要目的仍是以实现经济利益最大化为核心。

3. 推广阶段（2012年以来）

西双版纳环境友好型生态胶园的推广源于中国生态文明建设的重要性和紧迫性。2012年，党的十八大正式将生态文明建设纳入国家战略，生态

---

① 石健：《发展天然橡胶生态胶园初探——对发展立体农业的思考》，《热带作物研究》1994年第1期，第8页。

② 《环境友好型生态胶园建设》，《热带农业科技》2018年第41卷第3期，第5页。

文明成为"五位一体"建设的重要组成部分；党的第十八次全国代表大会将生态文明建设写入党章；2017年，党的十九大报告将"生态文明"列为社会主义现代化新征程的重要组成部分；2018年3月11日，十三届全国人大一次会议第三次全体会议表决通过了《中华人民共和国宪法修正案》，生态文明历史性地写入宪法。① 随着生态文明建设在我国地位的日渐突出，2013年8月8日，云南省省委领导提出：建设环境友好型胶园，发挥橡胶产业的"正能量"；建立生态胶园的生态效益、经济效益、社会效益科学评价体系，变革天然橡胶的种植方式、管理方式，改变传统的单一种植模式，按"看得见，说得清、推得开"的工作要求，建设环境友好型生态胶园，实现橡胶产业的可持续发展②。2013年11月11日，中共云南省委农村工作领导小组办公室根据省委、省政府指示，向各有关州（市）、省级有关部门发出了《关于加快环境友好型生态胶园建设的意见（征求意见稿）》；2013年11月18日，西双版纳州人民政府批准通过了由西双版纳州发展生物产业办公室、州农业局组织，版纳植物园唐建维研究员起草的《西双版纳州环境友好型胶园建设规划》（2013—2020），并制定了《西双版纳州环境友好型胶园建设技术规程》，西双版纳州将以每年10万亩的进度建设环境友好型胶园，并将环境友好型橡胶园建设作为西双版纳州生态文明建设的考核内容和指标之一；2014年5月19日，西双版纳州召开"全州环境友好型生态胶园建设工作推进会"，常务副州长陈启忠要求认真落实省委、省政府《关于推进环境友好型生态胶园建设的意见》，务实推进西双版纳州环境友好型胶园建设，并与各市、县签订《环境友好型生态胶园建设目标责任书》③，确保到2020年建成环境友好型生态胶园6.67万hm²，每年建设环境友好型生态胶园0.67万hm²以上④。

2018年7月30日，中国共产党西双版纳傣族自治州第八届委员会第五次全体会议通过，为全面加强生态建设环境保护，巩固提升国家生态文

① 周琼主编：《生态文明建设的云南模式研究》，科学出版社2019年版，第1页。
② 西双版纳州农垦局提供资料：《西双版纳州农垦局关于报送2015年版纳农垦0.9万亩环境友好型生态胶园建设实施方案的报告》，2015年7月30日。
③ 《版纳植物园参加院农业领域"一三五"重大突破进展交流会》，http://m.xtbg.cas.cn/zhxw/201408/t20140815_4185260.html（2014-08-15）。
④ 张婧：《西双版纳州环境友好型生态胶园建设调查研究》，《云南农业大学学报》2015年第9卷第4期。

明建设示范州创建成果，深入推进生态文明建设，实践证明，离开经济发展抓环境保护是缘木求鱼，脱离环境保护搞经济发展是竭泽而渔，必须把生态文明建设放在首要位置，在科学保护的前提下，在环境承载力的范围内，以生态文明理念引领经济社会发展，努力促进生态建设产业化、产业发展生态化，切实做到经济效益、社会效益、生态效益同步提升，使青山常在、碧水长流，实现百姓富、生态美的有机统一①。

（二）西双版纳环境友好型胶园的实践

2015 年，首先在东风农场、景洪农场、橄榄坝农场、勐腊农场、勐满农场建设 5 个生产示范区，通过典型引导、示范带动，垦区当年新增环境友好型生态胶园 0.9 万亩。在环境友好型生态胶园建设中，必须严格按照《橡胶树栽培技术规程》要求种植，更新和新植胶园，严格按照橡胶树生态适宜区区划种植，多物种合理选优搭配，多层次立体设计，采用"板块化、网络化、片段化、立体化"种植方式，因地制宜推行"山顶戴帽、腰间系带、足底穿鞋"和"林下植灌、灌下养禽"建设模式。

一是退种"三超"；即"超宜林地规划范围、超植胶海拔上限、超植胶坡度"区域种植的橡胶树，按照建立和保护良性人工生态系统的要求，因地制宜改种、间种套种珍贵林木、乡土树种或经济作物，采取多林种混种模式和尽可能减少人工耕作的方式，逐步恢复和改善生态功能②。

二是恢复水源林；在示范区范围内坡度大于 35°的陡坡、沟箐和碎部土地等地段，采取保留原生自然植被，或种植保水能力强的乡土阔叶树种、珍贵林木等方式恢复建设水源林，提升胶园涵养水分能力；建设防护林，在道路两旁、山顶、山腰、山脊、主风方向和冷空气阴风面等地段，采取网格化、条状花序方式，种植速生、抗风抗寒能力强的珍贵林木、乡土树种和热带水果，提升胶园系统抵抗力和稳定性；推行林下种养，充分利用胶园丰富的林下资源和林荫空间，大力推行林下种、养，如景洪、东风、橄榄坝等农场在示范区采取宽行密株种植形式（每亩定植 25 株），采

---

① 《中共西双版纳州委 西双版纳州人民政府 关于全面加强生态建设环境保护巩固提升国家生态文明建设示范州的意见》，http://xsbn.yunnan.cn/system/2018/08/23/030050921.shtml（2018 - 08 - 23）。

② 西双版纳州农垦局提供资料：《西双版纳州农垦局关于报送 2015 年版纳农垦 0.9 万亩环境友好型生态胶园建设实施方案的报告》，2015 年 7 月 30 日。

用混种、间套种等方式，在林下种植菠萝、砂仁、树菠萝、辣木、诺丽等经济作物，养殖蜜蜂、山鸡等，打造胶—果、胶—草、胶—苗、胶—药、胶—花、胶—禽、胶—蜂等新的生产模式，以此提高土地利用率和产出效益，增加职工收入，丰富胶园生物多样性①。

三是注重地被保护，最大限度减少开挖胶园土壤；在林地开垦过程中，要注意选留优良自然植被，减少对地表植被的破坏，在橡胶树定植前，要及时在保护带种植绿肥覆盖作物，提高地表生物覆盖率，在管护过程中，要改变过去翻挖植胶带面的不合理措施，采用人工或机械除草方式进行胶园除草控萌作业，全面禁止使用草甘膦等化学除草剂②。

四是实行科学管养；按照近自然理论和生态系统平衡原理，提倡胶园"少管"甚至"不管"，充分利用自然力量，促进自然植被生长，维持系统稳定，遵循植物群落共生共长规律，按照以保水、保土、保肥、防寒、防病为中心的抚管方针，科学进行管养，把对环境的人为影响降到最低，加强病虫害监测，科学合理用药，推广应用生物防治和绿色防控技术，减少农药残留，加强对间作物的抚管和林下养禽的管护，促进其长期共生共融，维持胶园生态系统的良性循环③。

在橡胶林地间作物种以及水源林、防护林的树种选择中，如表25所示，主要以珍贵用材林种、功能性植物、药用植物、特种经济林木及固氮绿肥植物为主，因地制宜，以乡土树种为主。

在具体实践中，更新期的橡胶林地均处于橡胶种植的最适宜区，生态条件优越。如景洪农场采用"橡胶＋固氮绿肥植物＋功能性植物"模式，在更新胶园2米内种大叶千斤拔，2米外种植一行树菠萝。东风农场、橄榄坝农场、勐满农场、勐腊农场采用"橡胶＋珍贵树种＋经济作物"模式，其中东风农场在更新胶园边缘种植珍贵树种，在原根病区种植树菠萝、沉香、砂仁；橄榄坝农场在更新胶园边缘种植珍贵树种，在保护带种植菠萝；勐满农场在更新胶园边缘种植珍贵树种，在保护带2米内种玉

① 西双版纳州农垦局提供资料：《西双版纳州农垦局关于报送2015年版纳农垦0.9万亩环境友好型生态胶园建设实施方案的报告》，2015年7月30日。
② 西双版纳州农垦局提供资料：《西双版纳州农垦局关于报送2015年版纳农垦0.9万亩环境友好型生态胶园建设实施方案的报告》，2015年7月30日。
③ 西双版纳州农垦局提供资料：《西双版纳州农垦局关于报送2015年版纳农垦0.9万亩环境友好型生态胶园建设实施方案的报告》，2015年7月30日。

米、黄豆，中间种植树菠萝；勐腊农场在更新胶园山顶种植海南黄花梨，道路两旁种植树菠萝，保护带中种植黄豆、花生等经济作物。[①]

表25   西双版纳环境友好型生态胶园建设物种选择种类

珍贵用材林种	海南黄花梨、柚木、西南桦、大国紫檀、版纳黑檀、山桂花、滇南红厚壳、铁刀木等
功能性植物	辣木、诺丽、星油藤等
药用植物	萝芙木、砂仁
特种经济林木	澳洲坚果、波罗蜜、三丫果等
固氮绿肥植物	大叶千斤拔

资料来源：西双版纳州农垦局提供资料《西双版纳州农垦局关于报送2015年版纳农垦0.9万亩环境友好型生态胶园建设实施方案的报告》，2015年7月30日。

环境友好型生态胶园建设项目实施以来，逐渐在民营橡胶经营中进行示范及推广。2018年5月21至23日，西双版纳州农业科学研究所拟在西双版纳州建立橡胶——魔芋套种生态示范园1000亩，其中：勐海县打洛镇200亩、勐腊县勐伴镇150亩、勐捧镇250亩、勐满乡100亩及象明乡300亩，通过橡胶生态示范园建设，达到生态绿色管护橡胶、增加土地单位面积产值、农民增收的目的[②]。2019年3月11－12日，为推动环境友好型生态胶园建设，进一步推进"橡胶＋X"的套种模式，西双版纳州农业科学研究所与中国医学科学院药用植物研究所云南分所科技人员到勐腊县实地调研橡胶林下套种砂仁种植模式，其中瑶区乡新山胶林套种砂仁70亩、勐腊镇曼喃村委会胶林套种砂仁100亩、勐腊县曼旦村委会曼朗小组胶林套种砂仁50亩、勐腊仁林生物科技有限公司育种基地遮阳网种植砂仁70亩[③]。2019年5月，橄榄坝农场完成更新定植橡胶树1148.6亩，根据环境友好型生态胶园模式，采取"头顶戴帽、腰间系带、足底穿鞋"的种植结构，在不影响橡胶苗木生长的情况下，改变过去单一的橡胶种植模式，在山顶第一条带种植印度紫檀，在林间道路两边交叉处种植菠萝蜜和

---

① 西双版纳州农垦局提供资料：《西双版纳州农垦局关于报送2015年版纳农垦0.9万亩环境友好型生态胶园建设实施方案的报告》，2015年7月30日。

② 《西双版纳州农业科学研究所开展橡胶生态示范园建设调查》，https：//znyj. xsbn. gov. cn/309. news. detail. dhtml? news_ id＝1441（2018－05－25）。

③ 《2019年省级农业生产发展热作专项橡胶生态高效示范园建设——橡胶林下套种砂仁调查》，https：//znyj. xsbn. gov. cn/309. news. detail. dhtml? news_ id＝2844（2019－03－15）。

紫檀木，在山脚最后一带种植果树，橡胶林间全部套种菠萝，改善橡胶种植区域的生态环境，提高土地利用率①。

在民营橡胶中推广环境友好型生态胶园建设，对于套种的物种需要向民众提供一定补助，以此提高胶农套种的积极性。如西双版纳州农科所于2019年3月6日至13日完成了魔芋种芋的补助，共补助魔芋种芋15.14吨，涉及勐腊、勐海两县7个乡镇，其中：勐腊县象明乡4.8吨、瑶区乡0.8吨、勐伴镇7.44吨、易武镇0.9吨；勐海县打洛镇1.2吨。② 橡胶林下套种魔芋的方式，既改善橡胶林单一的现状，增加了生物多样性，又充分利用土地资源，提高复种指数及土地产出率。由于2012年以来，橡胶价格持续降低，胶农丢胶、弃胶、砍胶的现象较为频繁，"橡胶+魔芋""橡胶+砂仁"的种植模式可以在一定程度上弥补橡胶园林地产出效益，此种模式得到了胶农的广泛接受与认可。

环境友好型生态胶园模式也存在一定的隐患，这种隐患会因为国际天然橡胶价格的变动而随时爆发。因天然橡胶价格较低，橡胶种植面积扩张的可能性较低，在此种局面之下，必须让民众正确认识到橡胶对于生态环境所带来的潜在威胁，意识到如果生态环境持续遭到破坏，橡胶生长的环境也会受到威胁，从而影响橡胶产量。在橡胶价格降低时，进行适当的宣传与教育，胶农尚且可以接受与认可，一旦天然橡胶价格再次回涨，民众在受到巨大经济利益刺激之下必然又导向于忽略生态效益而追求经济效益。

二 多元视野下橡胶资源的开发与利用

我国橡胶植物有大戟科、夹竹桃科、杜仲科、桑科、卫矛科、菊科等上百种③，但如此丰富的橡胶植物种类实际开发与利用得很少。20世纪上半叶，由于巴西橡胶被视为最为优越的橡胶植物，在橡胶资源的选择中，巴西橡胶无疑是首选，也有很多学者在探索其他橡胶植物。20世纪50年代以来，有诸多植物学家在中国本土发现了许多产胶植物，但并未得到大

① 《橄榄坝农场建设生态胶园》，《西双版纳日报》2019年5月3日第3版。

② 《州农科所2019年省级农业生产发展热作专项橡胶生态高效示范园建设——魔芋种芋补助》，https：//znyj. xsbn. gov. cn/309. news. detail. dhtml？ news＿ id＝2836（2019－03－14）。

③ 冯志舟：《云南的野生橡胶植物》，《云南林业》2008年第1期，第28页。

规模开发和利用，如橡胶草、银色橡胶菊、杜仲等产胶植物都是可以进行广泛种植的，其较之巴西橡胶而言，具有更强的环境适应性。本土产胶植物虽在性能上不如天然橡胶，但可以通过科技手段进行改良，进一步提升本土产胶植物的产胶性能，进行广泛推广及种植，充分利用其性能优势逐渐代替与巴西橡胶性能相似的橡胶制品。

进入 21 世纪以来，随着经济贸易全球化，中国与东南亚天然橡胶生产国之间的交流与合作更为频繁，我国天然橡胶资源配置也逐渐会与全球同步。随着我国天然橡胶市场对外开放，从国外进口的天然橡胶原料逐渐增加，从 1995 年的 32.8 万吨，2000 年的 93.0 万吨，2005 年的 169 万吨，增加到 2015 年的 425.4 万吨；2017 年我国消费天然橡胶 548 万吨，占全球消费量 39%，而国内天然橡胶产量约 81 万吨，自给率仅 14.8%。[①] 因此，充分说明我国天然橡胶生产远不能满足国内原料需求，除依赖于进口天然橡胶，为保证天然橡胶的需求，应当尽可能发掘本土产胶植物，进行广泛开发与利用。

就目前而言，不论是何种橡胶植物其劳动成本都较高，在一定程度上使得天然橡胶价格上涨。然而，合成胶可以弥补这一不足，在一定程度上可以代替天然橡胶原料，从而减少对于天然橡胶的需求。近年来，随着汽车销量的迅速增长，我国对于天然橡胶的需求大幅提升，2012 年中国汽车销量为 1931 万辆，同比增长 4.3%，这主要得益于合成橡胶的广泛应用，虽然其性能上不如天然橡胶全面，但合成橡胶具有高弹性、绝缘性、气密性、耐油、耐高温或低温等性能，随着工艺的改善和技术的提高，合成橡胶越来越多地替代天然橡胶。[②] 在当前生态文明建设背景下，国际橡胶市场价格下跌，胶农种植橡胶的积极性被削弱，我国加快研发合成橡胶以及替代性产胶植物正当其时。

三 建立跨境橡胶种植区域生物入侵联合防御机制

橡胶的无序化扩张使得中国与老挝、缅甸之间的跨境生物入侵风险加

---

① 莫业勇：《天然橡胶供需形势和风险分析》，《中国热带农业》2019 年第 2 期，第 5 页。

② 参见云南省商务厅《2013 年市场聚焦：行情持续走低 云南橡胶市场前景不容乐观》，内部资料。

大，严重危及跨境地区生物安全。党的十九大报告中，习近平总书记提出，坚持和平发展道路，推动构建人类命运共同体①。随着经济全球化速度加快，将世界各国的利益与命运紧密联系起来，形成了你中有我、我中有你的"利益共同体"。在此机遇和挑战之下，同样面临着诸多问题及挑战。

21世纪以来，电子商务已经成为国际贸易的重要平台，物流业的快速发展、国际旅游潮热等在促进社会经济迅速发展的同时，也造成了严重的生物入侵，生物入侵已经成为危及人类社会系统和自然生态系统的全球性生态危机。在"一带一路"进程中，中国以其独特的区位优势，加强与周边各国的经济文化、生态文明交流，立足全球视野，中国在全球生物入侵防控中，以及推动全球共同治理生态环境合作中发挥着重要作用。全球生态危机是人类命运共同体、利益共同体、生态共同体面临的首要挑战，需要国家、地区、组织之间的协同合作、共同参与，形成行之有效的国际合作机制。中国应当在全球生态治理中起到引领作用，积极推动区域生态命运共同体建设。

一是加大生物入侵联合宣传教育力度，定期对国民进行专门教育。加大生物入侵宣传教育力度是增强公众生物入侵防范意识的重要手段。不论是政府、企业、公益组织、普通民众都应提高生物入侵防范意识，对于生物入侵物种有一定认识，这对于维护边疆安全、生物安全、生态安全具有重要意义。一方面，生物入侵宣传教育的人群应包含所有公民在内，应以政府为主导进行宣传，调动全民积极性和主动性，通过公益广告、宣传片、宣传海报、知识竞赛、志愿者活动等增强公民认知度和参与度，杜绝盲目引进，意识到生物入侵带来的危害，共同防范生物入侵。另一方面，中小学、高校是开展生物入侵教育的重要基地，中小学应当在生物、自然、地理等学科的基础上专门开展生物安全知识教育，高校虽有专门的环境科学、生态学、生物学、植物学学科，但仅是针对其专业学生，应当开设面向全校的公开课程，向大学生普及生物入侵相关知识。最后，使生物入侵防范意识深入人心，让广大群众参与其中，共同营造"生物入侵，人

---

① 中国共产党新闻：《习近平提出坚持和平发展道路推动构建人类命运共同体》，http://cpc.people.com.cn/19th/n1/2017/1018/c414305 - 29594530.html（2017 - 10 - 18）。

人防范"的社会氛围。

二是健全国际生物入侵风险评估机制以及建立国际统一标准的生物入侵法律法规。一方面，各国具有自身独特的地理区位优势，在生物多样性方面独具特色，需要建立一套行之有效又具有统一标准的生物入侵风险评估机制，按照外来物种是否会造成入侵、是否会成为当地优势种、是否会导致本土生态系统受到破坏、是否会影响社会经济文化、是否会对当地生物多样性和珍稀物种造成威胁、是否会危及人类身体健康等。另一方面，必须制定更为深化、细化的防范外来物种入侵的管理办法、条例、制度，应从防治技术层面拓展到约束各国行为。

三是建立跨境生物入侵联动防控机制是实现利益共同体、命运共同体、生态共同体的可持续性共享机制。"一带一路"沿线国家，尤其是邻国之间应筑牢跨境生态安全防线，跨境河流、山脉、森林、道路都是生物入侵的重要通道。在"一带一路"之下，应当坚持利益共享、共赢、共进，为维护生态边疆的持久稳定，建立跨省、跨境生物入侵联动防控机制必须提上日程。西双版纳国家级自然保护区尚勇片区与老挝之间建立了中老跨境生物多样性联合保护区，自 2006 年起，中方与老挝北部三省林业保护部门通过 11 年合作，在边境线建立了长 220 千米、面积 20 万公顷的"中老跨境生物多样性联合保护区域"，构建中老边境绿色生态长廊，促进联合保护区域内的物种交流与繁衍，筑牢了中老边境生态安全屏障①。但尚未对保护区内的外来有害物种进行监测、预警、防控，这一模式值得借鉴，通过"一带一路"沿线国家之间的生物多样性保护展开交流与合作，共同防控跨境生物入侵。

四 建立跨境地区"无橡胶种植生态修复试验区"

自 20 世纪 90 年代以来的"走出去"战略及"替代种植项目"等外交政策影响，中老缅交界地区橡胶种植面积迅速增加。从 1990 年开始，中国实施境外罂粟替代种植项目，遍及老挝北部 7 省、缅甸东北部掸邦和克钦邦，橡胶则是其中主要的替代种植品种，近几十年来，中老缅交界地区

---

① 西双版纳傣族自治州人民政府网：《中老跨境生物多样性联合保护交流取得新进展》，ht-tp：//www. xsbn. gov. cn/129. news. detail. dhtml？news_ id = 39586（2017 - 06 - 01）。

土地利用/土地覆被变化最明显的特征就是天然林面积的不断减少和橡胶林面积的不断扩张，老挝北部和缅甸东北部靠近中国边境地区橡胶种植扩张迅速，中老缅交界地区橡胶林地以中国橡胶林地居多，集中分布在与西双版纳植胶地区相邻的近边境地区①。2006年以来，由于受天然橡胶市场价格刺激，西双版纳适宜橡胶生长的林地已被开发殆尽，逐渐向高海拔（超过1200米）、陡坡度扩张（超过25°甚至35°）以及超出宜胶范围（水源林、风景林、自然保护区等），西双版纳的宜胶林地已经达到上限，土地资源受到制约。而老挝、缅甸较之西双版纳而言具有更为优越的植胶环境条件，橡胶种植逐渐向跨境地区发展已是必然趋势。然而，中老缅跨境地区是热带雨林主要分布区域之一，生物多样性丰富，由于近年来土地利用方式的迅速转变一定程度上破坏了原生生态系统，打破了跨境地区天然的生态屏障，外来物种入侵风险加剧，严重影响跨境地区生态安全。

在中老缅跨境地区生态修复过程中，西双版纳自治州主动融入和服务"一带一路"，探索和开展跨境生态保护交流合作，实施了亚行大湄公河次区域环境核心项目西双版纳示范项目等一批国际合作项目，积极配合并参与云南省环保厅与老挝南塔省、琅勃拉邦省环境保护合作交流活动，实现了"一带一路"和"澜沧江—湄公河"生态保护合作机制的"零的突破"。2012年，创造性地与老挝北部三省共建了长220千米，面积约20万公顷的"中老边境联合保护区域"，共筑跨境绿色生态长廊、生物走廊带以及生态安全屏障。② 在此基础上应建立首个中老缅跨境地区"无橡胶种植生态修复试验区"，进一步筑牢边疆生态安全屏障，维护生物多样性，保障跨境生物安全。

中老缅跨境地区"无橡胶种植生态修复试验区"试图通过自然修复种植乡土珍稀树种，恢复热带雨林生态群落，加快构建中老缅跨境地区生物多样性保护走廊建设，加强林业有害生物的防治。这一试验区的建立和推行难度较大，应由地方政府牵头，联合老挝、缅甸共同合作，辅以生态补偿机制对试验区内的边民给予一定经费补偿，同时鼓励边民参与试验区的保护与管理之中。为协调环境保护与经济发展之间的矛盾，在建成试验区

---

① 封志明、刘晓娜、姜鲁光、李鹏：《中老缅交界地区橡胶种植的时空格局及其地形因素分析》，《地理学报》2013年第68卷第10期，第1433页。

② 资料参见《西双版纳傣族自治州创建国家生态文明建设示范州申报材料》，2017年。

之后，应在试验区打造中老缅跨境地区"无橡胶种植生态修复试验区"边境游，带动地方社会经济发展，实现生态效益、经济效益、社会效益统一。

五 建立健全"退胶还林"生态补偿机制

目前，中央财政和地方财政均建立了森林生态补偿制度，分别支持国家级公益林和地方公益林的保护管理。按照《国家林业局财政部关于印发〈国家级公益林区划界定办法〉和〈国家级公益林管理办法〉的通知》（林资发〔2017〕34号），国家级公益林是指生态区位极为重要或生态状况极为脆弱，对国土生态安全、生物多样性保护和经济社会可持续发展具有重要作用，以发挥森林生态和社会服务功能为主要经营目的的防护林和特种用途林，中央财政逐步提高补偿标准，在2013年，将集体和个人所有的国家级公益林补偿标准，提高到每年每亩15元的基础上，2015年，中央财政将国有的国家级公益林补偿标准提高到每年每亩6元。2016年进一步提高到每年每亩8元。2017年，中央财政将国有的国家级公益林补偿标准提高到10元。[1] 目前，西双版纳州共区划界定国家级公益林面积571.45万亩，其中国有的507.32万亩，纳入天然林资源保护工程范围，集体和个人的公益林64.13万亩，已全部纳入中央财政森林生态效益补偿范围。[2]

筑牢生态安全屏障，必须要加强对自然保护区和重点生态功能区的保护，加强天然林保护、退耕还林工程的实施。2006年，西双版纳州的橡胶种植面积已经突破了专家所指出的适度开发须控制在300万亩以内的警戒线[3]，西双版纳区域的橡胶种植面积已经达到极限。

2006年以来，西双版纳州开始建立橡胶生态补偿机制，地方政府已经开始关注和意识到，橡胶种植所带来的巨大经济效益，一定程度上是以牺

---

① 《"关于请支持西双版纳傣族自治州环境友好型胶园和生态茶园建设的建议"复文（2017年第7904号）》，http：//www.forestry.gov.cn/main/4861/20170912/1025825.html（2017－09－12）。

② 《"关于请支持西双版纳傣族自治州环境友好型胶园和生态茶园建设的建议"复文（2017年第7904号）》，http：//www.forestry.gov.cn/main/4861/20170912/1025825.html（2017－09－12）。

③ 《消除生态隐忧 版纳胶园要改走"环境友好"路线了》，http：//www.cnraw.org.cn/ShowArticles.php？id=3371（2013－08－02）。

牲人们赖以生存和发展的生态环境为代价换来的，并开始着手改变这种“短视”的经济增长方式，遏制无序开发橡胶林的热潮，通过经济手段调节橡胶工业发展与生态环境保护之间的矛盾，对从事橡胶加工生产的企业征收生态补偿费，收费标准为橡胶加工企业销售收入的9%，将收税减半并将其提高到9%的固定税率。[①] 这种方式遵循了“谁污染，谁治理。谁开发，谁保护”的原则，可以在一定程度上限制制胶工厂，减轻其对于环境的污染力度。

另一种是利用当前橡胶市场的持续低迷，民众种植橡胶的积极性并不高，在短期内橡胶林亩数不太可能会大规模增长的契机，加快实施“退胶还林”，并对胶农进行一定的生态补偿。“退胶还林”的实施与推广是完善天然林保护制度的重要举措之一，有利于森林生态系统的修复，更好地进行森林生态保护。

“退胶还林”是政府以生态建设为目的，恢复热带雨林生态系统的行为，此种行为的顺利实施及开展，牵涉胶农的直接经济利益，这就必须在补偿胶农经济利益的基础上进行，即生态建设过程中对森林的经济补偿。“退胶还林”属于森林生态补偿的概念范畴，其实质是经济林的生态退出，补偿对象是因放弃种植橡胶而蒙受损失的农民，补偿内容是橡胶林的经济价值，补偿主体是征收林地的政府及相关机构。[②] 中国科学院植物园通过对橡胶经济收益和生态系统服务功能市场收益的空间比对，提出西双版纳州内可借助碳市场和水市场实现第一步退胶还林的区域，但是西双版纳高生物多样性区域和橡胶高产区基本重合，使生物多样性保护的难度加大，恢复高产区橡胶林为天然林的机会成本高，由此带来的生物多样性的可能也最大。[③] 这使得“退胶还林”的顺利开展难度加大。关于负面生态效应与经济发展之间的矛盾关系，以政府为主导的有偿“退胶”是在一定程度上拯救雨林的直接途径[④]。“退胶还林”在一定程度上会损害胶农的经济收

---

① 《西双版纳农民大规模毁林种胶 热带雨林开始缺水》，http：//society. people. com. cn/GB/8217/5852504. html（2007－06－12）。

② 张佳琦、Sun Joseph Chang、Alison Wee、薛达元：《西双版纳曼旦村人工橡胶林“退胶还林”经济补偿标准研究》，《资源科学》2015年第37卷第12期，第2462页。

③ 《新研究为西双版纳退胶还林作佐证》，《中国科学报》2013年6月19日第4版。

④ 张佳琦、Sun Joseph Chang、Alison Wee、薛达元：《西双版纳曼旦村人工橡胶林“退胶还林”经济补偿标准研究》，《资源科学》2015年第37卷第12期，第2462页。

益,因此,"退胶还林"的经济补偿标准就显得尤为重要,并直接影响胶农"退胶还林"的积极性。

在政府支持下,中国科学院西双版纳热带植物园提出了许多计划,鼓励将一些橡胶林恢复为自然林地,即"退胶还林"。2017年12月1日,在政府支持下,中国高山植物保护行动民族生物文化示范园项目正式在西双版纳景洪市勐罕镇曼远村启动"退蕉/胶还林"保护高原生态公益行动,通过这一示范园,在退出的橡胶林地及香蕉地改种植高山植物,力图缓解土地退化、保护生态环境的同时,确保村民增收、脱贫①,实现生态与经济效益双赢。2018年5月23日,由中国高山植物系护肤品类开创者DR-PLANT植物医生联合"云南生物与文化多样性保护中心"共同发起的"中国高山植物保护行动",为实施退胶还林保护生态计划,在曼远村种植了200棵傣族村寨传统本土树种——铁刀木②。2018年6月3日,西双版纳州人民政府副州长、州发展改革委主任刘俊杰提出在西双版纳州生态文明建设中,建议开展整体规模为100万亩退胶还林工程③。

在生态文明建设进程日益加快的背景下,必须要进一步建立健全生态补偿机制,通过生态文明制度体系的完善,更好地保证"退胶还林"的推广。当前,由于天然橡胶市场价格低迷,更多胶农砍胶、丢割、弃割,造成橡胶林地荒芜,胶农的植胶积极性大大降低,多数转而种植香蕉、火龙果等热带水果,这对于"退胶还林"政策的实施及推广是一个有利时机。一方面胶农可以通过调整产业结构,种植其他经济作物,从而获得较好的经济收益;另一方面,在橡胶价格下跌之时,政府的经济补偿压力相对较轻。目前,随着生态保护红线的划定,不适宜植胶的生态功能区应率先作为示范实施与推广,再由点及面。

"退胶还林"之后,种植何种物种也需要科学合理规划。政府层面所界定的橡胶种植"三超"范围为超海拔950米以上、超坡度大于25°、超规划区域范围,西双版纳州林业草原局结合天然林保护、退胶还林、低效

① 《我国稳步推进"退胶还林"高山植物保护》,http://www.xinhuanet.com/2017-12/02/c_1122048385.htm(2017-12-02)。

② 《傣家古寨启动栽种铁刀木项目》,http://xsbn.yunnan.cn/html/2018-05/24/content_5219672.htm(2018-05-24)。

③ 《西双版纳州人民政府副州长、发展改革委主任刘俊杰调研版纳植物园》,http://m.xtbg.cas.cn/zhxw/201806/t20180604_5020980.html(2018-06-04)。

林改造等重点工程建设，提出了要坚持适地适树原则，大力发展优良乡土树种等建议①。从西双版纳橡胶种植面积而言，300万亩是一个合适的范围，但当前橡胶种植面积400多万亩，应在此一基础上科学合理改造100多万亩的橡胶林。按照人与自然和谐共生的理念，"和谐"是实现"共生"的重要前提，"和谐"应该是建立在人类适度、合理利用及改造自然的基础之上，橡胶种植区域最合适的海拔在900米以下、坡度小于20°，在水源林、风景林、自然保护区范围内的橡胶林应退出，将橡胶种植面积严格控制在300万亩以内，科学、合理释放生态空间，还之于自然，实现人与自然和谐共生。

六　结合本土生态智慧重塑雨林文化

随着社会经济的快速发展，现代科学技术必然会逐步深入各个地区，经济发展的需要、市场利益的追逐是社会发展的必然趋势。近年来，由于橡胶、茶叶等经济作物所带来的经济利益的刺激，尤其是橡胶种植的无序化，胶林逐渐向水源林、风景林、自然保护区边缘地带扩展，导致环境保护与经济发展之间的矛盾日益突出。由于现代化进程的加快，对于西双版纳传统的生产生活方式、价值观念产生了较大的冲击，传统生态文化观念发生转变。

挖掘、传承、保护、利用、发扬少数民族结合本土生态智慧，重塑雨林生态文化，对于修复当地生态，保护当地生态环境具有重要作用。尹绍亭教授提出恢复和重建"自然圣境"，但此"圣境"不是传统意义上的圣境，而是指当代自然科学领域创造的一个新的概念，即由当地民族公认的赋有精神和信仰文化意义的自然地域，是建立在传统文化信仰基础上的民间自然保护地体系，在不同民族中有不同的自然圣境名称，如神山、圣山、圣湖、圣林、龙山等，以传统文化为依托，以保护自然生态系统中的动植物及其生态服务功能为目的，以此通过恢复和重建云南少数民族村寨的自然圣境和宗教祭祀仪式，启发村民的文化自觉，树立民族自信心，重新认识民族文化的价值，继承和发扬优良文化传统，增强生态文化意识。

① 《西双版纳州林业局对橡胶"三超"种植情况进行调研》，https：//lyj. xsbn. gov. cn/302. news. detail. dhtml？news_ id =829（2013 - 05 - 03）。

民族文化是云南生态文明建设异于其他地区生态文明建设之独特存在，郁庆治提出云南生态文明建设应将其放置于整体性、传统的关系中，同时也是一种经济和社会，将生态文化和路径结合起来时，则是以经济、社会的方式呈现，如生态茶园建设，生态茶园也是一种自然圣境的塑造，更是生态经济的体现，同时迎合生态茶叶新的业态，这是云南少数民族传统文化之中挖掘的精华所在，其他地区历史文化因素的挖掘则不如云南，云南生态恢复容易得多，云南的生态文明建设需要新的知识、新的示范、新的体验。①

因此，应当充分利用西双版纳优越的自然资源禀赋，结合优秀的本土生态智慧。一是利用当地的自然圣境及宗教信仰重塑"雨林生态文化"的相关风俗、仪式，在增强民族文化自信的同时，启发当地民众的文化自觉，传承与发扬传统生态文化，使其深入人心。二是利用当地独具特色的景观资源以及众多少数民族传统生态文化，发展以田野风光、民族特色村寨、原始雨林、珍奇动物等生态观光模式，在保护当地环境的基础上，保障当地民众收入来源。三是加快建立少数民族生态文化博物馆、传习馆，通过保留传统生态文化展品传承民族文化，保护区内已经建立了傣族文化传习馆，勐海县章朗村也建了布朗族生态博物馆，但是效果不甚明显，可以说是"有其形，无其实"，民众的参与度并不高。因此，在今后的生态博物馆建设中应当进行重点示范，再加以推广，将生态博物馆建设与生态观光结合起来，通过当地民众真正意识到本民族生态文化再对外来游客进行宣传从而加强民族文化自豪感。

自然修复与人文修复相结合是重建雨林生态文化的重要内容。西双版纳传统的聚落景观由原本的以自然景观为主、人文景观穿插其中逐渐转变为以人文景观为主、自然景观严重破碎化，传统的自然景观随着人口增长、经济发展、交通运输条件改善等逐渐转变，尤其是橡胶种植面积大规模扩张之后，发生的转变尤其明显，原本的水源林、风景林都变为橡胶林，雨林生态系统被人工林生态系统所代替。因此，应当尽快恢复和重建传统聚落景观。

首先，通过恢复当地乡土树种改良当前生态环境，进行适当的自然修

---

① 本部分内容已发表于《原生态民族文化学刊》2019 年第 11 卷第 3 期。

复，如铁刀木是当地较具特色的一种本土植物，越砍反而长得越好，适合作为薪炭林。其次，建立自然与人文相结合的复合型生态系统；西双版纳以傣族为代表的坝区传统聚落景观是森林、农田、村寨及宗教等自然与人文相结合的复合型生态系统，空间原型的抽象包括佛寺、寨心、寨门、竜林等；而山地民族传统聚落景观则是以森林、轮歇地、村寨及宗教等自然与人文相结合的复合型生态系统，空间原型大同小异，多数山地民族是包括寨心、寨门、神林、坟山、水源林、风景林等在内的自然与人文相结合的复合型生态系统。

这种恢复及重建方式是一种区域社会文化的"回归"与"重塑"，建立在重塑自然圣境的基础上，通过现代生态技术恢复原本生境的生物物种，修复被破坏的生态系统，建立多元的生物群落，再进一步强化传统文化中值得延续和传承的风俗习惯，以此避免现代化成为当地少数民族民众生产生活的全部，适当"回归"传统，增强民族文化自信，形成新的知识、新的示范、新的体验。

因此，为保证橡胶产业的可持续发展，必须运用传统生态智慧，结合现代生态文明理念，修复被破坏的生态系统，实现自然与人文生态系统的平衡。在当前区域生态治理与修复过程中，运用传统生态智慧修复本土物种异化过程中对生态造成的危害是极其容易的，但单纯依靠传统生态智慧修复外来物种带来的生态问题难度很大，因为这一生态问题的外延是传统生态智慧无法囊括的。这就需要在今后区域生态保护、治理与修复过程中，实现传统生态智慧与现代生态文明理念的有机结合。

第三节　人与自然和谐共生模式的本土语境及实践探索

一　环境史视野下基于橡胶扩张的现实反思

美国环境史学家克罗斯比认为，生态系统中各个成员之间，即动物、植物、疾病、人之间是一种"互助共生"的关系①。在环境史视角下，需

---

① ［美］艾尔弗雷德·W. 克罗斯比：《哥伦布大交换：1492 年以后的生物影响和文化冲击》，郑明萱译，中国环境科学出版社 2010 年版。

要考察橡胶与环境以及人类社会之间的作用和反作用。"从时间纵深之中探寻自然系统与人类系统彼此因应、相互反馈和协同演化的复杂机制，揭示各种环境问题，重新检讨人类历史活动的成败得失，从而为当今社会提供知识参考和思想借鉴。"① 因此，超脱现有的观念，从真正的史学高度看橡胶这一物种以及这段历史②，对人与自然的和谐共生有重要启示。

首先，现代化、市场化、全球化使得人类历史发生了前所未有的更迅速、更具有本质性的转型，世界进入一个新的社会，原有的社会秩序被打破，不同类型的共同体之间的联系通过交换而并非冲突建立在一起③。橡胶作为"现代性"意义上的外来物种，在全球性的扩张中将具有独特民族文化的人群联系在一起。20 世纪五六十年代，随着西双版纳地区国营橡胶农场的兴起及发展，建立了新的象征秩序，加强了边疆民族地区的控制力度，强化了边疆与内地之间的经济文化联系。20 世纪八九十年代，由于市场化、商业化程度的加深，进一步推动了橡胶市场的开放，将西双版纳卷入到世界经济体系之中，传统的生产生活逐渐发生改变。21 世纪以来，经济、贸易的全球化，使得"民族性"逐渐被"现代性"所融合，技术、文化、生态的"本土性"逐渐流失，当地少数民族传统社会文化发生巨大变迁，与传统社会文化共生共存的本土生态智慧因缺乏具体实践，逐渐淡化、消失、断裂。当前，西双版纳地区许多少数民族民众通过橡胶、茶叶、甘蔗等资源的直接输出，以及伴随着经济作物发展的土地外租、劳力变卖及输出，实现了地方民族经济的发展，获取了丰厚的收入，提高了生产生活水平；但是，与之而来的是资源的过度开采和利用带来的诸多生态问题开始暴露，这些也需要他们去承受，因为这种过度行为是在提前消费子孙享有的资源换取现阶段的经济发展④。

所以强调"本土性"并非提倡让当地少数民族恢复到原始生活状态，

---

① 王利华：《环境史研究的时代担当》，《人民日报》2016 年 4 月 11 日第 016 版。

② 观点来源于尹绍亭教授在笔者开题报告中所提建议。

③ ［美］大卫·克里斯蒂安：《时间地图》，晏可佳等译，上海社会科学院出版社 2006 年版，第 370 页。

④ 周若然：《茶叶、橡胶与雷贡德昂族女性》，硕士学位论文，云南民族大学，2016 年，第 65 页。

而是为了更好地保护当地复合型生态系统，维护当地生态系统平衡。橡胶并非地方社会经济发展中的唯一产业，以西双版纳的自然资源优势，当地少数民族民众有更多的选择，橡胶一旦成为决定地方社会经济发展的重要或者唯一产业，也就意味着橡胶征服了人类。自橡胶被大规模开发及利用以来，人类试图想要征服橡胶，但结果却被经济利益所扭曲其价值观，这种扭曲式的观念应当得到及时的纠正。较之官方、学界而言，地方民众是最直接的利益相关者，保护当地生态是在保护其赖以生存的自然环境，当下的国际国内形势是非常适合转变这一观念的，官方及学界应当引导地方民众重塑其"本土性"。

因此，"现代性"不应该成为当地民众生活的全部，必须要启发地方民众的生态环境保护意识，更大程度地唤醒当地民众的生态文化自觉，更多地挖掘、传承、保护、利用关于区域生态环境修复与治理、生物多样性保护、生物入侵防治、自然灾害综合防治等维持生态系统平衡及保持地方社会经济环境可持续发展的本土生态保护的重要性知识，更好地探索人与自然和谐共生模式。

二　中国本土语境下人与自然和谐共生模式

"人与自然究竟是一种什么关系"是人类社会发展历程中的一个经久不衰的话题。随着人与自然关系的异化，人类面临着各种生态危机的挑战。在生态文明建设背景下，人们开始将人与自然作为生命共同体看待，"和谐共生"模式是对人与自然关系的理论阐释，更是人类文明可持续的重要路径。

生态文明的核心思想是人与自然和谐共生，这关系人民福祉，关乎民族未来，是中华民族永续发展的大计。习近平总书记在党的十九大报告中强调："坚持人与自然和谐共生。建设生态文明是中华民族永续发展的千年大计。"习近平生态文明思想吸收了马克思主义关于人与自然之间具有"一体性"的生态思想，汲取了中国古代"天人合一、道法自然"的生态智慧，创造性地提出了人与自然和谐共生的思想和方略。①在人与自然相互作用的历史进程中，人们逐渐意识到，人因自然而生，

---

① 张云飞：《建设美丽中国 实现永续发展》，《中国纪检监察报》2020年3月2日第5版。

人与自然是一种共生关系，对自然的伤害最终会伤及人类自身，"万物各得其和以生，各得其养以成"。这已经成为一种社会普遍性的共识问题。① 从国家战略高度而言，坚持人与自然和谐共生的基本方略是习近平新时代中国特色社会主义思想尤其是生态文明建设重要战略思想的鲜明体现，也是紧扣我国社会主要矛盾变化满足人民日益增长的优美生态环境需要的迫切要求，亦是中华民族伟大复兴的必然选择，更是构建人类命运共同体、建设清洁美丽世界的方向指引②。从内涵来看，人与自然和谐共生的理念极为丰富，人与自然相处过程中必须尊重自然、顺应自然、保护自然，树立和践行绿水青山就是金山银山的理念，为人民创造良好生产生活环境，统筹山水林田湖草系统治理，实行最严格的生态环境保护制度③。

从理论层面而言，人与自然的关系理论经历了从"中心主义"转向"和谐共生"的过程。"和谐共生"理论突破了西方传统理论，对人与自然关系的认识达到了新高度，体现出高超的生态智慧，增强了中国生态文明建设的国际话语权；其中"和谐"是手段，意味着人与自然和睦相处、协调平衡，"共生"是目的，意味着人与自然同生共在，一荣俱荣。④ 人与自然之间的关系是相互依赖、相互影响、相互作用的。马克思在关于人与自然关系的辩证中提出了对象性关系理论，认为社会经济发展、人文关怀和科技进步是处理人与自然、社会与自然关系的基本方向，也是解决环境问题，实现科学发展的出发点和立足点。⑤ 不能离开现实的、具体的人的存在去抽象地谈论环境问题，更不能把环境问题仅仅视为与人无关的科学问题、技术问题。⑥ 生态学意义上的"和谐共生"是自然界包括人类在内

---

① 《坚持人与自然和谐共生》，http：//cpc. people. com. cn/n1/2017/1205/c415067 – 29686916. html（2017 – 12 – 05）。

② 李干杰：《坚持人与自然和谐共生》，http：//www. qstheory. cn/dukan/qs/2017 – 12/15/c_1122089560. htm（2017 – 12 – 15）。

③ 李干杰：《坚持人与自然和谐共生》，http：//www. qstheory. cn/dukan/qs/2017 – 12/15/c_1122089560. htm（2017 – 12 – 15）。

④ 解保军：《人与自然和谐共生的哲学阐释》，《光明日报》2018 年 11 月 12 日第 15 版。

⑤ 刘玉新：《人与自然的对象性关系——论马克思主义环境哲学自然观的独特视角》，《环境保护》2008 年第 12 期，第 63 页。

⑥ 张礼建、邓莉、向礼晖：《马克思的对象性关系理论与生态文明建设》，《重庆大学学报》（社会科学版）2015 年第 21 卷第 3 期，第 150 页。

的所有生物共生互帮、需求互补、协同进化、美美与共的生存本能的反映和普遍遵守的生存法则，各种生物之间一定会形成相互影响、相互制约、共生同在、协助同进的共生关系。①

　　解决生态危机及环境问题，实现人与自然和谐共生，其根源是解决人的问题，人类社会所面临的生态危机可以说是一场价值观念危机②。人的自然观总是存在片面性的，人的认识和实践所及的自然界总是一个片面性的存在，这是产生环境问题的重要根源，哲学领域的生态批判首先应该是人类文化的自我批判③。人类学从文化层面理解人与自然之间的关系，生态人类学家杨庭硕特别强调本土生态知识，重视和提倡利用各民族生态智慧和技能来解决已经露头的生态灾变以及还没有露头的生态问题，认为本土生态知识具有一般民族传统文化所缺乏的长期性，也是一个活的机体，民族文化的变迁必然牵动本土生态知识做出相应的调整④。本书重点论证了橡胶进入后造成的人与自然之间关系的异化，这一过程并不仅是橡胶这一外来物种造成，人在其中发挥着主要作用，这是人类中心主义、功利主义、享乐主义造成的结果，更是人类价值观念变异的产物，致使人类自身打破了人与自然和谐共生的状态。

　　生态危机的解决依赖于人类文明的进步，生态文明建设是实现人与自然和谐共生的重要途径。我国关于"人与自然和谐共生"这一理论模式的历史渊源是极为悠久的，这也是中国所具有的独特的、创造性的构建人与自然和谐共生模式的科学依据。全球化背景下的橡胶扩张带来的生态问题一直国际关注的焦点，也是我国橡胶产业发展过程中面临的挑战，橡胶作为"现代化"的象征，打破了人与自然和谐共生的状态，"现代化"似乎已经成为与传统相对立的部分，但人们追求的现代化绝非与自然关系对立，而应是人与自然和谐共生的现代化，这要求新时代中国特色社会主义

---

① 解保军：《人与自然和谐共生的哲学阐释》，《光明日报》2018年11月12日第15版。
② 邓珊：《历史唯物主义视域中的"两型"社会建设》，硕士学位论文，中南大学，2009年，第16页。
③ 张礼建、邓莉、向礼晖：《马克思的对象性关系理论与生态文明建设》，《重庆大学学报》（社会科学版）2015年第21卷第3期，第150页。
④ 李继群：《本土知识与本土化——评〈本土生态知识引论〉》，《吉首大学学报》（社会科学版）2011年第32卷第4期，第175页。

现代化建设必须承担生态修复、自然保护及环境建设的伦理责任①，更需要结合中国本土特色，运用中华民族传统文化中的本土生态智慧，更好地维护国家生态安全，推动生态文明建设的可持续发展，实现人与自然和谐共生。

绿色边疆是基于中国本土语境而提出的人类命运共同体构建的新路径。"绿色"是新时代治理的底色，意味着生命力、健康、生态、繁荣、和谐，"绿色边疆"需要共建、共治、共享，是全球环境治理过程中实现人民美好生活的必然选择，打造"绿色边疆"，要以人类命运共同体为理论依据，以发展绿色产业为基础，以绿色扶贫为关键点，以绿色边疆文化为底蕴，以绿色治理机制创新为着力点，以满足边疆人民美好生活需要为归宿点②。"绿色边疆"作为国家疆域治理的重要组成部分，有利于维护跨境生态安全，更好地保持边疆地区的生态底色。对于边疆地区来说，绿色优美的生态环境就是边疆地区最大的民生，绿色边疆建设的思想、生态治理能力以及治理效果直接决定了边疆人民的生态幸福指数，是构建人类命运共同体的重要支撑③。因此，绿色边疆需要转变传统的经济发展方式，发展绿色经济，协调经济发展与环境保护之间的矛盾与冲突，将生态优势转化为经济优势，实现经济效益、生态效益、社会效益的和谐统一。

在打造"绿色边疆"的基础上，筑牢边疆地区的生态底色，才能进一步塑造中国的生态形象。生态形象的塑造是一个区域、国家文化软实力的象征，更是获得"一带一路"沿线国家认同的评判依据。新时代背景下生态形象的塑造必须是在中国本土文化背景下生成、传播，这就需要本土生态保护知识的理性回归，营造美丽中国的生态形象。西双版纳作为生物多样性、民族文化多样性的边疆地区，所具备的生态优势是很多地区无法比拟的，当地傣族、布朗族、基诺族、哈尼族等民族的传统文化之中包含了森林、水源、动植物等自然资源的丰富的本土生态保护知识，这是基于少

---

① 沈广明：《"人与自然是生命共同体"思想的哲学探微——基于马克思主义共同体理论》，《东北大学学报》（社会科学版）2020年第22卷第1期，第99页。

② 史云贵：《边疆绿色治理铸牢中华民族共同体的新路径》，http://www.cssn.cn/zzx/zzxzt_zzx/96520/fy/201801/t20180111_3812509.shtml？COLLCC=3358509295&（2018-01-11）。

③ 龙丽波：《以习近平生命共同体思想引领绿色边疆建设》，《广西民族师范学院学报》2019年第36卷第5期，第43页。

数民族千百年来与自然长期相处过程中积累的生态智慧及经验，这种生态认知根深蒂固于少数民族的社会文化之中，使西双版纳成为"动物王国""植物王国""世界物种基因库""森林博物馆"。然而，近年来西双版纳区域性生态环境的恶化一直是国际国内学界关注的焦点，尤其是橡胶扩张带来的人与自然之间的冲突与矛盾成为西双版纳生态文明建设面临的问题及挑战，橡胶已经成为西双版纳的一种象征性符号，这对于西双版纳"生态形象"的塑造有一定影响。橡胶代表了工业文明，而生态文明是相对于工业文明的阶段性或局部性变革①。

生态形象的塑造需要在人类命运共同体理念之下，寻找自身生态定位，通过生态实践与探索，巩固和扩大地方生态优势，重视自然资本的增值，合理利用自然资源转化为生态资本，推动绿色发展，实现人与自然和谐共生。2017年9月，西双版纳首批建成"国家级生态文明建设示范州"，31个乡镇全都被命名为省级生态乡镇，26个乡镇被命名为国家生态乡镇，国家生态县市、生态州创建均通过环保部考核验收，成为云南省首批唯一的"生态州"②。西双版纳通过建立健全生态文明制度体系，改善生态环境及人居环境质量，防范环境风险，优化空间格局，大力发展循环经济，实现生产生活方式绿色化，宣传与推广生态文明观念。"生态""民族""边疆"是西双版纳塑造生态形象的重点，必须要传承与弘扬生态文化，启发民众文化自觉，更好地结合本土生态保护知识进行生态治理与修复，实现生态文明建设的跨越式发展，构建具有中国智慧的人与自然和谐共生模式。

综上所述，橡胶作为一种跨越民族、区域、地理限制的物种，其在跨文化传播与交流中发挥着重要作用，同时也带来了异域文化、生物扩张、技术革新等。橡胶是生态扩张及跨文化扩张的产物，在全球经济一体化的发展过程中，规模化橡胶种植打破了传统生态区域分布格局，推动了世界各国工业文明的现代化进程，使人类社会从农业社会进入工业社会，带来了巨大的社会变迁。同时，规模化橡胶种植也带来了诸多生态问题，橡胶的超海拔、超纬度、超坡度种植导致热带雨林面积减少、生物多样性降

---

① 郇庆治：《生态文明建设与人类命运共同体构建》，《中央社会主义学院学报》2019年第4期，第34页。

② 《西双版纳：建成国家生态文明州》，《中国经济时报》2017年9月28日。

低、区域小气候变化，对本土传统的人与自然和谐共生模式造成严重冲击与影响，从而造成了人与自然关系的异化。进入新时代，在习近平生态文明思想的指导下，西双版纳地区应改变传统的橡胶种植理念及产业发展格局，积极培育本土物种，进行本土生态治理及修复，从实践上不断丰富中国生态文明建设的内涵。

第八章 外来与本土：橡胶、茶叶种植产生的双重效应及本土调适
——以曼芽村与章朗村为例

在中国甚至世界各国的历史发展进程中，总是伴随着物种的不断扩张，包括水稻、小麦、玉米、马铃薯、甘薯、花生、咖啡等粮食作物、经济作物以及嗜好作物，物种在全球的传播及发展推动了人类文明的不断进步，带动了区域社会经济的迅速发展，与此同时，也带来了一定的负面生态效应。外来物种进入一个新的生态系统会使得一些本土物种消失，为更多的新物种提供空生态位，使得更多的外来物种占据本土物种的生态位，再通过人为干预、调适外来物种的生存环境，使外来物种尽快融入当地生态系统，形成新的生态系统，实现本土化转化，成为"新本土物种"。"本土物种"在当地生态环境中并非一直处于稳定状态的，由于人的异化，作为本土作物的茶叶具有了外来物种的现代性，造成生态环境的变异，加剧生态系统的脆弱性，导致生态系统的失衡，更易受到外来物种入侵的威胁。不同的是，作为"本土物种"的茶叶已经与当地生态环境经历了上千年的调适过程，一旦茶叶达到或超过当地生态环境的极限，当地生态系统会自动释放天敌而进行自我调适，虽然近年来因人的异化导致生态系统的自我调适功能下降，但本土生态智慧的回归有利于进一步恢复生态系统的自我调适功能。而橡胶成为"新本土物种"之后仍旧具有外来物种的某些属性，需要上千年甚至万年的时间才能进行自我调适，在此之前如果不加以进行人为干预可能会对当地生态系统造成毁灭性打击。

第一节   橡胶种植产生的经济与生态效应

——以勐海县曼芽村为例

打洛地区是勐海县橡胶的主要生产基地，也是黎明农场五、六分场的所在地区。六分场是黎明农工商联合公司的下属分场，分场部所辖土地与勐海县打洛镇的曼山乡、曼夕乡两个办事处交错，东北面与帕良、巴达山接壤，西与打洛镇的曼永、曼燕、曼卖、京来的胶林山地穿插交错，各生产队居民点大多与曼山乡两个办事处的曼山上寨、中寨、下寨、曼芽等寨子所管辖的各村寨毗邻，其中与布朗族村寨毗邻较多。① 打洛地区布朗族聚居区发展橡胶较早的是曼山村曼芽寨。曼芽寨是一个典型的布朗族村寨，距离村委会 4.00 千米，距离打洛镇 4.00 千米，面积 7.08 平方千米，海拔 670 米，年平均气温 19.20℃，年降水量 1230.00 毫米，适宜种植水稻等农作物；截至 2016 年，全村辖 1 个村民小组，有农户 118 户，有乡村人口 547 人，其中农业人口 547 人，劳动力 257 人，其中从事第一产业人数 257 人。② 20 世纪 60 年代末 70 年代初，在当地政府的扶持与帮助下举寨迁徙，从山上搬到公路边坝区建立当前的"曼芽新寨"。20 世纪 80 年代开始种植橡胶，极大地推动了当地社会经济发展，但同时也带来了一定的生态环境问题。

一 橡胶种植使民众获得巨大经济利益

历史时期，曼芽村寨的布朗族为了逃避傣族土司的剥削压迫从澜沧以西、景洪等地迁徙搬迁至之前的老寨。曼芽村布朗族世代居住在山区，传统的生计方式以"刀耕火种"为主，辅以狩猎采集，人与自然和谐相处。"传说在很久以前，布朗山上森林茂密、野兽成群、鸟语花香；村寨有象群守卫，鸡与孔雀作伴，金丝猴自由自在地摘果子吃。传说佛祖来到此地看到百姓勤劳淳朴，与百兽为伴，与象群为伍的和谐景象，就授予当时的

---

① 李长风主编：《农垦黎明志》，云南民族出版社 2005 年版，第 152 页。
② 资料来源于彭伟《一个边陲布朗族村落的农作物种植与经济变迁》，2015 年云南大学人类学暑期班田野调查报告。

曼芽王子管理此地百姓和山脉的权利，并在此地传授佛经，且留下镇山之宝。"① 在未种植橡胶之前，曼芽村与其他许多布朗族村寨一样，都是依赖山地农业，不同于布朗山的布朗族拥有种植茶叶的优越资源。1969 年，曼芽村寨搬到昆洛公路边，该地地势平缓、土地肥沃、适宜种植热带经济作物，但是由于当时大搞粮食生产，不允许种植经济作物，橡胶也主要是由国营农场种植，但由于粮食产量低，温饱都很困难。②

1983 年，当地政府开始鼓励和扶持少数民族民众发展民营橡胶。当时，打洛镇曼山村委会曼芽寨的岩三炳，大力提倡种植橡胶，提到："那个时候，农民每种一亩橡胶，政府还给予 50 元橡胶苗扶持款，真是一次发展农村经济的好机会。看着周围的傣族、哈尼族群众积极响应，到处开垦荒山、轮歇地种植橡胶，干得热火朝天，我心里很悲叹，也很着急。于是我就去找社干部谈自己的想法，希望他们也组织村民发展橡胶种植业，可是碰了一鼻子灰"。③ 当时，大多数布朗族人认为："我们布朗族人祖祖辈辈都靠种旱谷、苞谷过日子，不是都过来了，橡胶又不能吃，种橡胶搞什么嘛。"于是，岩三炳"向社里承包了寨子后面的一片集体荒山和轮歇地，请镇政府帮忙请来农场技术人员帮助规划，用自己的 400 多元退伍费和借来的一点钱，带着 10 多个曼芽寨子的年轻人和外地民工，起早贪黑地在荒山上开垦、挖了 320 亩橡胶种植坑"④。并在时任县委书记周官良的帮助下，请信用社办理 2 万元的贷款，由农场负责提供给急需的橡胶苗，终于种下了 320 亩橡胶树苗，第二年无偿分给每家每户 5 亩，自己留下 70 亩。镇农科站和农场技术员培训村民、指导村民种植、管理橡胶和割胶。⑤ 在岩三柄的带领下，曼芽村寨的橡胶开始发展起来。

20 世纪 80 年代中期以后，曼芽村寨几乎是每家每户种植橡胶，橡胶

① 资料来源于曹涛《爱民固边布朗族村寨道德与法的完美契合》，2015 年云南大学人类学暑期班田野调查报告。

② 云南省政协文史委员会编：《云南特有民族百年实录：布朗族》，中国文史出版社 2010 年版，第 338 页。

③ 《带领群众致富 是村支书的天职》，http：//www.bndaily.com/c/2011 – 06 – 23/770.shtml（2011 – 06 – 23）。

④ 《带领群众致富 是村支书的天职》，http：//www.bndaily.com/c/2011 – 06 – 23/770.shtml（2011 – 06 – 23）。

⑤ 《带领群众致富 是村支书的天职》，http：//www.bndaily.com/c/2011 – 06 – 23/770.shtml（2011 – 06 – 23）。

种植最多的是 AWL① 家，现有橡胶种植面积 100 多亩，是曼芽村橡胶种植面积最多的人家，他提道："由于当时人少地多，很多荒地，谁砍的多就是谁的，当时我家砍的多，所以种的橡胶最多。"一家八九十亩的占少数，大多是五六十亩，再就是十几亩的。当时橡胶种植的胶苗、技术主要是由当地政府及农场提供，由农场进行专业培训，并进行芽接、开荒、定植及开梯田以及间作。20 世纪 90 年代，当地村民开始受益，21 世纪以来，随着橡胶价格的持续上涨，极大地提高了民众经济收入。AWL 说："2005 年是橡胶价格最好的时候，每天有七八千，请小工，三七开，小工拿 400元，割不赢，后面就下跌，小工都不愿意割，价格七八元。"② 橡胶种植使得曼芽村寨逐渐富裕起来，橡胶带来的经济收入也使得众多布朗族人生活水平大大提高，AWL 提道："前几年，我还投资 80 万元盖起了干栏式的布朗别墅楼房，又买了 20 多万元的小轿车，家里供出了两个大学生。"当初岩三柄分给村民的橡胶树，从 1992 年全面开割起，平均每年就能给每户人家带来五六千元的经济收入。现今，橡胶成为曼山村 11 个村民小组最大的支柱产业，至 "2010 年，曼山全村共生产干胶 1932 吨，总收入达2000 多万元，仅橡胶一项村民人均纯收入达 3000 元，部分农户一年橡胶收入达十几万元、几十万元"③。橡胶产业的发展，极大地推动了当地社会经济发展。

近年来，由于橡胶价格持续下跌，带来了严重的经济损失。打洛镇布朗族聚居区的很多村寨在当地政府的鼓励以及农民自发的跟随下，为避免经济结构单一，规避市场带来的风险，部分布朗族人转而种植香蕉、茶叶、甘蔗、火龙果等作物，但橡胶产业仍是主要产业。截至 2018 年，如图 15 所示，从橡胶的种植面积以及在各种作物中所占比重来看，打洛镇经济作物虽然由单一的橡胶经营转变为多元的作物经营方式，但是橡胶种植面积占比仍达到 83%。香蕉是当地经济作物中收益仅次于橡胶的第二大经济作物。较早在当地种植香蕉的是外地商人，一些村民将土地租给这些外地人种植香蕉，当地人种植香蕉主要是看到外地人从中获得了丰富收益，

---

① 讲述者：AWL，布朗族，曼芽村村民，国家级非遗传承人，2019 年 9 月。
② 讲述者：AWL，布朗族，曼芽村村民，国家级非遗传承人，2019 年 9 月。
③ 《带领群众致富 是村支书的天职》，http://www.bndaily.com/c/2011 - 06 - 23/770. shtml（2011 - 06 - 23）。

图 14　曼芽村访谈当地村民及乡镇府工作人员合照

拍摄人：杜香玉，地点：打洛镇曼芽村，时间：2019 年 9 月。

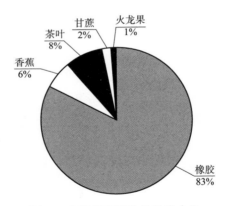

图 15　打洛镇经济作物种类占比

资料来源：根据打洛镇政府提供数据进行绘制。

如曼芽村，"种植香蕉 400 多亩，有一半是附近的农场种植的，还有 200 多亩是由外来人租种的，剩下才是由村民自己种植的"①。如表 32 所示，曼夕、曼山等以布朗族为主的村寨的林地仍是以橡胶为主要产业，也有一些在旱地种植香蕉，更有部分人种植茶叶，但由于当地茶叶品质差、价格

_____

①　资料来源于 2015 年云南大学人类学暑期班曼芽村调查报告。

低，1 千克 1 元左右，经济价值较低，种植茶叶主要是自家饮用。近年来，随着橡胶价格下跌，收益较低，出现了一些村民丢割、弃割、砍胶现象。但是在调研中了解到，许多布朗族人觉得砍掉橡胶又可惜，暂时也别无他法，仍是期待橡胶价格回升，所以多数村民仍是维持发展橡胶产业。

表 26　　　　　　　　打洛镇 2018 年农作物种植面积统计表

村委会	村小组	粮食作物		经济作物				
		旱地（亩）	水田（亩）	橡胶（亩）	香蕉（亩）	茶叶（亩）	甘蔗（亩）	火龙果（亩）
打洛村	城子	1921	1801	1083		20		150
	曼掌	225	225	183		22		217
	曼厂	351	351	138		11		10
	曼蚌	1776	1680	1084		118		118
	龙列	464	420	107		4		
	曼打火	872	864	1542		156		30
	曼伴	1094	1094	1595	170	70		50
	曼灯	407	407	2504	168	506		90
	曼永	408	408	3378		50		
	曼彦	948	948	594	15	19		60
	景来	1011	1008	1135	89	15		90
	曼卖本	221	221	102		2		
	菜园新村	103	36	600				
	小计	9801	9463	14045	442	993		815
曼夕村	曼夕上寨	195	49	1108		209		
	南么	529	75	1012		250		
	大帕左	258	157	1056		169		
	小帕左	282	130	2786	165	307		
	曼火景	940	187	2369	170	90		
	种植场	40	40	489	156			
	曼夕下寨	745	650	2173	134	1517		
	帕左新寨	500	65	880	110	87		
	小计	3489	1353	11873	735	2629		

续表

村委会	村小组	粮食作物		经济作物				
		旱地（亩）	水田（亩）	橡胶（亩）	香蕉（亩）	茶叶（亩）	甘蔗（亩）	火龙果（亩）
曼山村	曼芽	592	442	5464	289	89.5		
	勐宽	394	160	214	90			
	曼山下寨	712	442	3605	120	54.91		
	曼山岗纳	530	460	4542	300	52.7	59	
	沙拉村	323	196	2114	70	89		
	曼山上寨	535	290	3350	230	179		
	曼卡布朗	334	311	2323	130	184	45	
	卡爱尼、香夹	124	4	200		4.7		
	曼丙新寨	170	20	7740		159		
	曼丙中寨	145	55	8222		143.9		
	曼丙老寨	85	85	6081		109.5		
	小计	3944	2465	43855	1229	1066	104	
曼轰村	曼轰	1977	1977	6534	20			380
	曼达	447	447	3926				35
	曼纳罕	450	450	1796	16			40
	曼歪	167	167	532				
	大曼陆	564	430	3805	900	410		
	小曼陆	836	247	1403	820	96		
	纳弄	831	480	1355	250	702		
	老邦南	822	317	230	100	1461	128	
	南板	286	480	146	880	673	7	
	小计	6380	4995	19727	2986	3342	135	455
勐板村	城子	2889	2889	3213				140
	曼帕	1155	1155	1907	190		884	70
	往改	196	134	2024	60			
	曼迈	285	239	4357	120	11		
	老邦约	1272	1033			488	887	
	邦约一队	288	164	274	97	113	87	

村委会	村小组	粮食作物		经济作物				
		旱地（亩）	水田（亩）	橡胶（亩）	香蕉（亩）	茶叶（亩）	甘蔗（亩）	火龙果（亩）
勐板村	邦约二队	819	429	369	110	179	126	
	邦约三队	552	220	286	180	112	114	
	帕亮一队	656	355	689	160	290		
	帕亮二队	185	71	439	140	250		
	帕亮三队	893	250	2603	145	20		
	巴哈上寨	159	117	48	60	319	92	
	巴哈下寨	143	102	160	70	485	106	
	贺光	656	214	406	170	30		
	邦洛	404	285	873	310	250		
	小计	10552	7657	17648	1812	2547	2296	210
合计		68332	51866	214296	14408	21154.21	5070	2960

资料来源：打洛镇政府提供数据。

二 橡胶种植导致生态环境异化加剧

曼芽村传统的种植作物为水稻、旱稻、苞谷、橘子、泡果等，辅以狩猎采集，主要食品补充来自深山丛林之中。随着曼芽村橡胶种植的快速发展，曼芽村附近的大部分土地与林地都转变为橡胶林，唯一仅存的天然植被是在距离新寨 5－6 千米的老寨。近年来，曼芽村因大面积种植橡胶，导致经济结构趋于单一化。

随着橡胶种植带来的丰厚经济收益，村民急速扩张了橡胶种植面积，原本的农田已经荒废，目前除却种植少量的茶叶、香蕉、甘蔗、火龙果外，大部分是经营橡胶为主。2011 年，"曼芽村的总产值为 811.06 万，其中橡胶产值 670.29 万，约占 82.64%。在收入结构中比例高达 82.64% 的橡胶产值成为村民主要的经济来源，村寨的收入结构也趋于单一化，收入最主要是依赖于橡胶经济"。① 近年来，经济结构单一化给当地民众带来的

---

① 资料来源于彭伟《一个边陲布朗族村落的农作物种植与经济变迁》，2015 年云南大学人类学暑期班田野调查报告。

风险逐渐凸显。随着橡胶价格逐渐下降，虽然有部分村民弃割、丢割甚至砍胶，转而种植其他作物或外出务工，但是绝大多数仍是期待橡胶价格上涨。

同时，橡胶带来的生态环境的变异也日渐突出，当地村民对于动植物、水源减少的切身感受极为深刻。在调研中，经过与当地村民的交流，了解到橡胶种植之后，动植物确实是减少了，种植橡胶之前"原来动物很多，在边边上，桔子天天来吃"，现在却见不到了。而且当地水源也少了，水源变化尤其明显。"原来不种胶树，水源太好了，种植胶树，胶树越来越大，影响水源，大部分不种农田，因为水没有了，现在胶树大，水很小了，农田没有水了，胶树越来越大吸收水越来越多。"也有一些村民认为"主要问题还不是吸水，胶地实行'三光'后，失去保水性，林地的树叶挪开，地下植被光了，植被破坏了，不保水了，保水性差了，土壤的植被被破坏，不能保水，下一场雨全部跑掉，上午下雨，下午就干掉了。但是不把杂树除了，胶树就长不了，保护台5-6米，要把草拨光光，担心草吸收了胶树的营养。所以种胶比较吸水，最主要的是植被，土壤保不住水，下一场雨，水全部流光。土壤植被被破坏了，水就保不住""大家觉得种植了橡胶没有水分了，都是橡胶树把水吸了。但是主要的就是三光，地保不了水，太阳一晒，地表没有覆盖物，地表就蒸发相当快。这不是橡胶的问题，是人为的，因为每个种橡胶的地方都要砍光。"[①] 当地水源的减少，并非仅是因为橡胶树本身的吸水性很强，也是由于土壤的保水性变差。因橡胶林地地面裸露，杂树杂草都要被清理干净，而且林地郁闭程度较低，无论是林冠还是地面都易蒸发，极大地降低了保水性，也因此使得水源逐渐减少。

为维护橡胶林内生态系统平衡，曼芽村寨在2019年部分橡胶园开始进行"环境友好型生态胶园"建设，主要是在林地间套种魔芋。如图16所示，为进一步加快推进环境友好型胶园建设，2019年3月，在打洛镇开展橡胶生态高效示范园建设，示范面积30亩，实行"橡胶+魔芋套种"，增施生物有机肥，减控化肥用量，采用绿色防控技术；种植方式主要是选择荫庇度在40%-70%的橡胶林下套种魔芋，4-5月播种，高垄种植，苗期注意除草，以人工除草和物理除草为主，施肥技术为农药化肥减量示

---

① 根据曼芽村村民及打洛镇政府人员的口述访谈进行整理。

范，增施有机肥，用有机肥替代部分化肥，病虫害的防治方式以绿色防控为主，采用生物农药防治病虫害。如图 17 所示，曼芽村的橡胶林地套种的魔芋采用"集虫袋"的方式防治虫害，在一定程度上可以减少使用农药，

图 16　勐海县打洛镇曼芽村橡胶林地套种魔芋

拍摄人：杜香玉，地点：打落镇曼芽村橡胶林，时间：2019 年 9 月 10 日，海拔：671.6 米。

图 17　勐海县打洛镇曼芽村橡胶林地魔芋上集虫袋

拍摄人：杜香玉，地点：打落镇曼芽村橡胶林，时间：2019 年 9 月 10 日，海拔：671.6 米。

降低对于水土的污染程度。橡胶林地间作在一定程度上可以减少地面的裸露程度，但是套种作物也是要进行定期清除杂草杂木，虽然套种的作物对于土壤的保水性有一定作用，但是作用并不大，如图18所示，套种的魔芋下的地面仍是较为裸露，魔芋下面的地面要保持"光"也就是没有其他植被。如果在没有任何保护措施的条件下，土地上长期种植橡胶，对于土地的可持续利用会造成严重隐患，带来土地沙化的风险，而且由于土地肥力的逐渐下降，恢复能力也会变差，最终会威胁到橡胶产业的可持续发展。

图18　曼芽村橡胶林地套种的魔芋

拍摄人：杜香玉，地点：打落镇曼芽村橡胶林，时间：2019年9月10日，海拔：671.6米。

当地村民对于套种作物的选择，是以经济效益为主要衡量标准。橡胶林下进行套种的方式早在民国时期就已经推行，在橡胶幼林套种水稻、茶叶、苞谷、咖啡、砂仁等粮食作物、经济作物以及一些药材及珍贵林木，套种的观念从关注经济效益，转变为开始重视套种作物的生态效益，从橡胶林地间作到生态胶园再到环境友好型生态胶园，对于套种作物，相关技术人员、专家也进行了诸多实验，这种保证经济效益、社会效益和生态效益协调统一的橡胶产业可持续发展方式是经过长期探索缓解环境保护与经济发展之间矛盾的有效途径之一。

但也应看到，从农民自身的选择及行为出发，不同于政府及学界，农民对于套种物种并没有很强的生态效益诉求，而更多的是经济诉求，这与政府及学界的一些理念和思路往往是相背离的。西双版纳少数民族民众长期与自然相处过程中，其传统文化之中蕴含着丰富的本土生态知识及经验智慧，包括哪些地区原来是哪些树种，哪些地区应该种植哪些树种等，这对于修复当地生态以及推动生态文明建设具有重要意义。

第二节　茶叶种植产生的经济与生态效应
——以勐海县章朗村为例①

布朗族是我国最早种植茶叶的山地民族之一②。布朗族的先民"濮人"在收集食物和生产劳动的过程中，逐渐认识到野生茶树树叶可以食用，最初布朗族将茶叶作为一种神圣的药品，有提神、治病之效用。西定乡章朗村流传着关于古茶树的传说，据章朗村大阿章所讲："很久以前，布朗王的儿子突发重病，四处求医无果。有一次，布朗王外出征战，他的儿子在林中散步时，天上飘下一片绿色的叶子掉进他的口中，之后，布朗王儿子的病竟然好了，这片神奇的叶子便是茶树叶"；而另一个版本则是，"布朗王在去世时，他觉得留下金山、银山，子孙们都会用尽，而茶树可以为子孙带来无尽的财富，于是，茶树便被布朗族世代种植"③。此则传说则反映了布朗族将茶叶视为祖先所留下来的，茶树也因此成为他们生产生活中不可或缺的物质和精神财富。千百年来，布朗族一直保留着种茶、饮茶的传统习俗，他们每迁徙到一个地方，都会在那里种下茶树，在哪里定居就在哪里种茶，是最早认识、种植和利用茶叶的民族之一，更是一个善于种茶和制茶的民族。章朗村是一个纯布朗族村寨，在一千四百多年的历史演变进程之中，经历了不断迁徙、分化和融合，形成现今格局，是一个典型的集生态、文化、风俗、宗教、礼仪于一体的布朗族村寨，更是一个世代种植茶叶的村寨。

一　茶叶种植推动当地社会经济发展

章朗村是"六大茶山"之一巴达山区种植茶叶的古老村落之一。章朗

---

① 本部分内容已经发表于《昆明学院学报》2017 年第 39 卷第 5 期。

② 王仲黎：《布朗族茶文化词汇与茶文化历史变迁》，《农业考古》2016 年第 5 期，第 171 页。

③ 根据章朗村村民口述访谈进行整理。

村委会隶属于勐海县西定乡，距离乡政府 11 千米，处于东经 100°07′28″，北纬 20°51′42″之间，分为老寨、新寨、中寨三个村小组。截止到 2016 年，章朗村有农户 265 户，人口 1123 人，男 545 人，女 578 人，其中农业人口 1123 人，劳动力 721 人，从事第一产业共 690 人，农民收入主要以种植业为主。截至 2016 年，章朗村有耕地 3857.00 亩（257.13hm²），其中人均耕地 3.42 亩（0.228hm²）；林地 4500.00 亩（300hm²），其中经济林果地 3548.00 亩（236.53hm²），适宜种植水稻、甘蔗、茶等作物。[1] 其收入主要依赖于茶叶、甘蔗等经济作物，但随着茶叶市场价格的上涨，家家户户都种植茶叶，已经成为整个村寨的主要经济来源。

　　章朗村依山而建，全村坐落在原始森林之中，分布区域海拔超过 1300 米，已超出热带气候范围，属于南亚热带气候，全年无霜，分干湿两季，雨量充沛，自然资源丰富，适宜植被生长，珍稀植物较多，全村国土面积 5.47 平方千米，海拔 1330 米，年平均气温 21.50℃，年降水量 1530.00 毫米[2]。"高山云雾出好茶"也正是章朗村的写照，优越的生态环境条件，为当地布朗族人提供了丰富的茶叶种植资源，使茶叶在布朗族生产生活中扮演着重要角色。

　　章朗村位于巴达山区，交通不便，传统时期社会经济发展较为缓慢。当地布朗族人长期从事山地农业，传统农耕方式主要是"刀耕火种，轮歇抛荒"。20 世纪 50 年代以前，章朗村寨的农作物种植以旱稻、玉米为主，辅以小麦、荞麦、瓜豆等，旱稻是主要的粮食作物。由于粮食作物产量较低，辅以采集狩猎。布朗族的采集任务一般由妇女承担，每逢春、秋两季植物生长旺盛，妇女结伴前往山林采集各种可食用的野菜、野薯、竹笋和菌类植物；狩猎则是男子负责，主要有个人狩猎和集体狩猎两种形式，狩猎工具有火枪、弓箭、长刀、弩等机围猎，设计出陷阱、设地弩、火攻、隐蔽待猎、追击等多种狩猎方法。[3] 布朗族的山地作业蕴含着丰富的生态环境保护知识，如布朗族人会定期休耕，这有利于恢复土壤肥力，而且焚

---

① 参考云南省绿色环境发展基金会、中国科学院东南亚生物多样性研究中心、章朗村项目合作小组于 2016 年 5 月 4 日所进行的生物多样性调查报告，第 1 页。
② 参考云南省绿色环境发展基金会、中国科学院东南亚生物多样性研究中心、章朗村项目合作小组于 2016 年 5 月 4 日所进行的生物多样性调查报告，第 1 页。
③ 陶玉明：《中国布朗族》，宁夏人民出版社 2011 年版，第 30 页。

烧杂草的方式为农作物提供了天然肥料；再如狩猎虽一年四季皆可，但多在秋后进行，时节的掌握较好地规避了动植物生息繁衍时期，这是一套布朗族人适应自然而形成的一种人与自然共生共存的相处模式。

章朗村世代种植茶叶，村寨周围的古茶树是巴达山野生型古茶树群落分布区域之一，周围的森林之中生长着许多野生型古茶树，也有栽培型古茶树。21世纪以来，随着茶叶价格逐渐上涨，种植茶叶开始成为当地的特色产业。在章朗村布朗族民众的意识中，茶树是祖先留给他们的财富，可以惠及子子孙孙，更是治病的圣品，在祭祀时往往也会以茶叶作为祭品之一，茶叶在布朗族的生产生活中无处不在、无处不有。

到2004年，章朗村古茶树的经济价值才逐渐被发掘，村民纷纷种植茶叶，茶叶种植面积迅速扩张，极大地促进了当地社会经济发展。由于受到市场经济、外来文化等的冲击，传统生计方式已经难以满足人们的经济诉求，茶叶种植的商业化动机愈加浓厚。传统的旱稻、苞谷等作物种植较少，即使种植一般也是一些老年人自己种自己吃，多数人家主要是种植茶叶以及经营民营客栈。因茶叶带来的经济利益刺激，使得一些原本到缅甸务工的青壮年又逐渐返回家乡经营茶叶。目前，章朗村的古茶树面积有700亩，在此基础上，章朗村民又扩大了乔木茶、台地茶（又称生态茶①）的种植。

随着茶叶带来的经济收入越来越多，章朗村布朗族人对于生活质量的要求也越来越高，传统的木制干栏式建筑被砖石混凝土楼房所代替，多数人家都有骑车、摩托车以及带有现代气息的电饭锅、电磁炉、电视、洗衣机、冰箱等，房子也逐渐成为村寨中互相攀比的对象。章朗村的茶叶生意越来越好，到村里的商人、游客也越来越多。不同于布朗山的老曼峨布朗族村寨，章朗村在种植茶叶的同时也在发展乡村旅游、生态观光以及经营民宿等。茶叶经济的发展带动了当地其他产业的发展，也不似老曼峨布朗族村寨较为单一的经营方式，章朗村的多元发展方式一定程度上规避了茶叶市场潜在的风险，也为其他地区结合当地资源优势发掘多元的生计方式提供了范例。

---

① 据当地茶农介绍，生态茶叶不施农药，其肥料完全来源于腐烂的树叶。

二 "茶林"矛盾逐渐凸显

随着外来文化的冲击，价值观念的转变，现实生活的需求，经济利益的驱动等因素，致使茶树种植打破了原有秩序。护林员与村民之间的矛盾、茶树与森林对于生存空间的争夺，人们对于经济利益追求的最大化严重危及当地生态系统平衡。

由于人口增加、经济发展对于土地和资源的需求剧增，传统的生计方式难以满足人们的生存发展需要，人口的自然增长与当地资源之间的矛盾日益突出，打破了人与自然之间的平衡。20世纪70年代以来，章朗村人口开始逐渐增加，耕地渐趋紧张，传统的轮作制度、采集狩猎已难以满足人们的日常需求。据当地村民所讲："在20世纪80年代左右，那时我十来岁，经常和孩子们去森林玩，很多的拖拉机从森林进进出出，大棵大棵的树被拉到寨子里用来建房。"人口与资源之间的矛盾，随着人们需求的增加，更多的森林植被被开辟为农田，或被用于建筑房屋，过度的掠夺自然资源造成这一时期的森林破坏极为严重，导致森林覆盖面积普遍降低。天然林的两位管护员AZW、KD看到现今稀疏的森林仍旧在感叹："这些都是我们小时候（20世纪七八十年代）的大人们砍的啊，那个时候的森林比现在茂密得多！"直至20世纪90年代，章朗村村民由于生活艰难，大批的年轻人只好外出至我国其他地区，或者到泰国、缅甸打工谋生，人口的骤然减少，在一定程度上使当地生态系统得到短暂修复。

进入21世纪以来，茶叶进入商品市场，并为章朗村带来了可观的经济收入，一些外出务工的人口开始回流，在人口回流的刺激之下，新一轮的人口激增，使得一些山地被用于建造房屋，如章朗村中寨是由于人口激增，在土地资源紧缺之下新建的寨子。而且茶叶市场的开辟，使当地生计方式发生根本性的转变，茶叶种植取代了原本的旱稻、苞谷、小红米等传统粮食作物。随着茶叶市场的巨大经济利益诱惑，经济增长和生活水平提高，促使章朗村一些村民砍伐天然森林种植茶树，如一些有几年树龄的树木被成片砍掉，一些未被砍掉的其他树木，但树下却种植着茶树的区域，也会在茶树长大后砍掉。这种不合理种植茶叶的行为不仅在章朗村，在很多种植茶叶的地区都普遍存在，部分村民不惜违反法律在天然林、水源林、风景林中种植茶叶。笔者跟随章朗村天然林保护小组的工作人员一起到天然林进行巡护时，发现一些公益林中有大片的茶树苗，有些茶树长大后，村民担心周围的树木影响茶树生长，遂砍掉茶树周边的树木，对于这种行为当地主要是通过罚款的方式来阻止，但效果并不明显，据管护员所讲："一棵茶树苗 5 角钱，现在人们都有钱了，不在乎这点钱，知道这么做会罚钱，而且也知道被我们发现会全部拔掉，还是会照样做。"如图 19 所示，管护员手中抱的茶树苗就是被拔掉的，要当场砍掉销毁。其他护林员、管护员都称："这种事情太多了，上报过，但也没有多少效果，苦的是

图 19　被管护员砍掉的在公益林中
种植的茶树
拍摄人：杜香玉，地点：西定乡章朗村，时间：
2016 年 7 月 27 日。

我们，想尽自己责任杜绝这种情况，但又是乡里乡亲开不了口。"①

　　随着外界文化的传播，章朗村传统的茶园管理也受到了较大冲击，主流文化渗透、科学知识的普及，使布朗族对自然的尊敬和崇拜大大消减，原本一些有利于古茶园生态平衡和资源保护的民族习俗、禁忌和耕作文化等逐步淡化②。传统的种植管理技术及方式将随之消失，在经济利益的驱使下，开始毁林扩大台地茶园、过度采摘古茶树等。另一个布朗族村寨——布朗山乡老曼峨村寨，由于茶叶市场价格的上涨，村寨中许多村民开始种植茶树，茶树的大面积种植造成了经济发展与环境保护之间的矛盾，茶树要占据更多的土地，原始森林被破坏，老曼峨村寨因种植茶叶导致的原始森林破坏相当严重③。村寨周边的竜林、风景林遭到严重破坏，

　　①　本部分已发表于《昆明学院学报》2017 年第 39 卷第 5 期。
　　②　方双龙、杨兴洪：《西南民族地区农业产业结构与风险特征分析》，《广东农业科学》2010 年第 6 期，第 296 页。
　　③　能利娟：《老曼峨布朗族的茶与社会文化研究》，硕士学位论文，云南民族大学，2016 年，第 75 页。

竜林被被迫迁移到距离村寨更远的森林，这是老曼峨布朗族村寨的现实写照，更是布朗族茶叶发展所面临的困境。

茶叶作为"本土物种"因追求经济利益的最大化，人为加剧了生态环境的变异，这主要是由于本土传统技术与外来现代科学技术之间的矛盾而造成，使得茶叶对于生态的适应性降低，从而导致生态灾变，如茶叶病虫害的大面积暴发以及化学农药使用带来的新的生态问题，都是人类为追求经济增长而以牺牲自然生态系统为代价。随着茶叶经济价值的提升，成为一种"经济作物"及"商品"，商品进入市场，其经济价值诉求必然成为人们的最终目标，茶叶对于当地民众而言，成为一种获取更大财富的物种。茶叶与天然森林原本是共生共存的关系，而茶叶规模的扩大却侵占了天然森林的生存空间，导致了生物多样性减少，加剧了生物入侵，如紫茎泽兰等恶性杂草入侵当地生态系统，造成了严重的生态破坏。茶叶作为一种"本土作物"是具有生境优势的，需要结合本土生态智慧以及现代科学技术实现茶林共生，民族的生态智慧与技能可以使当地民众高效地利用当地的生物资源，并使该民族所处社会生态系统与自然生态系统相兼容，确保该民族获得最大的生态安全，具有长远的可持续价值①。

第三节 "外来物种"橡胶与"本土物种"
茶叶的本土调适

作为"外来物种"的橡胶与"本土物种"的茶叶从最初的纯自然物种转变为重要的经济作物。随着两种经济作物商品化程度的加深，因经济诉求最大化，导致的生态问题逐渐凸显。橡胶虽然已经本土化，但更多是依托于技术的本土化，技术的进步及发展往往会选择优势物种而淘汰劣势物种，加速橡胶对于生态的适应性，缩短橡胶适应新的生态系统的周期，使橡胶融入当地生态系统之中，逐渐成为当地生产生活及文化的中心，进一步促进橡胶文化的本土化，成为一种"新本土物种"。但这一物种仍旧具有外来物种的某些属性，在本土调适过程中其周期缩短必然会导致物种存续时段的缩减，使得橡胶所塑造的新的生态系统更易遭受冲击及破坏，

---

① 杨庭硕等：《生态人类学导论》，民族出版社2007年版，第98页。

所造成的生态后果可能是颠覆性的。而作为"本土物种"的茶叶所具有的"民族性"被赋予了更积极的意义，茶叶种植及管理的本土生态智慧的运用有利于实现茶林共生的可持续性，更好地延长茶叶这一本土物种的生存周期，这也是茶叶千百年来存续下来的根源，已经融入了当地人文与自然生态系统之中，形成了关于茶叶种植及管理的本土生态智慧。

一 橡胶从"外来物种"向"新本土物种"的转化

中国驯化外来物种的历程极为悠久，任何一种外来物种的本土化都是在与环境不断调适的过程中实现的。任何一个外来物种总会适应生态而成为新本土物种，在这一本土适应过程中人类对于外来物种生存环境的改造加速了外来物种的本土化速度。橡胶作为外来物种引入我国之后，由于技术干预、生态系统循环等因素的影响，促成了橡胶对于新的生态系统的适应，橡胶逐渐融入这一新的生态系统之中，以橡胶为主的优势物种塑造了新的生态环境，实现其本土化转化。

橡胶在西双版纳引种及发展的 70 余年的历程中，由于技术的加持、文化的转型，橡胶已经实现了本土化。橡胶从"外来物种"向"新本土物种"的转化是逐级递进的。从物种传播的角度来看，橡胶的跨文化传播包括三个层面：一是生物的传播，作为一个物种，移植到他处首要因素是成活，从植物层面适应当地的气候条件；二是实现经济效益的最大化；三是作为物种的橡胶开始"异化"，由自然变为文化景观，改变了原本的社会结构，塑造出新的社会结构。① 橡胶在引种之初就必须适应本土生态环境，但从一个物种的驯化历程来看，这在短时期内是无法实现的，技术进步为提高外来物种的生态适应能力提供了可能，在这一过程中实现了技术的本土化，而文化的本土化是伴随技术本土化而实现的，这也是解决技术本土化所存在弊端的一种本土调适。

从橡胶的本土化过程来看，最为主要的是通过人为改良、优化、创造适宜橡胶生长的生境，推动橡胶的本土化。橡胶作为工业文明的产物，其存在及发展是完全依赖现代科学技术的。一方面，橡胶技术的本土化，极

---

① 刘洪：《刍议橡胶在东南亚的跨文化传播及其影响》，《东南亚纵横》2010 年第 2 期，第26 页。

大地推动了当地社会经济的迅速发展，加速了现代化进程，增加了民众收入。另一方面，技术的本土化也带来了一些生态问题。20世纪80年代，西双版纳少数民族村寨大规模种植及发展橡胶的过程中。由于原本传统的知识、技术并不适于橡胶种植，需要接受、吸收及掌握现代知识及技术。传统知识及技术是针对当地生境而衍生的一套地方性经验，而外来的现代科学技术则是一套通用性技术，并未针对当地环境特点进行因地制宜地探索。如20世纪70年代发生了严重寒害，使得橡胶损失严重，这也是橡胶对于当地环境的排斥现象。20世纪80年代以后，经过技术改良，进一步使橡胶适应了当地环境。尤其是21世纪以来，橡胶种植面积的急速扩张，使得生态系统不断地进行更替，本土物种逐渐被淘汰出当地生态系统之中，新的物种又进入当地生态系统，从而塑造了新的生态系统，也成功使橡胶融入了当地生态系统，进一步实现了橡胶的本土化，转变为一种"新本土物种"。这一"新本土物种"仍是具有外来属性，其生物特性是无法改变的，如果不考虑这一特性，盲目在高海拔、陡坡地以及超出宜胶范围种植橡胶，必然会带来诸多生态问题，引发生态灾变，如生物多样性减少、生物入侵加剧、自然景观逐渐消失等。

从橡胶文化的本土化来看，橡胶作为"现代性"的象征，是跨文化的产物，更是多元文化的载体。西双版纳橡胶的引种及发展逐渐改变了当地传统的生产方式、生计方式、生活方式，当地社会文化发生剧烈变迁，从而形成了一套本土的橡胶文化体系，楔入改变了当地人的生活方式和社会结构[1]。因此，当地社会文化的变迁并非一种中止或断裂，而是一种社会的继替，是一种社会再生产基础上的再创造[2]，从而实现了橡胶文化的本土化。

二 "本土物种"茶叶应对生态危机的本土智慧

（一）茶叶种植的本土生态智慧

茶叶作为"本土作物"，贯穿了布朗族人生产生活的始终，更是可以

---

① 刘洪：《刍议橡胶在东南亚的跨文化传播及其影响》，《东南亚纵横》2010年第2期，第45页。

② 欧阳洁：《橡胶种植与社会继替——以中老边界的阿卡寨为例》，博士学位论文，中山大学，2016年，第207页。

代表布朗族"传统"及"民族性"的象征。不同地区的布朗族人对于茶叶的认知也有所不同，勐海布朗族人与双江、景迈的布朗族人不同，他们并没有将茶"神圣化"，茶对勐海的布朗族人而言更多是祖先的遗留物，是生命的依赖，但是茶在本质上只是一个生活中普通的"物品"①。原本勐海布朗族人并不祭祀茶祖，但也同样爱茶、敬茶，以茶为食、以茶为药、以茶为饮、以茶为礼。从 2018 年开始，章朗村布朗族人开始祭祀茶树，如图 20 所示。经了解，"祭祀的初衷就想让佛主山林里的神灵保护好它，让它茁壮成长，风调雨顺，大有丰收"，这种祭祀仪式一直是存续的，不过原来是"在农作物种植区域大的地点举行，现在粮食种的少了所以转移到茶区域上来"②。这一祭祀仪式的回归，表明了当地布朗族人一方面期望以此种方式使得茶叶丰收，另一方面也是对于茶文化内涵以及传统文化的丰富与传承。

图 20　章朗村祭祀茶树的"佛爷"及村中老人
资料来源：章朗村村民 AZW 拍摄于 2020 年 2 月 28 日。

　　布朗族人在认识、种植茶叶的长期实践经验中也形成了一套传统的本土生态智慧，可以更好地保证茶叶生长及其所依存的自然环境。与传统生产生活方式不同，现在种植茶叶的布朗族人一整年的时间都是围绕茶叶开

①　能利娟：《老曼峨布朗族的茶与社会文化研究》，硕士学位论文，云南民族大学，2016 年，第23 页。
②　根据章朗村村民口述访谈进行整理。

展日常生产生活。茶叶大多数是在旱季种植，但是布朗山的布朗族大多是在6-8月的雨季种植茶叶，因为这个季节的雨水充足茶苗成活率高，不至于被晒死，所以旱季不适宜种植茶①。按季节，茶叶分为春茶、夏茶、雨水茶、谷花茶、秋茶、冬茶，3月底到4月是最忙的时候，因为春茶品质最好；春茶过后是雨水茶，从5月一直到9月；之后是谷花茶，品质仅次于春茶，在11月②。之后，则是需要给茶叶翻土，翻土对布朗族人来讲是极其讲究的，老曼峨的老人认为："松过土之后的茶树，会在来年春茶的时候发茶叶发的比较多一点，可以多采几遍……经过一年的时间的风吹日晒，茶树下边都堆满了厚厚的树叶，翻过地之后，这些厚厚的树叶可以直接被土掩埋，成为来年的茶树生长所需要的肥料"③。

图21　章朗村古茶树上的螃蟹脚
资料来源：章朗村村民 AZW 拍摄于 2020 年1月。

布朗族种植茶叶往往是在天然林下种植，古茶园的茶树大部分树冠挺拔，枝叶茂密，在外形上茶树的枝干上长满了苔藓、藤蔓、野生菌类和许多寄生兰花等附生物，茶树上还有一种形状类似螃蟹的具有神奇药用价值的寄生物"螃蟹脚"，如图21所示。之所以会形成此种生态复合结构，与布朗族传承的古老种茶方式和观念有关，布朗族认为原始森林多树种、多物种，一方面利用生物多样性进行病虫害防治，不需要使用农药杀虫；另一方面利用森林中的落叶作为肥料，不需要

①　能利娟：《老曼峨布朗族的茶与社会文化研究》，硕士学位论文，云南民族大学，2016年，第28页。
②　能利娟：《老曼峨布朗族的茶与社会文化研究》，硕士学位论文，云南民族大学，2016年，第29页。
③　能利娟：《老曼峨布朗族的茶与社会文化研究》，硕士学位论文，云南民族大学，2016年，第30页。

使用化肥或农家肥。① 这种种植茶叶的方式依赖当地生态环境自身调节，不需过多的人工干预，此种环境中生长的茶叶品质较高、无污染。在维护当地生态系统的同时，取得了良好的经济效益。

现代科学技术的推广，在一定程度上确实也使得这些"传统"受到一定冲击，但是在面对危机时，仍旧需要结合传统的本土生态智慧。随着现代科学技术的普及，现代性的杀虫技术和方法，是针对农田作业的基础上研究出来的，对于处于常绿阔叶林森林生态系统的布朗族山区是不适应的，在固定农田区域选择的用药时间、方式及剂量的技术指标，如果要布朗族茶农一遇到害虫就撒药，无异于要布朗族茶农每天撒药，任何一种化学杀虫剂都会将天敌和害虫一并杀灭，甚至还会给食虫的鸟类、蛙类、兽类、鱼类等带来灭顶之灾②。因此，应当注重挖掘本土生态智慧，结合现代科学技术手段，在保护当地生态环境的基础上实现真正的生物防治，如图 22 所示，章朗村的生态茶园中采用"捕杀特粘虫板"的生物防治方式。

图 22　章朗村生态茶园防治病虫害

资料来源：章朗村村民 AZW 拍摄于 2020 年 1 月。

（二）茶园管理的本土生态智慧

与一般茶园的管理方式不同，布朗族人一般都是采取不施肥、不打药

---

① 杨晓：《布朗族茶文化及其保护与传承研究》，第六届优秀建筑论文评选：中国民族建筑研究会，2012 年，第 3 页。

② 郭静伟：《文化防灾的路径思考——云南景迈山布朗族应对病虫害的个案探讨》，《原生态民族文化学刊》2019 年第 11 卷第 2 期，第 19 页。

的粗放式管理。布朗族对古茶园的管理仍旧延续着传统方式，这是一种传统知识和智慧的体现，也是他们与生存环境进行长期互动，进一步认识自然，并与自然和谐相处的结果。古茶树本身就是原始森林中的一种乔木树种，与原始生态系统是共生共存的关系，因此，生态茶园建设必须遵循自然规律，实现茶林共生。

近年来，茶园管理面临的冲击和矛盾并非一种单一存在的现象，其涉及的利益群体主要包括村民、护林员两个行为主体，但是，此种矛盾在《森林法》以及乡规民约的限制之下，仍未得到有效解决。章朗村周边的森林保护是依托于国家法与习惯法相结合推进，其中习惯法，即乡规民约对于章朗村周边的森林保护占据主导地位。

章朗村布朗族在保护森林方面，形成了一套神圣与世俗结合的独特规范体系。经历了由单一的自然崇拜转向多元的民间信仰、宗教信仰以及乡规民约的制定，最终又结合了国家法律。在政策导向、现代文化等多重影响之下，章朗村布朗族将传统的文化与外来因子进行结合，以此来治理其生存空间。在森林保护上，一方面是代表政府的护林员、管护员以及天保人员，另一方面是当地村寨老人在传统的环境保护意识之下自发保护森林。历史时期，地方治理尤其是对山地民族行之有效的管理方式则是乡规民约，但近现代以来，由于政府制约、人们价值体系的转变以及外来文化的冲击等，基层管理中地方乡规民约的执行力弱化。如《森林法》以及地方对于天然森林的统一管理，更可能由《森林法》表现出来，但在地方却又有一套与《森林法》相辅助存在的"地方乡规民约"。章朗村人认为："保护好章朗村的森林光是林业部门依据《森林法》管理是不够的，还需要村民的传统信仰、组织和仪式协同作用。"正是由于章朗村形成了一种由村委会、缅寺与精英群体相互协调之下的基层管理模式，在多层牵制之下对于天然森林保护起到了重要作用。

在应对茶园所面临的生态危机时，既需要继承传统的茶园管理模式，也需要融入现代科学技术，维持茶园生态系统平衡。布朗族村寨的茶园在长期的人为传统管理模式之下，形成了不同的生态类型。"古茶园多数是分布在次生林之中，形成了上、中、下三层的复合结构模式，其生态系统在结构和功能上与天然林类似，群落结构大致可分为乔木层、灌木层和草本层，上层主要生长着椿树、榕树、樟树等高大乔木，中层主要是古茶树、兰科、豆科等植物，下层为蕨类、药材、野生蔬菜、姜科植物等；与天然林不同的是，古茶园的中层是以古茶树为优势植被，可带来长期、持久的茶叶经济效益，并提供木材、药材、水果、蔬菜等采集经济"①。生态茶园的有效管理在很大程度上保护了当地生态环境，也提高了当地村民的经济收入，改善了人们的生活水平。

有少部分的古茶园分布在村寨附近，为避免茶园土地闲置，当地充分利用土地资源，村民往往在茶园进行一定农业生产，如在古茶树下种植旱谷、玉米、豆类、杂粮等农作物和蔬菜，形成具有茶叶经济和作物经济的复合型生态系统②。古茶树园的存在，在一定程度上形成了布朗族的社会变迁，影响其生产生活的方方面面，传统的种茶文化与现代技术的结合，其中所包含的生态保护意识是布朗族适应其生存环境需要而产生的，不仅对于保护当地的生态起到重要作用，而且保障了章朗村的社会经济发展，实现了经济效益、社会效益及生态效益的统一。2019 年 12 月 25 日，章朗村成为国家森林乡村。因此，章朗村的森林茶园农林生态体系，应当成为山地农业中的一个典型示范模式。

三 "新本土物种"与"本土物种"的生态差异及调适

（一）"新本土物种"的生态风险高于"本土物种"

人工栽培物种具有更强的生态适应性。橡胶种植面积的扩张，一方面是依托于类似野生橡胶的原生自然环境条件，另一方面更多是依赖于现代科学技术，最终使得橡胶能在更为广泛的区域进行种植。但是外来技术并不能完全使橡胶适应中国本土的生态环境条件，需要根据中国本土的生态环境促进技术的本土化，通过人为优化、改造橡胶生长的自然环境条件，逐渐使橡胶对当地生态环境产生依赖性，逐渐融入当地生态系统之中。橡胶的现代科学技术追求的是经济效益的最大化，在现代科学技术的优化及改良下，可以大规模地进行种植，并有较高的产量，而并未考虑橡胶种植

---

① 蒋会兵、梁名志、何青元等：《西双版纳布朗族古茶园传统知识调查》，《西南农业学报》2011 年第 24 卷第 2 期，第 815 页。

② 蒋会兵、梁名志、何青元等：《西双版纳布朗族古茶园传统知识调查》，《西南农业学报》2011 年第 24 卷第 2 期，第 815 页。

产生的生态效应。如西双版纳的橡胶种植面积在急速扩张的同时，自然界也同时给予了不同的反馈，包括生物多样性减少、生物入侵加剧、区域小气候变化等。本土物种也可能会造成诸如此类的生态问题，但其产生的负面效应。

橡胶作为"新本土物种"仍是具有其外来属性，这种属性导致橡胶林这一单一生态系统还未发现天敌，在其所塑造的新的生态系统之中处于优势物种的地位。相反，本土物种的天敌则可能随时出现，在一定程度上来说，这是生态系统的一种自我修复。换言之，本土物种不会彻底颠覆当地自然生态系统，因为一旦超越这个界限，在短时段内就会产生天敌，而外来物种短时间内绝无可能，其天敌的产生，至少需要很长的时间才会出现。这就决定了橡胶破坏的生态系统是很难进行自我修复的。但是，从长时段来看，任何一种物种都有一个生命周期，橡胶也是如此。正如人类优化橡胶的生态环境使其迅速本土化一样，同样，橡胶的单一化、无序化种植也会加速橡胶生存环境的恶化，从而缩短橡胶的生命周期。

人与自然相处过程中必然会出现矛盾与冲突，这需要人们不断地反思自身的行为及观念，进行持续的调适与磨合。为保证橡胶产业的可持续发展，必须运用本土生态智慧，结合现代科技，修复被破坏的生态系统，维护生态系统平衡。

（二）本土生态智慧对"新本土物种"的调适

在当前区域生态治理与修复过程中，运用本土生态智慧修复本土物种异化过程中对生态造成的危害是极其容易的，但单纯依靠本土生态智慧修复外来物种带来的生态问题难度很大，因为这一生态问题的外延是本土生态智慧无法囊括的。因此，在生态修复过程中，必须依靠本土生态智慧与技术的加持，用本土生态智慧为技术加码，充分利用现代科学技术并结合本土生态智慧。当然，强调本土生态智慧的重要性，并非弱化现代技术的作用，而是正确的考量本土智慧与技术进步之间的关系，二者缺一不可。

只有当外来物种对人和本土知识的依赖性越强，引发生态风险的概率就越低[①]。橡胶作为一种"外来物种"，在其本土化过程中一定程度上受到

---

① 马国君、耿中耀：《论民族本土生态知识在外来物种驯化中的贡献》，《云南社会科学》2017年第 1 期，第 96 页。

传统生态知识的影响，对于本土生态知识也产生一定的依赖性，如围绕橡胶而形成的一种新的文化逻辑体系，这套体系是当地少数民族结合其自身生存发展需要而形成的，有其本土的生态智慧及技能。如阿卡特色的橡胶种植实践，实际上就是文化逻辑建构的结果，一方面，阿卡人在橡胶种植过程中，采取"粗放型"的方式，这是刀耕火种传统生计策略的运用，其背后是一套权衡自然环境和社会文化后的"整体理性"逻辑；另一方面，阿卡人特色的橡胶种植，通过重演以往的习惯，创造出"巡山""野炊"等新活动，实际上所要抗争和恢复的，正是一种作为人性的橡胶生产，尽管需要通过橡胶生产获取财富，但生产之目的是为了阿卡人多方面生活的满足。①

物种在世界范围内的传播及发展直接推动了人类文明的巨大进步，如果没有外来物种，人类也无法创造今天的文明时代。当代，外来物种的引进，在技术因素下短时间内就可以实现，但这种急速的引入，可能会导致生态危机。目前，单纯依靠技术解决生态危机可能无法实现，仅依赖本土生态智慧也无法克服外来物种对本土生态环境的要求。由于现代技术的过度使用，使其成为人对生态的认识异化的帮凶，也可以称为技术的异化。因此，在生态治理及修复过程中，需要运用传统与本土生态智慧，对人与自然关系的认识进行矫正，应"因时而发"，不能随意屠戮自然，要在尊重自然的基础上进行改造；还需要运用本土生态智慧弱化外来技术对本土造成的危害，从而消弭外来技术对本土生态环境带来的弊端。

---

① 欧阳洁：《阿卡人橡胶种植的文化实践》，《开放时代》2018 年第 1 期，第 196 页。

结　语

　　随着生态环境问题日益突出，环境史逐渐成为学界研究的热点，更成为具有强烈现实关怀与价值的新兴研究领域。物种环境史一直是环境史学界关注的重点，其中外来物种引种对本土生态系统的破坏这一问题尤其引人深思。

　　从地理大发现以来，物种就开始了在全球范围的广泛传播，美国环境史学家艾尔弗雷德·W. 克罗斯比认为这是一次全球性的史无前例的动物、植物、疾病、文化、人口、思想、技术的大交换，在给许多地区社会经济带来发展的同时也造成了本土生态系统的破坏。这是一种立足于生态视角的历史解读，不再单纯从政治、经济、军事、文化等层面看待历史，开始注重气候、土壤、动植物、微生物等生态环境因素在历史进程中所发挥的作用，而环境史所关注的已经不再是历史上发生在人与人之间的经济、政治、文化和社会关系，而是人与自然之间不断演变的生态关系，却又不能忽视对人类社会本身的观察[①]。

　　因此，橡胶的环境史研究不仅要重点探讨橡胶与生态环境之间的互动关系，也要关注橡胶作为外来物种引种及发展过程中区域扩张与生态变迁之间的关联性，还应关注橡胶在影响生态变迁的同时是受到政策导向、经济利益驱动、技术进步及发展、价值观念转变等方面的影响，为我们提供了一个重新审视橡胶、环境、人之间互动关系的历史，也是人与自然互动过程中出现矛盾又进行调和的历史。"一部完整全面的环境变迁史，是由各生物要素及非生物要素的发展变迁及其相互影响共同谱写的。"[②]

---

　　① 王利华：《环境史研究的时代担当》，《人民日报》2016 年 4 月 11 日第 016 版。
　　② 周琼：《中国环境史学科名称及起源再探讨——兼论全球环境整体观视野中的边疆环境史研究》，《思想战线》2017 年第 43 卷第 2 期，第 149 页。

一 橡胶与自然及人类社会历史的互动历程

橡胶是原产于美洲的热带乔木树种，在 15 世纪哥伦布首次航行时被发现，19 世纪欧洲人进一步开发了橡胶的用途，将野生橡胶驯化成了人工栽培的重要经济作物之一，并在东南亚地区进行广泛种植。20 世纪上半叶，外来橡胶及本土橡胶资源在我国得到初步开发，巴西橡胶作为外来物种受严格的生态因子制约很难广泛种植，其引种需要人为调节塑造适应其生长的生态环境，却削弱了原生生态系统的防御能力。本土橡胶植物只需根据不同自然区域的生态分布规律稍加培育便可推广，国人意识到培植本土橡胶植物的生态成本与风险更低。但受国际秩序及技术限制，外来橡胶仅是小规模引种，本土橡胶资源也仅被用于试验，并未进行大规模种植，停留于口号式的引种与开发。因自然环境及人为因素限制，外来物种的本土适应在短期内无法实现，其引种对本土生态环境造成一定冲击及破坏。

橡胶作为一个跨越自然、文化、民族的物种，成功在西双版纳引种及扩张之后，不仅促进了边疆民族地区社会经济发展，更是极大地提升了边疆民族地区的地位。但随着橡胶种植规模的单一化、无序化扩张，造成了当地生态环境的剧烈变迁，严重危及边疆生态安全。20 世纪以来，橡胶在西双版纳的规模化引种、大规模扩张到急速扩张的历程中，作为一个外来物种从引种之初排斥非原生生态系统到逐渐适应并融入当地生态系统，实现了橡胶与环境的协同共进，这一历程中通过人为干预橡胶实现了本土化，但依旧会产生生态负效应，其与本土物种相较，仍然具有某些外来属性，因此，橡胶本土化之后成为一种"新本土物种"，需要运用本土生态智慧，结合现代科学技术，进行本土生态修复及治理，实现人与自然和谐共生。

在全球生物扩张的过程中，物种环境史是全球环境变迁研究中的一个重要主题。橡胶从南美洲到东南亚再到中国的传播及发展历程，既是跨文化的产物，更是生态扩张的结果。橡胶作为一种全球性物种从最初的野生物种转变为人工栽培物种是自然与人为双重选择的结果，橡胶的开发与利用推动了工业革命，使人类社会进入现代文明，推动了人类文明的发展进程，是整个世界文明发展的伟大发现之一。

西双版纳橡胶种植面积的扩张及生态变迁是从 20 世纪 50 年代开始，在此之前，生态环境并未有剧烈变迁。民国以前，西双版纳地区长期"瘴气弥漫"，不适宜外地人生活，在一定程度上阻碍了边疆与内地之间的经济文化往来，但同时"瘴气"也作为当地不受外来侵犯的一道自然屏障使当地未得到大规模的开发，较好地保护了原始生态环境。民国时期，国民政府制订了针对普思沿边地区的开发方案，开始移民垦荒、发展实业，建立农事试验场，大规模推广种植热带经济作物，并鼓励海外华侨进行投资，随着交通运输、医疗卫生条件的改善以及军事战争频发，"瘴气"逐渐消退，这为西双版纳早期的橡胶引种奠定了重要基础。20 世纪 40 年代末，在当地政府提供土地资源的条件下，暹罗华侨钱仿周引进橡胶种子及胶苗在车里橄榄坝正式建立"暹华胶园"。车里橄榄坝地区的自然环境条件优越，足以保障橡胶的正常生长，但由于当地牛害极其严重，橡胶幼苗成活率较低，而且当时橡胶种植技术条件缺乏，战乱又导致资金及劳动力匮乏，使得胶园处于荒芜状态，并未能进行大规模生产及发展。此一时期国民政府对于西双版纳地区自然资源的开发，一定程度上改变了原生生态环境面貌。

20 世纪 50 年代以来，为打破经济封锁，实现橡胶自给，在国家政策主导下开始了橡胶的二次引种。西双版纳作为我国第二大橡胶种植生产基地，橡胶二次引种的成功及其种植面积的大规模发展在推动当地社会经济发展的同时，也导致了剧烈的生态环境变迁，橡胶种植面积与生态环境变迁的趋势是一致的，不同历史阶段有所差异，主要是受到自然与人为因素的影响。

20 世纪 50—70 年代，通过建立国营橡胶农场，进行首次大规模政策性移民补充生产橡胶的劳动力，基本上确定了橡胶二次引种及发展的基本分布格局，西双版纳的橡胶种植面积开始规模化发展，大面积种植橡胶一定程度上导致原始森林遭到破坏、自然灾害频繁发生。尤其是 20 世纪 70 年代，连续发生了两次低温冻害，对于橡胶生长及产量也造成了极为严重的影响，同时反映了橡胶对于当地生态环境的不适应。这次灾害后当地开始针对橡胶品种进行改良，并培育新品种，橡胶选种不再单纯依据品种的产量，而是考虑到不同品种对于不同地区的环境适应性，按照因地制宜的原则进行品种配置。

　　20 世纪 80—90 年代，市场化程度逐渐加深，国家逐渐放开了对于橡胶的管制，政府开始鼓励和扶持地方少数民族民众种植及发展民营橡胶，越来越多的地方民众意识到橡胶带来的经济价值，加之热带北缘高海拔植胶技术的进步，使得西双版纳橡胶种植面积大规模发展。此时的生态问题日益突出，森林植被破坏日趋严重、区域小气候环境改变、自然灾害种类增多及其影响加重、水土流失加剧。

　　进入 21 世纪以来，随着全球化进程加快，西双版纳逐渐被卷入世界经济体系，2000 年至 2011 年，国际橡胶价格的上涨极大地提高了胶农种植橡胶的积极性，橡胶种植面积急速扩张，给民众带来了巨大的经济收益；此时适合橡胶种植的自然环境资源已经达到极限，不适宜种植橡胶的自然环境也逐渐被开发种植橡胶，如高海拔、陡坡地地区，在这些区域种植橡胶不仅不会获得相应的经济回报，而且会加剧生态环境的剧烈变迁，群落结构及物种趋于单一、土壤肥力急剧下降且保水性变差、自然灾害持续暴发。2012 年之后，国际橡胶价格持续低迷，导致胶农丢割、弃割甚至砍胶现象突出，开始种植香蕉、甘蔗以及其他一些热带作物，橡胶种植面积并未再继续扩张，部分民营橡胶种植面积小规模减少。此一时期，橡胶种植面积的扩张在改变生态环境的同时，环境也在影响着橡胶的生长，当地少数民族社会文化也因橡胶的进入而发生了改变，尤其是随着国营橡胶农场及民营橡胶的发展，传统的生产生活方式、农业种植结构、价值观念、风俗习惯等发生了巨大转变，在面对这一转变的同时，当地少数民族也在重构新的地方文化逻辑体系。

　　西双版纳橡胶种植面积的急速扩张导致了当地社会文化与生态环境的剧烈变迁。首先，由原本多元的种植结构转变为单一的种植方式，少数民族村寨的贫富差距逐渐加大、攀比之风盛行。但是，在橡胶改变传统社会文化时，一些少数民族在无意识中使橡胶融入本民族文化之中，如阿卡人将粗放式管理纳入橡胶管理之中，更在橡胶种植过程中搬演以往的惯习创造出"巡山""野炊"等新活动①，促进了橡胶文化的本土化。其次，2006 年以来的林权体制改革，橡胶种植区域开始向超海拔、超坡度、超宜胶范围扩张，对于生态环境造成了严重破坏，如群落结构单一、生境破碎

①　欧阳洁：《阿卡人橡胶种植的文化实践》，《开放时代》2018 年第 1 期，第 196 页。

化、生物入侵加剧，而且因为村寨周边橡胶加工厂的增加，环境污染加剧，严重威胁当地民众身体健康，相继暴发的生态灾害更严重威胁到边疆生态安全，政府、学界也为此制定了环境友好型胶园、退胶还林等措施进行生态修复。但是在当前的生态修复之中，人们往往忽视了生态系统的自我修复能力，更忽视了当地少数民族民众千百年来宝贵的本土生态智慧，而单纯依赖生态学中的生态修复技术。

目前，当地政府采取的生态修复举措是基于西方"主客二元"观之下生成的生态学知识制定的，与中国本土生态环境是有很大区别的，这就造成了政策和措施对于生态修复的作用大打折扣，也无法唤起当地民众的共鸣与参与。因此，中国本土的生态修复不能单纯依赖现代科技，应在借鉴现代生态修复技术的同时，结合中国本土生态环境状况，充分运用当地民众千百年来的生态智慧，使政府、学者、民众三方共同投入生态修复与治理之中，推动当前生态文明建设的永续发展，实现人与自然和谐共生。

二 橡胶引种中人与自然之间多维立体的生命网络

橡胶从一种野生物种被驯化为人工栽培作物之后就不再是橡胶与环境之间的双向关系，人类的介入使得橡胶从纯粹的自然物种转变为一种具有多种属性的物种，原本的单一关系也逐渐衍化为多维立体的橡胶、环境与人三者之间的复杂生命关联。"环境史学的命意是'历史上的人与自然关系'，最根本的关系是人类系统与自然系统及其众多因素之间的复杂生态关系，亦即人类社会各个方面与自然整体、局部和万物之间的生命联系。生命联系既不是单向也不是双向，而是极其复杂、多维立体的生命网络。"[1] 橡胶的引种及发展是生态环境与社会发展合力的产物，如彭慕兰所认为的环境史应以人为本，环境不是静态的，人与环境之间的互动关系尤为重要[2]。

将橡胶还原至未被人类发现、利用之前，仅是橡胶与其周围生物之间

---

① 王利华、梅雪芹、周琼、滕海键：《"环境史理论与方法研究"笔谈》，《史学集刊》2020年第2期，第8页。

② 陈黄蕊：《全球史视野下的中国史研究——彭慕兰（Kenneth Pomeranz）教授访谈录》，《史学理论研究》2017年第1期，第136页。

的纯粹自然现象的互动，而被人类开发并利用之后，极大地丰富了橡胶的内涵，橡胶由单一的自然物种开始转变为具有政治、经济、文化属性的载体。"人进入环境并非是单纯的生存需要，而在于由人所构成的群体社会对于环境的需求，这种需求不同于个体，社会进入自然必然牵扯更多因素，'自然'也将变得极为复杂。"① 橡胶与环境之间的关系由于人为的影响变得更为复杂，人类在引种及发展橡胶的同时使得当地生态环境发生了变迁，人类自身因橡胶的进入也在发生着改变，橡胶本身也因人类社会与生态环境的双重作用而逐渐嵌入到当地社会文化之中并融入当地生态系统。

橡胶引种到西双版纳之后，意味着这一区域被卷入现代化、市场化、全球化进程之中，在推动区域社会经济发展的同时，现代化、市场化、全球化所存在的弊端也显露无遗。橡胶所塑造的新的生态环境使得许多本土物种消失，并彻底改变了原本多样化的生态系统。因为当地少数民族生境的转变，依赖生境存在的本土生态知识日渐式微，这是跨文化的产物，更是生态扩张的结果。对于边疆民族地区而言，这既是一次文化危机，更是一次生态危机。随着西双版纳地区现代化进程加快，代表传统文化元素的居民建筑、风俗习惯、宗教信仰、民族禁忌等在形式上可能仍旧有所保留，但内容上逐渐趋于同质化，甚至是杂糅，民族独特性逐渐消逝，本土生态知识在生态修复过程中所发挥的作用微乎其微。生态危机成为目前西双版纳地区面临的巨大挑战，如生物多样性减少、生境破碎化、生物入侵加剧、区域小气候变化、自然灾害频发、环境污染等生态问题都已经是普遍定性的结论，政府、学界发出了生态的呼声，生态修复与治理的相关政策不断出台。

环境问题归根结底是人的问题，必须要重新审视橡胶、环境与人之间的多维立体关系，总结历史时期的经验及教训，"以古鉴今"，提出维护边疆生态安全、进行生态修复的对策建议。西双版纳橡胶种植所带来的生态灾害，便是不遵循自然规律无序化扩大橡胶种植面积，导致生态环境破坏，这不仅影响橡胶树所依存的生态环境的可持续性，也会影响人类生存

---

① ［德］约阿希姆·拉德卡：《自然与权力：世界环境史》，王国豫、付天海译，河北大学出版社 2004 年版，第 23 页。

的自然环境。橡胶与人对于环境的需求是一样的，只有维护好当地生态环境，橡胶才能更好地生长，人类的生存环境也会得到良性发展。因此，橡胶、环境及人之间的关系必须是和谐共生、协同共进的，一旦这种生态平衡被打破，橡胶与人的生存及发展都会受到影响。由于西双版纳地理区位的特殊性以及生态环境的优越性，所以现下更为紧要的是维护好当地生态环境，发挥好当地自然资源优势，将这种优势转化为自然生产力。只有在优越的生态环境条件下，橡胶才能取得更好的发展，从而实现生态效益、经济效益、社会效益的统一。

在橡胶的环境史研究中，橡胶既依托于环境与人，受到环境各个要素及人类活动的多重影响，又作用于环境与人，橡胶的演变历史反映了一个外来物种所带来的环境变迁及其与人类社会互动的历程，这是一个动态的过程，并嵌合于人类社会变迁之中，既受人类社会影响而导致生态变迁，又影响着人类社会发展以及赖以生存的环境。利奥波德倡导从"生态的角度解释历史"，并指出"植物演替改变历史进程"。因此，应从生态系统的角度重新审视人类社会的发展，将橡胶、环境与人置于同一生态系统之中，将与橡胶相关的各种要素统合于一个生态系统中去理解，这是对橡胶与环境、人与橡胶、人与自然之间的多维立体关系探讨的一种新的尝试。

一是橡胶与环境之间的互动关系。橡胶与环境之间相互影响、相互作用，橡胶既受到生态环境的严格制约，又影响着生态环境。橡胶在西双版纳引种的70余年，还原了橡胶与环境之间互动的历史面貌。橡胶在西双版纳的成功引种及大规模种植意味着橡胶逐渐适应了当地生态环境，并通过人为调节塑造了新的生态系统，但这一生态系统较之原生生态系统对生态灾害的防御能力下降。橡胶从一个外来物种实现本土化转化，融入当地生态系统，但又与本土物种不同，仍旧具有某些外来属性，可能会造成颠覆性的生态危机，因此，橡胶实现了本土化，成为一种"新本土物种"。"新本土物种"仍旧需要不断地与环境进行磨合、调试，这一过程可能需要百年千年甚至万年的时间才能实现。

二是人与橡胶之间的互动关系。人与橡胶之间的关系更为复杂、多元，在人为影响之下，橡胶从一个纯粹的自然物种被赋予政治、经济、文化、军事等内涵，推动了人类文明的发展历程，使人类社会进入现代文明。橡胶作为一种"现代性"意义上的外来物种，进入西双版纳之后，逐渐改变了当地传统社会文化，原有的政治、经济、文化秩序被打破，当地少数民族民众围绕橡胶形成了新的社会文化结构，这一文化逻辑体系推动了橡胶的本土化转化，但与本土物种又有其区别，橡胶所遭遇的环境限制单纯依靠现代技术或本土生态智慧无法突破，而是需要在运用本土生态智慧的同时结合现代技术才能更好地进行生态修复。

三是人与自然之间的互动关系，主要体现为环境保护与经济发展之间的关系。环境保护与经济发展从来不是矛盾的关系，而是共生共存的关系，也因此经济发展不能建立在环境破坏的基础上，应该是在保证经济发展的同时更好地保护生态环境，才能实现环境保护与经济发展的统一，从而实现社会的良性发展。西双版纳橡胶扩张之后带来的生态问题，主要在于人的异化，表现为橡胶种植所产生的经济效应与生态效应之间的博弈，不论是经济效应还是生态效应都有正负两方面影响，人们追求经济利益最大化必然会导致严重的负面生态效应，只有当经济效应与生态效应达到均衡点时才会实现二者之间的协调。这种认知应该成为一种社会共识，只有当这种认知成为一种共识之后，才能使人与自然的关系达到平衡状态，实现人与自然和谐共生。

三 物种引进与物种入侵的对立与转化

在人类社会发展历程中总是伴随着物种之间的传播及发展。引进种与入侵种之间既是相互对立的存在，又可以相互转化。有些外来物种引进之后并不一定造成物种入侵，但有些外来物种则会转化为入侵物种，未成为入侵物种的外来物种最终会实现其本土化转化，而成为入侵物种的外来物种与本土化的物种则形成了对立。

物种引进是指在自然、半自然生态系统或环境中，由于人类的活动及需要，主动地、有意地将非原生物种引进到本地①。物种引进包括有意引进和无意引进两种，完全是受人为因素影响的过程和结果。不同于入侵种，引进物种进入非原生生态系统之初并不一定能适应当地生态环境，按照生态学规律，引进种需要通过人为改良其生态特性，包括引进种对于湿

---

① 观点来自业师周琼教授在《中国环境史》课程《物种入侵》一课讲述内容。

度、温度、光照、降水、土壤、海拔等自然环境的要求，一旦人为改良成功，外来物种便会迅速占据生态位，塑造新的生态系统。物种引进对于社会、经济、生态、文化、环境等既有积极影响也有消极影响，如"美洲作物涌入中国"带给了中国社会和历史的影响可以高度简约为正负两个基本方面①。明清时期，玉米、马铃薯、甘薯等美洲作物的引进极大地满足了当时人口对于粮食的需求，丰富了中国人的饮食生活，但同时也激化了人口与土地之间的矛盾日益尖锐，加重了土地压力，过度开荒也导致了严重的生态破坏、灾害频发。目前，玉米、马铃薯、甘薯等作物经过几百年的品种选择与改良，已经适应本土生态系统，接受并与本土物种实现良性循环。但橡胶作为目前一种备受争议的外来引进物种，在西双版纳引进初期并不适应当地生态环境，由于人为改良，橡胶大面积试种成功，极大地推动了地方社会经济发展，由于人们的经济诉求，橡胶资源不断被消耗，并未成为入侵物种；然而，橡胶的单一化、无序化扩张造成了当地生态系统的失衡，如西双版纳橡胶生长区域一般是与热带雨林分布区域重合，橡胶作为人工林生态系统极大地占据了热带雨林的生存空间，研究表明：热带雨林开采为橡胶林之后，群落层次结构简单化，物种多样性明显下降，地上生物量下降，土壤养分状况变劣②。

"物种入侵"（或"生物入侵"），是生物学、生态学、遗传学等学科的专有名词。从已有的"物种入侵"的概念③来看，是指生物物种通过有意或无意的人类活动而被引入一个非本源地区域，在当地的自然或人造生态系统中形成了极强的自我再生能力，冲击及破坏了当地的生物链，给当

---

① 郑南：《美洲原产作物的传入及其对中国社会影响问题的研究》，博士学位论文，浙江大学，2010年，第1页。

② 鲍雅静、李政海、马云花等：《橡胶种植对纳板河流域热带雨林生态系统的影响》，《生态环境》2008年第2期，第734页。

③ 英国生物入侵的权威学者Williamson认为生物入侵指生物进入一个进化史上从未曾分布过的新地区，不考虑以后该物种是否永久定居；生态学中的物种入侵现象被称作生物入侵或生态入侵，大多数生态学家认为生物入侵指生物种向近代进化史上不曾分布到的区域所进行的永久性扩张，物种在新的地域里可以自由繁衍和增殖；世界自然保护联盟（IUCN）物种生存委员会（SSC）对其定义是：外来种，或称非本地的、非土著的、外国的物种指那些出现其（过去或现在）自然分布范围及其扩散潜力以外（即在其自然分布范围内，或在没有直接或间接引入或照顾之下不能存活）的物种、亚种或以下的分类单元，包括其所有可能存活、继续繁殖的部分（[美]查尔斯·埃尔顿：《动植物入侵生态学》，张润志、任立等译，中国环境科学出版社2003年版）。

地的生态系统或地理结构造成了明显的损害或影响①，外来入侵物种不仅直接危害农业生产，造成巨大经济损失，而且损害生物多样性，破坏生态环境，部分外来入侵物种还对人畜健康产生严重的影响。这一概念的界定更为全面，表明界定某一物种是否为"入侵种"，必须满足到达、建立、扩散三个过程，必须是对当地生态系统造成负面影响。

物种入侵则包括有意引进、无意引进、自然引入三种传播路径，物种入侵较之物种引进的途径则更为多元，甚至在无人类干预的条件下也可以适应自然环境。入侵种中有绝大部分都是有意引进，其余则是无意引进或自然引进，如水葫芦（或称凤尾莲），20 世纪初期作为花卉引入我国，20 世纪 30 年代又作为禽畜饲料、观赏性及净化水质植物推广至我国各省，由最初的栽培植物转变为不可控的野生植物，迅速繁殖；并通过竞争成为优势种，占据当地物种的生态位，危害植物多样性，破坏景观的自然性和完整性，最终影响遗传多样性，严重危害当地社会和文化②。也有一些无意引进但成为伴生性入侵种，如马铃薯晚疫病，随着马铃薯引入我国，通过风和气流便能迅速传播，成为暴发性病害；另外，无意引进或自然引进的一些入侵物种其危害及防控难度更大，如飞机草、紫茎泽兰、薇甘菊等入侵植物可以通过风力、水流等自然力以及人畜活动、交通运输等进行扩散和传播，已然在我国广泛分布，对农业、林业、畜牧业等都会造成严重危害。目前，物种入侵已经成为全球性生态问题，较之物种引进更具复杂性。

外来物种的大规模引进，对不同时期的社会经济发展、文化繁荣起到了一定的促进作用。同时，也极大地改变了中国传统的农作物种植结构，打破了传统的生态界线。外来物种引进之后，由于所依存的土壤、水源、降水、温度、日照等都发生了变化，移动到新的生态系统的非本土物种需要人为改造其生存环境，才能维持其生长，较之本土物种而言，外来物种则需要更多的时间与当地环境进行调试，实现与本土物种共生，重塑其生存环境。反之，则会对环境造成冲击，部分外来物种即使不依存人类为其创造生存环境，也能依赖现有条件进行繁衍、定殖，受自然条件限制，具

① 高林峰：《恐怖的物种入侵》，《环境》2010 年第 1 期，第 62 页。
② 刘鸿冉：《从"水葫芦事件"看生物入侵对生态的影响》，《决策探索（中）》2019 年第 6 期，第 80 页。

有明显的区域性、纬度性，一旦移动到适合其生长的区域，则会直接对本土生态系统造成冲击，从而转化为入侵物种。

历史时期物种引进对于社会、经济、文化、环境所带来的影响既有积极的也有消极的，但引进种转化为入侵种，便会直接危害生态环境及人类社会经济发展。物种引进一般是出于朝贡、贸易、农业、林业、养殖、观赏、食用等需要，由人主动引进，并创造其生长的人为环境，这一过程往往要经过长时间的传播、推广、品种驯化等使外来种适应本土生态系统，但这一行为如果过度化、无序化，也会引发生态灾难。当引进种不再被自然与人类所消耗，意味着这一物种没有天敌，引进种则会迅速繁殖，建立自己的种群，挤占其他群落的生态空间，使得本土物种减少，降低生物多样性。

首先，物种引进在推动社会经济发展的同时对于环境造成了一定的冲击及其负面影响，也正是因为引进物种不断被人类所需求及消耗，并未成为入侵种，这一类物种多是粮食作物、经济作物等。从明清时期便已经开始显现。明清时期是外来物种引进的繁盛期，尤其是玉米、马铃薯、甘薯、辣椒等美洲作物的引种、推广对于当时的社会经济、农业生产、饮食文化等起到了极大的推进作用，改变了中国传统的农作物种植结构，也进一步激化了人地矛盾，对于生态环境造成了一定影响，如清代中后期，玉米、马铃薯等高产农作物，在云南山区、半山区广泛种植，导致云南生态环境随之发生了重大变迁，地表覆盖物由类型丰富的植被变为单一的农作物半山区、山区的植被因之减少，地表土壤的附着力和凝聚力大大降低，土壤退化、水旱灾害频发、水土流失严重[①]。玉米、马铃薯等外来物种本身并不会对生态系统造成破坏，但由于人类活动的过度与无序为外来物种创造其适宜的生态环境，试图代替原生本土物种，彻底改变本土生态系统，这也是人类企图征服自然的表现，必然导致这一时期的生态灾难。近现代以来，外来物种引进的种类、数量极为丰富，如橡胶、桉树、烟草、金鸡纳、咖啡等极大地改变了当时中国传统的经济作物结构，在丰富园林景观，促进社会经济发展的同时，也造成了生态环境的巨大变迁。

---

① 周琼、李梅：《清代中后期云南山区农业生态探析》，《学术研究》2009年第10期，第126页。

其次，由引进物种转化为入侵物种的多是在自然界无天敌或者是人类需求较少的观赏性作物、牲畜饲料等，如水葫芦、豚草、空心莲子草、飞机草等，这些物种目前都已经称为危害我国较为严重的外来入侵植物。1901 年，凤尾莲传入我国，20 世纪 30 年代迅速传播到华北、华东、华中、华南和西南地区；20 世纪 30 年代，豚草、空心莲子草、飞机草传入我国。一些引进种转变为入侵种之后带来的影响尤为严重，较为典型的则是滇池将水葫芦引入种植用于治理滇池污染，但水葫芦引种后大量繁殖，造成新的污染，昆明每年都花半年在养殖水葫芦，又花半年时间去打捞①。

物种引种及物种入侵之间的对立及转化主要是受到自然与人为双重因素的影响。自然环境是决定外来物种是否生存的首要条件，气候、土壤、水源等都是决定外来物种存活的重要生态因子，也是衡量外来物种能否引进成功抑或是成为入侵种的评判标准，这取决于自然环境条件优越与否、是否有其自然天敌。低纬度地区物种种类丰富度高于高纬度地区，物种丰富度与物种引种及物种入侵丰富度成正比，生物多样性热点地区的引种物种及入侵物种高于生物单一区域。从外来物种的自然特性考虑，我国外来物种主要来自美洲，外来物种更趋于与其原生存环境相一致的地区，我国南方热带地区正好是本地物种丰富度和外来物种丰富度较高的地区②。我国从北到南共跨越了寒温带、温带、暖温带、亚热带和热带 5 个气候带和 5 个纬度，为外来物种提供了诸多可以生存的栖息地，较之长江以北地区，长江以南地区的物种引进更易造成入侵，这与不同地域的气候、水分、湿度、降水等有密切关系。热带地区的气候、土壤、水源等更适于外来物种的生长及繁衍，有利于外来物种建立新的种群，进行自我繁殖。随着养殖、饲养、种植、观赏防治污染等需要，近年来很多外来物种被引进，如水葫芦的引入主要是作为饲料、观赏、防治重金属污染植物，水葫芦在长江流域以南地区均可生长，南方地区四通八达的水网更有利于其自然泛滥成灾，但水葫芦被引种到长江流域以北地区，其气候、水分、温度等都难

① 李翠芳：《云南滇池 20 吨 "治污" 水葫芦浮水面 负责单位承诺年底捞完》，http：//www. yn. chinanews. com/pub/html/special/2012/1021/11041. html（2012 - 10 - 21）。
② 王国欢、白帆、桑卫国：《中国外来入侵生物的空间分布格局及其影响因素》，《植物科学学报》2017 年第 35 卷第 4 期，第 518 页。

以满足水葫芦的生长条件，很难自然越冬，则可以达到引种意图，即仅是作为盆栽植物用于观赏，而不会造成负面影响。目前，我国水葫芦污染最为严重的水域是云南的滇池流域，其自然原因主要是与昆明的气候特点有关，昆明的冬季虽然日温差很大，但总的平均气温并不低，这就为水葫芦的野外越冬创造了得天独厚的有利条件①，而且也并无抑制水葫芦生长的天敌，因此，导致了水葫芦泛滥成灾，对滇池生态环境以及周边社会经济发展带来严重影响。

人为因素是决定物种引进是否转化为入侵种的重要因素之一。人类行为是决定外来物种是否转化为入侵物种最为重要的因素。橡胶之所以并未成为入侵种，一方面是由于橡胶对于环境的要求极高，而且如果人们不对橡胶品种进行改良及优化，也无专门性的技术干预，橡胶自身无法进行迅速繁殖；另一方面则是因为橡胶是人类所需求的重要战略资源，国民经济发展、人们日常生产生活之中无不需要橡胶，人们对于橡胶的消耗同样阻止其成为入侵种。对于部分外来物种转化为入侵种的物种，其所处生态系统并无自然天敌的存在，这种物种最初引种可能是作为绿肥、观赏性植物、饲养牲畜等，但仅是在一定时期发挥了作用，而随着技术的进步及发展，此种物种不再被人类所需要，对人类社会经济发展也并无一定价值，此时，这一物种便有可能转化为入侵种。如巴西龟最初传入我国是作为人们所饲养的宠物，现在已被世界自然保护联盟列为世界最危险的100个入侵物种之一，成为全球"通缉犯"，巴西龟繁殖力强，存活率高，和本土龟的"联姻"，导致了本土淡水龟类的基因污染，严重影响了本土龟的生存环境，还是沙门氏杆菌传播的罪魁祸首②。反之，传入我国的小龙虾、亚洲鲤等入侵物种，在世界多国泛滥成灾，但在我国不仅未成为入侵物种，而且人工还大量进行繁殖，其主要原因则是其成为我国餐桌上消耗巨大的食物，"人"则成为小龙虾、亚洲鲤等入侵物种的最大天敌。

不同时期，由于受大环境所影响，随着气候不断变化，物种引进与物种入侵的对立与转化是相对的。从长时段而言，物种入侵会因生态系统长

---

① 杨成：《外来物种入侵的文化根源——来自多个田野点的综合分析》，《原生态民族文化学刊》2009年第1卷第4期，第108页。

② 《巴西龟 最危险入侵物种》，http：//news. sina. com. cn/c/edu/2009 - 05 - 19/15201 5649930s. shtml（2009 - 05 - 19）。

时期的自我调节，使之达到平衡；当生态极端恶化时，生态系统自身会约束入侵物种的生长，入侵种自然会灭绝，这一历程至少需要上万年的时间。从短时段而言，物种引进转化为物种入侵时，其带来的危害更为严重，这种物种很难进行防控。因此，人们引种外来物种时必须慎之又慎，防止引种物种转化为入侵物种，可以通过人为干预让入侵物种转化为人类可控、可利用的引种物种。

四　区域生态与整体生态的动态平衡关系

全球生态危机是地球上人类以及所有生物生存的危机，这种危机由人类活动造成并由人类承担生态后果，其他生物也无法幸免于难，要想解决生态问题，就必须解决人的问题①。人既是环境的破坏者，又是建设与保护者；人与自然之间既有矛盾冲突，亦可和谐相处，二者结合才是人与自然关系的全过程②。人的自然观总是存在片面性的，人的认识和实践所及的自然界总是一个片面性的存在，这是产生环境问题的重要根源③。从历史发展角度来看，世界最终将成为人与自然平等相处的生态共同体④。人类自诩"万物之灵"，以为已经跳出了自然生态系统之中，可以肆意掠夺自然资源，主宰世界万物的生命。新技术使人类作为一个物种，能够跨越生态领域去获得从前从未能够获得的，远比植物、动物和其他人类所提供的更多能源⑤。人类作为大型物种获得了前所未有的能力而使地球资源为己所用，正如我们所看到的那样，人类目前消耗掉了通过阳光与光合作用进入生物圈的能量的1/4，无怪乎伴随着人口增长的乃至其他物种的衰亡⑥。橡胶的引种及发展导致了西双版纳地区生态环境的剧烈变迁，这种

---

① 李平沙：《用历史理性之光烛照生态文明建设之路——专访南开大学生态文明研究院王利华教授》，《环境教育》2019年第12期，第16页。

② 钞晓鸿：《环境史研究的理论与实践》，《思想战线》2019年第4期，第117页。

③ 张礼建、邓莉、向礼晖：《马克思的对象性关系理论与生态文明建设》，《重庆大学学报》（社会科学版）2015年第21卷第3期，第150页。

④ 大众网：《人与自然将成生态共同体》，http：//paper. dzwww. com/dzrb/content/20150824/Articel03004MT. htm（2015 – 08 – 24）。

⑤ ［美］大卫·克里斯蒂安：《时间地图》，晏可佳等译，上海社会科学院出版社2006年版，第379页。

⑥ ［美］大卫·克里斯蒂安：《时间地图》，晏可佳等译，上海社会科学院出版社2006年版，第376页。

变迁不全体现在人类本身，由于人类对生物圈产生了全新的影响，因而这种变迁对于整个地球而言也是意义非凡的。①

随着全球化进程的加快，人与自然的关系发生了新转变，处于激烈的变动之中，人对自然的影响力甚至毁灭力度逐渐增强，自然对人的反作用及制约张力也在加大②，致使生态危机持续爆发，严重威胁到全球生态系统平衡，造成区域生态失衡，区域生态的恶化又加剧了地球整体生态的失衡。

区域生态是造成全球生态恶化的一个因素，也是一个结果，区域生态变化造成整体生态变化，形成全球性生态危机，整体生态变化也导致了区域生态变化。一个小区域的生态系统变化可能无法造成甚至撼动整体生态系统，但多个区域的生态都在发生变化时，整体生态系统的平衡性必然被动摇，即所有区域生态形成一种合力时便会使整体生态系统严重失衡，并产生致命性影响，此时整体生态恶化会进一步加剧区域性生态的恶化。换言之，全球生态危机并不突出时，对于区域造成的生态影响并不突出，但是所有区域的生态问题不断累加，全球生态危机对于区域带来的生态影响则是量级的变化。"生态危机绝不仅是威胁破坏地的环境，各地环境都与邻近区域，与全国、全球环境存在千丝万缕的联系，区域生态链环破坏往往会导致全国、全球的生态恶变。"③

在区域与全球性生态危机背景下，区域生态与整体生态严重失衡。区域是相对于整体的区域，整体是由多个区域组成的整体，必须要通过恢复区域生态才能更好地推动整体生态稳定，建立区域生态与整体生态之间的动态平衡。立足于环境史，西双版纳橡胶扩张及其生态变迁是中国环境史研究中的一个"碎片"，既是区域环境变迁又是全球环境变迁的重要研究内容。"区域性的环境史既是一个小整体，也是一个'大碎片'，很多更小的碎片是构成小整体的必要内核，区域性的物种、生态群落及其区系变迁，尤其是区域性环境变迁历程及其规律各具特色，凸显着不同区域'小

---

① ［美］大卫·克里斯蒂安：《时间地图》，晏可佳等译，上海社会科学院出版社2006年版，第335页。

② 周琼：《中国环境史学科名称及起源再探讨——兼论全球环境整体观视野中的边疆环境史研究》，《思想战线》2017年第43卷第2期，第150页。

③ 周琼：《中国环境史学科名称及起源再探讨——兼论全球环境整体观视野中的边疆环境史研究》，《思想战线》2017年第43卷第2期，第157页。

整体'的环境史不可复制的发展演进特点，小整体内千姿百态的各类环境要素及其变迁就成为支撑性的'碎片'而独具价值，对于更大区域的整体而言，这个小整体就成为'大碎片'，即'大碎片'与'小整体'可以互相转化。"① 西双版纳橡胶与自然及其人类社会历史的互动历程虽是区域性环境史研究，但从生态系统的角度来看，区域生态与整体生态之间是相互影响、相互制约的。

西双版纳地区的生态治理与修复对于我国边疆生态安全甚至国家生态安全乃至全球生态安全都具有极其重要的价值及意义。西双版纳橡胶扩张之后所带来的热带雨林面积减少、生物多样性减少、水源减少、水土污染、区域小气候变化等首先是对于西双版纳地区甚至周边区域生态造成直接性影响，对于全球生态系统的影响则是极小的、轻微的且并未显现。西双版纳橡胶扩张造成负面生态效应时，整体生态的变化并不明显，而当整体生态系统遭到破坏时，对于西双版纳造成了严重影响。从西双版纳的橡胶扩张及其生态变迁这一区域性案例，虽是区域环境史研究中的一个"碎片"，但在一定的时空范畴内，小碎片能影响、改变整体环境的发展方向，整体环境也能制约、决定碎片环境的内容及存在方式②。西双版纳橡胶种植是造成全球生态危机的原因之一，也是全球生态危机在西双版纳地区的表现，二者之间本身便是一个因果链条，是可以相互转化的。西双版纳版纳橡胶扩张是造成全球生态恶化的一个因素，但是西双版纳橡胶扩张也是全球生态恶化的一个结果，区域生态变化造成整体生态变化，整体生态变化也导致了区域生态变化。

区域生态与整体生态之间的动态平衡关系揭示了区域与整体的联系。整体生态恶化是区域生态恶化的开始，不同区域生态不断恶化之后导致整体生态恶化，形成全球性生态危机，整体生态恶化又加剧了区域生态恶化的程度。因此，必须要控制住区域生态恶化，通过区域与区域之间的协调，最终控制整体生态恶化。

全球性生态危机的持续爆发揭示了区域生态与整体生态的失衡。区域

---

① 周琼：《区域与整体：环境史研究的碎片化与完整性刍议》，《史学集刊》2020 年第 2 期，第 16 页。

② 周琼：《区域与整体：环境史研究的碎片化与完整性刍议》，《史学集刊》2020 年第 2 期，第 17 页。

生态恶化是整体生态恶化的开始，不同国家、地区的生态环境不断恶化之后导致整体生态恶化，形成全球性生态危机；反之，整体生态恶化又进一步加剧了不同国家、地区生态恶化的程度。中国曾一度走上了西方"先污染，后治理"的老路，片面追求经济效益，忽视生态问题，旧的生态问题尚未解决，新的生态问题迭起，对人们生存与发展造成严重威胁。中国仅是全球中的一个"碎片"，但在一定的时空范畴内，小碎片能影响、改变整体环境的发展方向①。因此，必须要控制住区域生态恶化，通过区域与区域之间的协调，最终控制整体生态恶化。

五 全球视野下中国本土生态智慧的理性回归

随着区域与全球性生态危机的加剧，这种全球生态危机有可能持续更长的时间，波及的范围更广，防控难度更大，让我们必须重新反思当下的人与自然关系。面对各种威胁人类生存及发展的生态灾难，包括人在内的各种生物、微生物都无法幸免于难，任何国家、地区、民族都不可能置身事外，这促使了"生态命运共同体"理念的凸显，必须协调区域生态与整体生态之间的动态平衡关系，维护全球生态安全。这一理念将人与自然作为一个有机统一、相互影响的整体，人不可能脱离自然而存在，人是自然的一部分，人与自然同处于一个生态系统之中，是命运相连的共同体。十九大报告指出"人与自然是生命共同体"，"人类如果想要继续生存，必须与自然同呼吸、共命运"②。当前"逆全球化"思潮兴起，亟待共识性的全球生态理念，参与引领全球生态治理。

在全球化背景下，中国经济高速发展，但我国也付出牺牲生态环境的沉重代价。我国一直在尝试实践与探索一套人与自然和谐共生的可持续发展模式。在全球化背景下，中国经济高速发展的同时也付出了牺牲生态环境的沉重代价。面临当前复杂严峻的诸多生态问题，中国本土生态恢复显得尤为紧迫和重要。

2019 年年底至今，全球蔓延及肆虐的新冠肺炎疫情，对全球化是一次

① 周琼：《区域与整体：环境史研究的碎片化与完整性刍议》，《史学集刊》2020 年第 2 期，第15 页。
② 衡孝庆：《论生态融合》，《自然辩证法通讯》2020 年第 42 卷第 2 期，第 22 页。

沉重的打击，极有可能成为"压倒全球化的最后一根稻草"，改变以往的全球化格局。一定程度上来说，"逆全球化"是全球化发展到一定阶段存在的弊端，也是全球化发展到一定阶段出现的一种特殊现象①，从而导致基于共同理念的全球治理策略出现"休克式"失效，全球生态治理体系无法维系。换言之，逆全球化是对全球化狂飙突进的全球化进程的一种修正。

因此，全球化仍是世界发展的必然趋势。在逆全球化的思潮下，虽然对于中国经济、贸易、技术造成了严重冲击和影响，但当全球化走到一个极端时，必然需要理性的回归。在全球化进程中，中国延续西方"先污染，后治理"的老路，在经济迅速发展的同时，生态环境遭到了严重破坏。在"逆全球化"思潮下，人们会对本民族的东西产生一定文化自省与自信，这有利于缓解全球化进程所存在的问题，尤其本土民族主义的上升开始促使人类反思区域性危机，借"逆全球化"这一思潮实现理性的回归，从而消除全球化带来的弊端，转变"先污染，后治理"的老路，走上绿色经济及可持续发展之路，尝试建立新的国际秩序，世贸组织规则需要转变，线性经济规则也要改变，以保证全球化的良态发展。

一个国家、民族的强盛是建立在自主、独立的基础之上的，一个国家强大之后便会想到原本的、传统的东西，弱的时候只会跟随，强的时候则要自主、独立。随着中国经济实力增强，肯定要对中国传统进行合理的"回归"。在西双版纳橡胶扩张与生态变迁的历程中，20世纪50年代，由于西方帝国主义对于中国的禁运，迫使中国走上了实现橡胶自给的道路，大规模引种巴西橡胶，而造成了本土橡胶资源开发一直处于弱势，这一时期橡胶的引种是跨文化扩张的产物。进入21世纪，随着全球化趋势加强，橡胶作为资本主义扩张的产物使得西双版纳卷入世界经济体系之中，地方民众从中享受全球化带来的福利的同时，也深受其害，传统的嬗变与现代的转型，使得当地民族文化自信及自觉逐渐淡化，尤其是本土生态智慧随着生态环境的变异而逐渐流逝，失去其存在的生境及价值。当前，政府、学界在极力提倡文化自信，传承与保护少数民族优秀传统文化，这种趋势则是"逆全球化"思潮的产物，而本土生态智慧则是针对全球化所带来的

---

① 熊光清：《"逆全球化"阻挡不了全球化进程》，《人民论坛》2019年第14期，第40页。

生态环境问题的弊端所提出的一种路径。因此，应当合理运用本土生态智慧与技能进行本土生态修复与治理，实现本土生态智慧的理性回归。习近平总书记提出"要推动全球治理理念创新发展，积极发掘中华文化中积极的处世之道和治理理念同当今时代的共鸣点，继续丰富打造人类命运共同体等主张，弘扬共商共建共享的全球治理理念"。① 在加强国际协作的同时，让世界各国共同参与到全球环境治理之中。

但本土生态智慧的回归并非在肯定"逆全球化"，否定全球化，全球化是世界发展的必然趋势，即使出现短暂的"逆全球化"思潮，也仅是全球化发展到一定阶段对于人类发出的警示。"逆全球化"仅是全球化过程中的一个反复且短暂的现象，这一思潮的出现意味着国际秩序面临挑战，如 WTO 多哈回合谈判受阻、英国通过"脱欧"公投，美国推行"美国优先"战略甚至退出《巴黎气候协定》等②，美英等国希望借势"逆全球化"，重构一种符合西方国家利益的"全球化"③。在这种"逆全球化"思潮之下，新冠肺炎疫情在全球的暴发与肆虐使得全球经济、贸易、技术的流动严重受阻，本土民族主义上升，大国隔离、封关锁国，这意味着全球化将面临严峻挑战，这对于中国基于本土智慧所提出的"一带一路"及人类命运共同体无疑是一次巨大冲击。这一现象的出现值得进一步反思的是解决全球化的弊端，提出新的全球化道路，倡导国际新秩序，必须要坚持构建人类命运共同体。党的十八大以来，习近平总书记积极倡导构建"人类命运共同体"，它的提出是在全球经济一体化出现重大危机、人类生存发展出现重大挑战的历史节点上，为下一步世界发展的方向贡献出的中国智慧④。

"逆全球化"思潮推动了本土与传统的回归，为消减全球化带来的负面生态效应，我们不得不反思全球化的弊端，借"逆全球化"这一思潮实现中国本土生态智慧的理性回归，更好地进行区域（本土）生态修复，以

① 《习近平在中共中央政治局第二十七次集体学习时强调：推动全球治理体制更加公正更加合理为我国发展和世界和平创造有利条件》，《人民日报》2015 年 10 月 14 日第 01 版。
② 熊光清：《"逆全球化"阻挡不了全球化进程》，《人民论坛》2019 年第 14 期，第 41 页。
③ 王东、宋辰熙：《"逆全球化"浪潮下人类命运共同体的理论与现实》，《新视野》2019 年第 6 期，第 108 页。
④ 王东、宋辰熙：《"逆全球化"浪潮下人类命运共同体的理论与现实》，《新视野》2019 年第 6 期，第 111 页。

普遍适用的生态理念带动跨国界、跨地区生态修复。美国地理学家段义孚认为，中国在过去有一些很好的保护理念，但是它们在很大程度上被忽略了①。美国环境史学家唐纳德·沃斯特认为"构建生态文明时，我们所意味的必须是创造一种对待地球的新伦理，一种可以适用于全世界的新伦理：其基础将是对自然的更多尊重，在使用这个脆弱行星的更多谨慎，以及一种地球是我们的共同家园，事实上我们唯一家园的普遍认知"②。

随着中国经济实力增强以及大国责任担当，历经千年沉淀的中国本土生态智慧的回归在区域与全球生态治理过程中显得尤为必要。中国采取的生态治理与修复举措往往是基于现代科技知识进行修复，而这些知识是在西方传统生态环境中生成，中国本土生态与西方生态有很大区别，这就造成了政策与措施对于生态治理的作用大打折扣，也无法唤起当地民众的共鸣与参与。因此，中国本土生态治理与修复不能单纯依赖西方科学知识，应在借鉴西方生态学中的生态修复技术与知识时，不能照搬照抄，而是结合中国本土生态环境状况进行因地制宜。

中国本土生态智慧之中蕴含着丰富的生态治理经验、技能，这是人与自然长期相处过程中形成的重要理念。当前，中国政府、学界都在极力提倡文化自信，传承与保护各民族优秀传统生态文化，进行现代化创新及转化，为区域（本土）生态治理提供了先行理念，如"人与自然和谐共生""绿水青山就是金山银行""山水林田湖草是生命共同体"等基于中国本土生态智慧的理念表达，有利指导、推动了当前中国生态文明建设，在全球生态治理过程中更是具有重要作用。

以往的全球治理体系因新冠肺炎疫情而出现短暂的停滞与倒退，需要通过提高人类生态保护观念的自省与自信，从而消除全球化带来的弊端，转变发展中国家"先污染，后治理"的老路，更好地树立一种具有普遍适用的全球生态治理理念，推动生态文明建设的全球化进程。联合国副秘书长索尔海姆说，全球生态文明建设需要中国智慧，中国的经验可以帮助其他发展中国家跳出先污染再治理的怪圈，在实现经济快速发展的同时保障

①　[美]唐纳德·沃斯特：《谁之自然：生态文明中的科学与传统》，侯深译，《经济社会史评论》2018年第2期，第123页。
②　[美]唐纳德·沃斯特：《谁之自然：生态文明中的科学与传统》，侯深译，《经济社会史评论》2018年第2期，第125页。

强劲、可持续的增长①。

中国本土生态智慧对于构建全球生态治理体系极为必要，生态命运共同体的中国智慧是一种从价值观层面来思考未来全球生态治理的一种逻辑与可能性。党的十八大以来，习近平总书记提出"要推动全球治理理念创新发展，积极发掘中华文化中积极的处世之道和治理理念同当今时代的共鸣点，继续丰富打造人类命运共同体等主张，弘扬共商共建共享的全球治理理念"②。因此，应当进一步具体提出生态命运共同体理念下的中国本土生态智慧，这一理念是普遍适用于全球的一种生态治理理念，强调区域与整体的联系，人与自然的和谐共生，不仅适用于中国，也可以推广至世界各国，成为推动全球生态治理的一种引领性理念。

解决全球生态危机的正确路径③，需要树立生态命运共同体理念，从根本上认识到区域生态与整体（全球）生态之间的互动及共生联系，正确认识及处理"逆全球化"思潮及其理念，这是当前需要冷静反思的核心命题。目前制约了全球社会经济发展的新冠肺炎疫情引发了人类对自身及生态命运的共同关注及忧虑，"逆全球化"思潮凸显，使生态命运共同体的理念成为新的生态时尚，为本土与传统生态、各类生物各守生态本位、生态命运共同体等理念的提出及回归提供了契机。为更好解决全球化存在的弊端以及修复区域与全球生态，中国有能力承担起全球生态治理的大国责任，不应再是简单融入及认可以西方国家为主导的国际秩序之中，而是要充分挖掘中国本土生态智慧参与并引领全球生态治理。面对全球生态危机的复杂性、严峻性，各国、各地区应摒弃以往各自为政的姿态治理与修复观念及行为，树立并推广生态命运共同体理念，形成构建全球生态治理体系，促进人与自然和谐共生的全球共识框架的建立。在这一共识理念引领下，中国更需要立足于生态文明建设，治理与修复好中国本土生态环境，再将中国智慧与方案推广到全球，积极探索区域与全球生态治理与修复的实践路径，保障区域与整体生态的动态平衡，维护全球生态安全。最终促使整个地球走向人与自然和谐共生，推动人类命运共同体的协同共进，共

---

① 成长春：《完善促进人与自然和谐共生的生态文明制度体系》，《红旗文稿》2020年第5期。

② 《习近平在中共中央政治局第二十七次集体学习时强调：推动全球治理体制更加公正更加合理为我国发展和世界和平创造有利条件》，《人民日报》2015年10月14日第01版。

③ 周琼：《区域与整体：环境史研究的碎片化与整体性刍议》，《史学集刊》2020年第2期。

建地球生命共同体的美好愿景。

六 橡胶环境史研究的学科反思

橡胶关乎国民社会经济发展及国防建设,一直备受政府、学界、社会的广泛关注与重视。近年来,人文社科与自然科学领域对于橡胶这一问题争论不休,很多学者从不同学科进行了诸多探讨,但多是从各自立场出发,这就容易形成学科之间的壁垒,"只见树木不见森林",其主要原因是学术分工的明细化。近代以来,产业、职业分化促进了学术分工,"分科治学"成为主流,学科、专业不断分化,认识世界的方式、工具和手段也越来越多样化,在推进人类认识不断细化和深化的同时,亦导致自然科学与人文社会科学不断割裂,包括自然与历史分离[①],"环境史可以成为人文科学与自然科学的交叉点"[②]。橡胶作为一个自然科学与人文社会科学共同研究的对象,环境史将橡胶研究纳入其中,这对于突破以往橡胶研究范式、思维及视野意义重大。橡胶的环境史研究较之其他学科,虽在研究内容、方法、资料上存在一定的重叠,但打破了学科壁垒,拓宽了橡胶研究的路径。

橡胶的环境史研究是以橡胶、环境与人之间的多维立体关系为主线,为重新思考人与自然之间的相互影响、相互作用的关系提供了一种新的解释范式和研究路径,进一步推进了环境史研究。较之其他学科展开的橡胶研究而言,环境史研究在以下方面有所拓展。

其一,橡胶作为一种突破自然地理局限的扩张性物种,是现代化、全球化的产物,在全球环境变迁研究中具有重要价值和意义。橡胶是在全球的传播和发展过程中,从一个野生物种逐渐转变为一个极其重要的人工栽培作物,其在政治、经济、文化、技术、环境方面所发挥的作用不亚于农史、经济史、生态民族学关注的各种农作物、经济作物及濒危植物等的价值和意义。环境史将橡胶纳入其研究范畴之后,不同于以往环境史所关注的气候、土壤、河流、动物、植物等,橡胶不再是纯粹的自然物种,而是

---

① 王利华:《"盲人摸象"的隐喻——浅议环境史的整体性》,《史学集刊》2020 年第 2 期,第 5 页。

② 王利华:《"盲人摸象"的隐喻——浅议环境史的整体性》,《史学集刊》2020 年第 2 期,第 6 页。

具有了政治、经济、文化、资源等属性，更具有全球性、区域性、边疆性等特点。

其二，西双版纳橡胶的环境史研究属于微观环境史研究范畴。微观环境史将关照的重点转向较小的空间尺度，小区域但适当拉长时段将是微观环境史的重要研究理念，而且微观环境史要更加宏观，进行整体与系统的综合考量，注重具体、细微部分与其他部分之间的联系，透过小问题进行拓展，窥探到更宏大层面上人与自然之互动面向，多维度、全方位地探究不同生态因素间的联系①。因此，在关注西双版纳橡胶带来的生态环境变迁时，对于橡胶引入早期在中国各个区域的初步开发及生态适应进行了探讨，而且从环境整体观层面全面考察了西双版纳橡胶在不同历史时期引种及发展的自然及人为因素、发展历程、影响，深入分析了环境保护与经济发展之间的互动关系，这一关系也是导致人与自然关系异化的根源所在。

其三，对于口述环境史的实践及运用。环境史尤其是现当代环境变迁、环境修复与治理等领域研究的展开，环境口述史料显得尤为重要，特别是21世纪以来生态环境问题日益突出，经历、参与当代环境变迁的政府、学界、公众等群体对于环境变迁的感受、记忆也日益强烈，收集、整理及分析这些资料极其重要②。较之区域环境史、国别环境史、全球环境史更多用大尺度、大范围、粗精度的环境变迁史料，口述环境史注重"在地"人群的环境感知，可以围绕某一个人开展个人环境感知研究，或可基于某一个聚落群体与环境的互动过程研究，这种研究精度要比前者高出很多，既能呈现出区域环境变迁研究的轨迹，更能让当地人群实现自身对环境认知的表达③，这是基于全球化、本土化以外的在地化而进行的研究领域的拓展，即对于研究对象从"活态"本身出发，寻求更为贴近真实、贴近社会本质的环境变迁。当前，在地化研究在当代环境史研究中应当继续深入。

橡胶作为物种环境史研究探讨的重要对象，既不同于生态学偏重于橡

---

① 赵九洲、马斗成：《深入细部：中国微观环境史研究论纲》，《史林》2017年第4期，第212页。

② 周琼：《"创造"与书写：环境口述史料生成路径探微》，《云南社会科学》2020年第1期，第151页。

③ 耿金：《环境史研究的"在地化"表达与"乡土"逻辑——基于田野口述的几点思考》，《云南大学学报》（社会科学版）2020年第19卷第3期。

胶与环境的互动，也不同于民族学倾向于橡胶与文化的互动。以往的研究之中从不同侧面展现了橡胶的自然、文化、社会、经济等属性，组成一个个"碎片"，无法从宏观、综合的层面进行关注，这就造成了橡胶研究的碎片化，割裂了各个碎片之间的互动与联系。物种环境史需要立足于环境史，借鉴跨学科的研究理论、方法，综合考虑到物种传播及发展过程中，政治、经济、文化、技术、军事、社会等方面的合力作用，更需要将这一物种放置于长时段中进行考量。本书立足于环境史视角对橡胶的全面性、综合性、系统性探讨试图构建物种环境史研究的一种叙事逻辑及解说架框，为物种环境史提供一种研究思维与范式，从长时段视角来总结不同时期、不同侧面的物种与环境、物种与人、人与环境之间的复杂关联。

物种环境史研究需要处理好区域与整体之间的联系。橡胶作为一个物种，既是一个区域性的物种，又是一个全球性的物种，并游离于外来与本土之间，虽已经实现了本土化，但又具有外来属性。推而广之，在物种环境史研究中，任何一个物种既是区域环境史也是全球环境史的研究对象，任何物种既有区域性又有全球性，是区域与全球交流的产物。

物种环境史研究必须要突破以往的研究范式，不是单纯依靠某一理论、某一视野、某一方法，这种范式一定程度上会导致片面性。因此，必须打破学科之间的壁垒，推动学科之间的交流、融合。当前，学科的明细化趋势极为突出，过多的明细化就容易导致研究内容的支离破碎，越分越细，细化也是破碎化，最终出现"盲人摸象"，只见一面，对一个事物的认识停留于极度细化的阶段，理论提升也就无从谈起。当前研究更多是从整体到部分的研究，缺乏从部分再回归到整体的研究。人们的认识总是由局部向整体渐进的，近代以来的分析科学对于深化认识功不可没，缺陷在于治学分科过甚导致思想知识碎化，缺少必要的联结和整合，必须要加强各个局部的彼此关照，寻求更高层次的整合①。"地球环境原本就是个有机联系、持续发展的整体，只有从整体的视角看待地球环境及其演变，只有用大跨度、长时段等大时空的视域，才能抓住环境史的主旨和主线，全面、深入地认识环境变迁的脉络和本质。若没有整体的思考路径，就不可

---

① 王利华：《"盲人摸象"的隐喻——浅议环境史的整体性》，《史学集刊》2020 年第 2 期，第 8 页。

能深化对环境史主流和本质的认识。"① 因此，从"整体史"研究物种环境史是极为必要的，通过多角度、多视野的研究，从整体到部分，再从部分到整体，这种研究才能深化对学科的认识。

虽然橡胶是物种环境史的重要研究对象，但又不能仅仅以物种环境史来限定橡胶研究的内容。以西双版纳橡胶的环境史研究为例，将橡胶放置到一个区域，这就要考虑区域环境变迁史，这个区域又是一个边疆民族地区，这就要关注到边疆环境史、民族环境史，这就决定了研究对象的复杂性、多面性。因此，在环境史学科建设中确实需要拓宽环境史研究的路径，橡胶进入环境史研究视野之后，整个学科之间是共融的、相互交织的，学科之间的壁垒不能再度成为限制学科研究内容之间的屏障，而是需要打破这一屏障，从而以"环境整体史"理论来推动学科建设，关照全球生态系统，将橡胶置于包括人类的生物圈之中，树立全球环境整体观②，深入探讨橡胶在全球传播和发展过程中人与自然之间的复杂关系。

---

① 周琼：《区域与整体：环境史研究的碎片化与完整性刍议》，《史学集刊》2020 卷第 2 期，第 14 – 15 页
② 周琼：《中国环境史学科名称及起源再探讨——兼论全球环境整体观视野中的边疆环境史研究》，《思想战线》2017 年第 43 卷第 2 期。

附　　录

附录1　民国十五年（1926）至民国十七年（1928）海南温度表

年别	月别	最高		最低		每月平均华氏度数
		日期	华氏度数	日期	华氏度数	
民国十五年	1	19	83	1 23　24 26　31	58	65. 5
	2	9　10	87	20	52	69. 5
	3	15	95	28	58	76. 5
	4	23	99	1	66	82. 5
	5	27	98	17	73	85. 5
	6	28	98	1　2	73	85. 5
	7	16	98	23	76	87
	8	1	96	9　30	75	85. 5
	9	4　5	92	无定	75	83. 5
	10	2　3	88	10 11 19 11 20	65	72. 5
	11	11	84	5 15 20	62	73
	12	14	85	27	50	67. 5

年别	月别	最高		最低		每月平均华氏度数
		日期	华氏度数	日期	华氏度数	
民国十六年	1	16	87	27 28	53	70
	2	16 22	82	10	50	66
	3	13	93	3 4	52	72.5
	4	30	95	16	63	79
	5	9	97	3	75	86
	6	22 23 25	97	12 13	70	83.5
	7	10	99	6 20 21	76	87.5
	8	1	94	21	74	84
	9	4	99	9 20 27	74	86.5
	10	9	91	15 17 18	62	76.5
	11	3	84	8 9	62	73
	12	4 7	80	8 10	55	67.5
民国十七年	1	8	80	31	53	66.5
	2	10	80	1 2	52	66
	3	7	92	10	58	75
	4	30	96	4 5	62	79
	5	1 4 23	94	2 20	72	83
	6	27	94	5	73	83.5
	7	31	96	16	75	83.5
	8	4	97	15	75	86
	9	8 9 12	93	24 30	73	83
	10	6	87	26	62	74.5
	11	7	83	28	58	70.5
	12	24	79	17	62	70.5
总平均		全年最高温度约91度		全年最低温度约64.3度		全年平均温度在77.5度

资料来源：（民国）陈铭枢纂《海南岛志》，神州国光社1933年版，第110页。

附录2 民国十五年（1926）至民国十七年（1928）海南风候表

季别	月别	民国十五年		民国十六年		民国十七年	
		风向	风力	风向	风力	风向	风力
春	1	东北	微	东北 东南	弱	东北	弱
	2	东北 东南	微	东北	微	东北	微
	3	东北 东南	微	东北 东南	微	东北 东南	微
夏	4	东南 东北	弱	东北 东南	弱	东北 东南	微
	5	东南	弱	无定	弱	东北 东南	微
	6	东北 东南	弱	东南 西北	弱	东南 西北	弱
秋	7	东南	弱	东南	弱	东南 西北	弱
	8	东南 西南	弱	东南 西北	弱	西南 东北	弱
	9	东南	弱	东北 东南	强	东南 西北	强
冬	10	东北	强	东北	狂	东北	狂
	11	东北 东	强	东北	弱	东北	狂
	12	东北 东	狂	东北	弱	东北	弱

资料来源：（民国）陈铭枢纂《海南岛志》，神州国光社1933年版，第113页。

附录3 20世纪30年代琼崖树胶园调查表

园名	现有株数（株）	园地面积（亩）	资本额（元）
亭父公司	3000	250	50000
南发公司	6000	370	未详
南新公司	5000	300	6000
王炉运胶园	1000	70	400
南生公司	1600	100	700
何基榅公司	2000	150	未详
黎会通公司	800	70	未详

续表

园名	现有株数（株）	园地面积（亩）	资本额（元）
和顺公司	4000	350	6000
茂林公司	4000	370	17000
锦益公司	2000	250	5000
张明龙胶园	1000	70	800
锦兴胶园	500	150	未详
广兴公司	1000	70	2000
振兴公司	3000	450	未详
冯运时公司	3000	200	8000
水口树胶园	1200	150	500
培林公司	2000	150	10000
王克禄胶园	600	40	未详
梅琼公司	400	100	未详
阮开富胶园	600	40	未详
联昌公司	9500	600	90000
易通公司	2000	600	5000
侨植公司	20000	800	100000
琼安公司	2000	250	18000
南舆公司	5000	500	10000
琼南公司	10000	660	未详
南合公司	3000	190	1000
南盛公司	4000	250	未详
黎志如胶园	200	15	未详
李文高胶园	300	20	未详
益利公司	800	50	600
彭泽南胶园	700	450	未详
锦兴公司	1000	70	未详
锦兴胶园	2000	150	6000
凌发如胶园	1000	100	4000
庞习成公司	3000	20	4000
合和公司	3000	40	4000

续表

园名	现有株数（株）	园地面积（亩）	资本额（元）
曾光甫胶园	1000	70	800
庞位卿胶园	600	70	600
美崖胶园	1000	150	1000
启清胶园	1000	70	1000
王清杨胶园	1000	70	1000
新济公司	8600	600	未详
南华公司	7000	500	3000
冯龙海胶园	600	30	未详
李学煌胶园	200	15	未详
合计	131200	10560	358400

资料来源：林缵春《琼崖农村》，国立中山大学琼崖农业研究会，1935 年，第 20—21 页。

附录 4   1955—2018 年西双版纳橡胶种植面积及干胶产量

单位：亩，吨

年份	面积及产量	总计			
		全州	景洪市	勐海县	勐腊县
1955	面积	82	82		
	总产				
1956	面积	354	354		
	总产				
1957	面积	613	613		
	总产				
1958	面积	12155	12136	19	
	总产				
1959	面积	17797	17739	58	
	总产				
1960	面积	44949	43558	10	1381
	总产	0.21	0.21		

续表

年份	面积及产量	总计			
		全州	景洪市	勐海县	勐腊县
1961	面积	50250	46631	1970	1649
	总产	1.64	1.64		
1962	面积	40898	35135	3247	2516
	总产	7.082	7.082		
1963	面积	76077	62219	5046	8812
	总产	11.355	11.355		
1964	面积	94716	76402	7245	11069
	总产	29.739	29.739		
1965	面积	127466	99531	8707	19228
	总产	52.9	52.9		
1966	面积	144929	102458	11879	30592
	总产				
1967	面积	236314	178463	15981	41870
	总产	209.619	209.619		
1968	面积	255572	187284	19681	48607
	总产	211.533	211.533		
1969	面积	278308	204052	18792	55464
	总产	295.044	294.595		0.449
1970	面积	292371	212453	20682	59236
	总产	800.61	727.51	1.7	71.4
1971	面积	342941	256888	21340	64749
	总产	1820.44	1570.53	24.77	225.14
1972	面积	366080	273114	21321	71645
	总产	3077.907	2521.349	89.676	466.882
1973	面积	423454	301762	23119	98573
	总产	2886	3068	138	680
1974	面积	424439	303500	22977	97962
	总产	1948	1529	12	407
1975	面积	318522	225335	21708	71479
	总产	5084	3841	164	1079

续表

年份	面积及产量	总计			
		全州	景洪市	勐海县	勐腊县
1976	面积	320563	231658	18860	70045
	总产	3696	3016	164	516
1977	面积	341887	234177	19297	88413
	总产	7610	5984	370	1256
1978	面积	447573	291208	21708	134657
	总产	10050	7828	538	1684
1979	面积	463305	298418	22816	142071
	总产	10400	8087	579	1734
1980	面积	527867	332918	21630	173319
	总产	12014	9590	694	1730
1981	面积	599235	369758	22469	2070008
	总产	13161	10526	802	1833
1982	面积	674555	410325	23819	240411
	总产	15451	12255	957	2239
1983	面积	729800	441746	25805	262249
	总产	17426	13457	1124	2845
1984	面积	774403	468337	25083	280983
	总产	20583	15593	1249	3741
1985	面积	923421	544363	30739	348319
	总产	21885	15691	1388	4806
1986	面积	1038278	598186	38300	401792
	总产	27545	19656	1438	6451
1987	面积	1156054	675530	49251	431273
	总产	31825	22270	1589	7966
1988	面积	1222493	711282	54463	456748
	总产	39493	26680	1672	11141
1989	面积	1293604	748120	56031	489453
	总产	48192	31653	2044	14495
1990	面积	2347965	772801	57221	517943
	总产	53378	33796	22390	7543

续表

年份	面积及产量	总计			
		全州	景洪市	勐海县	勐腊县
1991	面积	1369938	784165	56647	529126
	总产	61390	38127	2112	21151
1992	面积	1387220	787183	55730	544307
	总产	67119	39864	2216	25039
1993	面积	1406013	789713	57266	559034
	总产	105857	60747	3013	42370
1994	面积	1402678	781782	58984	561912
	总产	91383	52106	2671	36606
1995	面积	1469397	797495	61146	610756
	总产	105857	60747	3013	42370
1996	面积	1620981	852735	58627	709619
	总产	118992	70641	3019	45332
1997	面积	1871474	966618	66087	838769
	总产	123558	72528	4435	46595
1998	面积	2042799	1018222	75168	949409
	总产	125020	71584	4451	48985
1999	面积	2147734	1063002	81262	1003470
	总产	135738	77187	5070	53526
2000	面积	2096407	1039149	72924	984334
	总产	137638	79489	4555	53592
2001	面积	2117002	1046859	73691	996452
	总产	136206	75363	4076	56767
2002	面积	2168984	1048439	80116	1040429
	总产	154874.7	84172.3	4615.4	66086
2003	面积	2411590	1146659	88596	1176335
	总产	175176	98886	4614	71676
2004	面积	2597203	1227664	95163	1274376
	总产	167479	94290	4387	68802
2005	面积	2847125	1275656	120421	1451048
	总产	190743	104255	4804	81684

年份	面积及产量	总计			
		全州	景洪市	勐海县	勐腊县
2006	面积	3121785	1429361	148886	1543538
	总产	204886	111420	5356	88110
2007	面积	3581572	1656366	191057	1734149
	总产	218065	115330	5725	97010
2008	面积	3661429	1683059	209600	1768770
	总产	198751	104924	5827	88000
2009	面积	3846097	1762073	232279	1851745
	总产	238600	120821	6706	111073
2010	面积	4069630	1845867	255799	1967964
	总产	255272	129178	7026	119068
2011	面积	4310642	1945991	289273	2075278
	总产	283045	140296	7739	135010
2012	面积	4342824	1993038	318333	2031453
	总产	292044	142152	9378	140514
2013	面积	4410247	2037935	329303	2043009
	总产	317441	150928	10488	156025
2014	面积	4551307	1995037	330353	2225917
	总产	322123	147205	9285	165633
2015	面积	4563124	1979361	331502	2252261
	总产	319469	134263	9573	175633
2016	面积	4753500	2169330	342120	2242050
	总产	318175	140042	10178	167955
2017	面积	4574175	1984335	342193	2247647
	总产	298301	116515	11614	170172
2018	面积	4529640	1974330	343275	2212035
	总产	302065	115292	13059	173714

资料来源：根据西双版纳州统计局编《中华人民共和国西双版纳五十年——综合统计历史资料汇编（1949—2000 年）》（内部资料，2004 年）以及 2001 年至 2018 年西双版纳州统计年鉴、西双版纳州统计人员提供数据进行统计。

附录5 1949—2015年勐海县茶叶种植面积及产量统计表

年份	面积（亩）	总产（吨）	年份	面积（亩）	总产（吨）
1949	88282	105	1983	113457	2086
1950	88282	125	1984	114820	2159
1951	88282	150	1985	129440	2215
1952	88282	223	1986	140976	2715
1953	88282	523	1987	149529	3095
1954	88282	655	1988	165656	3300
1955	88282	1357	1989	175490	3422
1956	88282	1437	1990	173953	3742
1957	88282	1590	1991	172407	4124
1958	88482	2053	1992	169654	4520
1959	88544	2668	1993	175799	5135
1960	90382	2225	1994	184400	5388
1961	90357	921	1995	183284	5390
1962	90356	842	1996	178081	6009
1963	91134	1054	1997	178082	6377
1964	92857	1178	1998	180916	6909
1965	96999	1326	1999	181179	7027
1966	99308	1456	2000	174889	7029
1967	104245	1429	2001	190457	7419.40
1968	106027	1231	2002	204655	7998.90
1969	107040	1056	2003	215129	8201.80
1970	105811	957	2004	244991	11011.60
1971	106297	1174	2005	219597	8655.00
1972	104845	1436	2006	225700	9681.00
1973	105358	1528	2007	290216	12160.70
1974	104063	1529	2008	332172	13206.00

年份	面积（亩）	总产（吨）	年份	面积（亩）	总产（吨）
1975	104850	1516	2009	348000	12155.40
1976	90732	1555	2010	359014	12205.60
1977	95638	1649	2011	385705	13767.50
1978	105075	1741	2012	410176	17681.10
1979	107324	1247	2013	450600	20200.00
1980	108883	1520	2014	511646	
1981	110428	1688	2015	577514	23755.20
1982	110304	1761			

资料来源：勐海县地方编纂委员会办公室、勐海县茶叶管理局编《勐海县茶志》，云南人民出版社 2018 年版，第 323 页。

参考文献

一　档案资料

（一）民国档案

吕培仁：《请钧长核夺电购树胶籽种尚未收到事》，1916 年 1 月 1 日，档案号：1106 - 004 - 03452 - 027，云南省档案馆。

农林部：《函请云南省政府转饬河口热带作物试验场代购橡胶金鸡纳树种由》，1943 年 10 月 8 日，档案号：1106 - 004 - 03498 - 015，云南省档案馆。

侨务委员会：《为请协助那磅华侨组织垦殖树胶委员会拟在猛捧种植树胶一案给云南省政府的函》，1949 年 11 月 10 日，档案号：1077 - 001 - 03942 - 070，云南省档案馆。

云南侨务处佛海办事处：《为报归侨钱仿周来车里县种植树胶经过情形事给云南侨务处的呈》，1947 年 6 月 6 日，档案号：1092 - 003 - 00053 - 0027，云南省档案馆。

云南省建设厅：《各县局农作物产量及病虫害调查》，档案号：1 - 1 - 8，西双版纳傣族自治州档案馆。

云南省政府：《令云南省建设厅核办恢复南峤农场倡种橡胶树案》，1946 年 10 月 14 日，档案号：1106 - 004 - 04795 - 024，云南省档案馆。

云南省政府：《令知云南省建设厅有关办理特设机构在车里县种植橡胶等事已咨复省参议会》，1946 年 7 月 24 日，档案号：1106 - 004 - 03362 - 008，云南省档案馆。

云南实业厅：《订购优质树胶种子事》，1921 年 6 月 1 日，档案号：1106 - 004 - 03453 - 002，云南省档案馆。

云南实业厅：《试种巴西树胶种子事》，1921 年 5 月 1 日，档案号：1106 - 004 - 03453 - 001，云南省档案馆。

张军：《为寄送树胶种子给唐蓂赓的呈》，1918 年 1 月 1 日，档案号：1077 - 001 - 04556 - 007，云南省档案馆。

（二）中华人民共和国成立以来档案

边疆规划工作组林业小组：《边七县规划工作会议参考材料之四：关于西双版纳地区现有森林资源利用的调查》，1966 年 5 月 22 日，档案号：98 - 1 - 60，西双版纳州档案馆。

《边七县规划工作会议参考材料之七：橡胶林地多层多种经营的意义和作用》，1966 年 5 月 20 日，档案号：98 - 1 - 60，西双版纳州档案馆。

东风农场：《西双版纳州民营橡胶工作会议参考资料——关于橡胶联营的情况介绍》，1982 年 2 月 23 日，档案号：2125 - 005 - 0629 - 019，云南省档案馆。

东风农场：《西双版纳州民营橡胶工作会议参考资料——关于橡胶联营的情况介绍》，1982 年 2 月 23 日，档案号：2125 - 005 - 0629 - 019，云南省档案馆。

《冬季幼苗培育总结》，1960 年 3 月 28 日，档案号：98 - 1 - 15，西双版纳州档案馆。

《冬季育苗总结》，1960 年 3 月 28 日，档案号：98 - 1 - 15，西双版纳州档案馆。

《搞好民族团结 共同建设新边疆——勐满农场八分场》，档案号：98 - 2 - 76，西双版纳州档案馆。

《关于当前各农场特林生产技术方面的几点意见》，1961 年，档案号：98 - 1 - 20，西双版纳州档案馆。

《关于改善场群关系的情况报告》，1981 年 5 月 27 日，档案号：98 - 3 - 8，西双版纳州档案馆。

《关于国营农场大力进行开荒备耕工作的安排（61）思垦办字第 22 号》，1961 年 2 月 11 日，档案号：98 - 1 - 19，西双版纳州档案馆。

《关于国营农场 1978—1985 年在西双版纳发展橡胶及其它热带、亚热带经济作物土地规划的意见》，1978 年 11 月 27 日，档案号：98 - 2 - 55，西双版纳州档案馆。

《关于加强苗圃抚育管理确保苗木安全过冬的通知》，1960 年 1 月 19 日，档案号：98 - 1 - 15，西双版纳州档案馆。

《关于制定林权的意见（征求意见稿）》，1979 年 8 月 1 日，档案号：57 - 1 - 23，西双版纳州档案馆。

《国营打洛农场橡胶生产技术工作总结》，1962 年 9 月 29 日，档案号：98 - 1 - 30，西双版纳州档案馆。

《国营打洛农场橡胶生产技术工作总结》，1962 年 9 月 29 日，档案号：98 - 1 - 30，西双版纳州档案馆。

《国营飞龙农场 1961 年生产工作总结》，1961 年，档案号：98 - 1 - 20，西双版纳州档案馆。

《国营广龙农场关于五六——六二年橡胶生产技术工作总结》，1962 年 10 月 9 日，档案号：98 - 1 - 30，西双版纳州档案馆。

《国营勐腊农场橡胶生产技术工作初步总结》，1962 年 10 月 9 日，档案号：98 - 1 - 30，西双版纳州档案馆。

《国营勐腊农场橡胶生产技术工作初步总结》，1962 年 10 月 9 日，档案号：98 - 1 - 30，西双版纳州档案馆。

《国营勐腊农场橡胶生产技术工作初步总结》，1962 年 10 月 9 日，档案号：98 - 1 - 30，西双版纳州档案馆。

《国营勐醒农场橡胶生产技术总结》，1961 年 12 月 18 日，档案号：98 - 1 - 20，西双版纳州档案馆。

《国营勐醒农场橡胶栽培技术的二年经验教训》，1962 年 10 月 5 日，档案号：98 - 1 - 30，西双版纳州档案馆。

国营勐养农场：《关于勐养农场橡胶遭受寒害的情况报告》，1986 年 4 月 17 日，档案号：2125 - 006 - 0500 - 010，云南省档案馆。

国营勐养农场：《勐养农场建设治理制胶废水项目报告》，1997 年 5 月 18 日，档案号：98 - 9 - 38，西双版纳州档案馆。

《国营农场景洪总场第三个五年计划及二十年设想规划》，1963 年，档案号：98 - 1 - 40，西双版纳州档案馆。

《河口县不准开垦竹林、杂木林种植橡胶等的情况报告》，1986 年 10

月 10 日，档案号：2125 - 006 - 0431 - 013，云南省档案馆。

《加强割胶技术管理 努力提高经济效益》，1983 年，档案号：98 - 3 - 27，西双版纳州档案馆。

《加强领导、专人负责，措施坚硬——飞龙农场第四队近二年来林地管理的几点体会》，1960 年，档案号：98 - 1 - 12，西双版纳州档案馆。

《今年下半年橡胶和天然胶行情预测和走势分析》，1996 年 8 月 30 日，档案号：98 - 9 - 11，西双版纳州档案馆。

《景洪农场收购橡胶的情况汇报》，1987 年 1 月 1 日，档案号：2125 - 006 - 0780 - 027，云南省档案馆。

《景洪县橡胶宜林地复查报告》，1961 年 2 月，档案号：98 - 1 - 24，西双版纳州档案馆。

《林地开垦设计总结》，1962 年 10 月 10 日，档案号：98 - 1 - 30，西双版纳州档案馆。

《勐腊县橡胶宜林地复查报告》，1961 年 2 月，档案号：98 - 1 - 24，西双版纳州档案馆。

《勐龙、小街、嘎洒三个区橡胶折价到户的调查报告》，1984 年 8 月 7 日，档案号：67 - 1 - 16，西双版纳州档案馆。

《勐养农场治理制胶污水项目报告》，1996 年 7 月 28 日，档案号：98 - 9 - 11，西双版纳州档案馆。

普洱区林垦工作站：《橄榄坝暹华树胶公司情况》，1953 年 4 月 2 日，档案号：99 - 1 - 3，西双版纳州档案馆。

普洱区林垦工作站：《普洱区有关橡胶事业站几项材料》，1953 年 1 月 23 日，档案号：99 - 1 - 5，西双版纳州档案馆。

全国国营农场会议大会秘书处：《一九六四年至一九七零年橡胶发展规划的初步设想》，1964 年 2 月 26 日，档案号：98 - 1 - 55，西双版纳州档案馆。

《实行"定、包、奖"经济责任制，提高我场社会经济效益》，1981 年，档案号：98 - 3 - 9，西双版纳州档案馆。

《思茅地区已建及拟建国营农（牧）场人口土地面积及自然情况介绍》，1960 年，档案号：98 - 1 - 12，西双版纳州档案馆。

思茅地委农村工作部：《中国思茅地委农村工作部关于湖南青壮年名

额分配的通知》，1960 年 8 月 28 日，档案号：98 - 1 - 8，西双版纳州档案馆。

思茅地委：《农水局关于我区发展橡胶方案的报告》，1959 年 10 月 26 日，档案号：98 - 1 - 2，西双版纳州档案馆。

《思茅区关于开发边疆、发展橡胶的酝酿意见（草案）》，1966 年，档案号：98 - 1 - 60，西双版纳州档案馆。

《思茅区关于开发边疆、发展橡胶的酝酿意见》，1966 年，档案号：98 - 1 - 60，西双版纳州档案馆。

《思茅区 1961 年胶粮间作工作报告》，1962 年 1 月，档案号：98 - 1 - 36，西双版纳州档案馆。

《思茅区 62 年橡胶生产的十项重大措施》，1962 年，档案号：98 - 1 - 30，西双版纳州档案馆。

《思茅区橡胶生产技术规程（草案）》，1962 年 1 月 15 日，档案号：98 - 1 - 30，西双版纳州档案馆。

《思茅区橡胶生产技术规程（草案）》，1962 年 1 月 15 日，档案号：98 - 1 - 30，西双版纳州图书馆。

《思茅区在贯彻执行橡胶栽培技术措施中的若干体会》，1962 年，档案号：98 - 1 - 36，西双版纳州档案馆。

《思茅专区以发展橡胶树为中心的第三个五年（1963—1967 年）和二十年（1968—1982 年）初步设想（草案）》，1960 年，档案号：98 - 1 - 40，西双版纳州档案馆。

思茅专署农垦局：《按安置湖南支边青壮年工作总结》，1960 年 8 月 8 日，档案号：98 - 1 - 7，西双版纳州档案馆。

思茅专署农垦局编：《云南省思茅区国营农场橡胶培育技术革新现场会议参考资料》，1960 年 4 月 15 日，档案号：98 - 1 - 12，西双版纳州档案馆。

《西双版纳农垦大面积橡胶亩产突破一百千克大关》，1994 年 1 月 22 日，档案号：98 - 8 - 10，西双版纳州档案馆。

《西双版纳农垦分局科技会议材料之十五：胶园活覆盖——无刺含羞草的种植推广》，1983 年，档案号：98 - 3 - 27，西双版纳州档案馆。

西双版纳农垦分局民族工作科：《1981 年民族工作情况》，1982 年 3

月 22 日，档案号：98 - 3 - 8，西双版纳州档案馆。

西双版纳农垦分局：《西双版纳垦区热带北缘植胶大面积高产综合技术》，1994 年 9 月 20 日，档案号：98 - 8 - 61，西双版纳州档案馆。

西双版纳农垦分局：《西双版纳垦区橡胶白粉病流行防治情况报告》，1985 年 7 月 30 日，档案号：2125 - 009 - 0071 - 005，云南省档案馆。

西双版纳热带作物试验场：《西双版纳热带作物试验场一九五九年工作总结》，档案号：98 - 1 - 2，1959 年 12 月 20 日，西双版纳州档案馆。

西双版纳热带作物试验场：《一九五六年任务工作报告：红毛豆栽培总结》，1956 年，档案号：99 - 1 - 19，西双版纳州档案馆。

西双版纳州计委：《关于民营橡胶改由地方经营的报告》，1978 年 10 月 9 日，档案号：67 - 1 - 1，西双版纳州档案馆。

西双版纳州农垦分局党委办公室：《农垦部：中国农垦事业大事记（1949 年至 1981 年）》，档案号：98 - 3 - 4，西双版纳州档案馆。

西双版纳州农垦分局党委办公室：《农垦分局世界银行贷款橡胶项目管理办公室：热带作物综合开发利用项目》，1987 年 4 月，档案号：98 - 4 - 11，西双版纳州档案馆。

西双版纳州农垦分局党委办公室：《热带作物综合开发利用项目》，1987 年 4 月，档案号：98 - 4 - 11，西双版纳州档案馆。

西双版纳州农垦分局党委办公室：《橡胶农场遭到严重风灾 全场职工团结抗灾恢复生产》，1980 年 4 月 2 日，档案号：98 - 2 - 74，西双版纳州档案馆。

西双版纳州农垦分局生产科：《西双版纳州农垦分局橡胶中幼林现状情况汇报》，1982 年 7 月 1 日，档案号：2125 - 005 - 0647 - 009，云南省档案馆。

《橡胶白粉病在景洪地区的流行规律和防治试验总结》，1972 年 1 月 1 日，档案号：2125 - 004 - 0162 - 006，云南省档案馆。

《薛韬同志对边疆规划工作的谈话纪要》，1966 年，档案号：98 - 1 - 60，西双版纳州档案馆。

云南农垦天然橡胶销售中心：《云南农垦天然橡胶销售中心关于九七年天然橡胶市场走势和市场价格的预测》，1997 年 5 月 8 日，档案号：98 - 9 - 11，西双版纳州档案馆。

云南热作所：《1980 年勐腊农场橡胶季风性落叶病和割面条溃疡病调查报告》，1980 年 9 月 26 日，档案号：98－2－76，西双版纳州档案馆。

《云南省农垦局关于橡胶生产技术会议的报告》，1962 年 12 月 12 日，档案号：98－1－30，西双版纳州档案馆。

《云南省农垦局关于橡胶生产技术会议的报告》，1962 年 12 月 12 日，档案号：98－1－30，西双版纳州档案馆。

《云南省农垦系统在西双版纳地区建立农场发展橡胶生产的情况反映》，1980 年 1 月 1 日，档案号：2125－005－0287－025，云南省档案馆。

《云南省农垦系统在西双版纳地区建立农场发展橡胶生产的情况反映》，1980 年 1 月 1 日，档案号：2125－005－0287－025，云南省档案馆。

云南省农垦总局办公室：《东风农场和社队联营橡胶的实施办法》，1981 年 6 月 1 日，档案号：2125－005－0422－014，云南省档案馆。

云南省农垦总局办公室：《东风农场和社队联营橡胶的实施办法》，1981 年 6 月 1 日，档案号：2125－005－0422－014，云南省档案馆。

云南省农垦总局办公室：《东风农场和社队联营橡胶的实施办法》，1981 年 6 月 1 日，档案号：2125－005－0422－014，云南省档案馆。

云南省农垦总局：《加速国营农场橡胶发展的初步意见》，1978 年 3 月 10 日，档案号：2125－004－0742－003，西双版纳州档案馆。

云南省农垦总局热作处：《关于 1978 年橡胶树自然灾害等的情况的报告》，1979 年 3 月 27 日，档案号：2125－005－0180－001，云南省档案馆。

云南省热带作物科学研究所：《关于橡胶割面病害发生情况报告》，1961 年 12 月 21 日，档案号：2125－002－0923－005，云南省档案馆。

云南省思茅专署农水局：《农水局关于我区发展橡胶方案的报告》，1959 年 10 月 12 日，档案号：98－1－2，西双版纳州档案馆。

云南省思茅专员公署农垦局，中国科学院综考队：《西双版纳州橡胶宜林地复查报告》，1961 年，档案号：98－1－24，西双版纳州档案馆。

云南省特种林试验指导所西双版纳傣族自治区试验场：《通华胶园橡胶树试割情况简报及其他相关材料》，1955 年 6 月 17 日，档案号：2125－002－0107－007，云南省档案馆。

《云南省橡胶发展规划的初步意见（草案）》，1978 年，档案号：98－

2 - 59，西双版纳州档案馆。

云南省亚热带作物科学研究所：《橡胶生产的合理垦种问题》，1966年5月31日，档案号：98 - 1 - 60，西双版纳州档案馆。

云南特种林试验指导所：《普洱区调查队工作总结》，1953年3月10日，档案号：99 - 1 - 3，西双版纳州档案馆。

《治理制胶废水的可行性报告》，1996年7月28日，档案号：98 - 9 - 11，西双版纳州档案馆。

中共思茅地委农村工作部：《关于第一批湖南青壮年名额分配的紧急通知》，1960年9月8日，档案号：98 - 1 - 8，西双版纳州档案馆。

中共思茅地委农村工作部：《立即做好迎接准备工作的通知》，1960年9月29日，档案号：98 - 1 - 8，西双版纳州档案馆。

中共西双版纳州工委：《西双版纳州工委关于全面开发边疆、巩固国防的"三五"规划意见的报告》，1966年5月30日，档案号：98 - 1 - 60，西双版纳州档案馆。

中共西双版纳州工委：《西双版纳州工委关于全面开发边疆、巩固国防的"三五"规划意见的报告》，1966年5月30日，档案号：98 - 1 - 60，西双版纳州档案馆。

中共云南生产建设兵团第一师委员会：《关于认真贯彻兵团"关于积极争取地方革命委员会领导和支持认真解决橡胶土地问题的指示"的意见》，1971年4月5日，档案号：98 - 2 - 9，西双版纳州档案馆。

中共云南生产建设兵团委员会：《关于大力发展橡胶的决定》，1970年10月16日，档案号：98 - 2 - 4，西双版纳州档案馆。

《中国科学院第二次植物园工作会议代表对在西双版纳毁林种橡胶问题的意见》，1979年4月17日，档案号：67 - 1 - 4，西双版纳州档案馆。

《中国科学院第二次植物园工作会议代表对在西双版纳毁林种橡胶问题的意见》，1979年4月17日，档案号：67 - 1 - 4，西双版纳州档案馆。

中国科学院西双版纳热带植物园：《边七县规划工作会议参考材料之六：滇南地区森林砍伐对气候土壤等方面的影响及合理开垦的几点初步建议》，1966年5月22日，档案号：98 - 1 - 60，西双版纳州档案馆。

中国科学院云南热作生物资源综合考察队思茅分队：《勐海县橡胶宜林地复查报告》，1961年2月，档案号：98 - 1 - 24，西双版纳州档案馆。

《1959 年三叶橡胶冬季育苗的主要经验教训》，1960 年 4 月 10 日，档案号：98 - 1 - 15，西双版纳州档案馆。

《1961 年秋橡胶育苗总结》，1961 年 11 月，档案号：98 - 1 - 20，西双版纳州档案馆。

二　史志文献

陈宗瑜主编：《云南气候总论》，气象出版社 2001 年版。

广东建设厅琼崖事业局编：《琼崖实业月刊国庆特号》，1934 年。

国营东风农场编、唐保国主编：《东风农场志续编（1988—2007）》，云南人民出版 2008 年版。

何康、黄宗道主编：《热带北缘橡胶树栽培》，广东科技出版社 1987 年版。

（近人）陈植编著：《海南岛新志》，海南出版社 1949 年版。

（近人）柯绩承：《普思沿边志略》，普思边行总局出版社 1916 年版。

（近人）李拂一编译：《泐史》，文建书局 1947 年版。

（近人）李拂一：《车里》，商务出版社 1933 年版。

（近人）李拂一：《镇越县新志稿》，勐腊县档案馆藏。

（近人）赵恩治修、单锐纂：《镇越县志》，成文出版社 1938 年版。

经济部上海工商辅导处调查资料编辑委员会编辑：《橡胶工业》，1948 年。

景洪市农垦局编：《景洪市农垦局资料汇编（2015 年）》，内部资料，2016 年。

《景洪县志》编纂委员会编纂：《景洪县志》，云南人民出版社 2006 年版。

李长风主编：《农垦黎明志》，云南民族出版社 2005 年版。

李春龙审订；李春龙、江燕点校：《新纂云南通志二》，云南人民出版社 2007 年版。

李春龙审订；李春龙、江燕点校：《新纂云南通志四》，云南人民出版社 2007 年版。

李春龙审订，刘景毛点校：《新纂云南通志三》，云南人民出版社 2007 年版。

李春龙审订，牛洪斌点校：《新纂云南通志七》，云南人民出版社2007年版。

李俊清主编：《森林生态学》，高等教育出版社2010年版。

林永昕编：《海南岛热带作物调查报告》，国立中山大学农学院农艺研究室，1937年。

刘隆等主编：《西双版纳国土经济考察报告》，云南人民出版社1990年版。

柳大绰、顾源、李有则、周嘉槐编：《橡胶植物》，科学出版社1956年版。

勐海县地方志编纂委员会办公室、勐海县茶叶管理局编：《勐海县茶志》，云南人民出版社2018年版。

勐海县农牧渔业局种植业区划组：《勐海县种植区划》，内部资料，1986年。

勐海县农业局编：《勐海县农业志》，内部资料，1995年。

勐海县农业区划办公室编：《勐海县综合农业区划》，内部资料，1986年。

勐海县水利电力局编：《勐海县水利志》，内部资料，1991年。

勐腊县编纂委员会编纂：《勐腊县志》，云南人民出版社1994年版。

勐腊县气象站编纂：《勐腊县气象志》，内部资料，1996年。

勐腊县水利局编著：《勐腊县水利志》，云南科技出版社2010年版。

勐腊县水利局编著：《勐腊县水利志》，云南科技出版社2010年版。

农垦部政策研究室，农垦部国营农业经济研究所，中国社会科学院农经所农场研究室编：《农垦工作资料文件选编》，农业出版社1983年版。

（清）刘锦藻撰：《清续文献通考》，浙江古籍出版社2000年版。

（清）陆宗海修，陈度等纂：（光绪）《普洱府志稿》，清光绪廿六年（公元1900）刻本。

（清）魏源编：《皇朝经世文编》中华书局1992年版。

全国经济委员会编：《橡胶工业报告书》，上海：全国经济委员会，1935年。

全国政协文史和学习委员会暨云南省政协文史委员会编：《布朗族百年实录》，中国文史出版社2010年版。

沈志华主编：《俄罗斯解密档案选编——苏关系》，东方出版中心 2015年版。

石万鹏主编：《中国工业五十年：中华人民共和国工业通鉴》，中国经济出版社 2000 年版。

苏文英编：《布朗族民间故事》，云南人民出版社 1994 年版。

文焕然等著、文榕生选编整理：《中国历史时期植物与动物变迁研究》，重庆出版社 2006 年版。

吴征镒、朱彦丞、姜汉侨主编：《云南植被》，科学出版社 1987 年版。

西双版纳傣族自治州林业局编：《西双版纳傣族自治州林业志》，云南民族出版社 2011 年版。

西双版纳傣族自治州林业局编：《西双版纳州林业志》，云南民族出版社 1998 年版。

西双版纳傣族自治州统计局编：《西双版纳傣族自治州统计年鉴》，内部资料。

西双版纳州地方志办公室编纂：《西双版纳州志·中册》，新华出版社 2001 年版。

西双版纳州农垦分局编：《西双版纳州农垦志》，内部资料，1994 年。

西双版纳州农垦分局编：《西双版纳州农垦志》，内部资料，西双版纳州农垦局藏。

西双版纳州农业区划办公室，热作种植业区划小组编：《西双版纳州农业区划办公室热作种植业区划小组》，内部资料，1986 年。

西双版纳州统计局编：《中华人民共和国西双版纳五十年——综合统计历史资料汇编（1949—2000）》，内部资料，2004 年。

谢培华主编：《勐养农场志》，云南民族出版社 2007 年版。

岩总、刀剑红主编：《西双版纳州茶志》，内部资料，2018 年。

尹绍亭、深尾叶子编：《雨林啊胶林》，云南教育出版社 2003 年版。

云南大学贝叶文化研究中心编：《贝叶文化论集》，云南大学出版社 2004 年版。

云南农垦集团有限责任公司、云南省热带作物学会编：《云南热带北缘高海拔植胶的理论与实践——纪念中国天然橡胶事业 100 周年》，云南省农垦 2005 年版。

云南省档案馆编：《民国时期西南边疆档案资料汇编·云南卷》，第十六卷，社会科学文献出版社 2013 年版。

云南省档案馆编：《民国时期西南边疆档案资料汇编·云南卷》，第十七卷，社会科学文献出版社 2013 年版。

云南省档案馆编：《民国时期西南边疆档案资料汇编·云南卷》，第四卷，社会科学文献出版社 2013 年版。

云南省地方志编纂委员会编：《云南省志·农业志》，云南人民出版社 1996 年版。

云南省地方志编纂委员会总纂、云南省农垦总局编撰：《云南省志·卷三十九·农垦志》，云南人民出版社 1998 年版。

云南省景洪县地方志编纂委员会：《景洪县志》，云南人民出版社 2000 年版。

云南省勐海县地方志编纂委员会编纂：《勐海县志》，云南人民出版社 1997 年版。

云南省勐腊县志编纂委员会编纂：《勐腊县志》，云南人民出版社 1994 年版。

云南省民族学会傣学研究委员会编：《傣族生态学学术研讨会论文集》，云南民族出版社 2013 年版。

云南省农垦总局、云南农垦集团编：《中国天然橡胶 100 周年》，云南教育出版社 2008 年版。

云南省亚热带作物科学研究所编：《云南橡胶树栽培》，云南省亚热带作物科学研究所 1975 年版。

曾北危主编：《生物入侵》，化学工业出版社 2004 年版。

张研、孙燕京主编：《民国史料丛刊·604》，大象出版社 2009 年版。

郑成林选编：《民国时期经济调查资料续编》，国家图书馆出版社 2015 年版。

郑景明、马克等编：《入侵生态学》，高等教育出版社 2010 年版。

中共云南省委农村工作领导小组办公室：《2014 年涉农调研报告汇编》，内部资料，2014 年。

中共中央文献研究室、中央档案馆编：《建国以来周恩来文稿》，中央文献出版社 2008 年版。

《中国农业全书》总编辑委员会编：《中国农业全书·云南卷》，中国农业出版社 2001 年版。

中国橡胶工业协会编：《中国橡胶工业年鉴（2005）》，商业出版社 2006 年版。

中国橡胶工业协会编：《中国橡胶工业年鉴（2004）》，商业出版社 2005 年版。

中华人民共和国农业部农垦局，中国农垦经济研究与技术开发中心编：《农垦工作资料文件汇编（1983—1990）》，内部资料，1991 年。

周琼主编：《生态文明建设的云南模式研究》，科学出版社 2019 年版。

三　近今人著作

苍铭：《云南边地移民史》，民族出版社 2004 年版。

丁颖：《热带特产作物学》，国立广东大学，1925 年。

黄世兴、李师融：《橡胶树栽培与气象》，气象出版社 1986 年版。

黄世兴：《橡胶树栽培与气象》，气象出版社 1986 年版。

姜汉侨、段昌群、杨树华：《植物生态学》，高等教育出版社 2010 年版。

（近人）陈华洲：《台湾工业及其研究》，台湾省工业研究所，1948 年。

（近人）顾复编：《作物学各论》，商务印书馆 1928 年版。

（近人）焦启源：《橡胶植物与橡胶工业》，金陵大学，1943 年。

麻国庆：《人类学的全球意识与学术自觉》，社会科学文献出版社 2016 年版。

师哲、李海文：《在历史巨人身边——师哲回忆录》，中央文献出版社 1991 年版。

陶玉明：《中国布朗族》，宁夏人民出版社 2011 年版。

王东昕：《云南乡土文化丛书——西双版纳》，云南教育出版社 2003 年版。

谢贵水、王纪坤、林位夫：《中国植胶区林下植物》，中国农业科学技术出版社 2013 年版。

闫广林、沈琦：《海南农垦发展史》，社会科学文献出版社 2016 年版。

颜思久：《布朗族农村公社和氏族公社研究》，中国社会科学出版社

1986 年版。

杨庭硕等：《生态人类学导论》，民族出版社 2007 年版。

杨庭硕、田红：《本土生态知识引论》，民族出版社 2010 年版。

伊始、郭小东、陆基民、温远辉、谢显扬：《突破北韩十七度》，花城出版社 2006 年版。

伊始、郭小东、陆基民、温远辉、谢显扬：《突破北纬十七度》，花城出版社 2006 年版。

尹仑：《应用人类学研究——基于澜沧江畔的田野》，云南科技出版社 2010 年版。

尹绍亭：《人与森林——生态人类学视野中的刀耕火种》，云南教育出版社 2000 年版。

尹绍亭：《云南山地民族文化生态的变迁》，云南教育出版社，2009 年。

张雨龙：《从边境理解国家：哈尼阿卡人橡胶种植的人类学研究》，社会科学文献出版社 2018 年版。

赵世瑜：《小历史与大历史：区域社会史的理念、方法与实践》，生活·读书·新知三联书店 2006 年版。

周琼：《清代云南瘴气与生态变迁研究》，中国社会科学出版社 2007 年版。

周琼：《清代云南瘴气与生态变迁研究》，中国社会科学出版社 2007 年版。

朱德枫：《橡胶的故事》，中国青年出版社 1958 年版。

邹辉：《植物的记忆与象征——一种理解哈尼族文化的视角》，知识产权出版社 2013 年版。

四　译著

［德］约阿希姆·拉德卡：《自然与权力：世界环境史》，王国豫、付天海译，河北大学出版社 2004 年版。

［美］艾尔弗雷德·W. 克罗斯比：《哥伦布大交换：1492 年以后的生物影响和文化冲击》，郑明萱译，中国环境科学出版社 2010 年版。

［美］艾尔弗雷德·W. 克罗斯比：《生态帝国主义：欧洲的生物扩张》，张谡过译，商务印书馆 2017 年版。

［美］查尔斯·曼恩：《1493 物种大交换开创的世界史》，朱菲、王原等译，中信出版社 2016 年版。

［美］查尔斯·曼恩：《1493：物种大交换开创的世界史》，朱菲、王原、房小捷、李正行译，中信出版社 2016 年版。

［美］大卫·克里斯蒂安：《时间地图：大历史，130 亿年前至今》，晏可佳、段炼、房芸芳、姚蓓琴译，中信出版社 2017 年版。

［美］大卫·克里斯蒂安：《时间地图》，晏可佳等译，上海社会科学院出版社 2006 年版。

［美］蕾切尔·卡森：《寂静的春天》，吕瑞兰、李长生译，上海译文出版社 2008 年版。

［印度尼西亚］狄克曼·M. J.：《三叶橡胶研究三十年》，华南热带作物科学研究所译，热带作物杂志社 1956 年版。

［英］托比·马斯格雷夫、威尔·马斯格雷夫：《改变世界的植物》，董晓黎、石英译，希望出版社 2005 年版。

五　近今人期刊

鲍雅静、李政海、马云花、董玉瑛、宋国宝、王海梅：《橡胶种植对纳板河流域热带雨林生态系统的影响》，《生态环境》2008 年第 2 期。

卜风贤、刘丹迪、季旭、武文花：《区域科技史研究的理论与实践》，《山东科技大学学报》，2017 年第 19 卷第 1 期。

曹建华、梁玉斯、蒋菊生：《胶－农复合生态系统对橡胶园小环境的影响》，《热带农业科学》2008 年第 1 期。

曹幸穗：《从引进到本土化：民国时期的农业科技》，《古今农业》2004 年第 1 期。

察己今：《生态释放的最危险信号——西双版纳热带雨林开始缺水》，《中国林业》2007 年第 13 期。

钞晓鸿：《环境史研究的理论与实践》，《思想战线》2019 年第 4 期。

陈伯丹：《树胶之培植》，《琼农》1947 年第 2 期。

陈伯丹：《橡胶之培植》，《琼农》1937 年第 2 期。

陈国珍：《橡胶及橡胶工业》（附图、表），《广西省政府化学试验所工作报告》1936 年第 1 期。

陈黄蕊：《全球史视野下的中国史研究——彭慕兰（Kenneth Pomeranz）教授访谈录》，《史学理论研究》2017 年第 1 期。

陈克新：《2011 年我国橡胶市场形势回顾与展望》，《橡胶科技市场》2012 年第 10 卷第 2 期。

陈克新：《天然橡胶价格持续上涨的原因分析》，《橡胶科技市场》2003 年第 8 期。

陈克新：《橡胶价格走势呈现 U 字形态》，《中国橡胶》2008 年第 24 卷第 2 期。

陈克新：《资源水平大幅攀升 市场价格多次暴涨——2003 年 2 月份橡胶市场综述》，《中国橡胶》2003 年第 7 期。

成言：《橡胶草》，《化学世界》1950 年第 11 期。

程贤敏、石人柄：《西双版纳的社会变迁与人口再生产类型的演变》，《中国人口科学》1993 年第 4 期。

崔美龄、傅国华：《我国天然橡胶种植户生产行为的影响因素分析——基于橡胶价格持续低迷的背景》，《中国农业资源与区划》，2017 年第 38 卷第 5 期。

戴波：《经济发展与生态保护的思考——橡胶种植与热带雨林》，《生态经济》2008 年第 8 期。

刀慧娟、乔世明：《西双版纳橡胶树种植引发的环境问题及法律对策探析》，《中央民族大学学报》2013 年第 40 卷第 3 期。

刁俊科、李菊、刘新：《云南橡胶种植的经济社会贡献与生态损失估算》，《生态经济》2016 年第 4 期。

丁立仲、徐高福、卢剑波、章德三、方炳富：《景观破碎化及其对生物多样性的影响》，《江苏林业科技》2005 年第 4 期。

丁丽、程盛华、黄红海：《橡胶加工厂的臭气治理》，《农产品加工》2011 年第 12 期。

董新堂：《国内之橡胶植物》，《新经济》1945 年第 11 卷第 10 期。

董昱：《天然橡胶价格降幅继续扩大——2015 年 4 月份国内天然胶价格分析》，《中国橡胶》2015 年第 31 卷第 11 期。

《发现国产橡胶》，《云南工业通讯》1943 年第 1 期。

范剑平：《橡胶工业史话》，《机联会刊》1947 年第 201 期。

范剑平：《橡胶工业之进展》，《机联》1948年第230期。

封志明、刘晓娜、姜鲁光、李鹏：《中老缅交界地区橡胶种植的时空格局及其地形因素分析》，《地理学报》2013年第68卷第10期。

封志明、刘晓娜、姜鲁光、李鹏：《中老缅交界地区橡胶种植的时空格局及其地形因素分析》，《地理学报》2013年第68卷第10期。

冯志舟：《云南的野生橡胶植物》，《云南林业》2008年第1期。

付广华：《民族生态学视野下的现代科学技术》，《自然辩证法通讯》2018年第40卷第9期。

高天明、沈镭、刘立涛、薛静静：《橡胶种植对景洪市经济社会和生态环境的影响》，《资源科学》2012年第7期。

耿言虎：《自然的过度资本化及其生态后果——云南"橡胶村"案例研究》，《河海大学学报》2014年第2期。

管志斌、陈勇、雷建林、潘育文：《西双版纳州橡胶蚧壳虫大面积暴发》，《植物保护》2005年第1期。

广西亚热带作物研究所：《橡胶种植的几点经验》，《广西农业科学》1959年第Z1期。

郭家骥：《生计方式与民族关系变迁——以云南西双版纳州山区基诺族和坝区傣族的关系为例》，《云南社会科学》2015年第5期。

郭又新：《战后印度尼西亚橡胶种植业发展问题探析》，《东南亚研究》2005年第6期。

《国际市场天然胶价格走势分析》，《世界热带农业信息》1995年第11期。

《国内天然橡胶将减产6%以上》，《世界热带农业信息》2010年第10期。

过建春：《从弹性角度看中国天然橡胶市场》，《中国热带作物学会 热带作物产业带建设规划研讨会——天然橡胶产业发展论文集》，中国热带作物学会：中国热带作物学会，2006年。

《海南岛之树胶》，《琼农》1947年第1期。

韩德聪、黄庆昌：《广州地区巴西橡胶树在湿季和干季中的水分状况的研究》，《中山大学学报》1963年第Z1期。

韩宗浩：《琼崖树胶园业调查》，《琼农》第6号。

韩宗浩：《琼崖树胶园业调查》，《琼农》1934 年第 6 号。

郝永路：《试论橡胶人工林生态系统的生产力》，《生态学杂志》1982 年第 4 期。

侯甬坚：《"环境破坏论"的生态史评议》，《历史研究》2013 年第 3 期。

胡荣光：《树胶事业之发达及其造林经营之研究》，《琼崖实业月刊》1935 年第 12 期。

华南亚热带作物科学研究所农业气象组：《贯彻农业八字宪法 加速橡胶幼树生长》，《中国农垦》1959 年第 23 期。

《华侨踊跃回琼垦殖》，《琼农》1935 年第 6 期。

郇庆治：《生态文明建设与人类命运共同体构建》，《中央社会主义学院学报》2019 年第 4 期。

郇庆治：《生态文明建设与人类命运共同体构建》，《中央社会主义学院学报》2019 年第 4 期。

黄浩伦、张万桢、黄慧德：《西双版纳州天然橡胶经营与发展研究》，《中国高新技术企业》2015 年第 28 期。

黄克新、倪书邦：《建立生态经济型橡胶园橡胶咖啡间作模式》，《生态学杂志》1991 年第 4 期。

黄茂兴、李军军：《技术选择、产业结构升级与经济增长》，《经济研究》2009 年第 1 期。

黄贤金、陈志刚、於冉、李璐璐：《20 世纪 80 年代以来中国土地出让制度的绩效分析及对策建议》，《现代城市研究》2013 年第 9 期。

黄艳：《2005 年我国天然橡胶价格创纪录》，《世界热带农业信息》2005 年第 9 期。

黄泽润、李一鲲、曾延庆：《垦殖橡胶与生态平衡》，《中国农垦》1980 年第 3 期。

纪力仁：《橡胶园间种胡椒研究报告》，《热带作物研究》1983 年第 2 期。

江爱良：《云南南部、西南部生态气候和橡胶树的引种》，《中国农业气象》1995 年第 16 卷第 5 期。

江爱良：《中国热带东、西部地区冬季气候的差异与橡胶树的引种》，

《地理学报》1997年第1期。

蒋金莲：《民营橡胶与脱贫致富——访原国务院扶贫开发领导小组办公室主任中国热带作物学会理事长吕飞杰》，《中国热带农业》2004年第1期。

瞿意明：《浅谈云南天然橡胶产业"走出去"发展战略的实施》，《热带农业工程》2006年第2期。

康颖、孙重民：《西双版纳积极推进环境友好型生态胶园建设》，《云南林业》2014年第35卷第4期。

柯佑鹏、过建春：《天然橡胶价格问题刍议》，《热带作物研究》1992年第1期。

柯佑鹏、过建春：《中国天然橡胶安全问题的探讨》，《林业经济问题》2007年第3期。

兰国玉、吴志祥、谢贵水、黄华孙：《论环境友好型生态胶园之理论基础》，《中国热带农业》2014年第5期。

黎伟生：《我国西南橡胶工业的发端——抗战时期侨资"中南橡胶厂"创业史》，《八桂侨史》1994年第3期。

李国华、田耀华、倪书邦、原慧芳：《橡胶树生理生态学研究进展》，《生态环境学报》2009年第18卷第3期。

李华：《1949—1953年中苏领导人磋商天然橡胶合作的历史考察》，《党的文献》2017年第3期。

李继群：《本土知识与本土化——评〈本土生态知识引论〉》，《吉首大学学报》（社会科学版）2011年第32卷第4期。

李金涛：《西双版纳热带雨林和橡胶林林下土壤斥水性比较研究》，《中国地理学会地理学核心问题与主线——中国地理学会2011年学术年会暨中国科学院新疆生态与地理研究所建所五十年庆典论文摘要集》，中国地理学会2011年。

李一鲲：《橡胶林在生态平衡中的作用》，《生态经济》1985年第1期。

李一鲲：《云南的民营橡胶》，《云南热作科技》1988年第4期。

李一鲲：《再谈云南的民营橡胶》，《云南热作科技》1998年第4期。

李宗善、唐建维、郑征、李庆军、罗成昆、刘正安、李自能、段文勇、郭贤明：《西双版纳热带山地雨林的植物多样性研究》，《植物生态学报》2004 年第 6 期。

林成侃：《海南岛与胶树》《农声》1937 年第 86—90 期。

林成侃：《海南岛与胶树》，《农声》1927 年第 86—90 期。

林绍龙：《关于建立橡胶园立体生态结构问题》，《热带地理》1989 年第 3 期。

凌永忠：《论民国时期边疆管控强化过程中的普思沿边政区改革》，《中国边疆史地研究》2014 年第 24 卷第 4 期。

刘经纬、郝佳婧：《习近平"人类命运共同体"理论的生态文明意蕴》，《继续教育研究》2019 年第 3 期。

刘乃见：《巴西橡胶树》，《生物学通报》1957 年第 7 期。

柳大绰：《巴西橡胶树幼苗乳管发达的初步观察》，《植物生理学通讯》1956 年第 5 期。

龙丽波：《以习近平生命共同体思想引领绿色边疆建设》，《广西民族师范学院学报》2019 年第 36 卷第 5 期。

卢洪健、李金涛、刘文杰：《西双版纳橡胶林枯落物的持水性能与截留特征》，《南京林业大学学报》2011 年第 35 卷第 4 期。

卢林、彭光钦：《国产橡胶的前途》，《科学知识》1943 年第 2 卷第 5 期。

陆龙文：《橡胶树的故乡及其移植小史》，《世界知识》1963 年第 2 期。

罗强月：《地方经济发展过程中少数民族地区自然生态及文化变迁研究——以云南省西双版纳勐腊县橡胶种植为例》，《商业经济》2018 年第 8 期。

罗士苇：《橡胶草的研究 部分Ⅰ. 新疆产橡胶草的形态观察》，《中国科学》1951 年第 3 期。

罗士苇：《橡胶草——橡胶植物的介绍之一》，《科学通报》1950 年第 8 期。

罗士苇：《银色橡胶菊——橡胶植物的介绍之二》，《科学通报》1951 年第 1 期。

马翀炜、张雨龙：《跨境橡胶种植对民族认同和国家认同的影响——以中老边境两个哈尼族（阿卡人）村寨为例》，《思想战线》2011 年第

3 期。

马国君、耿中耀：《论民族本土生态知识在外来物种驯化中的贡献》，《云南社会科学》2017 年第 1 期。

马梦雯、王见、李娅：《云南省景洪市天然橡胶价格波动的影响及原因分析》，《中国林业经济》2014 年第 5 期。

马雪芹：《明清时期玉米、番薯在河南的栽种与推广》，《古今农业》1999 年第 1 期。

麦全法、陶忠良、林宁、邱学俊、冀春花、蒋菊生、朱智强、李子敏、吴能义：《施用硫黄粉对橡胶园土壤及周边水源影响初探》，《热带农业科学》2011 年第 31 卷第 8 期。

莫清华：《橡胶溯源》，《农业考古》1982 年第 2 期。

莫业勇、杨琳：《2017 年天然橡胶市场回顾及 2018 年展望》，《中国热带农业》2018 年第 2 期。

《农业资料：国产橡胶之发现》，《农报》1943 年第 8 卷第 31—36 期。

彭兵、杨庭硕：《我国楠木资源告罄的社会原因探析》，《中国农史》2019 年第 1 期。

彭光钦、李运华、覃显明：《国产橡胶之发现》，《广西企业季刊》1944 年第 2 卷第 1 期。

彭光钦、李运华、覃显明：《国产橡胶之发现及其前途中国工程师学会十二届年会论文之二》，《中国工业（桂林）》1943 年第 22 期。

彭光钦：《橡胶种植事业谈》，《中华农学会报》1948 年第 189 期。

彭永岸：《从自然条件看西双版纳植胶区的优势》，《热带地理》1986 年第 1 期。

萍踪：《大力推行橡胶林段间作》，《中国农垦》1960 年第 4 期。

钱厚诚、韩晓阳：《生态文明建设、人类命运共同体意识与文明自觉》，《理论视野》2017 年第 10 期。

《琼崖地位的过去、现在与将来》，《东方杂志》第 31 卷第 7 号。

《琼崖调查记》，《东方杂志》第 20 卷第 23 号。

汝成：《通俗科学：橡胶和橡胶植物》，《新中华》1946 年复 4 第 7 期。

沈广明：《"人与自然是生命共同体"思想的哲学探微——基于马克思

主义共同体理论》，《东北大学学报》（社会科学版）2020 年第 22 卷第 1 期。

沈质彬：《橡胶事业与中国》，《科学》1932 年第 16 卷第 11 期。

石健：《发展天然橡胶生态胶园初探——对发展立体农业的思考》，《热带作物研究》1994 年第 1 期。

《世界大战促成橡胶新时代：用综合橡胶制成的橡皮管》，《科学画报》1942 年第 8 卷第 11 期。

宋培玲、云晓鹏、李子钦：《国内外有害生物入侵现状及对策》，中国植物病理学会青年学术研讨会 2009 年。

宋艳红、史正涛、王连晓、冯泽波：《云南橡胶树种植的历史、现状、生态问题及其应对措施》，《江苏农业科学》2019 年第 47 卷第 8 期。

宋志勇、杨鸿培、田耀华、杨正斌、岩香甩、余东莉、孔树芳：《西双版纳环境友好型生态橡胶园与橡胶纯林鸟类多样性对比分析》，《林业调查规划》2018 年第 3 期。

孙正宝、张娜、陈丽晖：《基于 Google Earth 与 ArcGIS 的勐海县橡胶林覆盖分析》，《云南地理环境研究》2016 年第 28 卷第 1 期。

汤柔馨、马友鑫、莫慧珠、沙丽清、李红梅：《橡胶林复合种植模式的生态与经济效益评价》，《云南大学学报》2016 年第 S1 期。

唐建维、庞家平、陈明勇、郭贤明、曾荣：《西双版纳橡胶林的生物量及其模型》，《生态学杂志》2009 年第 28 卷第 10 期。

陶建祥、吕厚波、周文会、罗宗云：《天然橡胶 + 白芨种植模式探索》，《现代农业科技》2018 年第 17 期。

《天然橡胶市场价的历史现状与趋势》，《上海化工》2001 年第 5 期。

汪铭、李维锐、李传辉：《云南农垦生态胶园建设实践与思考》，《热带农业科技》2014 年第 37 卷第 4 期。

汪万发、于宏源：《环境外交：全球环境治理的中国角色》，《环境与可持续发展》2018 年第 43 卷第 6 期。

王东、宋辰熙：《"逆全球化"浪潮下人类命运共同体的理论与现实》，《新视野》2019 年第 6 期。

王飞军、陈蕾西、刘成刚：《不同年龄橡胶 - 催吐萝芙木 - 降香黄檀复合生态系统中植物的生长动态及其生物量》，《中南林业科技大学学报》

2016 年第 1 期。

王丰镐译：《西报选译：论橡胶西名印殿尔拉培中国俗名象皮》，《农学报》1897 年第 2 期。

王利华：《历史学家为何关心生态问题——关于中国特色环境史学理论的思考》，《武汉大学学报》（哲学社会科学版）2019 年第 72 卷第 5 期。

王利华、梅雪芹、周琼、滕海键：《"环境史理论与方法研究"笔谈》，《史学集刊》2020 年第 2 期。

王利华：《"资源"作为一个历史的概念》，《中国历史地理论丛》2018 年第 33 卷第 4 期。

王菱：《横断山脉的地形气候利用与橡胶树北移》，《地理研究》1985 年第 1 期。

王任智、李一鲲：《从橡胶林土壤水分平衡看植胶对生态平衡的影响》，《云南热作科技》1981 年第 3 期。

王仲黎：《布朗族茶文化词汇与茶文化历史变迁》，《农业考古》2016 年第 5 期。

王宗训：《杜仲——一种出产硬性橡胶的植物》，《科学通报》1951 年第 4 期。

文婷：《从寄籍到土著：西双版纳的湖南人研究》，《思想战线》2009 年第 35 卷第 4 期。

文婷：《"支边"与 1950—1966 年的中国边疆移民》，《昆明学院学报》2015 年第 37 卷第 1 期。

文婷：《1952〈中苏橡胶协定〉与 20 世纪 50 年代的云南农垦》，《当代中国史研究》2011 年第 18 卷第 2 期。

无尘：《科学谈话：橡胶漫谈》，《新中华》1936 年第 4 卷第 18 期。

吴建新：《抗战以前海南热带农业资源的研究与开发》，《中国农史》1989 年第 2 期。

吴振南：《生态人类学视野中的西双版纳橡胶经济》，《广西民族研究》2012 年第 1 期。

吴振南：《生态人类学视野中的西双版纳橡胶经济》，《广西民族研究》2012 年第 1 期。

吴志曾：《橡皮草栽培问题之研讨》，《东方杂志》第 40 卷第 15 号。

武晶、刘志民：《生境破碎化对生物多样性的影响研究综述》,《生态学杂志》2014 年第 33 卷第 7 期。

夏明方：《生态史观发凡——从沟口雄三〈中国的冲击〉看史学的生态化》,《中国人民大学学报》2013 年第 3 期。

《橡胶的故事（续上期）：制造直条橡胶带》,《科学画报》1936 年第 4 卷第 4 期。

谢贵水、蒋菊生、林位夫：《橡胶园生态系统调节系统内温湿度的功能与机制》,《热带农业科学》2003 年第 1 期。

谢学方、李艺坚、丰明、刘钊：《橡胶幼林间作玫瑰茄栽培技术》,《热带农业科学》2018 年第 38 卷第 10 期。

邢民：《天然橡胶价格暴跌的思考》,《中国农垦》2009 年第 1 期。

邢民：《我国天然橡胶市场开放 20 年》,《世界热带农业信息》2013 年第 8 期。

熊光清：《"逆全球化"阻挡不了全球化进程》,《人民论坛》2019 年第 14 期。

徐艳文：《布朗族和傣族的饮茶习俗》,《贵州茶叶》2014 年第 42 卷第 3 期。

许斌、周智生：《全球化背景下云南多民族地区橡胶文化景观时空分析及影响——以西双版纳地区为例》,《国土资源科技管理》2015 年第 5 期。

许海平、傅国华、张德生、朱炎亮、张玉梅：《中国天然橡胶需求弹性研究》,《农村经济与科技》2007 年第 4 期。

严德一：《普思沿边——云南新定垦殖区》,《地理学报》1939 年。

杨𣐗、邓志华、周成、宁平、黄建洪：《西双版纳橡胶厂臭气污染特点及控制措施建议》,《热带农业科技》2012 年第 35 卷第 4 期。

杨庭硕、杨秋萍：《葛类作物的古代种植利用和现代价值》,《云南社会科学》2018 年第 2 期。

杨为民、秦伟：《云南西双版纳发展橡胶对生态环境的影响分析》,《生态经济》2009 年第 1 期。

杨曾奖、郑海水、尹光天、周再知、陈土王、陈康泰：《橡胶间种砂仁、咖啡对土壤肥力的影响》,《林业科学研究》1995 年第 4 期。

杨志武、钟甫宁：《农户生产决策研究综述》，《生产力研究》2011 年第 9 期。

杨筑慧：《橡胶种植与西双版纳傣族社会文化的变迁——以景洪市勐罕镇为例》，《民族研究》2010 年第 5 期。

杨紫美：《紫茎泽兰的危害及防除》，《草业与畜牧》2011 年第 1 期。

姚昱：《20 世纪 50 年代初的中苏橡胶贸易》，《史学月刊》2010 年第 10 期。

叶琪：《"一带一路"背景下的环境冲突与矛盾化解》，《现代经济探讨》2015 年第 5 期。

易建华、李雄武：《胶市激起千层浪——西双版纳橡胶产业发展剖析》，《中国农垦经济》2004 年第 8 期。

殷世铭：《云南天然橡胶产业"走出去"发展战略的成效》，《世界热带农业信息》2008 年第 11 期。

殷雅娟、秦莹：《传统的留存与文化的变迁：少数民族现代农业科技的影响——以西双版纳傣族的橡胶种植为例》，云南省科学技术协会会议论文集 2016 年。

尹仑、薛达元：《西双版纳橡胶种植对文化多样性的影响——曼山村布朗族个案研究》，《广西民族大学学报》2013 年第 2 期。

尹绍亭：《西双版纳橡胶种植与生态环境和社会文化变迁》，《人类学高级论坛秘书处会议论文集》2004 年。

俞淇：《橡胶工业用原材料的生态问题》，《橡胶译丛》1995 年第 2 期。

云南省热带作物科学研究所热带作物生理与生态研究中心：《环境友好型生态胶园建设》，《热带农业科技》2018 年第 3 期。

《〈云南省生态保护红线〉发布》，《云南日报》2018 年 7 月 3 日第 1 版。

张冲平、李建友、何丕坤：《云南集体林权制度改革的理论思考》，《林业调查规划》2006 年第 5 期。

张慧云：《人类命运共同体理念下的生态文明建设》，《南方论刊》2018 年第 11 期。

张佳琦、Sun Joseph Chang、Alison Wee、薛达元：《西双版纳曼旦村人工橡胶林"退胶还林"经济补偿标准研究》，《资源科学》2015 年第 37 卷第 12 期。

张佳琦、薛达元：《西双版纳橡胶林种植的生态环境影响研究》，《中国人口·资源与环境》2013 年第 S2 期。

张箭：《国际视野下的橡胶及其发展初论》，《河北学刊》2014 年第 6 期。

张箭：《世界橡胶（树）发展传播史初论》，《中国农史》2015 年第 34 卷第 3 期。

张箭：《试论中国橡胶（树）史和橡胶文化》，《古今农业》2015 年第 4 期。

张箭：《在中国试种橡胶树之前的故事》，《中国人文地理》2009 年第 10 期。

张婧：《西双版纳州环境友好型生态胶园建设调查研究》，《云南农业大学学报》2015 年第 9 卷第 4 期。

张礼建、邓莉、向礼晖：《马克思的对象性关系理论与生态文明建设》，《重庆大学学报》（社会科学版）2015 年第 21 卷第 3 期。

张墨谦、周可新、薛达元：《种植橡胶林对西双版纳热带雨林的影响及影响的消除》，《生态经济》2007 年第 10 期。

张佩芳、许建初、王茂新、邓喜庆：《西双版纳橡胶种植特点及其对热带森林景观影响的遥感研究》，《国土资源遥感》2006 年第 3 期。

张新华：《橡胶持续涨价应引起重视》，《中国经贸导刊》2003 年第 7 期。

张永发、邝继云、符少怀：《"猪—沼—橡胶"能源生态模式浅析》，《农业工程技术》2013 年第 5 期。

章汝先：《中国橡胶作物科学的先驱者——彭光钦》，《中国科技史料》1994 年第 2 期。

赵九洲、马斗成：《深入细部：中国微观环境史研究论纲》，《史林》2017 年第 4 期。

赵娜、王兆印、徐梦珍、周雄冬、张晨笛：《橡胶林种植对纳板河水生态的影响》，《清华大学学报》2015 年第 12 期。

赵志正：《评估橡胶制品生产对生态和环境的危害性》，《世界橡胶工业》2002 年第 3 期。

《中共云南省委 云南省人民政府关于深化集体林权制度改革的决定》，《云南林业》2006 年第 5 期。

中国热带作物学会云南民营橡胶考察组：《云南省民营橡胶生产考察报告》，《热带农业科学》2001 年第 4 期。

《中国橡胶工业》，《无锡杂志》1933 年第 20 期。

钟洪枢：《巴西橡胶树的几个生理问题》，《植物生理学通讯》1959 年第 1 期。

周国梅、蓝艳：《共建绿色 "一带一路" 打造人类绿色命运共同体实践平台》，《环境保护》2019 年第 47 卷第 17 期。

周会平、岩香甩、张海东、张丽谦、魏丽萍：《西双版纳橡胶林下植被多样性调查研究》，《热带作物学报》2012 年第 33 卷第 8 期。

周雷：《西双版纳的胶林危机：一种植物身上的政策轮回》，《生态经济》2008 年第 6 期。

周琼：《环境史视野下中国西南大旱成因刍论——基于云南本土研究者视角的思考》，《郑州大学学报》2014 年第 47 卷第 5 期。

周琼：《环境史视野下中国西南大旱成因刍论——基于云南本土研究者视角的思考》，《郑州大学学报》（哲学社会科学版）2014 年第 47 卷第 5 期。

周琼：《近代以来西南边疆地区新物种引进与生态管理研究》，《云南师范大学学报》2018 年第 5 期。

周琼：《近代以来西南边疆地区新物种引进与生态管理研究》，《云南师范大学学报》（哲学社会科学版）2018 年第 50 卷第 5 期。

周琼：《中国环境史学科名称及起源再探讨——兼论全球环境整体观视野中的边疆环境史研究》，《思想战线》2017 年第 43 卷第 2 期。

周琼：《中国环境史学科名称及起源再探讨——兼论全球环境整体观视野中的边疆环境史研究》，《思想战线》2017 年第 42 卷第 2 期。

周外、吴兆录、何謦成、陆春、杰敏：《橡胶种植与饮水短缺：西双版纳戈牛村的案例》，《生态学杂志》2011 年第 1 期。

周外：《西双版纳景哈乡戈牛村橡胶种植与水资源短缺初步研究》，中国自然资源学会土地资源研究专业委员会、中国地理学会农业地理与乡村发展专业委员会，中国山区土地资源开发利用与人地协调发展研究，中国自然资源学会土地资源研究专业委员会、中国地理学会农业地理与乡村发展专业委员会，中国自然资源学会，2010 年。

周再知、郑海水、杨曾奖、尹光天、陈康泰：《橡胶与砂仁间作复合生态系统营养元素循环的研究》，《林业科学研究》1997 年第 1 期。

周宗、胡绍云、谭应中：《西双版纳大面积橡胶种植与生态环境影响》，《云南环境科学》2006 年第 S1 期。

周宗、胡绍云：《橡胶产业对西双版纳生态环境影响初探》，《环境科学导刊》2008 年第 3 期。

朱映占、尤伟琼：《橡胶种植对基诺族生境与社会文化的影响》，《原生态民族文化学刊》2012 年第 1 期。

邹国民、杨勇、曹云清、石兆武、蒋桂芝：《西双版纳橡胶种植业现状、问题及发展的探讨》，《热带农业科技》2015 年第 38 卷第 3 期。

六　报纸

《大规模毁林种胶影响生态 村民"连水都快喝不上了"》，《法制日报》2008 年 6 月 27 日。

《橄榄坝农场建设生态胶园》，《西双版纳日报》2019 年 5 月 3 日第 3 版。

季崇威：《中国橡胶工业当前的出路和努力方向》，《人民日报》1952 年 12 月 19 日。

王利华：《从环境史研究看生态文明建设的"知"与"行"》，《人民日报》2013 年 10 月 27 日第 005 版。

王利华：《环境史研究的时代担当》，《人民日报》2016 年 4 月 11 日第 016 版。

王利华：《中国环境史研究为构建生态文明体系提供资鉴》，《中国社会科学报》2019 年 8 月 13 日第 006 版。

《西双版纳傣族自治州 2017 年国民经济和社会发展统计公报》，《西双版纳日报》2018 年 3 月 28 日第 3 版。

《习近平在中共中央政治局第二十七次集体学习时强调：推动全球治理体制更加公正更加合理 为我国发展和世界和平创造有利条件》，《人民日报》2015 年 10 月 14 日第 01 版。

《橡胶北移栽培技术使我成为第六产胶国　年经济效益在千万元以上的十三项发明》，《人民日报》1982年11月7日。

《新研究为西双版纳退胶还林作佐证》，《中国科学报》2013年6月19日第4版。

《云南橡胶增产产量达三万吨》，《人民日报》1984年12月31日。

张锐、戴振华：《保护生态环境发展生态经济弘扬生态文化——西双版纳的"绿色奏鸣曲"》，《云南日报》2019年1月16日。

张锐：《生态胶园在期待中上路》，《云南日报》2014年2月21日第2版。

七　学位论文

曹玲：《美洲粮食作物的传入、传播及其影响研究》，硕士学位论文，南京农业大学，2003年。

常振华：《西双版纳橡胶经济发展与傣族民居的变迁》，硕士学位论文，青岛理工大学，2011年。

崔圆捷：《云南西双版纳天然橡胶种植园经营模式创新研究》，硕士学位论文，成都理工大学，2016年。

代云川：《气候变暖背景下橡胶林适宜区的空间扩张及其对亚洲象栖息地的影响》，硕士学位论文，云南师范大学，2017年。

董安涛：《西双版纳不同林龄橡胶林土壤特征及水源涵养功能研究》，硕士学位论文，云南师范大学，2016年。

胡一航：《西双版纳村域土地利用变化及其驱动机制研究》，硕士学位论文，河南大学，2017年。

黄先寒：《云南橡胶林群落植物物种组成与多样性研究》，硕士学位论文，海南大学，2017年。

寇卫利：《基于多源遥感的橡胶林时空演变研究》，博士学位论文，昆明理工大学，2015年。

能利娟：《老曼峨布朗族的茶与社会文化研究》，硕士学位论文，云南民族大学，2016年。

欧阳洁：《橡胶种植与社会继替——以中老边界的阿卡村寨为例》，博士学位论文，中山大学，2013年。

沙丽清：《西双版纳热带季节雨林、橡胶林及水稻田生态系统碳储量和土壤碳排放研究》，硕士学位论文，中国科学院研究生院（西双版纳热带植物园），2008年。

夏朝旭：《云南西双版纳橡胶林时空变化特征及其地理背景分析》，硕士学位论文，成都理工大学，2014年。

夏朝旭：《云南西双版纳橡胶林时空变化特征及其地理背景分析》，硕士学位论文，成都理工大学，2014年。

张娇娇：《橡胶经济的衰落与生计转型》，硕士学位论文，云南大学，2017年。

张娜：《西双版纳林权改革前后橡胶种植变化及政策影响原因——基于利益博弈视角》，硕士学位论文，云南大学，2015年。

张雨龙：《从边境理解国家：中、老、缅交界地区哈尼/阿卡人的橡胶种植的人类学研究》，博士学位论文，云南大学，2015年。

张雨龙：《橡胶种植与社会文化变迁》，硕士学位论文，云南大学，2011年。

周若然：《茶叶、橡胶与雷贡德昂族女性》，硕士学位论文，云南民族大学，2016年。

八　网络资料

《澳洲大火的5个真相：火灾原因？我们能怎么做？》，https：//www. greenpeace. org/taiwan/update/12351/（2020 – 02 – 11）。

《版纳植物园参加院农业领域"一三五"重大突破进展交流会》，http：//m. xtbg. cas. cn/zhxw/201408/t20140815_ 4185260. html（2014 – 08 – 15）。

《打造中国第一茶乡》，http：//www. wmjh. gov. cn/（2014 – 05 – 14）。

大众网：《人与自然将成生态共同体》，http：//paper. dzwww. com/dzrb/content/20150824/Articel03004MT. htm（2015 – 08 – 24）。

《傣家古寨启动栽种铁刀木项目》，http：//xsbn. yunnan. cn/html/2018 – 05/24/content_ 5219672. htm（2018 – 05 – 24）。

《东非沙漠蝗虫肆虐，上千万民众陷缺粮危机》，https：//news. si-na. com. cn/c/2020 – 02 – 14/doc – iimxxstf1462881. shtml（2020 – 02 – 14）。

《反对西方国家的经济封锁和禁运》，http：//gov. eastday. com/node2/shds/n218/u1ai16113. html （2015 – 12 – 21）。

《"关于请支持西双版纳傣族自治州环境友好型胶园和生态茶园建设的建议"复文（2017 年第 7904 号）》，http：//www. forestry. gov. cn/main/4861/20170912/1025825. html （2017 – 09 – 12）。

《"关于请支持西双版纳傣族自治州环境友好型胶园和生态茶园建设的建议"复文（2017 年第 7904 号）》，http：//www. forestry. gov. cn/main/4861/20170912/1025825. html （2017 – 09 – 12）。

国家质量监督检验检疫总局网：《"一带一路"倡议下筑牢国门生物安全网》，http：//www. aqsiq. gov. cn/zjxw/dfzjxw/dfftpxw/201707/t20170727_494122. htm。

《回归雨林 在地设计——西双版纳景洪三达山热带雨林修复计划》，http：//weixin. china – up. com/weixin/2018/05/14/ （2018 – 05 – 14）。

《间种世界三大饮料植物可否改善橡胶树的水分利用状况?》，http：//ehrg. xtbg. cas. cn/yjjz/201608/t20160812_ 344851. html （2016 – 07 – 13）。

《勐腊县天然橡胶标准化抚育项目通过验收》，http：//xsbn. yunnan. cn/system/2019/07/02/030314613. shtml （2019 – 07 – 02）。

《勐腊县指导天然橡胶标准化抚育技术》，http：//xsbn. yunnan. cn/system/2019/06/25/030308443. shtml （2019 – 06 – 25）。

《模拟实验表示热带雨林能够应对全球气候变化》，http：//www. xtbg. ac. cn/bwbd/201309/t20130924_ 3937403. html （2013 – 09 – 24）。

《2019 年省级农业生产发展热作专项橡胶生态高效示范园建设——橡胶林下套种砂仁调查》，https：//znyj. xsbn. gov. cn/309. news. detail. dhtml? news_ id = 2844 （2019 – 03 – 15）。

《热带雨林变身橡胶林 土壤"酸"了》，http：//www. xinhuanet. com/science/2019 – 09/10/c_ 138377111. htm （2019 – 09 – 10）。

《人与自然将成生态共同体》，http：//paper. dzwww. com/dzrb/content/20150824/Articel03004MT. htm （2015 – 08 – 24）。

E 史云贵：《边疆绿色治理铸牢中华民族共同体的新路径》，http：//www. cssn. cn/zzx/zzxzt_ zzx/96520/fy/201801/t20180111 _ 3812509. shtml? COLLCC = 3358509295& （2018 – 01 – 11）。

《授权发布：推动共建丝绸之路经济带和 21 世纪海上丝绸之路的愿景与行动》，http：//www. xinhuanet. com/world/2015 – 03/28/c_ 1114793986. htm （2015 – 03 – 28）。

《天然橡胶是重要战略物资》，http：//www. hi. chinanews. com/hnnew/2007 – 03 – 19/75113. html （2007 – 03 – 19）。

《我国稳步推进"退胶还林"高山植物保护》，http：//www. xinhuanet. com/2017 – 12/02/c_ 1122048385. htm （2017 – 12 – 02）。

《西双版纳成为首批"国家生态文明建设示范州"》，http：//news. hexun. com/2017 – 09 – 28/191049640. html （2017 – 09 – 28）。

西双版纳傣族自治州人民政府网：《中老跨境生物多样性联合保护交流取得新进展》，2017 – 06 – 01，http：//www. xsbn. gov. cn/129. news. detail. dhtml？ news_ id = 39586。

《西双版纳发展环境友好型生态胶园》，http：//v. yntv. cn/content/154/20140625/154_ 928582. shtml （2014 – 06 – 15）。

《西双版纳农民大规模毁林种胶 热带雨林开始缺水》，http：//society. people. com. cn/GB/8217/5852504. html （2007 – 06 – 12）。

《西双版纳州农业科学研究所开展橡胶生态示范园建设调查》，https：//znyj. xsbn. gov. cn/309. news. detail. dhtml？ news_ id = 1441 （2018 – 05 – 25）。

《西双版纳州人民政府副州长、发展改革委主任刘俊杰调研版纳植物园》，http：//m. xtbg. cas. cn/zhxw/201806/t20180604_ 5020980. html （2018 – 06 – 04）。

《习近平出席"共商共筑人类命运共同体"高级别会议并发表主旨演讲》，http：//china. cnr. cn/gdgg/20170119/t20170119 _ 523503174. shtml （2017 – 01 – 19）。

《消除生态隐忧 版纳胶园要改走"环境友好"路线了》，http：//www. cnraw. org. cn/ShowArticles. php？ id = 3371 （2013 – 08 – 02）。

《消除生态隐忧 版纳胶园要改走"环境友好"路线了》，http：//www. cnraw. org. cn/ShowArticles. php？ id = 3371 （2013 – 08 – 02）。

《"一带一路"生态环境保护合作规划》，http：//www. scio. gov. cn/31773/35507/htws35512/Document/1552376/1552376. htm （2017 – 05 – 16）。

云南省环境保护厅、云南省发展与改革委员会、云南省林业厅：《关

于印发〈云南省生态保护红线划定方案〉的通知》（云环发〔2018〕28
号），http：//sthjt. yn. gov. cn/zwxx/zfwj/qttz/201604/t20160414_ 151653. ht
ml（2018 － 09 － 29）。

《云南橡胶专家：应正确看待橡胶林对干旱的影响》，http：//m. sto.
net. cn/tianran/shu/2015 － 06 － 05/5451. html（2015 － 06 － 05）。

赵金丽编译：《橡胶的那些故事》，http：//blog. sina. com. cn/s/blog_
61b3c09f0100gb4e. html（2009 － 11 － 10）。

《中共西双版纳州委 西双版纳州人民政府 关于全面加强生态建设环境
保护巩固提升国家生态文明建设示范州的意见》，http：//xsbn. yunnan. cn/
system/2018/08/23/030050921. shtml（2018 － 08 － 23）。

《中共中央 国务院关于坚持农业农村优先发展做好"三农"工作的若
干意见》，http：//www. gov. cn/zhengce/2019 － 02/19/content_ 5366917. ht
m（2019 － 02 － 19）。

中国共产党新闻：《习近平提出坚持和平发展道路推动构建人类命运
共同体》，http：//cpc. people. com. cn/19th/n1/2017/1018/c414305 － 29594
530. html（2017 － 10 － 18）。

《中央关于加快海南岛开发建设的两次座谈会》，http：//www. hnszw.
org. cn/xiangqing. php？ ID ＝86779（2018 － 12 － 04）。

《州农科所2019 年省级农业生产发展热作专项橡胶生态高效示范园建
设——魔芋种芋补助》，https：//znyj. xsbn. gov. cn/309. news. detail. dhtml？
news_ id ＝2836（2019 － 03 － 14）。

九 外文文献

Beinart，William，Middleton，Karen. *Plant Transfers in Historical Perspective：A Review Article. Environment and History*，2004，（27）.

Bradford L. Barham，Oliver T. Coomes. *Reinterpreting the Amazon Rubber Boom：Investment，the State，and Dutch Disease Latin American Research Review*，1994. 29（2）.

Dumett，Raymond. *The rubber trade of the Gold Coast and Asante in the nineteenth century：African innovation and market responsiveness*，1971，12（1）.

Eleanor Warren － Thomas ，Paul M. Dolman，David P. Edwards. *Increasing*

Demand for Natural Rubber Necessitates a Robust Sustainability Initiative to Mitigate Impacts on Tropical Biodiversity, https：//doi. org/10. 1111/conl. 12170（2015 − 03 − 23）.

Huafang Chen , Zhuang − Fang Yi , Dietrich Schmidt − Vogt, Antje Ahrends, Philip Beckschäfer, Christoph Kleinn, Sailesh Ranjitkar, Jianchu Xu. *Pushing the Limits：The Pattern and Dynamics of Rubber Monoculture Expansion in Xishuangbanna*, *SW China.* https：//doi. org/10. 1371/journal. pone. 01 50062（2016 − 02 − 23）.

Ian G. Baird. *Land*, *Rubber and People：Rapid Agrarian Changes and Responses in Southern Laos*, *Journal of Lao Studies*, 2010（1）.

Janet C Sturgeon, Nicholas K Menzies, Noah Schillo. *Ecological Governance of Rubber in Xishuangbanna*, *China.* 10. 4103/0972 − 4923. 155581（2015 − 04 − 21）.

JanetC. Sturgeon, Nicholas Menzies. *ideological landscapes：rubber in xishuangbanna*, *yunnan*, *1950 to 2007*, Asian Geographer, 2006（25）.

Jia − Qi , Zhang Richard, T. Corlett, Deli Zhai. *After the rubber boom：good news and bad news for biodiversity in Xishuangbanna*, *Yunnan*, *China.* Regional Environmental Change：2019, 19（6）.

Joe Jackson. *The Thief at the End of the World：Rubber*, *Power*, *and the Seeds of Empire.* New York, Penguin Books, 2008.

Le Zhang, Yasuyuki Kono, Shigeo Kobayashi, Huabin Hu, Rui Zhou, Yaochen Qin. *The expansion of smallholder rubber farming in Xishuangbanna*, *China：A case study of two Dai.* Land Use Policy, 2015（42）.

Linkham Douangsavanh, *Bansa Thammavong and Andrew Noble：Meeting Regional and Global Demands for Rubber：A Key to Proverty Alleviation in Lao PDR*, The Sustainable Mekong Research Network, 2008.

Linkham Douangsavanh. *Bansa Thammavong and Andrew Noble：Meeting Regional and Global Demands for Rubber：A Key to Proverty Alleviation in Lao PDR*, The Sustainable Mekong Research Network, 2008.

Mark R. Finlay, *Growing American Rubber*, Rutgers University Press, 2009.

Michitake Aso. *Rubber and the Making of Vietnam：An Ecological History*,

1897—1975. The University of North Carolina Press，2018.

Peng Zhou，Xinglou Yang，Xianguang Wang. *Discovery of a novel corona-virus associated with the recent pneumonia outbreak in humans and its potential bat origin.* https：//cn. bing. com/academic/profile？ id = 081d9f8f2b1090bc8ec1a6 cf4913a2f6&encoded = 0&v = paper_ preview&mkt = zh – cn （2020）.

Pia He，Konrad Martin. *Effects of rubber cultivation on biodiversity in the Mekong Region*，CAB Reviews，2015（10）.

Qiu J. *Where the rubber meets the garden.* Nature，2009.

Robert J. Zomer，Antonio Trabucco，Mingcheng Wang，Rong Lang，Hua-fang Chen，Marc J. Metzger，Alex Smajgl ，Philip Beckschäfer，Jianchu Xu. *Environmental stratification to model climate change impacts on biodiversity and rubber production in Xishuangbanna，Yunnan，China.* Biological Conserva-tion，2014（170）.

Rubber industry threatens Yunnan rainforests，https：//www. china dia-logue. net/blog/1884 – Rubber – industry – threatens – Yunnan – rainforests/en （2008 – 09 – 04）.

Warren Dean. *Brazil and the Struggle for Rubber：A Study in Environmental History.* Cambridge University，1987.

X. V. Wilkinson. *Tapping the Amazon for victory：Brazil's "Battle for Rub-ber" of World War* Ⅱ，2009.

后　记

　　提笔写后记时才觉得时光荏苒如白驹过隙，距离博士毕业已经将近两年。2020 年 6 月，我的博士论文《物种引种与生态变迁：20 世纪西双版纳橡胶环境史研究》顺利完成答辩。经过两年的修改、补充及订正，得以在中国社会科学出版社付梓。在书稿完成之际，感觉惭愧，深知个人学识浅薄、能力有限，亦因时间仓促，对一些问题的思考不甚成熟、论述不够精准、引用不够完善之处在所难免，恳请贤哲和读者多多赐教及批评指正。

　　本书是我致力于物种环境史研究的第一本专著。本书能够顺利出版，得益于恩师周琼教授的谆谆教诲和呕心指导。2015 年，我有幸拜入恩师门下，进入到环境史研究领域，环境史成为我毕生想要为之努力的方向。在研一的第一学期，就参与到恩师主持的"生态文明建设的云南模式研究"项目中，得益于这个项目，我第一次到西双版纳勐海县进行"热带雨林保护与修复"调研，当时我是很茫然的，不知从何处入手，没有目标及方向。直到 2016 年 7 月，我参加了第八届云南大学民族学/人类学研究生田野调查暑期学校，被分到云南大学民族学与社会学学院张海老师负责带队的调研小组，田野调查的地点在西双版纳勐海县章朗村，正是因为这次为期 20 余天的田野调查，第一次真正学习到人类学的研究方法，包括如何进入田野？如何发现问题？更为重要的是需要进行细致观察和思考。之后，我鼓足勇气，在 8 月份，第一次独自一人至西双版纳州进行调研，当时我选择延续第一次调研的主题"热带雨林的保护与修复"。在西双版纳州国际级自然保护区管理局查阅资料时，无意中发现了西双版纳州热带雨林保护基金会，了解到除了政府部门，基金会作为一种社会公益组织在鼓励农户"退胶还林""退茶还林"进行雨林修复中也发挥着重要作用，这也是在不经意的访谈中第一次触及"橡胶"，更成为书稿中我特别强调本土生态修复的缘故之一。11月，在恩师的鼓励和支持下，我申请了硕博连读，继续跟随恩师读博，在与恩师的沟通与交流中，第一次提及我的博士论文的选题方向可以考虑做西双版纳的橡胶。我的导师是一个土生土长的云南人，她对于橡胶树带来的生态环境变迁的感知更为强烈，尤其是西南三年大旱，在一些学者的探讨中橡胶面积的急速扩张可能也是原因之一。物种环境史一直是我们团队关注与重视的研究方向，橡胶是恩师做环境史以来就一直很关注的选题之一，也非常希望能有一位博士生来完成。但最终做什么、能不能做下来是很重要的，还是取决于想不想做，感不感兴趣，能否做出来。

2017年8月，由于项目开展需要，我再次参与了西双版纳生态文明建设的调研，这次调研，我首次访谈了生态环境保护、国土资源等政府部门的领导及工作人员，了解到政府层面对于生态文明建设所做出的规划、举措以及面临的困境，开始体会到环境史研究中历史与现实相结合的重要性，现实生态问题往往为环境史研究提供了更多值得思考和深入的命题。这次调研遇到了生态人类学家尹绍亭教授，当时向尹老师报告了我的硕士论文是做西双版纳灾害史，尹老师对这个选题给予了肯定和认可，在谈及我的博士论文打算做橡胶，尹老师当时就向我提出了问题，"橡胶现在存在的问题只能是依赖于自然科学来解决，人文社会科学很难解决当前问题。"从而引发了我对这个选题的现实价值和意义的思考。

因为我的硕士论文是做西双版纳自然灾害，所以我在硕士的时候就有意无意的在关注橡胶，其实不论是搜集资料，还是调研过程中，都不可避免要接触到橡胶，因为坐车时，目之所及的地方大多数是橡胶树。2018年1月，为搜集西双版纳自然灾害资料，我再次到西双版纳。当时是西双版纳的旱季，也就是北方的冬季，西双版纳是亚热带雨林气候，雨季时，橡胶树和其他一些树种混杂在一起，整片山也都是绿色的，你一眼望过去很难区分哪些是橡胶树？哪些是其他树种？旱季由于雨水少、气候干旱，所以橡胶树的树叶会枯萎且掉落的现象，这种情况与其他成片的常绿阔叶林相较就极其醒目了，会看到从山底到山顶都是橡胶树，现在的森林覆盖率大大提高，很大程度上是经济林面积的增多，这也成为国土绿化的标准，但实际上橡胶林等经济林与天然森林的生态功能是远不能相提并论的。因此，自西双版纳大规模种植橡胶之后，导致了地方生态环境的剧烈变迁；不仅如此，当地社会文化也发生了巨大的转变。这其中需要去思考的问题就很多了。

2018 年 9 月，当时我参加了恩师承办的口述环境史会议，遇到了杜娟教授，有幸向和杜老师谈到我做橡胶，恩师也谈到了让我做橡胶的初衷和考虑，但当时杜老师对于我做这个选题觉得还是有很大难度：一方面认为许多新中国成立以来的资料并不开放，资料搜集很困难；另一方面认为橡胶研究成果颇多，做出新东西很难；还有就是关于橡胶种植后，当地水资源、森林资源、气候等方面变化的数据的获取极为不易。杜老师建议我先要去查阅橡胶方面的文献资料，并将学术史回顾做出来再考虑能不能做。

2018 年 10 月至 2019 年 3 月，我开始搜集橡胶相关的文献资料，并跑到云南省农垦局、云南省档案馆查阅关于橡胶的原始资料，并进行了较为全面的搜集、整理。其中，我在云南省档案馆查阅到民国时期以及新中国成立以来关于橡胶的档案资料，其中民国档案资料中有 30 多条与橡胶相关的档案，新中国成立以来的有 300 多条，进行了为期 5 个月左右摘录。在搜集资料的过程中，遇到的困惑是很多的，都在恩师的点播之下一一化解，对于新资料的发现和解读坚定了我做橡胶研究的信心。

做好橡胶的学术史回顾也是非常重要。像生态学、环境科学、地理学、民族学、人类学、历史学等自然科学与人文社会科学做过很多深入的研究。生态学对橡胶与环境之间的关系有更为充分的数据支撑，地理学已经运用遥感技术、地理空间分析法等对西双版纳橡胶空间分布进行了探讨，民族学、人类学也专门针对橡胶与社会文化之间的联系进行过长期田野调查，历史学也有一些学者对橡胶引种到中国的历程进行过梳理。那么我选择这个题目还有意义和价值吗？能做出什么新意呢？当时，我将我的学术动态梳理的时段拉地很长，是因为我在搜集橡胶资料的过程中，发现 20 世纪以来中国学界对橡胶的认知，在不同历史时期存在极大的差异，从橡胶引种再到大规模、单一化、无序化种植造成严重生态问题的过程，其实是中国人对橡胶从初识到逐渐熟悉其经济战略价值、再到认识其生态破坏后果的认知历程，这个历程是伴随着橡胶从一个外来物种向本土物种转化的无数次尝试而渐进的。但是到了今天橡胶是否在中国真正实现本土化，在学术界仍然是一个有待澄清的重大问题。我做这100多年的学术史回顾之后就得出了这个结论，找到了我的问题意识。

现在又要回到资料的全面搜集上。前面提到我的硕士论文的研究区域在西双版纳，有一市两县，博士论文的研究区域也是在西双版纳，区域小意味着资料少。当时，我也曾想过将区域扩大，做中国橡胶史，但是区域扩大也就意味着要到云南的其他州市，甚至是广东、广西、海南等区域查阅资料，因为我是硕博连读，考虑到时间有限，所以扩大区域显然是行不通的。我也和恩师沟通过，恩师考虑时间问题，区域太大对于选题的深入在短时间内是无法完成的。最后，我还是选择了西双版纳。当时，我在云南省档案馆查到了少量的民国资料，和部分新中国成立以来的资料，但资料的丰富度显然不足以支撑我的研究。此时就要想办法充实资料，这就必须要去到地方网罗资料。于是我在西双版纳州档案馆、州农垦局、州农业农村局、州林业与草原局、州统计局、州图书馆等部门查阅了大量的西双版纳各农场、热作所、水利局、乡镇企业局的档案资料以及访谈了多个部门的工作人员，又到打洛镇曼芽村进行田野调查，不虚此行，查阅了大量的档案资料及地方文献。从资料来看，新中国成立以来的资料是很充分了，但是清末民国的资料很少，无法还原当时橡胶引种到中国的全貌。

2019年9月，我在西双版纳调研时，恩师专门打电话让我回来参加"环境史研究的区域性与整体性"国际学术会议，这次会议和几位老师的交流让我受益匪浅。会议期间，尹绍亭教授很关心我的博士论文的进展，当时尹老师说："一篇文章要么有新资料、要么有新观点"，这也成为今后我致力于深入挖掘资料的动力。吉首大学的杨庭硕教授也来参会，因为杨老师带领的一大批弟子都在关注物种问题，有幸向杨老师请教，杨老师当时肯定了我做这个选题的价值和意义，但杨老师认为，"目前橡胶并未实现本土化，因为橡胶仍旧对生态系统造成破坏"，让我好好考虑这个问题，这一问题也是物种环境史研究中必须要讨论或要解决的问题，很大程度上启发了我的思考。在此次会议上，因为我的论文汇报小组的主持人是北京林业大学的李莉教授，李老师告诉我11月要在南京举办第七届中国林业学术大会，这次会议使我收获良多，见到了研究不同物种的国内专家及业内同仁，在交流中大家互相介绍自己做的研究以及资料、方法，其中华南农大的一位硕士生黄国胜在做金鸡纳树，和他交流后，得知广东档案馆、广州省立中山图书馆、华南农业大学图书馆有很多关于橡胶的资料。于是，我于 11 月便前往广州查阅资料，在黄国胜的帮助下此次广州查阅资料相当顺利，搜集到了大量民国时期橡胶引种的档案、期刊、图书等资料，资料的丰富性拓宽了我的研究视野，让我的研究不局限于西双版纳，更让我还原了 20 世纪初橡胶引种到中国的历程，并进一步验证了我在云南民国时期橡胶档案中得出的橡胶在 20 世纪上半叶引种失败的结论。

2019 年 12 月份，我进入到资料整理、分析以及撰写论文的过程中，大量的资料让我有些不知所措，因为整理资料本身就是一项烦琐的工作，只能耐心梳理资料，并根据资料的情况分类、分析，时间的紧迫性让我倍感焦虑。因正值寒假，后又因为新冠疫情只能待在家中，这为我提供了一个放松的环境来撰写论文。从资料搜集、分类、分析到撰写历时 16 个月，2020 年 2 月初我完成了论文初稿，当时发给恩师之后，恩师从框架结构到论文结语都进行了精心指导。从预答辩到答辩，林超民教授、尹绍亭教授、何明教授、马翀伟教授、秦树才教授、杜娟教授、周智生教授从摘要、绪论到正文框架内容、结语、参考文献都提出了非常珍贵以及建设性的指导建议，对我的论文修改有极大的帮助，也使得我从环境史学科建设层面有了更为深入的认识和把握。

追忆往昔，本书从选题立意、谋篇布局、资料收集、措辞用语、理论提升的整个过程，离不开恩师的呕心指导，书稿中的观点及思考深受恩师启发。我在恩师所带的众多弟子中专业基础算是比较差的一类，资质也属一般，即使如此，恩师并未因我的愚钝而对我有所懈怠，从硕士到博士的五年中，一直悉心教导我，不仅教会我如何做学问，更是教给我为人处事的道理，并提供给我诸多到各高校参加暑期班及学术研讨的机会，让我参与到各种科研项目之中，使我在学术上能够有所进益。这一路走来，细细回想其中点点滴滴，不论是学术能力的提高还是科研水平上的进步，都是恩师对学生的精心培养，用心良苦的为我提供这么多的增长知识、拓宽视野以及提高能力的机会。恩师不仅给予了我学习上的鼓励、支持和教导，更是给予了我生活上诸多的关心和温暖，帮助我度过至亲之人离世最为艰难的几年，让我从悲伤痛苦中走了出来。恩师待我之情几天几夜也说不完，遑论在后记中叙说清楚，更是难以表达我对恩师的感激、感恩之情，唯有将这份情意铭记终生。

书稿的完成也离不开这些年耐心指导我的诸位良师。书稿修改的这段时间，正值我读博后，深受我的博士后导师周平教授的启发。书稿撰写过程中，更是受到云南大学的林超民教授、尹绍亭教授、何明教授、马翀伟教授、秦树才教授以及吉首大学的杨庭硕教授、云南省社会科学院的杜娟教授、云南师范大学的周智生教授、北京林业大学的李莉教授、云南省生态环境厅的李湘老师、昆明学院的徐波教授等的费心指导。诸位老师为书稿的框架结构、观点阐述、理论提升提出了极其珍贵的指导建议，同时给予了我莫大的帮助、鼓励、关心和支持，在此由衷的感谢各位老师！

再次，我想要感谢的是我亲爱的姥姥和母亲。我的母亲生了我，我的姥姥养育了我，母亲和姥姥是我生命中最为重要的人。母亲离世的那段时间，是我人生最为悲痛的时刻。当时，正值我刚刚硕博连读，但因母亲离世让我的人生信念突然崩塌。即使是现在，母亲的一句句关切的话语仍旧萦绕在我耳旁。母亲不辞辛苦的工作挣钱供我读书，没等我为母亲做什么就离开了我，成为我人生中的缺憾。母亲去世两年后，养育我成人的姥姥，待我最好的姥姥，我最爱的姥姥也离开了我。姥姥将我养大，教给我做人的道理，是我人生为之奋斗的精神支撑，在我求学之路中姥姥一直鼓励着我、支持着我，姥姥对我的好一辈子都无法言尽。母亲生病期间，我尚且一直陪伴母亲；姥姥患病之时正值我学业最为忙碌的时候，怕耽误我学习一直未告诉我，从照顾姥姥到姥姥去世不到一个月，这段时间是我最难以忘怀的回忆。每当夜深人静之时，脑中挥之不去的就是姥姥的音容笑貌。在外求学多年，未能一直在母亲和姥姥身旁尽孝是我这一生最大的遗憾，也未能依靠自己的努力让母亲和姥姥过上无忧无虑的日子更是让我愧疚终生。姥姥和母亲在世时，最以为傲的应当是把我培养成博士。在书稿完成之际，我想要对离开我的亲爱的姥姥和母亲说："我没有辜负您们的期望"，我希望能够将姥姥和母亲为我做、我对姥姥和母亲的遗憾永远记录在此。另外，我要感谢我的爱人，他给予了我莫大的鼓励与支持，也要感谢父亲、姨妈、舅舅、姨夫、舅妈给予我的关怀和支持。

最后，我要感谢中国社会科学出版社宋燕鹏老师在书稿编校中的辛苦、帮助和支持。感谢在搜集资料过程中，云南省档案馆、云南省农垦局、广东省立中山图书馆、广东省档案馆以及西双版纳傣族自治州档案馆、勐腊县档案馆以及西双版纳州农垦局、西双版纳州农业农村局等部门各位老师给予我的帮助和支持；感谢打洛镇政府以及曼芽村、章朗村提供给我帮助的各位朋友；感谢西南环境史研究团队的各位同仁。在此一并向各位帮助和关心我的师友致以诚挚的谢意！

　　总之，本书的面世是我学术生涯中的新起点，我将不忘初心，继续奋斗在学术研究的道路上，"岁月不居，天道酬勤"。

杜香玉

2022 年 3 月云南大学民族政治研究院